视窗软件设计和开发自动化

——可视化D++语言

◎ 杨章伟　唐同诰　著

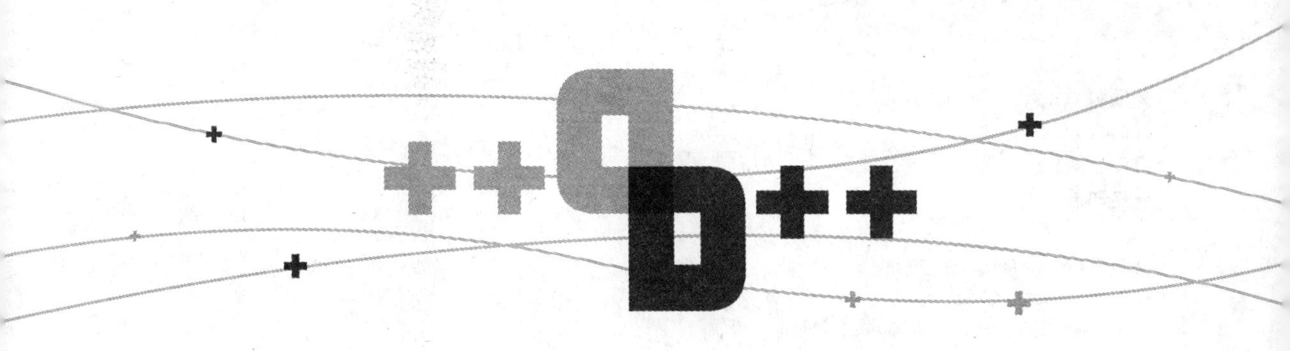

清華大學出版社
北京

内 容 简 介

可视化D++语言不同于任何一种计算机编程语言，它是一种全新的当代社会的自然语言与图表相结合的计算机软件设计语言(兼编程自动化系统)。当前，应用系统开发失败的主要原因在于需求分析时程序员出现了偏差，因为程序员对业务流程的把握不如客户。可视化D++语言能把客户的需要精确完整地记录下来，让客户配合软件专业人员一起开发软件，完美地解决该问题。

本书是可视化D++语言的第2册，着眼于软件公司的客户需求最多、创收最大的数据库应用管理软件领域。本书不同于第1册(绘制进程图)，而是逐章逐节地介绍窗体Windows软件的各个功能部件的设计要求，使读者既愉快又迅速地成为视窗管理软件的制作者。当用户学会了可视化D++语言后，就更清楚自动构建软件的"Model-to-Code"技术实现了软件工程方法论上的一次革命。

本书可以作为没有任何程序设计语言基础人员的入门教程，也可以让学习了第1册的读者更深入地学习可视化D++语言，掌握使用可视化D++语言开发数据库管理系统的技能。同时，本书致力于使各个知识领域的人员都能参与到程序设计中来，就像人人都能学开汽车一样，人人都能为其熟悉的领域自主制作软件，扩大软件应用范围至生活中的各个角落。

图书在版编目(CIP)数据

视窗软件设计和开发自动化：可视化D++语言/杨章伟，唐同诰著. —北京：清华大学出版社，2016
ISBN 978-7-302-43557-0

Ⅰ. ①视…　Ⅱ. ①杨…　②唐…　Ⅲ. ①可视语言－程序设计　Ⅳ. ①TP312

中国版本图书馆CIP数据核字(2016)第081972号

责任编辑：贾　斌　王冰飞
封面设计：刘　键
责任校对：白　蕾
责任印制：刘海龙

出版发行：清华大学出版社
网　　址：http://www.tup.com.cn，http://www.wqbook.com
地　　址：北京清华大学学研大厦A座　　**邮　　编**：100084
社 总 机：010-62770175　　**邮　　购**：010-62786544
投稿与读者服务：010-62776969，c-service@tup.tsinghua.edu.cn
质 量 反 馈：010-62772015，zhiliang@tup.tsinghua.edu.cn
课 件 下 载：http://www.tup.com.cn，010-62795954
印 装 者：北京鑫海金澳胶印有限公司
经　　销：全国新华书店
开　　本：185mm×260mm　　**印　　张**：19　　**字　　数**：463千字
版　　次：2016年8月第1版　　**印　　次**：2016年8月第1次印刷
印　　数：1～2000
定　　价：39.80元

产品编号：068290-01

前言

FOREWORD

大体上说，把零星分散的软件设计的传统方法集成为一个用图示形式说明的智能化软件设计工具，这个工具称为可视化 D++语言。本丛书就是教会读者怎么使用这个 21 世纪先进的可视化 D++语言来制作企业管理的视窗软件(即 Windows 窗体应用软件)。

问：此书我需要读吗，我能读懂吗？(回答“是”)本丛书前 3 册是一套自学丛书，适用于初、中级以上水平的读者，遵循“从示例中学习”的准则，在书后附的可视化 D++语言教学软件的配合下，教会读者如何根据视频上给出的提示在键盘上输入几个字母到计算机中，以及教会读者如何用鼠标选择若干个用于说明用途的菜单和图标。实际操作就是这么简单、方便，人人都能学会，而且像玩游戏一样有趣。当然，开始学习时有人指点一下会更顺利。本书基本上由 12 个有代表性的示例组成，每章教学都是近乎“手把手”地详细介绍一个个示例。读者第一遍快速学习时可跳过书中与示例无关的部分，仅仅一步一步模仿示例的操作步骤，就能既轻松学会使用又不影响对整体的理解。

当今，人类进入通信、家庭生活、学校教学、公司办公无处不用计算机技术的 21 世纪，学习可视化 D++语言有利于人们对计算机软件的使用。尽早地了解且方便地掌握计算机应用，会像开汽车一样，给工作与生活带来极大的帮助。

问：此书能教我实用知识与技能吗？(回答“是”)本书能让读者为自己熟悉的事物直接启动教学软件“可视化 D++语言”，在软件的提示与指引下花数十分钟在键盘上输入几十个说明用途的中文或者拼音字母，然后用鼠标选择若干个用于说明的菜单和图标。结束后，这些字母的汇集形成了一份软件设计说明书。这份说明书记录了读者要获得的软件产品有什么功能，读者没有想到的是，实际上自己已经做了软件设计人员的工作。当然，读者能完成的设计说明书的业务表达水准依赖于自己对已有实际事物了解的深度和广度。

问：我写了一份软件设计说明书，需要找程序人员去手工编制“程序”，然后获得软件产品吗？(回答“不用”)不用去找，读者写了软件设计说明书，就表示已经有了确定的软件产品，方便极了。如果在自己的计算机里或者在学校、公司的一台公用的计算机里已经配备有 VC6 文件(任何计算机都可以)，读者写的设计说明书就能在此计算机上直接自动翻译(或称构建)成计算机上可高速执行的软件产品(代码),不用人工编写“程序”。对于生成的软件产品,读者可在一台计算机上试运行一下,这样将会感到自信与自豪。

问:这么超时代的先进方法,用的是什么软件自动化技术?又是从哪儿来的?答:大概从1970年起,大中型软件公司和有关大学就追求“设计文件-直接转成-高速软件代码”的技术,国际上称它为“Model-to-Code”技术。其后经过三十多年的努力,仍没有大公司能彻底实现“Model-to-Code”技术。暂且不提用途单一、应用面窄的软件生成方法,拿能为客户提供较为广泛的应用软件来说,目前所有声称拥有“自动化软件技术”的大中型应用软件公司,包括德国的巨型应用软件公司SAP、美国的巨型应用软件公司Oracle Peoplesoft等,“企业流程自动化”软件技术使用的方法基本上都是给客户提供“一个特定的设计文件(业务模型)和一个通用的解释器”工具包,这种软件解释技术都会像大家熟知的Java语言原有的解释方法一样被淘汰,而转用高速的编译技术。读者可比较一下,用“Model-to-Code”技术与用“一个业务模型加一个通用的解释器”技术,前一类能产生高速运行的机器代码软件产品,后一类提供的是由一个通用的解释器对一个业务模型里的流程图进行逐条逐句解释的低速软件产品,二者的执行速度之差至少在几十倍以上,这就是人们至今仍然在竭力追寻理想的“Model-to-Code”软件技术的原因。

谁最早彻底完整地实现了“Model-to-Code”技术,这个问题是在美国软件杂志*Software Development* [*April* 2006 *Vol*. 14,*No*. 4]刊登了文章“MDA and UML Tool”之后才揭秘的。文章中写道:“The quest for model-driven application development that drives model-to-code and model-to-model transformation still needs some work, but the MDA products out there show huge promise.”这段话的中文意思是:现有的研究成果还没能达到最终的目标,也就是“客户的设计要求-直接转成-编译好的应用软件码”(即Model-to-Code技术),要达到此目标还需要时间。所以,当今的Microsoft公司的产品MDA仍然有巨大的使用价值。

虽然全世界软件领域都知道这个事实,但这家软件专业杂志(有Microsoft公司的强大产品做支撑)报道了这个结论,对各国的软件工程的研究还是有好处的。在此文章刊登后,一个默默无闻的微型软件公司发了封邮件告诉作者:作者文章中提到的“Model-to-Code”技术已被它的SDDA(软件设计开发自动化系统)首次实现了。同时该公司的网页(现在是“www.modtosoft.com/epotang/home.html”)也公布了此消息。其后陆续有人到该公司观看或动手演示,“Model-to-Code”自动化技术的采用将促使软件工业大阔步飞跃,给各国软件工业技术的赶超提供了一个难得的机会。

一个成熟的划时代的软件新技术(包括“Model-to-Code”)必然伴随一套新书的出版和推广,到本丛书《绘制进程图——可视化D++语言(第1册)》出版,市面上还没有其他宣称已全面实现“Model-to-Code”技术的书籍出版。

问:能否把本书《视窗软件设计和开发自动化——可视化D++语言(第2册)》的学习目的概要地总结一下?(回答“可以”)本丛书第2册连同它的一本续集,基于应用软件公司的上门客户需求最多、创收最巨大的“企事业管理软件”领域。本书将逐章逐节地介绍Windows视窗的各个功能部件的设计要求,使读者既愉快又迅速地成为视窗管理软件的设计者和制作者。

科学技术总是不断地向前推进，生产制作企事业管理软件的应用软件公司也应尽早地掌握可视化D++语言提供的“Model-to-Code”技术作为工具，并且积累大量特殊的软件小模块作为公司财富，这样就能迅速处于世界领先地位，没必要浪费千万元研究基金去赶超××了。另外，这么容易学、容易用的技术必然给大批勤奋的年轻人提供了一个良好的创业机会。同时，作者诚恳地希望读者向上述公司网页显示的可视化D++语言的设计者指出对软件的改进意见，从而让后来人的使用更加方便和可靠。

结论：现已完成的可视化D++语言已经拥有至今最强大的智能环境，它使得软件设计变得易懂、方便有效且不易出错。这里暂且不多谈用“Model-to-Code”技术制作软件是如何实现高质量、高可靠性的，仅从软件制作的经济效益(效率)上讲，在涉及的应用领域内，用新方法完成一个软件设计文件比用传统方法完成软件设计文件至少要快1～10倍；有了软件设计文件之后，用新方法为客户制作一个高质量的软件产品，近百万字节的软件也可在一个小时内生成，比用传统的人工编程方法至少要快百倍千倍以上，因此自动构建高速软件的“Model-to-Code”技术实现了软件工程方法论上的一次革命。更为有意义的是，从社会层面上讲，像人人都能学开汽车一样，今后人人都有可能学做与自己熟悉的事物有关的计算机高速软件了。

可视化D++语言及SDDA的软件自动化技术是为了在已有的软件应用领域提高软件制作的效率和可靠性，目前已完成了计算机的企业管理视窗软件和网络平台(Web Server CGI)的全套应用软件。本丛书的大致出版计划仍分3册，即《绘制进程图——可视化D++语言(第1册)》、《视窗软件设计和开发自动化——可视化D++语言(第2册)》及其续集(共两本)、《互联网服务器软件设计和开发自动化——可视化D++语言(第3册)》。今后，人们也可把可视化D++语言的SDDA自动化技术用于手机系统，使得手机用户可以设计制作自己喜欢的APP应用软件并添加进手机里(如安卓系统的小米手机和LG手机等)。另外，要把可视化D++语言的SDDA技术用于UNIX服务器的分布式操作系统的应用软件设计和开发自动化，这些自动化的实现比Microsoft公司的视窗系统的自动化的实现容易很多。用可视化D++语言去设计并自动生成极小部分Java软件和安卓系统的应用软件，近期也初试成功。

特别要指出，“Model-to-Code”技术只用于人们熟悉的软件领域，不能用于人们不熟悉的、正在探索的新的软件研究领域。因而不论是目前还是今后，带有研究性质的软件以及每年大量涌现的新领域里软件的创作，仍然需要大量高级程序人员手工研制，新的“Model-to-Code”技术也仅仅是程序人员手中的工具之一。随着各国的经济发展，高级程序人员的培养是一个长期的人才培养问题。

作者

2016年6月

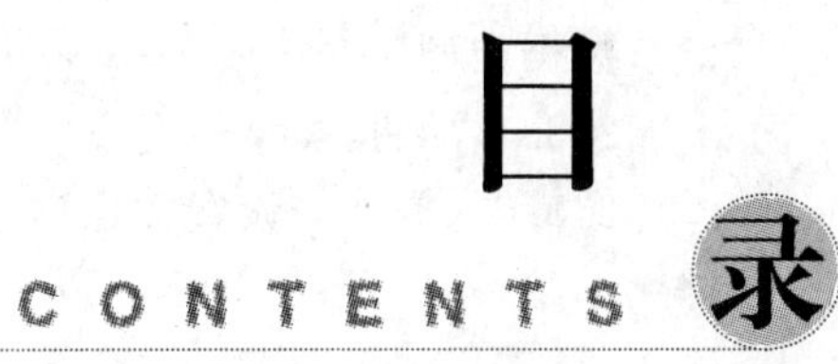

目录 CONTENTS

第1章

构建软件自动化框架

软件设计和开发自动化是可视化 D++语言的一大特征。本书使用的可视化 D++语言集成设计开发环境 SDDA 系统(即软件 S,设计 D,开发 D,自动化 A)就明确体现了这一特点。本书主要为读者具体介绍企业管理的 Windows 窗体应用软件的设计和自动化开发,本章由软件自动化框架的构建入手,为读者详细讲解可视化 D++的使命及奇妙之处。

1.1 软件生命周期和软件框架

与所有生命体类似,任何软件都存在一个生命周期。软件的生命周期是一个孕育、诞生、成长、成熟和衰亡的生存过程,也就是所谓的软件定义、软件开发和运行维护 3 个时期,这是读者设计和开发一个软件需要了解的。

而软件框架(Software Framework)通常指的是为了实现某个业界标准或完成特定基本任务的软件组件规范,也指为了实现某个软件组件规范时提供规范所要求的基础功能的软件产品。

1.1.1 软件生命周期

软件的生命周期是一个耗时长的工程。在已有的软件工程生命周期的 3 个时期中,各个阶段又有着不同的基本任务,软件定义时期的主要任务是解决“做什么”的问题,通俗地讲就是项目的主要功能及可行性等;软件开发时期的主要任务是解决“如何做”的问题,也就是如何完成此项目的过程,要解决每个构件所要完成的工作以及完成此工作的顺序,选择编写源程序的开发工具,把源程序转换成计算机可以接受的“机器执行码”;运行维护时期的主要任务是使软件持久地满足用户的需要,通常包括改正性维护、适应性维护、完善性维护和预防性维护。

其中,软件定义时期包含可行性分析和需求分析两个阶段:

(1) 可行性分析。此阶段是软件开发方与需求方共同讨论，主要确定软件的开发目标及其可行性。在这个阶段中我们需要从开发的技术、成本、效益等各方面来衡量这个项目，进行可行性分析，形成可行性分析报告书，并以此为基础进行需求分析等后期工作。

(2) 需求分析。在确定软件开发可行的情况下，对软件需要实现的各功能进行详细分析，明确目标的功能需求和非功能需求，并建立分析模型，从功能、数据、行为等方面描述系统的静态特性和动态特性，对目标系统做进一步的细化，了解此系统的各种需求细节。

软件开发时期主要包括软件设计、程序编码和单元测试、集成和系统测试 3 个阶段，其中软件设计是整个软件开发时期的技术核心部分。

(1) 软件设计。此阶段主要根据需求分析的结果对整个软件系统进行设计，例如进行系统框架设计、数据库设计等。软件设计一般分为总体设计和详细设计。

(2) 程序编码和单元测试。此阶段是选择合适的编程语言，将软件设计的结果转换成计算机可编译运行的程序代码，并对程序结构中的各模块进行单元测试，然后运用调试的手段排除测试中发现的错误。在程序代码中必须要制定统一、符合标准的编写规范，以保证程序的可读性、易维护性，提高程序的运行效率，且与设计相一致。

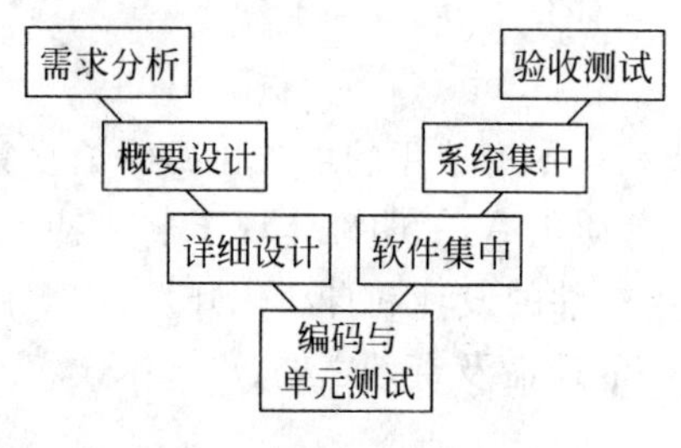

图 1.1 软件生命周期

(3) 集成和系统测试。在软件设计完成后要经过严密的测试，以发现软件在整个设计过程中存在的问题并加以纠正。

软件维护是软件生命周期中持续时间最长的阶段。在软件开发完成并投入使用以后，由于多方面的原因，软件不能继续适应用户的要求。如果要延长软件的使用寿命，必须对软件进行维护。整个软件生命周期如图 1.1 所示。

1.1.2 软件框架

简而言之，框架就是制定一套规范或者规则(思想)，读者(软件设计人员或程序员)在该规范或者规则(思想)下工作，或者说就是使用别人搭好的舞台来做表演。

采用全新软件工程技术的可视化 D++语言是一种软件设计语言，它不是 Pascal、C、Java 一类的程序设计语言，它不受计算机平台的限制，是一种前所未有的当代的计算机语言。因为它能“自动构建”软件(这些软件都是指计算机上能直接高速运行的. exe 可执行程序)，也支持使用不同程序语言编写的程序代码。其中，后者应用于安全检验与对软件的信任测试。目前，可视化 D++软件设计语言正在不断地扩大其应用范围，例如绘制进程图软件(已完成)、Windows 窗体应用软件(已完成)、互联网服务器全套应用软件(已完成)。

可视化 D++语言的集成设计开发环境——SDDA 的最大特点是简单易学、智能化，其提供的软件框架不需要初学者有任何的前期学习或者编写程序的经验就可以直接设计出自己想要的软件，从而成为使用可视化 D++语言的应用软件设计人员。当然，不同经历的人会设计出不同要求与不同水准的软件。

在使用教学软件“可视化 D++ 语言”之前，用户要考虑如何安装教学软件“可视化 D++ 语言”。正确的方法是先把本书附带的 CD 光盘放进自己计算机的光驱里，然后用鼠标左键双击 CD 光盘内的“启动安装” 软件(“Setup. exe”) 或者“sdda_window. exe”，在安装过程中若遇到提问尽量做出“Yes(是)”和“Next(下一步)”等回应，这样安装很快就会完成。用户如果单击不是所附带CD光盘中的安装软件，安装很可能会失败。另外，所用的计算机系统应该是经长期使用已证明可靠稳定并且运行速度不错的Windows XP、Window 7等，不建议新手使用某些正处于市场测试阶段的Windows系统。

SDDA软件设计和开发自动化框架提供了众多方便而又强大的功能。本书专门用于帮助读者快速建立Windows窗体应用软件。启动SDDA软件的方法是双击桌面上的“可视化D++语言”图标(“Visual D++”)或文件目录栏“C:\Visual D++ Language”中的“Visual D++ Language.exe”应用软件，打开Visual D++集成设计开发环境，它将提示用户选择打开的工程，在“模型包”目录下选择“初始模型.mdb”工程(也称设计文件)，然后单击【打开】按钮，则创建一个新的初始工程，其初始界面如图1.2所示。

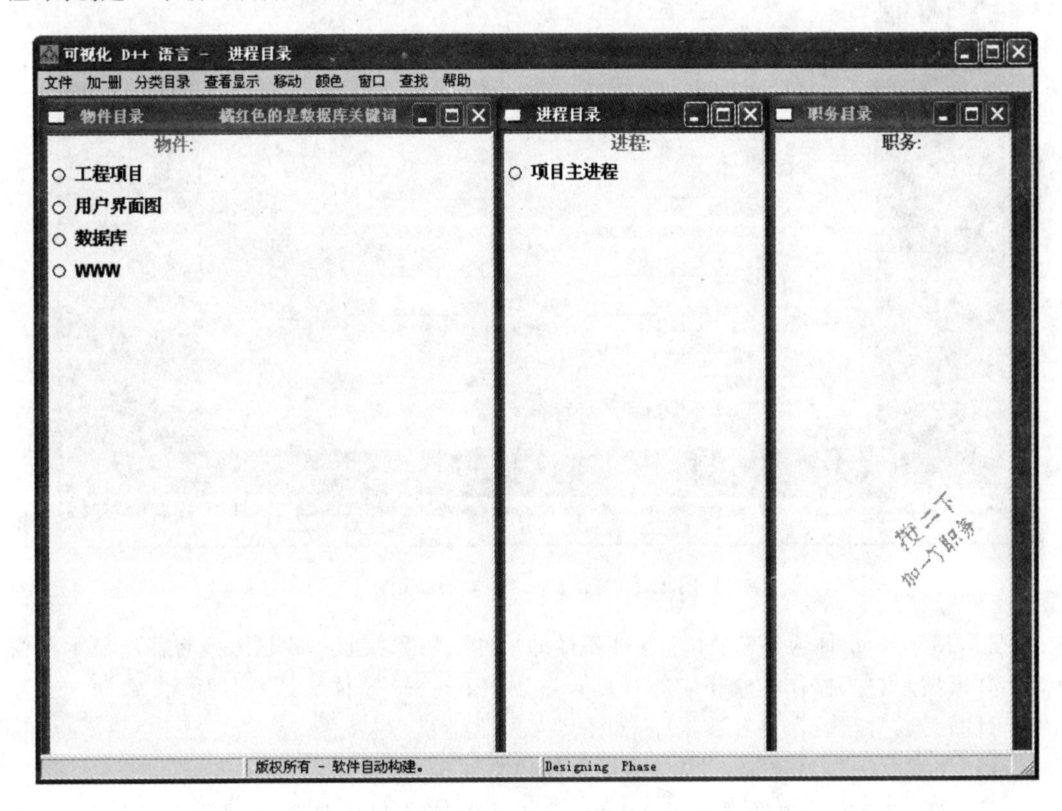

图1.2　SDDA框架

注意：为了方便初学者理解，这里的初始界面不是空的，而是已经添加了几个项目的分类名称，使得读者的设计能够条理清晰。

从图1.2中可以看出，在该SDDA框架的物件目录中已经创建了工程项目、用户界面图、数据库和Web应用软件等多种形式的项目，这些项目相互组合能实现丰富的应用软件，本书中Windows窗体应用软件的设计就是如此。

1.1.3　Windows窗体应用软件

本书中所指的窗体是一个视图(View Form)或对话框(Dialog)，是存放各种控件或对象的容器，用于向用户显示信息和接收用户输入，从而实现人机交互。

目前，读者接触到的大部分 C/S（即 Custom/Server，客户端/服务器）和单机软件都是 Windows 窗体应用软件，例如常见的图书管理系统、进销存管理系统等，图 1.3 所示为一个 Windows 窗体应用软件。

图 1.3　Windows 窗体应用软件

在 Windows 窗体应用软件中，各种各样的控件或对象接收用户输入或将输出显示在窗体上，并根据用户的操作完成相应的操作。对于 Windows 窗体应用软件而言，数据的交互必不可少，其通常在后台建有数据库，如图 1.4 所示。

设计和开发一个 Windows 窗体应用软件的主要步骤如下：

(1) 建立数据库。数据库是 Windows 窗体应用软件的数据来源，在开发 Windows 窗体应用软件之前就需要确定数据库的结构和数据表的关系。

(2) 设计与组织窗体。窗体是 Windows 窗体应用软件的基本单元，其将数据存入数据库中或将库中的数据展现在用户面前。一个完整的 Windows 窗体应用软件通常包含多个窗体，为了方便用户调用这些窗体，软件设计人员通常需要将这些窗体进行组织，以菜单或命令按钮的形式展现。

(3) 建立进程与进程图。把本丛书第 1 册介绍的进程图拓展，使进程与窗体一体化。

从 1.2 节开始，本书以一个简单病员（病人）管理系统的设计为例为读者详细讲解使用可视化 D++如何快速开发 Windows 窗体应用软件。

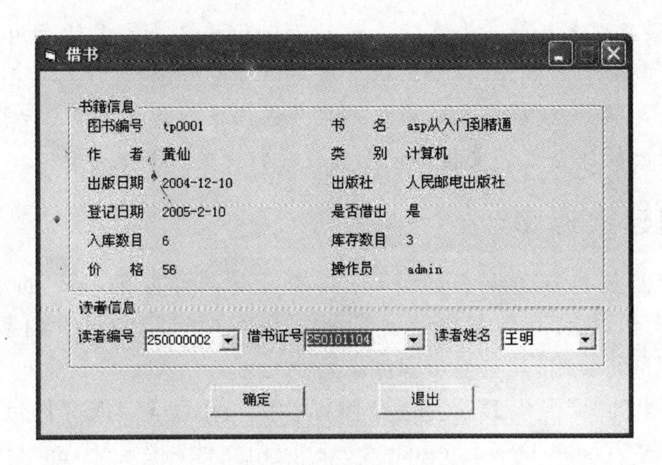

图 1.4 数据交互

1.2 建立数据库

数据库是开发 Windows 窗体应用软件的重要组成部分，其应该在用户进行窗体设计之前设计和创建。

1.2.1 设计数据库结构

如前所述，在 Windows 窗体应用软件中数据存储是非常重要的一个方面。数据库设计不仅关系到用户与数据库之间的交互速度，更直接地关系到 Windows 窗体应用软件的质量和生命周期。

在针对具体的应用软件进行数据库创建之前，首先需要对数据库的结构进行规划，明确数据库中的数据表及其之间的关系。同时，数据库结构设计应该考虑到软件系统的功能要求以及软件系统可维护性和可扩展性，为以后的发展和需求做好准备。

以病员管理系统为例，数据库中至少应该包含一张数据表——病员基本信息表，该表的每一条信息都记录了一个病员的基本情况，这些基本情况可以包括病员姓名、性别、疾病和入院日期等，如表 1.1 所示。

表 1.1 病员基本信息表的结构

字段名	字段类型	长 度	主 键	是否允许为空	说 明
病员号	数值型	10	是	否	病员号
姓名	字符型	20	否	否	姓名
性别	字符型	4	否	否	性别
疾病	字符型	100	否	否	疾病
入院日期	日期型		否	否	入院日期

在上述病员基本信息表中，字段“病员号”是关键字，在生成记录时许多数据库会自动生成该字段值，作为表中每一条记录的唯一标识，用于数据库搜寻记录。字段类型是指该字段存储在数据表中的数据类型。

注意：本书中的一个物件在某些实际场合下称为一个对象，而在数据库表（简称数据表)的一条记录里按习惯又称为一个字段。设定不同称呼只是为了便于用户对正在讨论的问题的理解。至于“长度”的概念,仅仅供读者有一个数量概念,设计人员不必去改动。现代计算机的存储容量足够大,最后产生的软件产品会根据每个数据类型自动设定长度,只有对极少数的屏幕显示的软件会另外安排设计人员设定特定的显示长度。

1.2.2 创建数据库

在完成数据库及其相应数据表的设计后,就可以在可视化 D++的集成设计开发环境——SDDA 中进行数据库和数据表的创建操作了。这里以“病员管理系统”中的数据表“病员”的创建为例进行介绍,其创建步骤如下:

(1) 双击桌面上的“可视化 D++ 语言” 图标(“Visual D++”)或文件目录栏“C:\Visual D++ Language”中的“Visual D++ Language. exe”应用软件,打开 Visual D++集成设计开发环境,它将提示用户选择打开的工程,在“模型包”目录下选择“初始模型. mdb”工程(设计文件),然后单击【打开】按钮,则创建一个新的初始工程,如图 1.5 所示。

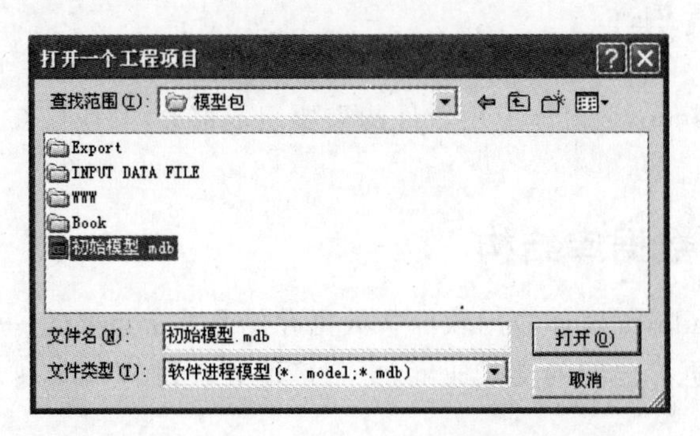

图 1.5 创建新的初始工程

(2) 此时 Visual D++集成设计开发环境将会给出 Windows 窗体应用软件的整个开发流程和相关信息,如图 1.6 所示。

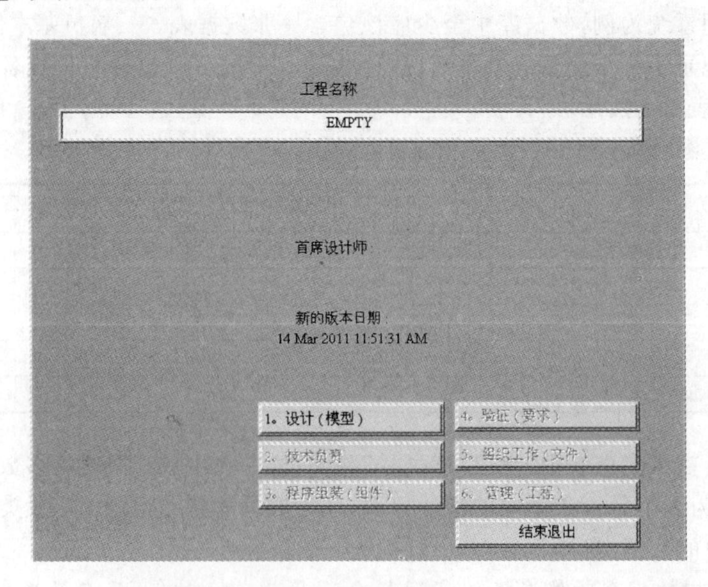

图 1.6 基本信息

(3) 在图 1.6 中单击【1。设计(模型)】按钮,进入可视化 D++的集成设计开发环境 SDDA,此时设计开发环境会自动打开 3 个目录,即物件目录、进程目录和职务目录,如图 1.7 所示。

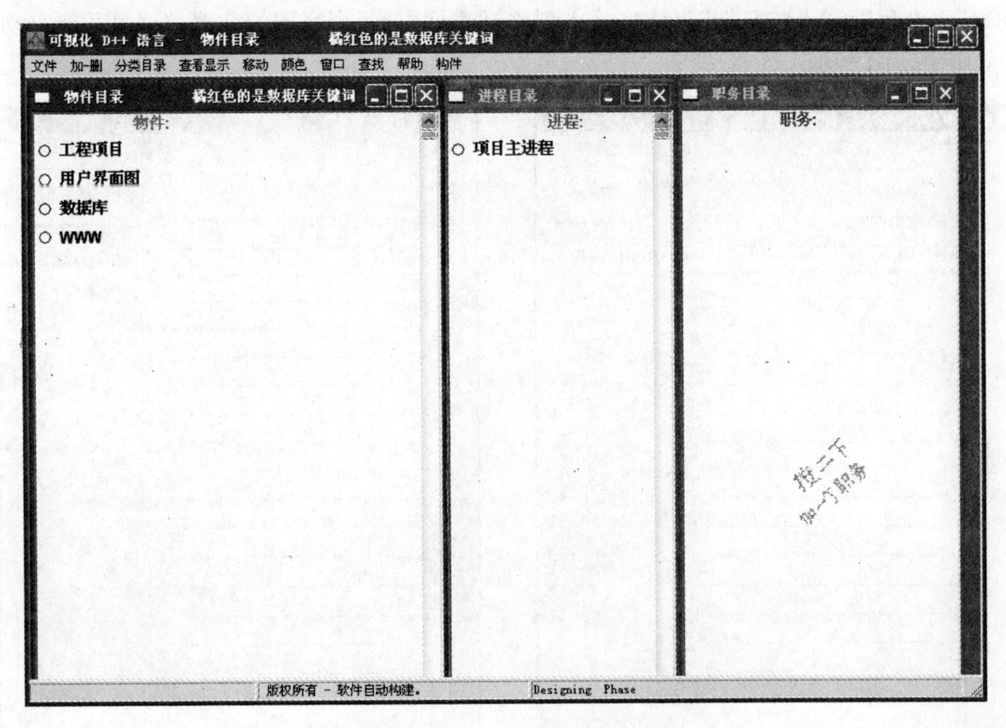

图 1.7　SDDA 初始模型主界面

读者知道,在 D++语言系列丛书第 1 册《绘制进程图》中,主要操作的目录就是进程目录,所有进程图绘制操作都在进程目录中完成。而图 1.7 中所示的物件目录即其他软件设计工具中所说的“工程”或者“项目”,职务(Actor)目录即“角色”或者“权限”。在本书 Windows 窗体应用软件的设计中,这 3 个目录都将使用到。

(4) 单击物件目录,使之处于被选中状态,此时该窗体的标题栏中将显示蓝色白底文字。在物件目录的空白处双击,将弹出图 1.8 所示的“插入新物件”对话框,在其中输入“病员”作为新创建数据表的名称。

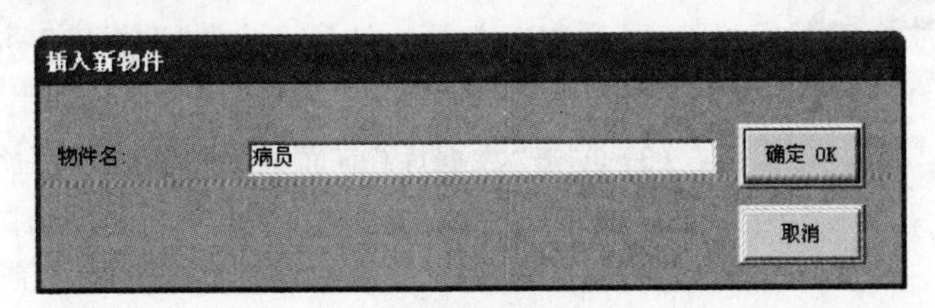

图 1.8　创建数据表

(5) 在图 1.8 所示的对话框中输入完成后单击右侧的【确定 OK】按钮,并将鼠标指针移到空白的物件目录上,此时鼠标指针将变成“+”字形,在物件目录的项目“数据库”处单击,此时可视化 D++将会自动创建数据表“病员”,并要求用户输入该表的所有字段名,如图 1.9

所示。

(6) 在图 1.9 中，可视化 D++已经默认添加了一个新的字段“病员号”，并自动指定其作为关键字(一般情况下尽量不改动它)，用户可以将病员基本信息表中的其他字段名“姓名”、“性别”、“疾病”和“入院日期”等依次输入到该对话框中(每个字段的数据类型由系统自动产生)，如图 1.10 所示。

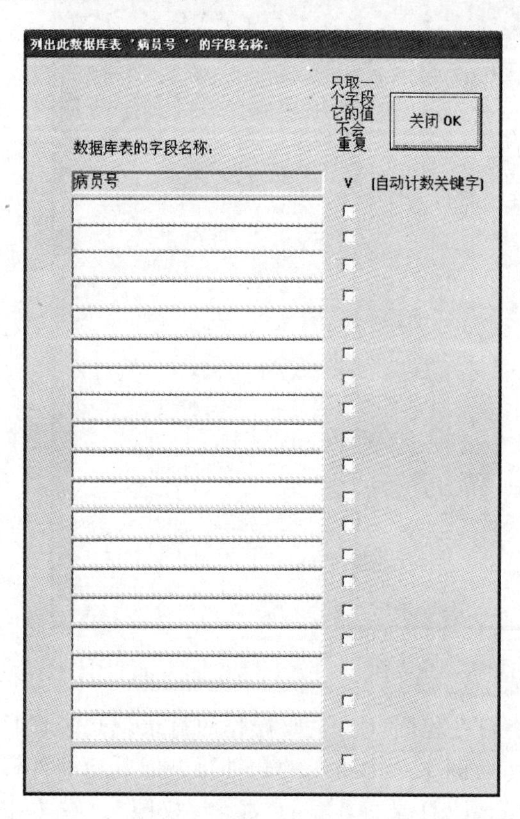

图 1.9　新建数据表

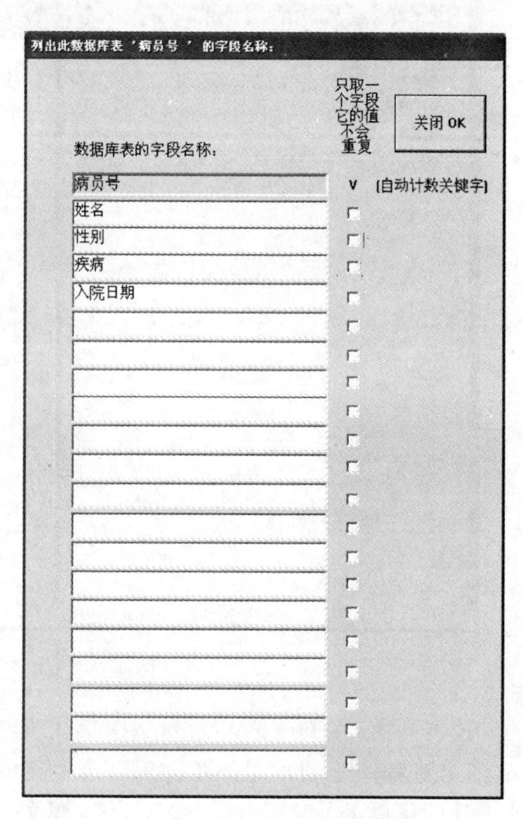

图 1.10　在数据表中添加字段

(7) 添加完成后在对话框中单击右侧的【关闭 OK】按钮，此时对话框弹出确认消息，如图 1.11 所示。

图 1.11　对话框关闭确认

(8) 如果字段添加完成，单击【是(Y)】按钮，该对话框将被关闭，同时 SDDA 的物件目录中的“数据库”项将会变成黑底白字，其前面的圆圈也会被“田”符号取代，如图 1.12 所示。

(9) 单击“数据库”前面的“田”符号，可将该项打开，查看数据库中所有的数据表及其 5 个字段名，此时该数据库中仅包含一个“病员”数据表，其表中字段如图 1.13 所示。

如果数据库中包含多个数据表，可以单击表前面的“⊟”符号将该表的字段缩起来，或单击“田”符号将表的所有字段展开。

至此，一个新的数据表“病员”已经被创建了。需要注意的是，新建一个数据表是很方便的，仅仅要求列出数据表名和它的所有字段名，而每个字段的数据类型由系统自动产生。此外，对于如何查看数据表的设计结果将在 1.3 节介绍。

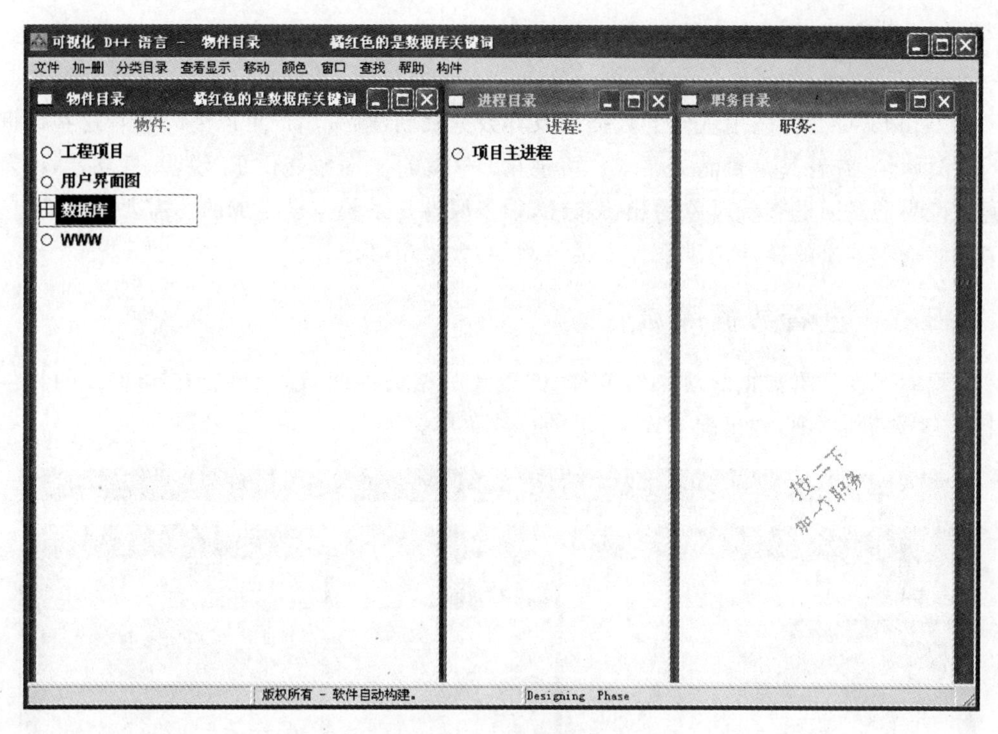

图 1.12　创建数据表

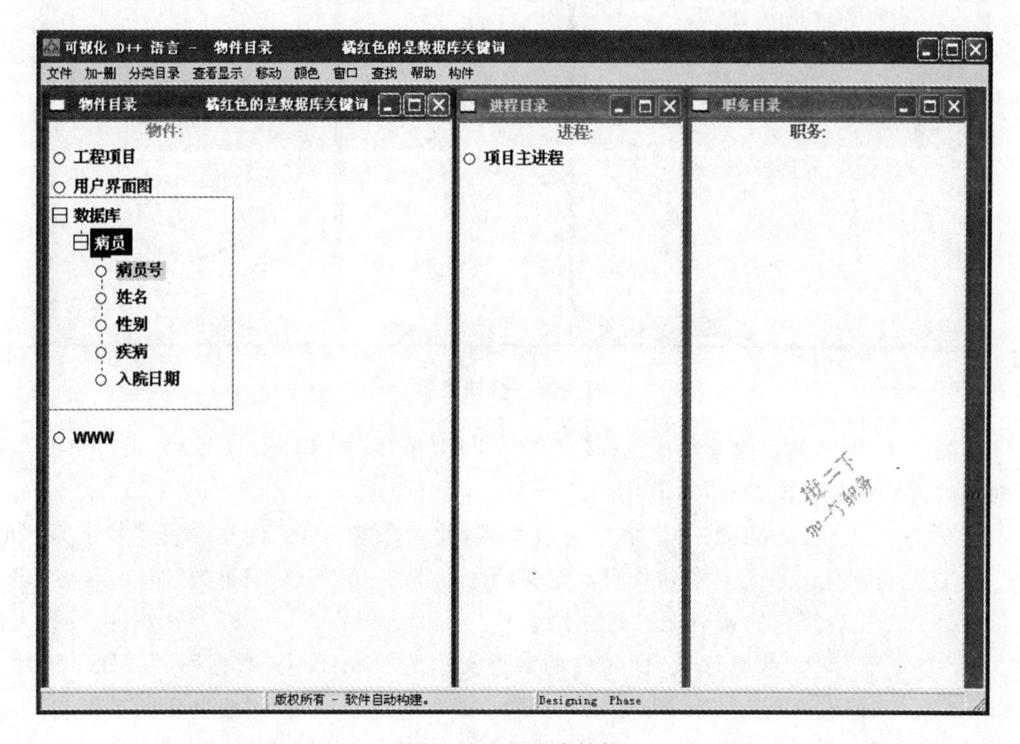

图 1.13　显示表结构

1.3 查看数据库

在 Windows 窗体应用软件的数据库及其数据表创建后，用户可以随时查看这些数据对象的相关属性，查看其是否满足要求。可视化 D++为每个对象提供了“说明书”功能，读者可以通过说明书对话框查看对象的相关属性，很多属性是系统自动生成的。需要注意的是，说明书对话框中列出的属性是供设计人员查阅的，大家不必记住。

1.3.1 查看数据库属性

数据库属性是指数据库对象的名称、类型及其相关说明，读者可以在 SDDA 的物件目录中右击“数据库”项，弹出图 1.14 所示的快捷菜单。

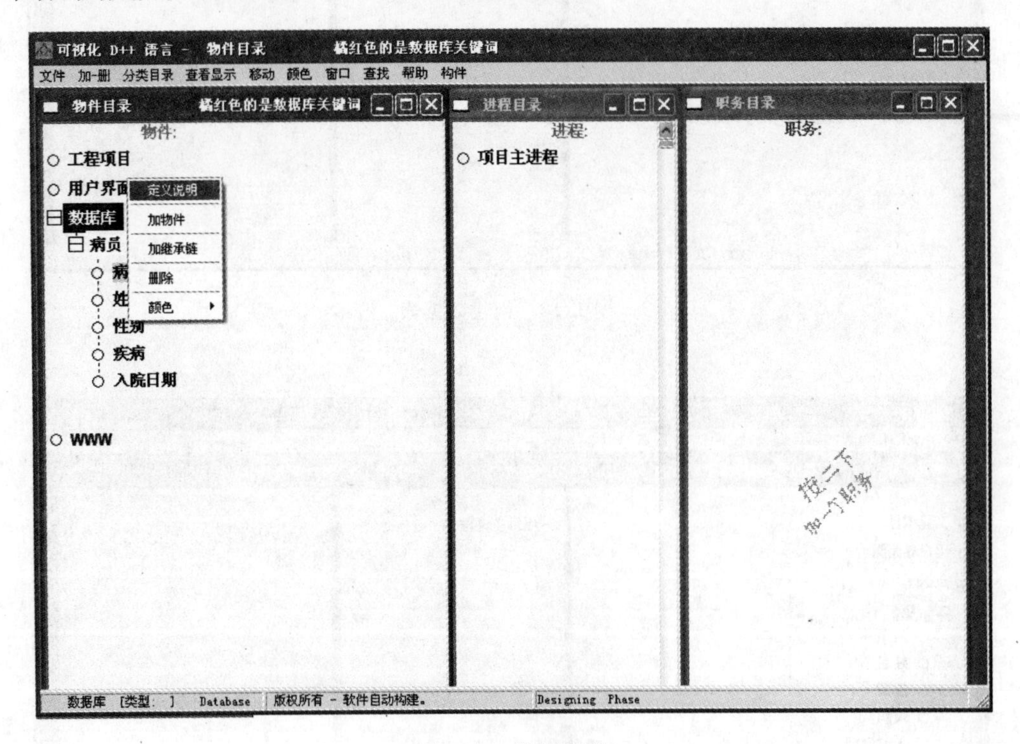

图 1.14 快捷菜单

在图 1.14 所示的快捷菜单中选择【定义说明】菜单项，并单击该菜单项，可以打开数据库对象的说明书对话框，如图 1.15 所示。

从图 1.15 所示的说明书对话框中可以看到，此对象物件的“英文/拼音”名字为“Object_3”，这是可视化 D++为对象物件自动定义的。此物件的唯一标识符为“英文/拼音”名字后接冒号“:”，然后接它的独一无二的物件编号“3”，即为“Object_3:3”。另外，由设计人员输入的“中文”名字为“数据库”。此物件的数据类型为“Database(数据库)”。以后说物件“Object_3:3”(标识符)就是指编号为“3”的“数据库” 物件。单击“用户名命的数据类”下拉列表框，能够看到所有可视化 D++可选的数据类型，如图 1.16 所示。

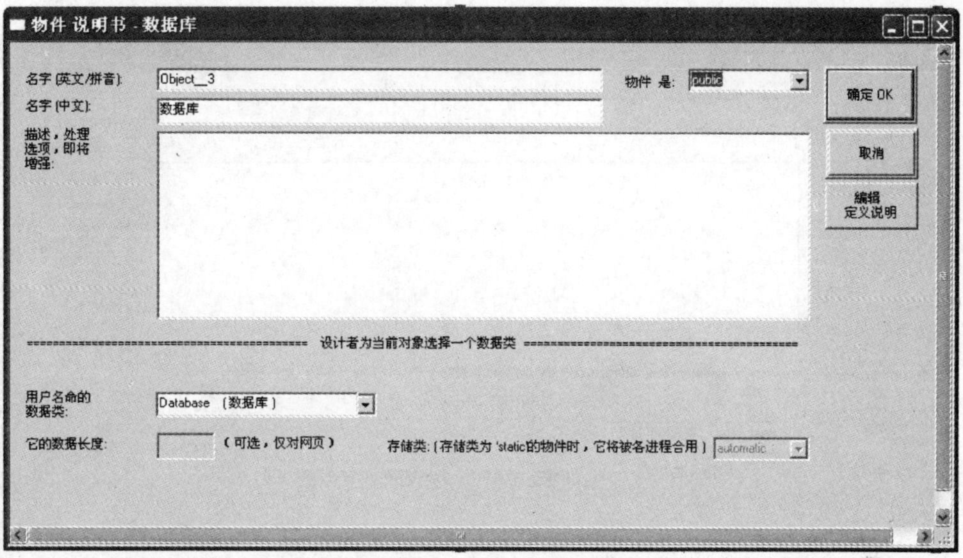

图 1.15 数据库对象的说明书对话框

注意：数据类型以字母序列进行排序，以方便读者查找。可视化 D++支持非常多的用户熟悉的数据类型，在一般情况下，用户无须再自定义新的类型。

图 1.16 数据类型

1.3.2 查看数据库表属性

与查看数据库的属性类似，读者可以在 SDDA 的物件目录中单击“数据库”项左侧的“⊞”符号，展开数据库下的所有数据表对象。如果需要查看某一数据表的属性，右击该表，在弹出的快捷菜单选择相应菜单项。

同样，在弹出的快捷菜单中选择【定义说明】菜单项，并左键单击该菜单项，可打开数据表对象的说明书对话框，如图 1.17 所示。

从图 1.17 中读者可以看到，数据表的数据类型为 Database Table，即数据库中的表，这是其与数据库对象不同的地方。此外，它的“名字(英文/拼音)”是“Object_5”，初学者尽量不要改动它。此物件的唯一标识符为“英文/拼音”名字后接冒号“:”，然后接它的独一无二的物件编号“5”，即为“Object_5:5”。“名字(中文)”文本框中显示的是数据表的名称“病员”。

本书中的物件“Object_5:5”(标识符)就是指编号为“5”的数据表“病员”。同时，用户可以编辑对该数据表的说明，单击对话框右侧的【编辑定义说明】按钮，将打开图 1.18 所示的对话框，在其中输入数据表的定义说明。

完成编辑后，单击该对话框右侧的【确定 OK】按钮，该定义说明将被保存到数据表“病员”的属性中，如图 1.19 所示。

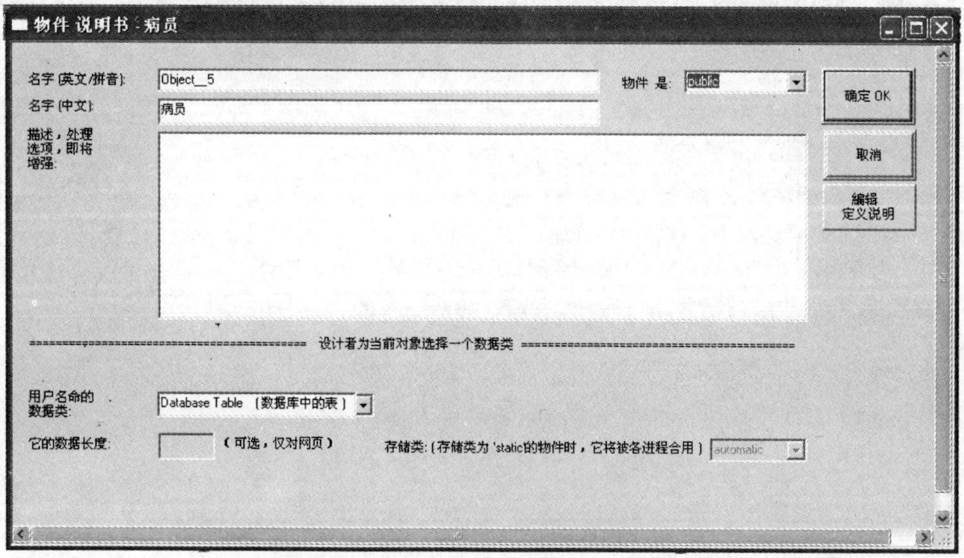

物件 说明书 : 病员
名字 (英文/拼音): Object__5
名字 (中文): 病员
物件 是: public
描述，处理选项，即将增强:
确定 OK
取消
编辑定义说明
设计者为当前对象选择一个数据类
用户名命的数据类: Database Table （数据库中的表）
它的数据长度: （可选，仅对网页）
存储类: (存储类为 'static'的物件时，它将被各进程合用) automatic

图 1.17　查看数据表属性

图 1.18　编辑数据表定义说明

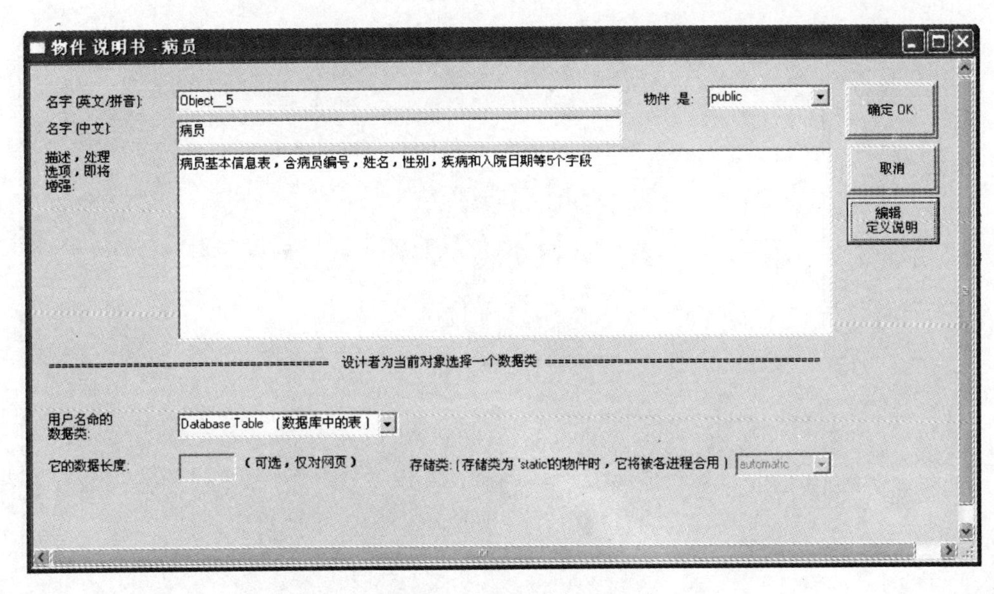

图 1.19 保存定义说明

在图 1.19 中,如果读者还需要修改定义说明,只需单击该编辑框或再次单击对话框右侧的【编辑定义说明】按钮重新打开图 1.18 所示的对话框,在该对话框中对定义说明进行修改即可。

1.3.3 查看字段属性

字段(Field)是指数据表的基本组成部分,通俗地说,数据表的一个字段指该表的一列。根据 1.2.1 节设计的数据表结构,读者可以看到为每个字段都指定了数据类型。

同样,读者可以在 SDDA 的物件目录中单击"数据库"项左侧的"田"符号,展开数据库下的所有数据表对象。再次单击用户选择的某一数据表左侧的"田"符号,打开该表的所有字段,选择某一字段后右击,将弹出快捷菜单。此处在"病员号"字段右击,在弹出的快捷菜单中选择【定义说明】菜单项,单击该菜单项,可打开数据表对象的说明书对话框,如图 1.20 所示。

在图 1.20 中可以看到,此物件的"英文/拼音"名字是 Object_0。该物件的唯一标识符为"英文/拼音"名字后接冒号":",再后接它的独一无二的物件编号"6",即为"Object_0:6"。在可视化 D++语言中,各种物件的名字可能会相同,但是它们的编号绝对不同。

此外,该物件的"中文"名字是"病员号",它是此物件显示在窗体上的名称。"病员号"字段的数据类型为"Database Auto Key Long",物件"Object_0:6"就是指编号为"6"的"病员号"字段。

对于不同类型的字段,可视化 D++会自动为其设置不同的数据类型,例如"病员"表中的"住院日期"字段,其属性如图 1.21 所示。

读者可以看到,"住院日期"字段的数据类型为"Time(日期)",而这些都是系统自动设置的,不需要用户手动完成。由此可以看出,可视化 D++具有非常智能的数据类型识别功能,在创建数据表时,用户只需添加表的字段名称即可,但要强调的一点是,数据类型是

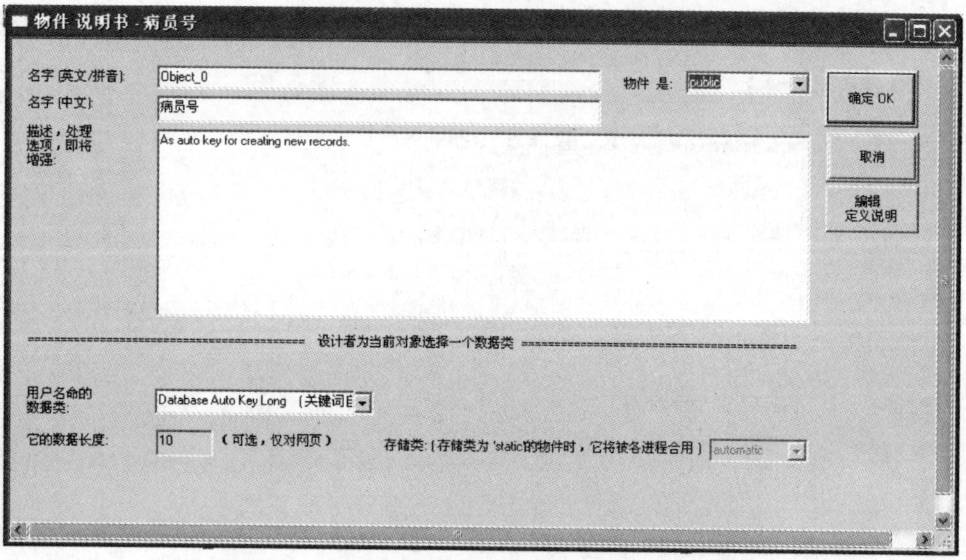

图 1.20　查看字段属性

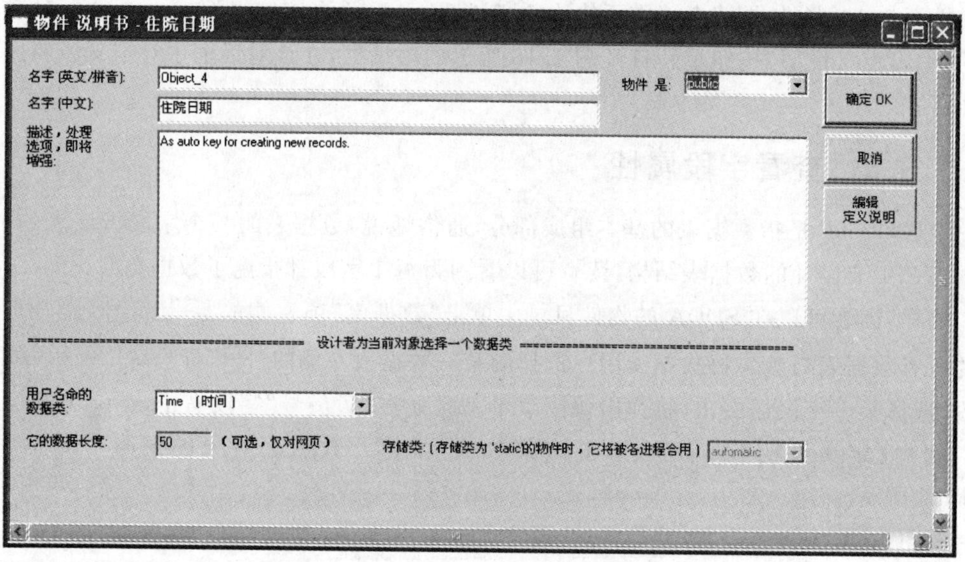

图 1.21　查看日期字段属性

Text(短文)等“字符串”的数据长度,必须小于 250。对于长度大于 250 的 Text(短文)类型,需要把数据类型改为 Memo(超长字符串)。除此之外,其他的数据类型很少需要改动。

使用 SDDA 创建数据库及数据表避免了使用其他数据库软件烦琐的步骤,真正实现了一步到位,体现了可视化 D++语言极高的软件设计自动化程度。

最后,将工作后的设计结果保存到一个新文件,例如“模型包\书\第 1 章 构建软件自动化框架\第 1 节 建立病员数据库”下的“病员资讯服务_编辑框. mdb”中。具体操作如下:

(1) 关闭 SDDA 主界面下的所有窗体和目录,回到空白主界面下,并在其中选择【文件 File】|【保存作为】菜单项。

(2) 弹出“另存为新工程项目”对话框，在“保存”列表框中选取目录“模型包\书\第 1 章 构建软件自动化框架\第 1 节 建立病员数据库\”。

(3) 在“文件名”文本框中输入“病员资讯服务_编辑框.mdb”，然后单击右侧的【保存】按钮即可保存当前的设计文件。

说明：此处已经建立了一个复杂且可实际运行的数据库表，而读者所做的全部工作仅仅是输入了 5 个字段，即“病员”(作为数据库表名)、“姓名”、“性别”、“疾病”、“住院日期”(作为字段名)，其余都是由 SDDA 系统自动完成的。

1.4　建立窗体

窗体是用户操作 Windows 窗体应用软件直接接触的主要界面，也是放置控件和对象的容器。与其他语言集成设计开发环境不同，SDDA 提供了智能创建窗体的功能，帮助用户快速创建自己的窗体。

1.4.1　创建新的空白窗体

在 SDDA 主界面下单击物件目录，使之处于被选中状态，此时该窗体的标题栏显示蓝色白底文字。在物件目录的空白处双击鼠标左键，将弹出如图 1.22 所示的“插入新物件”对话框，在其中输入“病员资讯”作为新创建窗体的名称。

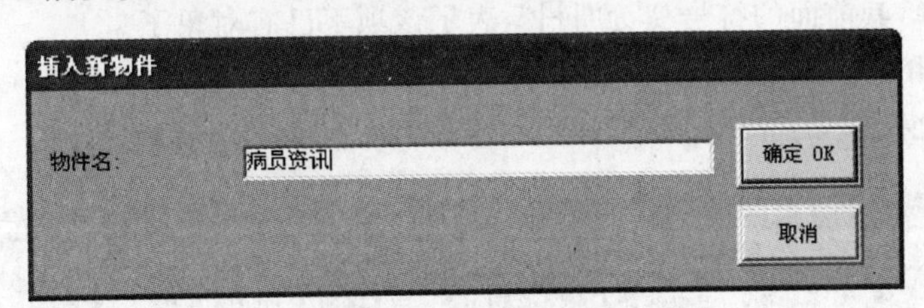

图 1.22　创建新窗体

在图 1.22 所示的对话框中输入完成后单击右侧的【确定 OK】按钮，系统提示“请移动你的鼠标光标…”，将鼠标指针移到空白的物件目录上，此时鼠标指针将变成“+”字形，在物件目录的项目“用户界面图”节点上单击，此时可视化 D++将会弹出图 1.23 所示的对话框，要求用户选择窗体中命令按钮的排列方式。

图 1.23　选择命令按钮的排列方式

在图 1.23 中，如果单击【是(Y)】按钮，命令按钮在新创建的窗体中会垂直排列，否则将水平排列。此处单击【是(Y)】按钮，SDDA 创建一个窗体并将其打开，如图 1.24 所示。

从图 1.24 中读者可以看出，新创建的窗体“病员资讯”已经包含了 6 个命令按钮，这些按钮是 SDDA 默认添加的，用户可以自主选择。同时，在左侧的物件目录中，“用户界面图”

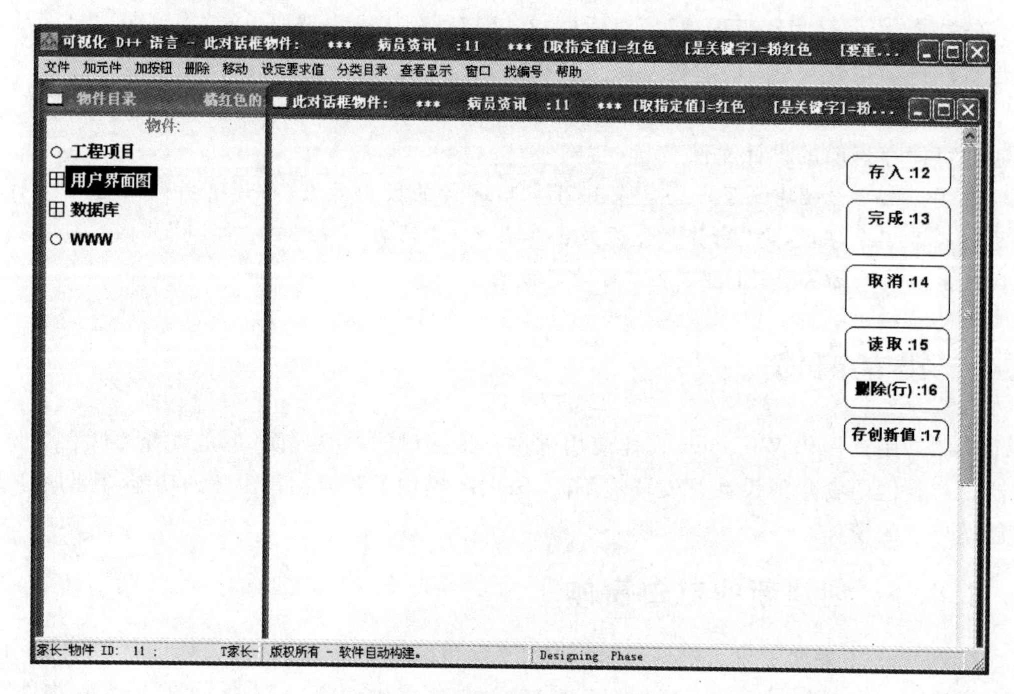

图 1.24 新窗体“病员资讯”

项已被默认选择，其前面的符号变为“田”，表示该项下已有对象了。

同样，如果用户在图 1.23 所示的选择命令按钮的排列方式对话框中单击【否(N)】按钮，则新建空白窗体中的 6 个命令按钮将水平排列，如图 1.25 所示。

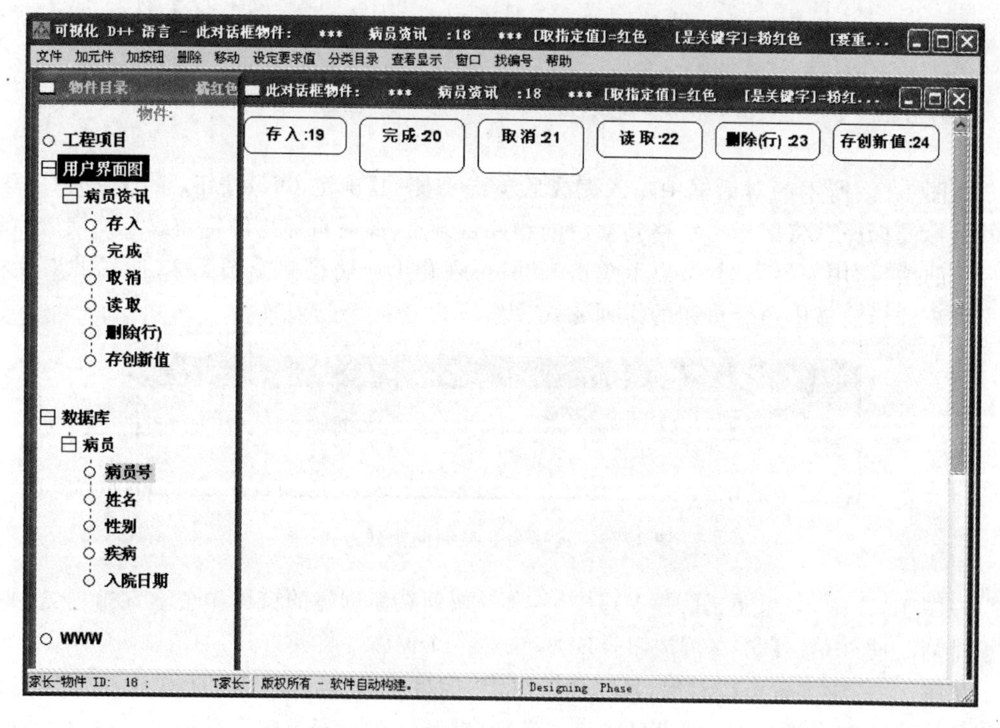

图 1.25 水平排列命令按钮的新窗体

至此，一个新的空白窗体已经创建完成，用户可以通过在该窗体上添加控件来实现对数据的输入、输出等操作。

注意：以上设计的空白窗体属于对话框。在生成的应用软件里，用户打开这种对话框窗体后不能同时打开其他窗体。

如果用户需要在打开一个窗体的同时使用其他窗体，那么需要创建视窗窗体。如何新建一个视窗呢？

同样，在SDDA主界面下单击物件目录，使之处于被选中状态，然后选择物件目录的【加-删】|【加视图 View】菜单项，此时SDDA同样会弹出如图1.22所示的"插入新物件"对话框，在其中输入"病员资讯"作为新创建窗体的名称。以后的操作步骤与创建一个对话框时相同，此处不再赘述。

1.4.2 创建病员资讯窗体

可视化D++中提供了许多控件，这些控件能够独立完成许多工作，大大简化了软件人员的工作量。本书将在后续章节为读者详细讲解这些控件的作用，为简单起见，此处以创建一个病员资讯窗体为例介绍简单控件的使用，其创建步骤如下：

(1) 在图1.24所示的窗体界面下选择【加元件】|【编辑框(Edit Box)＋标签】菜单项，如图1.26所示。

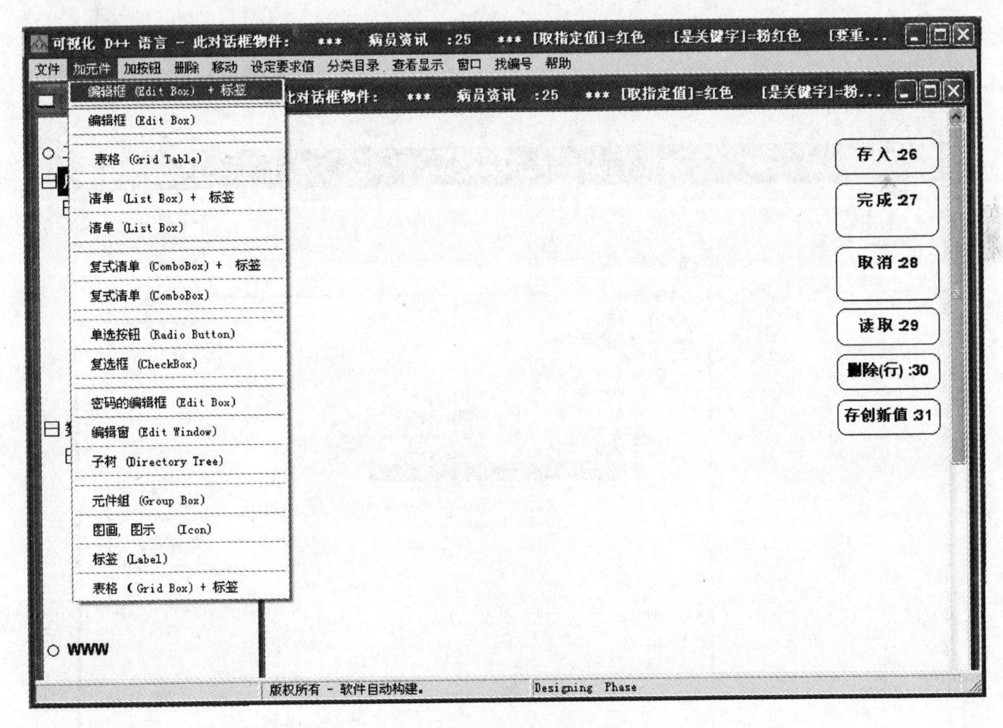

图1.26 选择菜单项

(2) 将鼠标指针移至空白窗体"病员资讯"上，此时鼠标指针变成"＋"字形，在窗体的任意空白处单击，将弹出选择物件的对话框，如图1.27所示。

(3) 在图1.27所示的对话框中单击"数据库"左侧的"田"符号，可展开数据库中所有的数据表及其字段，依次单击“病员”表中的病员号、姓名、性别、疾病和入院日期5个字段名，如图1.28所示。

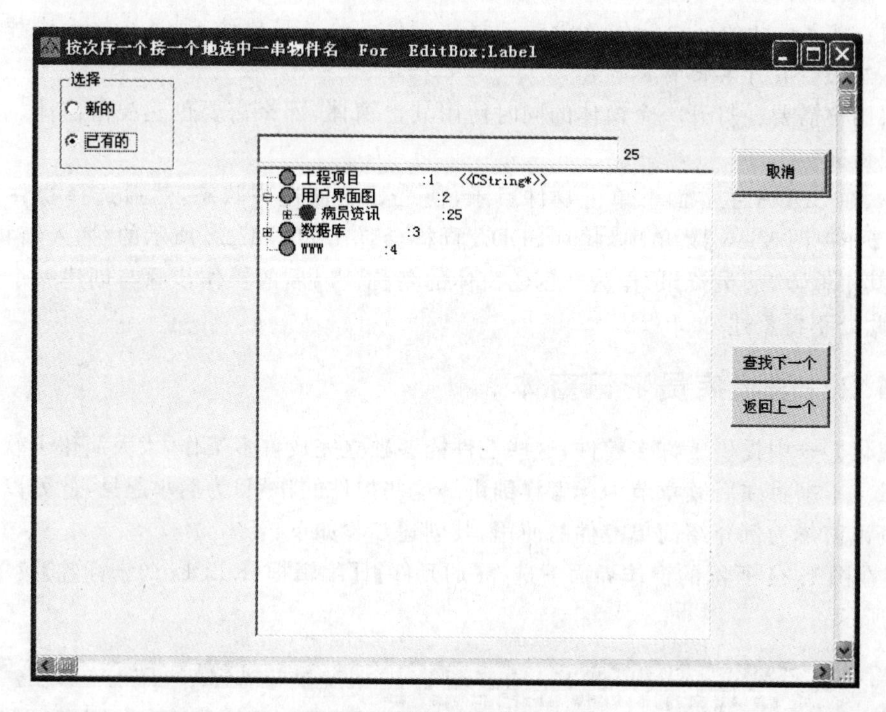

图1.27 选择物件的对话框

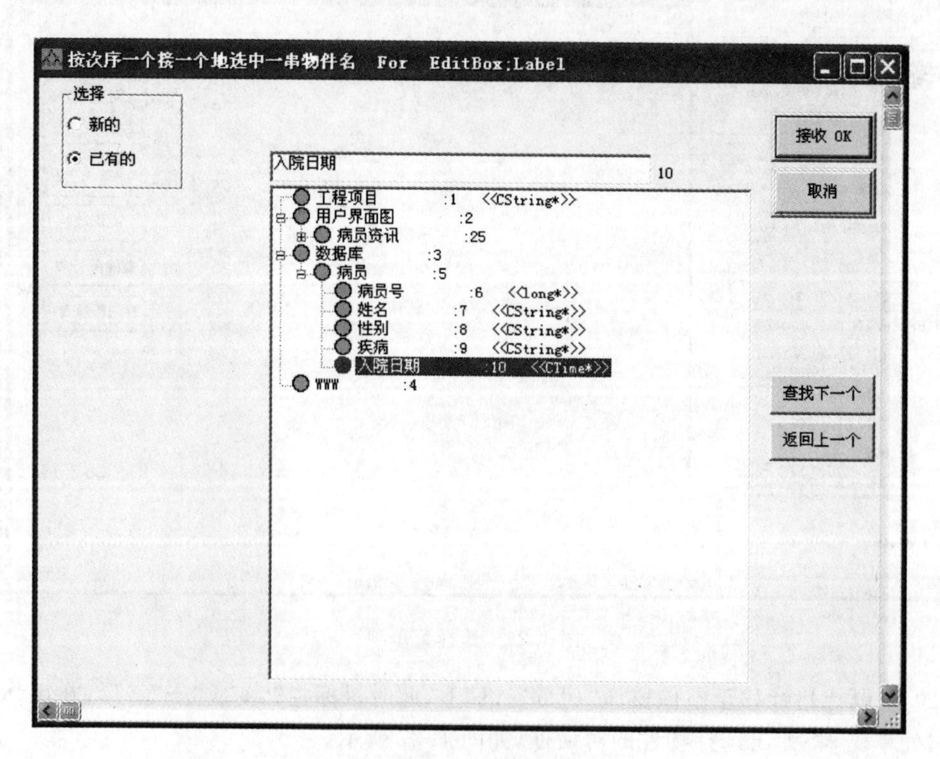

图1.28 选择目标物件

(4) 选择物件的操作完成后，单击对话框右侧的【接收 OK】按钮，此时可视化 D++将弹出一个对话框，要求用户确认这些控件的排列方式，如图 1.29 所示。

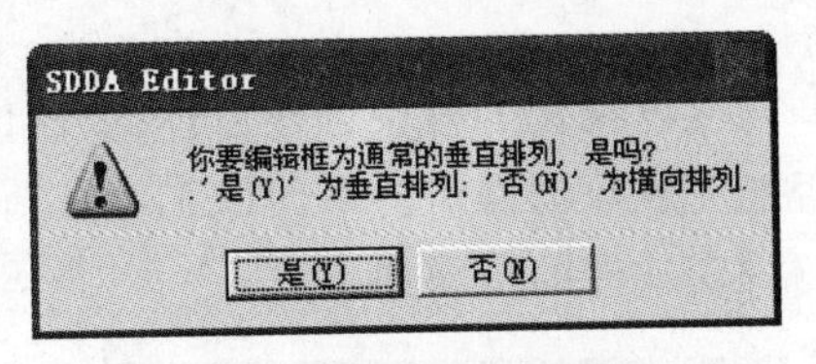

图 1.29　选择控件的排列方式

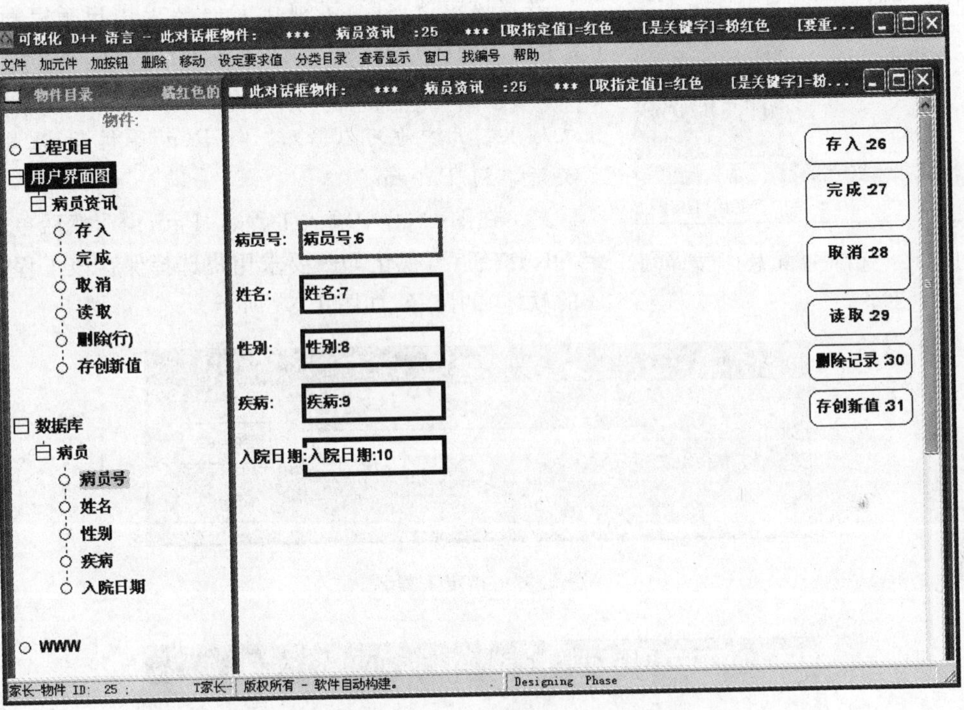

(5) 此处选择垂直排列方式，即在图 1.29 中单击【是(Y)】按钮，此时数据表“病员”的所有选定字段名都展示在编辑框里，如图 1.30 所示。

至此，一个包含数据控件的病员资讯窗体的设计文件已经完成。从图 1.30 中可以看出，每一个编辑框对应且代表了一个物件(数据项)，或者说窗体上的一个物件(数据项)对应一个编辑框。

图 1.30　添加控件

通过以上设计，用户可以在数据表字段对应的编辑框中输入和展示数据，并通过窗体右侧的命令完成存入、读取等数据操作。如果需要调整控件所在的位置，只需按住键盘上的【Ctrl】键不放，同时单击一个要移动的按钮，例如“姓名:7”，拖移至理想位置后松开【Ctrl】键和鼠标左键即可。

最后，用户应该把设计结果保存到一个新文件，例如“模型包\书\第 1 章 构建软件自动化框架\第 2 节 制作病员资讯表”下的“病员资讯服务_编辑框. mdb”，具体操作此处不再赘述。

说明：此处已经建立了一个复杂且可实际运行的窗体，用户所做的工作是输入一串字符“病员资讯”(作为对话框名)，单击数据库“病员”表中的“病员号”、“姓名”、“性别”、“疾病”和“入院日期”5 个字段名，仅此而已。

1.5 运行视窗软件

在可视化 D++中创建窗体的设计文件结束后可自动构建软件并运行，以观察该窗体是否能完成数据操作。下面以 1.4.2 节中创建的病员资讯窗体为例进行介绍，自动构建可运行视窗软件的步骤如下：

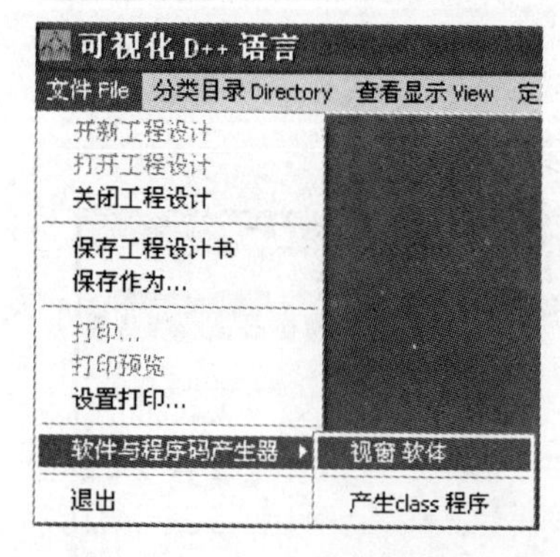

图 1.31　选择“视窗 软件”菜单项

(1) 关闭 SDDA 主界面下的所有窗体和目录，回到空白主界面下，并在其中选择【文件 File】|【软件与程序码产生器】|【视窗 软体】菜单项，如图 1.31 所示。

选择该菜单项后，可视化 D++要求用户指定新工程(新生成的软体)的名称，如图 1.32 所示。

注意：此处必须输入英文字母，因为 SDDA 不接受中文输入。用户也可以输入“Bin Ren”等拼音，此处输入了英语单词“Patient”。

(2) 在图 1.32 中输入工程名“Patient”，然后单击【确定 OK】按钮，可视化 D++要求用户选择保存该工程(新生成的软体)的路径，如图 1.33 所示。

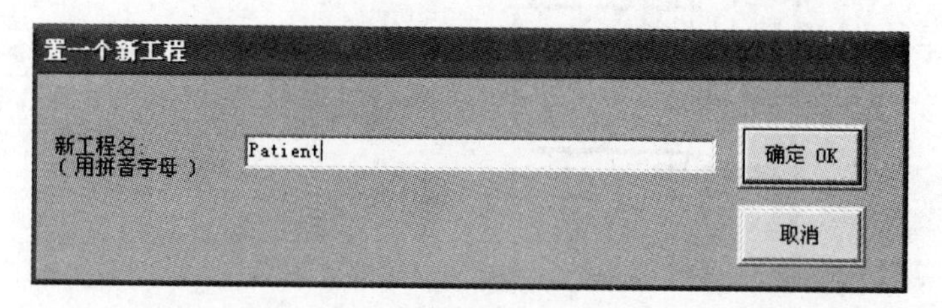

图 1.32　指定工程名

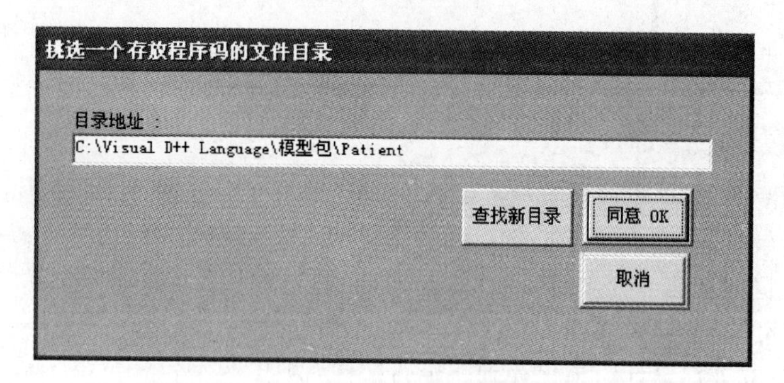

图 1.33　指定工程路径

(3) 在图 1.33 中选择默认路径，直接单击【同意 OK】按钮后，可视化 D++开始生成软件(.exe 执行码)与 VC++程序代码，同时提醒用户还没有指定工程(新生成的软体)的一个启动项，因此新建的窗体必须在【表单】菜单中打开，如图 1.34 所示。

(4) 单击 OK 按钮后，可视化 D++可生成工程的完整的软件与程序代码，并给出如图 1.35 所示的生成结果。

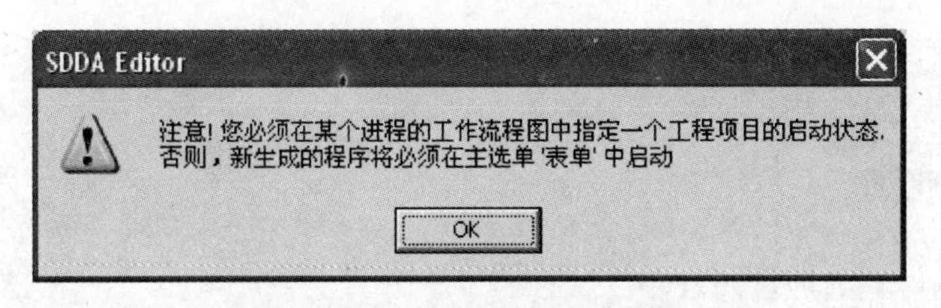

图 1.34　生成软件与程序代码

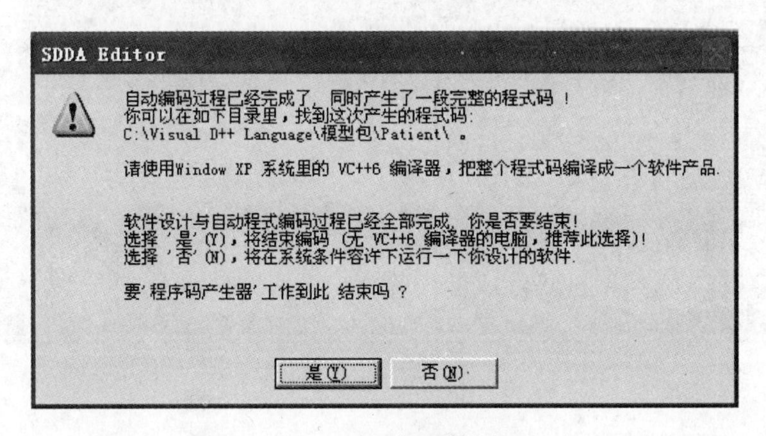

图 1.35　程序生成结束

(5) 图 1.35 中要求用户选择是否结束构建软件，此时单击【是(Y)】按钮，也就是只生成 VC++语言程序代码即可，并结束构建软件。如果此时单击【否(N)】按钮，将继续构建软件并生成可直接运行的“机器执行码”软件。这时需要用户计算机程序库中已经安装了 Visual C++ 6，可视化 D++将弹出提示对话框，如图 1.36 所示。

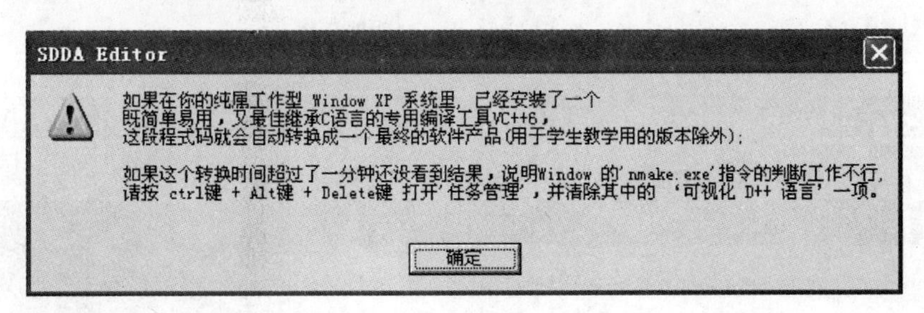

图 1.36　提示对话框

(6) 直接单击该对话框中的【确定】按钮，此时开始完成构建软件的最后一项工作，如图 1.37 所示。

自动构建软件完成后，可视化 D++将弹出对话框，提醒用户可以打开该新软件窗体，如图 1.38 所示。此时，自动构建的完整的软件已经保存在目录“C:\product_Released\Patient”中。

注意：本例中的工程名为 Patient，用户可以在目录“D:\product_Released\Patient 中找到”。如果工程名为 XXX，那么自动构建的软件保存在目录“C:\product_Released\XXX 中”，上述的整个目录即新产生的软件目录。

```
F:\Program Files\Microsoft Visual Studio\VC98\bin\nmake.exe
        cl.exe @C:\DOCUME~1\yzw\LOCALS~1\Temp\nmb05620.
Object__5Set.cpp
_IP_Address_User_PositionSet.cpp
_FormFile_UsedBy_ActorSet.cpp
Object__25_25Dlg.cpp
F:/Product_Released/Patient\Object__25_25Dlg.cpp(362) : error C2065: '_Delete_Re
cord30_30' : undeclared identifier
_DatabaseRegister.cpp
_CommonOpenSource.cpp
Object__1.cpp
Object__2.cpp
Object__3.cpp
WWW.cpp
Cancel28.cpp
Load29.cpp
Delete_Record30.cpp
Save31.cpp
main_start_program.cpp
ChildFrm.cpp
MainFrm.cpp
Patient.cpp
PatientDoc.cpp
PatientView.cpp
Generating Code...
```

图 1.37　编译过程

图 1.38　提示对话框

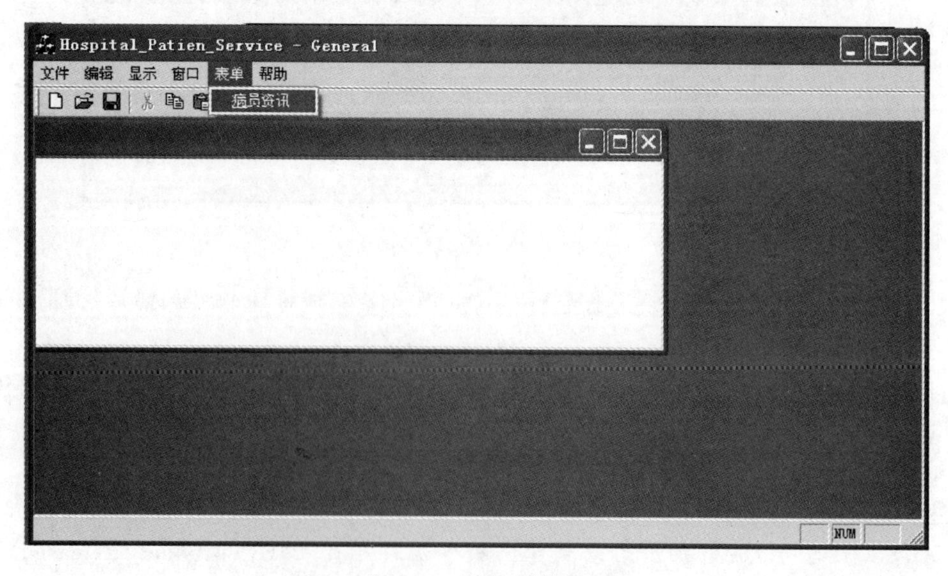

图 1.39　选择菜单项

打开 Patient 窗体，选择【表单】|【病员资讯】菜单项，即可打开新建的病员资讯窗体，如图 1.39 所示，打开后的窗体如图 1.40 所示。

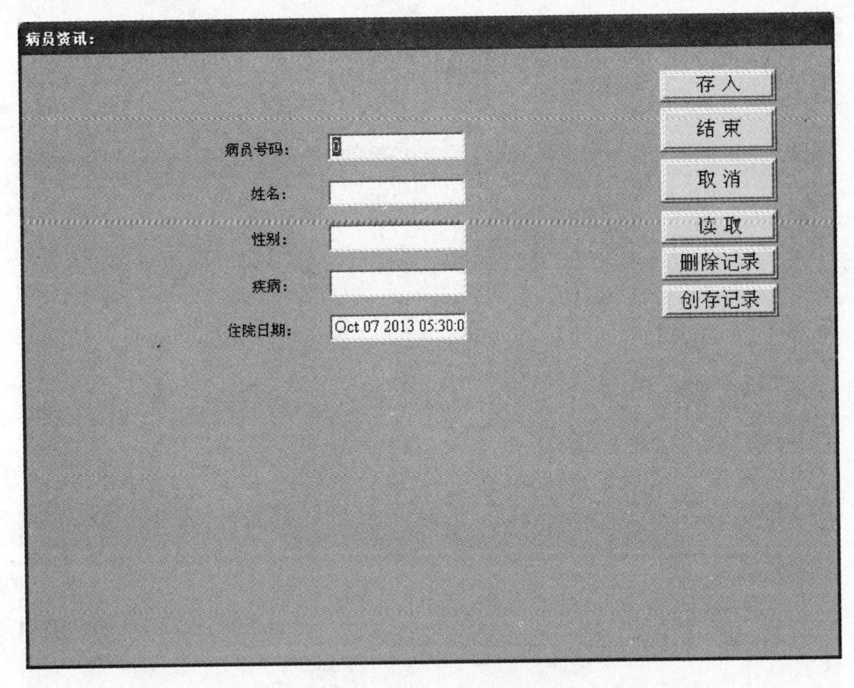

图 1.40 运行窗体

至此，产生可运行的窗体的操作即完成。通过以上操作，用户可以只使用鼠标拖动和单击操作就完成一个简单的 Windows 窗体应用软件的设计和开发，这充分体现了可视化D++语言用于“设计视窗软件”的表达能力，以及它的智能化和自动化。

在本章“病员”数据表的创建中，读者接触到字段“病员号”是关键字，那么为什么要定义“关键字”，“关键字”的作用是什么？而且为什么每一个数据库表至少要有一个字段被定义为“关键字”呢？这是由关系数据表的存入特性所决定的。

在窗体(表单)上的每条记录填入数值之后，使用者要用【存入】按钮或【存创新值】按钮把窗体上的每条记录保存到数据库内存中。如何在存入时能找到确定的位置，这就是“关键字”的作用：每条记录都依据“关键字”字段的值排列存放到数据库内存。由于“关键字”字段的值不相同，保证了每条记录在存入内存时依据“关键字”字段的值找到位置，都能正确地存放到自己的位置，互不冲突。

当用户单击【存入】按钮，把窗体上的每条记录保存到数据库内存中时，如果它与内存中某条旧记录的“关键字”字段具有相同的值，那么这条旧记录会被清除。若用户单击【存创新值】按钮，给窗体上的每条记录都创建一条相同的新记录，并保存到数据库内存中，它们“关键字”字段的值会由系统重新提供一个新值，以保证“关键字”字段的值互不相同。

注意：如果记录的某字段属于自动计数的关键字，它的值必定大于 0，如果它的值小于等于 0，表明它是还没有存入数据库的新记录。

1.6 功能测试

至此，在可视化 D++中创建的视窗软件已经可以运行，观察该窗体是否能完成数据操作。使用者在此窗体内可以输入测试数据，如图 1.41 所示。

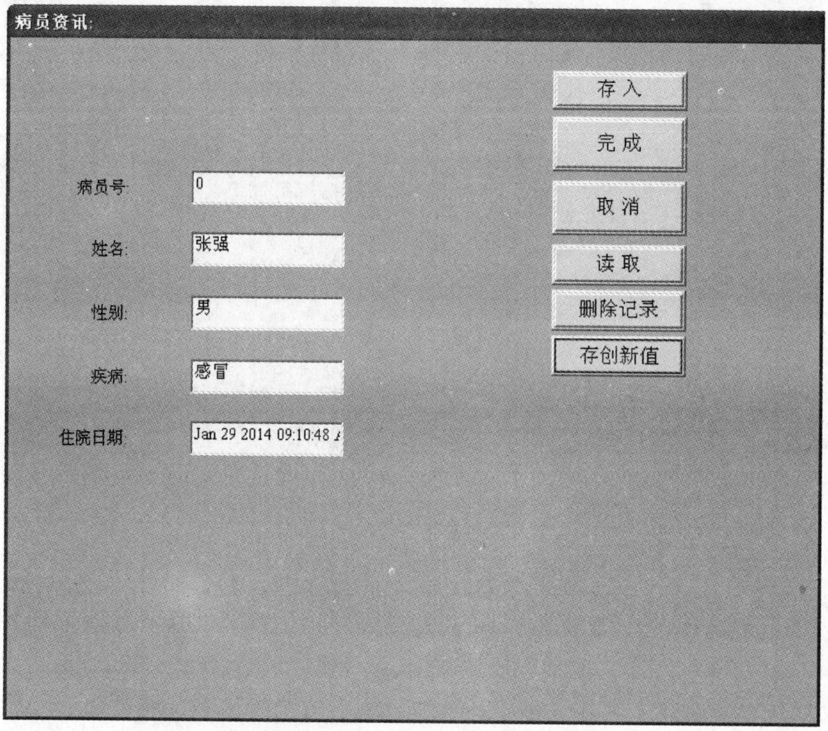

图 1.41 窗体测试——存入创新值

注意：编辑框"病员号"中不必填入数据，因为"病员号"的数据类型是自动计数的关键词，它的值由系统生成。

在单击【存入】按钮或【存创新值】按钮之后，应用程序将弹出图 1.42 所示的对话框，单击 Yes 按钮，该对话框会被关闭，并弹出图 1.43 所示的对话框。

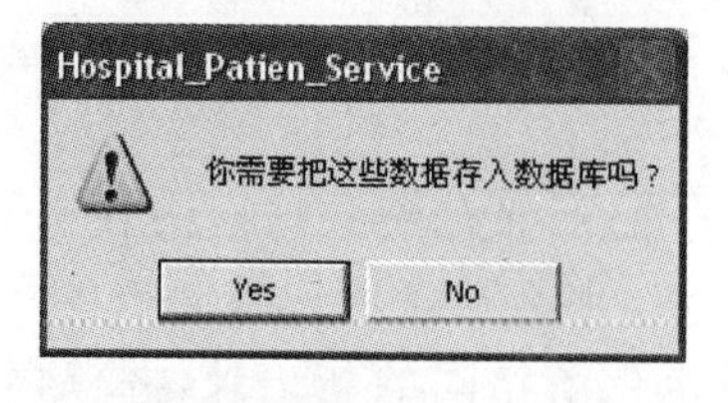

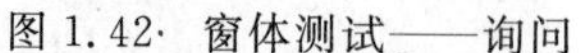
图 1.42 窗体测试——询问

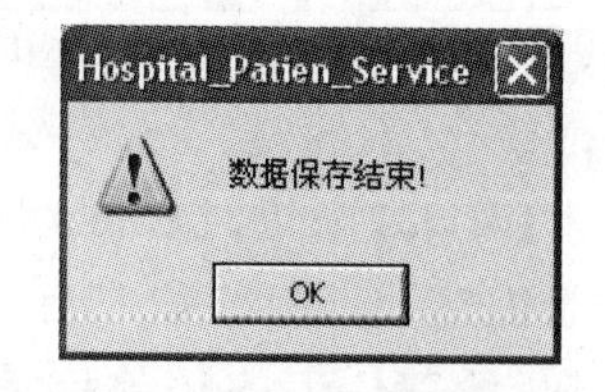

图 1.43 窗体测试——确认

在对话框中单击 OK 按钮，该对话框被关闭，并回到图 1.41 中。但是在数据库存入这条新记录时系统会为字段"病员号"产生一个新值 1，并送回窗体上显示，如图 1.44 所示。

为了更好地测试窗体的功能，下面在图 1.44 中输入一条新的数据记录，如图 1.45 所示。

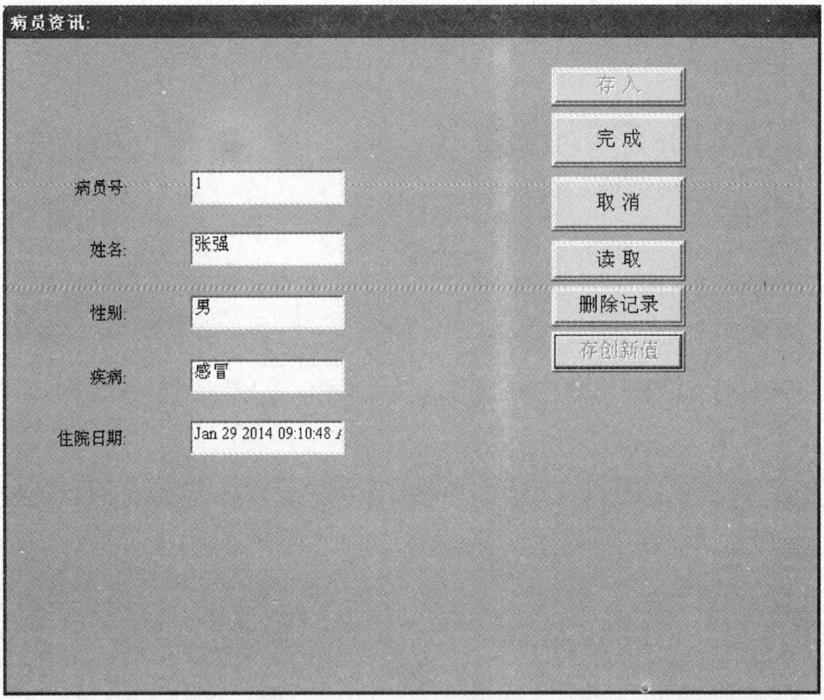

图 1.44 窗体测试——取得数据库自动计数的病员号值

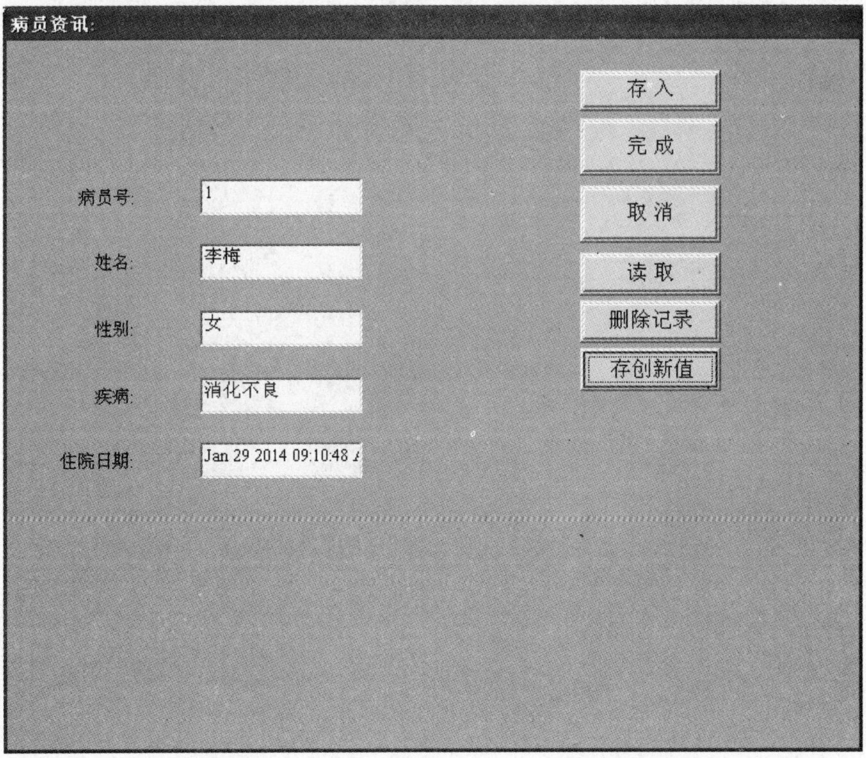

图 1.45 窗体测试——再次存入创新值

在图 1.45 所示的窗体中单击【存创新值】按钮，然后重复与前面图 1.42 和图 1.43 相同的操作，如图 1.46 和图 1.47 所示。

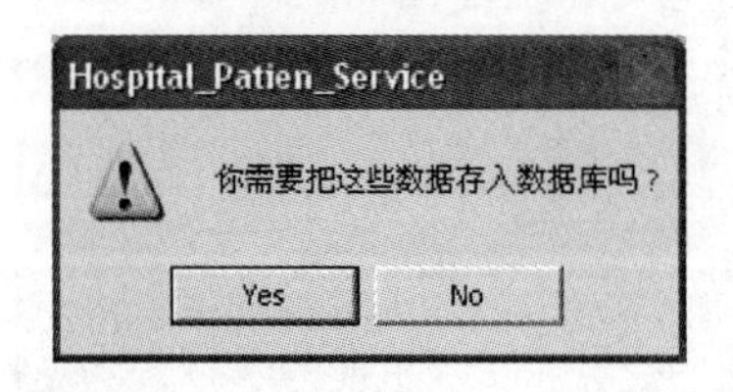

图 1.46　窗体测试——询问

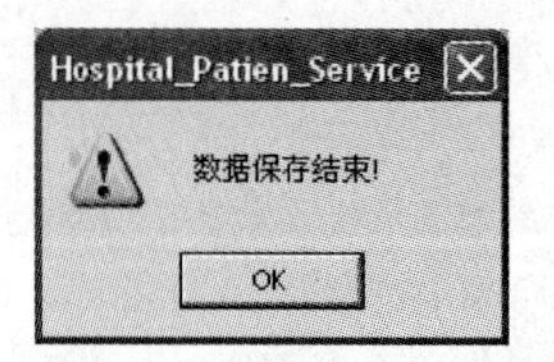

图 1.47　窗体测试——确认

此时由于【存创新值】按钮的控制，系统会为字段"病员号"产生一个新值 2，并返回到窗体上显示，如图 1.48 所示。

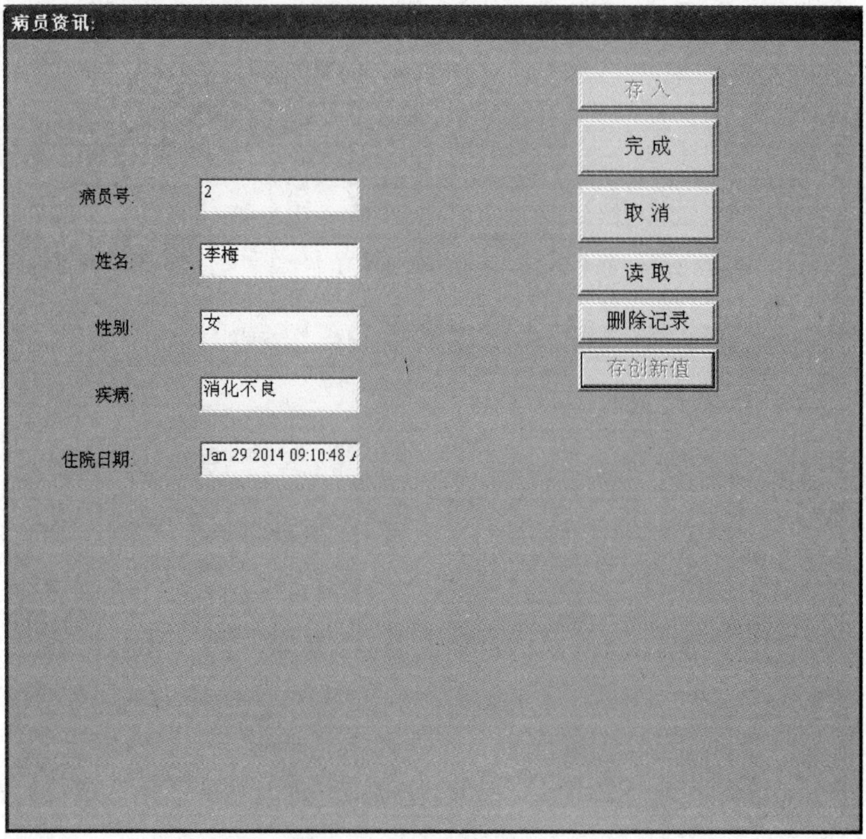

图 1.48　窗体测试——取得数据库自动计数的病员号值

到目前为止，窗体(表单)上的数据已经作为记录存入数据库。如果要确认这些记录是否存在并且正确无误，可以在图 1.44 所示的"病员号"文本框中输入数值 1，如图 1.49 所示。

在图 1.49 中单击【读取】按钮，窗体就取得了从数据库中读出的记录，如图 1.50 所示。

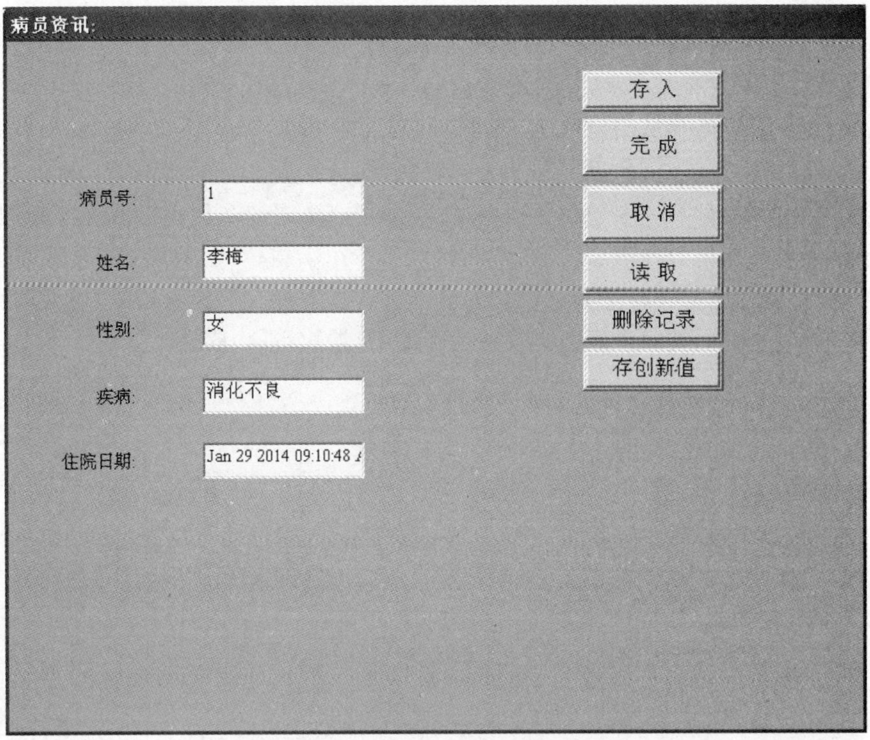

图 1.49　窗体测试——设置病员号的值为 1

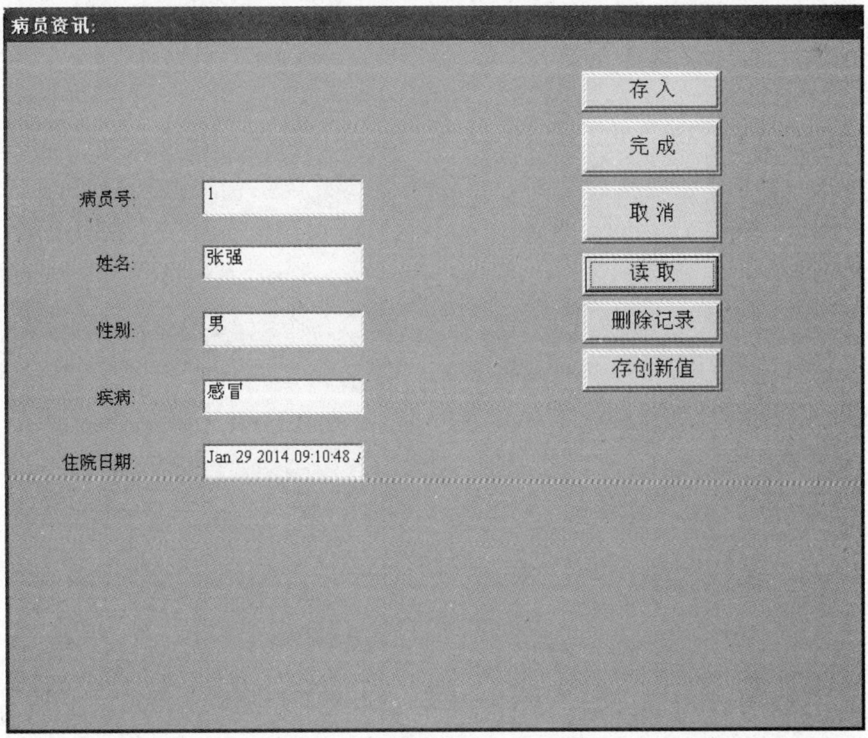

图 1.50　窗体测试——用【读取】按钮取得病员号 1 的记录

1.7 小结

本章在 D++语言系列丛书第 1 册《绘制进程图》的基础上为读者简要介绍了 Windows 窗体应用软件(即视窗软件)的设计和开发过程,首先从软件工程生命周期和软件框架入手,为读者介绍了在可视化 D++中创建数据库、查看数据对象属性和创建窗体等操作,通过这些操作充分体现了可视化 D++语言在设计和开发 Windows 窗体应用软件方面能够达到理想的境地。此外,读者也首次感受到可视化 D++语言依据一种有效且普遍的“模型到软件代码转换”技术,能够即时生成编译好的能高速运行的(机器执行码)软件。

第2章

进程操作与数据类型

通过第1章读者掌握了如何创建一个简单的 Windows 窗体，并读取数据进行显示。在实际应用中，一个应用软件往往由许多进程和多个窗体组成，而且这些进程与窗体、窗体与窗体之间存在一定的关联。在可视化 D++软件设计语言的集成设计开发环境——SDDA中，每种操作运算都能定义为一个进程。事实上，窗体(或称为表单)也是一种操作，也能当成一个进程。在一个复杂的进程图中能够创建多个窗体，并能设定这些窗体之间的关联，从而生成一个完整且具有多样性的应用软件。本章主要介绍 SDDA 中的进程操作，并对可视化 D++语言使用的数据类型做简要说明。

2.1 进程操作

在本丛书的第1册中重点讲解了“绘制进程图”，本书介绍进程图中的另一种进程——窗体。或者说，以进程的方式打开窗体，从而将窗体以进程的形式呈现，使得进程图有更广泛的意义。

2.1.1 添加窗体到进程目录

在可视化 D++语言的集成设计开发环境——SDDA 中，用户可以将已经创建的窗体物件添加到进程目录中作为一个子进程。进程图中有了窗体新进程，也能够生成完整的应用软件。

在第1章中，用户已经在用户界面图下创建了病员资讯窗体，该窗体由数据库中的几个字段和对应标签组成。此处将该窗体添加到进程目录中的“项目主进程”下，操作步骤如下：

(1) 双击桌面上的“可视化 D++语言”图标(“Visual D++”)，或者双击“C:\Visual D++ Language”下的“Visual D++ Language. exe”，打开可视化 D++软件设计语言的集成设计开发环境——SDDA，它会提示用户选择要打开的工程设计文件。在目录“模型包\书\第2章 进程操作”下选择“病员资讯服务_编辑框. mdb”工程设计文件，单击【打开】按钮，打开

该工程设计文件,如图 2.1 所示。

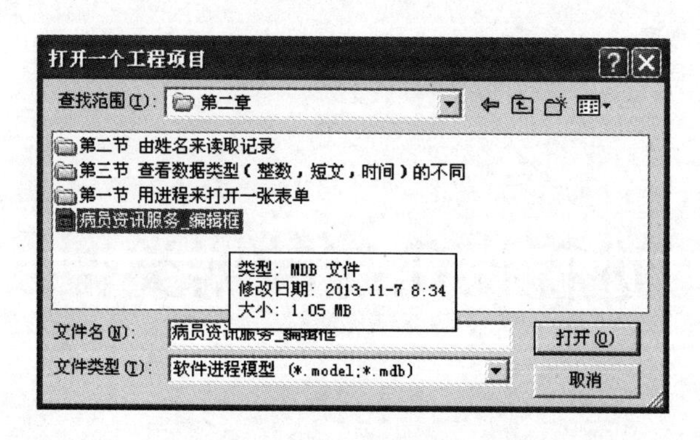

图 2.1　打开第 1 章完成的工程

(2) 此时可视化 D++软件设计语言的集成设计开发环境——SDDA 将会给出 Windows 窗体应用软件的整个开发流程和相关信息,读者同样单击【1。设计(模型)】按钮,进入 SDDA,此时设计开发环境将自动打开 3 个目录,即物件目录、进程目录和职务目录,此时物件目录中已有第 1 章创建的用户界面图和数据库,如图 2.2 所示。

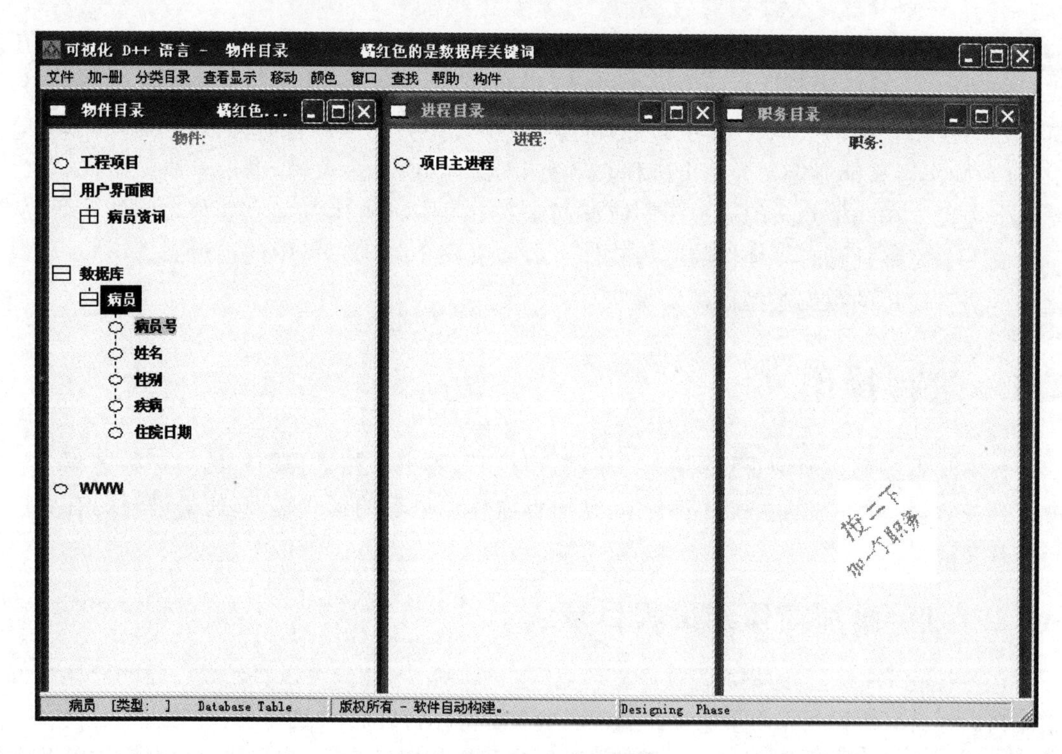

图 2.2　进入 SDDA 界面

(3) 在图 2.2 中,读者可以看到物件目录中已经创建了一个“病员资讯”的用户界面图和一个“病员”数据库。双击“病员资讯”项,将显示该窗体设计的定义图,如图 2.3 所示。

(4) 关闭该窗体设计后,选择 SDDA 中的进程目录,双击该目录中的“项目主进程”,将弹出进程绘制窗口。由于尚未添加进程,此时该进程绘制窗口为空,如图 2.4 所示。

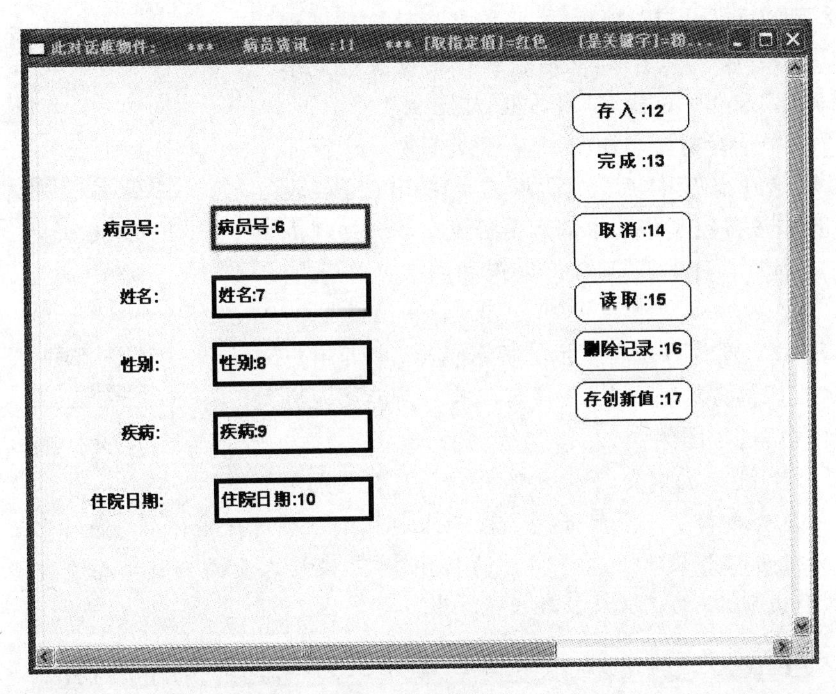

图 2.3　窗体设计

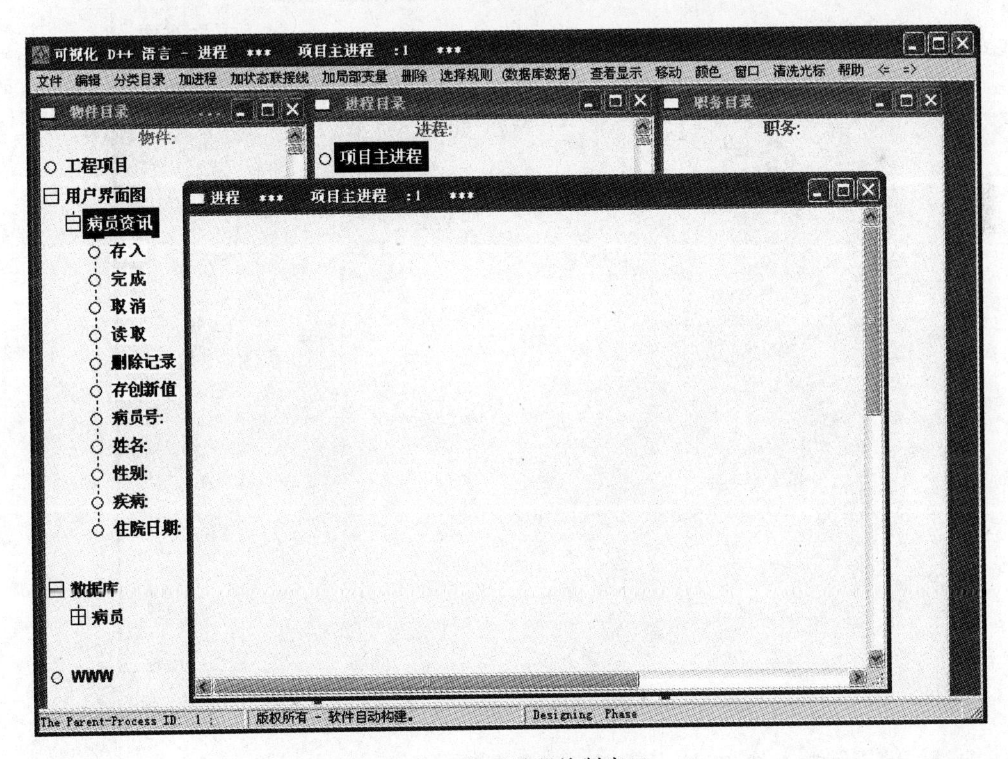

图 2.4　打开进程绘制窗口

(5) 在图 2.4 所示的进程目录中,前面的"○"符号表示该进程节点下面没有子节点,此时选择 SDDA 集成设计开发环境中的【加进程】|【加对话框】菜单项,如图 2.5 所示。

(6) 选择【加对话框】菜单项后,将鼠标指针移到进程绘制窗口,其将变成"+"字形,然后在窗口的任意位置单击,此时将弹出"选择一进程名"对话框,如图 2.6 所示。

在图 2.6 中选择需要添加的窗体,此处只有一个窗体"病员资讯",选中该窗体后,对话框右侧将出现【接收OK】按钮,单击该按钮则将选中的病员资讯窗体添加到进程"项目主进程"中,此时进程窗口出现如图 2.7 所示的结构。

同时,SDDA 弹出图 2.8 所示的提示信息,告诉用户进程图中各组成部分的基本含义,使无经验的新设计人员能够更好地理解进程图的含义。

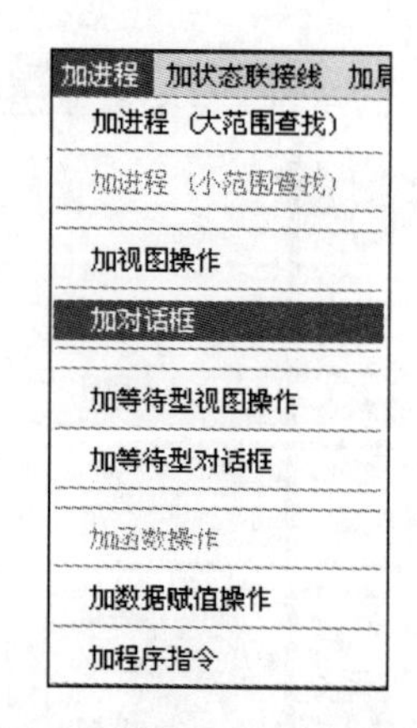

图 2.5 选择【加对话框】菜单项

注意:对于图 2.7 中尖角长方形内的"11::病员资讯?",在它的尾部添加了一个问号"?",表示此进程是一个对话框;在它的首部添加了一个"11::",表示此进程是来源于编号"11"的物件,程序设计人员看到这些信息能更多地了解 SDDA 的工作流程,有助于开展软件设计工作。

图 2.6 "选择一进程名"对话框

此时关闭进程绘制窗口,读者可以发现进程目录中的"项目主进程"前的"○"符号变成了"田"符号,单击该符号,可以发现该主进程下包含了一个子进程"11::病员资讯?"。至此,将一个窗体添加到进程目录的操作就完成了。

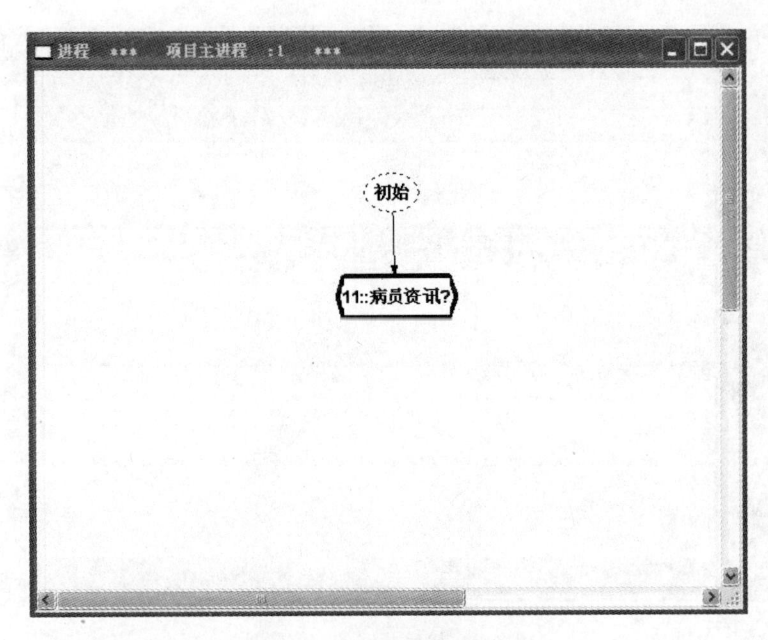

图 2.7　添加窗体作为进程

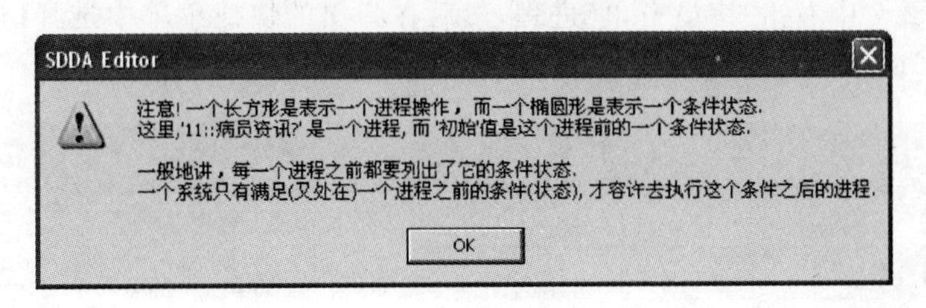

图 2.8　提示信息

2.1.2　查看进程

当窗体被当成进程添加到进程图中以后，读者就可以像操作普通进程一样对窗体进行“添加状态联接线”、“设置颜色”等一系列操作了，有关进程图的操作在本书的第 1 册《绘制进程图》中做了详细讲解，此处不再赘述。

在添加完窗体后，读者从图 2.7 中可以发现进程图中有两个图标，即“初始”和“病员资讯”图标。其中，“初始”是由 SDDA 自动加入到进程图中的一个状态，表示进程的开始。在进程图中右击该状态，在弹出的快捷菜单中选择【状态定义说明】菜单项，可以看到该状态的相关说明，如图 2.9 所示。

其中，该状态的名称为“Initial”，它是由可视化 D++软件设计语言自动设定的，用户不要更改。而其显示在进程图中的中文名称“初始”则是用户可以修改的，例如可以将其改为“开始”，并不影响进程的运行。

需要读者注意的是图 2.9 中的“它是这工程的启动状态”复选框，SDDA 集成设计开发环境默认选中，其表示该状态作为整个应用软件的启动进程。如果取消对该复选框的选择，用户也可以选择其他状态作为启动状态。

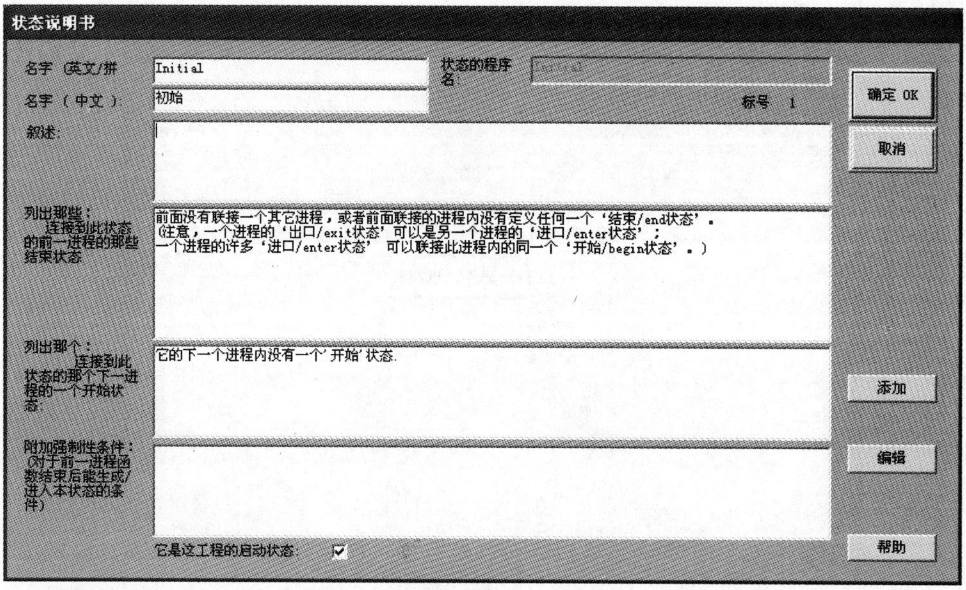

图 2.9 初始状态的定义说明

在进程图 2.7 中右击“病员资讯”进程，然后在弹出的快捷菜单中选择【进程说明书】菜单项，可以看到该进程的相关信息，如图 2.10 所示。

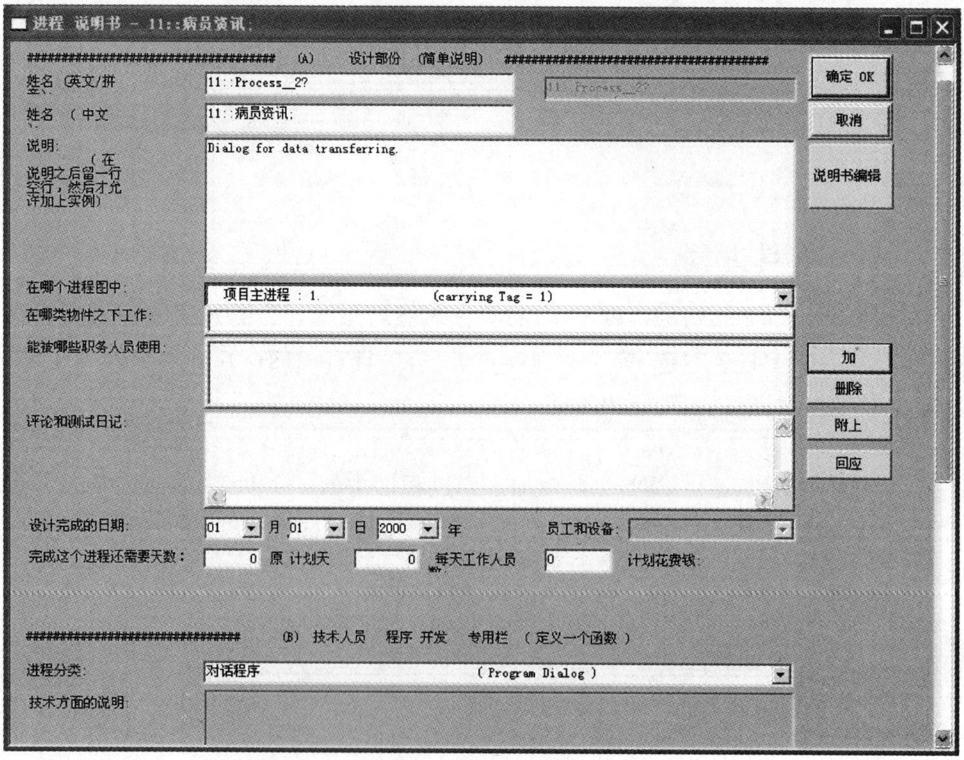

图 2.10 进程说明书

注意：该进程的分类为“对话程序(Program Dialog)”，说明该进程是一个对话框进程。它的引用来自一个物件“对话框”。如果要修改它的分类，应该在物件目录中修改物件“11∷病员资讯”的类型。此外，用户可以设置进程完成的时间和需要的天数，这部分内容在第1册《绘制进程图》中已经做了具体讲解。

最后，用户应该把设计结果保存到一个新文件，例如“模型包\书\第2章 进程操作\第1节用进程来打开一张表单”下的“病员资讯服务_编辑框.mdb”，以便后续章节的学习。

2.2　读取数据库记录

在第1章生成的窗体“病员资讯”中，用户存入数据之后，可以通过许多方式将记录从数据库中读取出来。例如，在本书第1章的图1.45中，用户设置病员号的值为1，然后单击【读取】按钮，窗体就取得了从数据库中读出的记录，如图1.46所示。如果在第1章的图1.45中不设置病员号的值，而设置姓名的值为“张强”，在单击【读取】按钮后窗体从数据库中就读不出记录。为什么呢？看了下面对数据库的读取特性的介绍，读者就清楚了。

在一个窗体中，用户可以单击【读取】按钮从数据库表(简称数据表)中读出一组记录到窗体上一组对应的数据控件。当然不会是毫无目的地读出一堆杂乱无章的记录，在绝大多数情况下，用户都希望这组读出的每条记录的某个字段值为一个想得到的值。例如，在前面的示例中，用户希望读出一组记录，此记录的“病员号”字段的值为常量“101”的病员的所有住院记录。在该示例中，称字段“病员号”为“指定字段”。

那么这个指定值放在哪里呢？一般来说有两种选择：可预先放在“病员号”本身的字段项里，这时需要加上“病员号指向自己”的定义；也可预先把数据101存放在某个数据项“***”里，这个项“***”就被称为字段“病员号”的“指定值”项。此处的“指定字段”与“指定值”是两个不同的项，“病员号字段要指向‘***’指定值项”。当一个字段定义了它的指定值(项)时，它所在的控件方框将以红色显示。

为了软件设计者方便，最初在窗体上添加一组数据记录控件时，在很多情况下它的关键词字段自动定义为此记录的“指定字段”，且定义它的“指定值(项)”是其本身。在运行软件时，它需要预先存放常数到这个指定字段，在读取记录期间，这个数据控件的数据值是永远不会改变的。

注意：如果“指定字段”定义它的“指定值(项)”是同一个记录的其他字段。在运行软件读取记录期间，这个“指定值(项)”数据控件的数据值可能改变，因而它不适合作为“指定值”要求(常量)。对于这些不合理的设计，系统会自动避免，或者会提醒软件设计人员。

所以，在创建病员资讯窗体的初始时刻，可视化D++软件设计语言的集成设计开发环境——SDDA已经为设计者提供对新窗体的一个最合理的初始设定，包括指定某个字段为“指定字段”，设计者根据需要可以改动设定。当然，要改变“指定字段”的设定，首先需要删除某个字段的原有“指定字段”的定义，然后对另一个字段定义新的“指定字段”。下面两节介绍如何删除指定值与如何设定指定值(项)。

2.2.1　删除字段取指定值

打开2.1节完成的工程设计文件，这里打开“模型包\书\第2章 进程操作\第1节 用进程来打开一张表单”中的“病员资讯服务_编辑框. mdb”,进入到 SDDA 集成设计开发环境,然后双击打开物件目录下用户界面图中的病员资讯窗体,如图 2.11 所示。

此对话框物件: *** 病员资讯 :11 ***[读用指定值]=红色 [存用...
存入:12
完成:13
取消:14
读取:15
删除记录:16
存创新值:17
病员号:
病员号:6
姓名:
姓名:7
性别:
性别:8
疾病:
疾病:9
住院日期:
住院日期:10

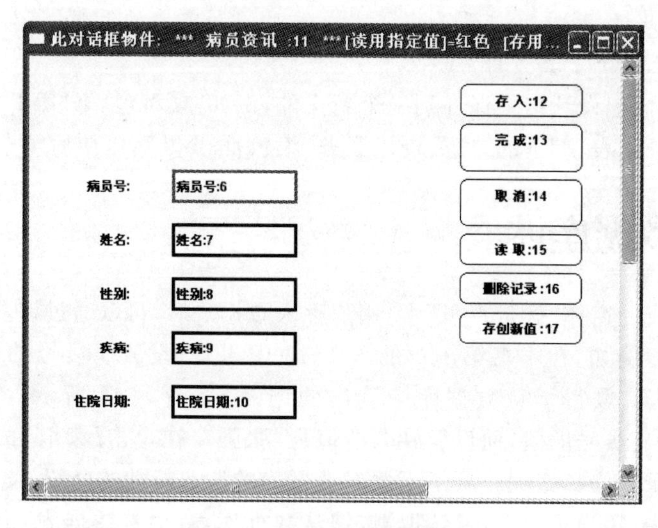

图 2.11 打开窗体设计界面

在图 2.11 所示的窗体设计界面中,“病员号”的数据类型是关键词(自动计数)。读者可以看到“病员号”对应的编辑框以红色方框显示。该字段已经设定了取指定值,可双击“病员号”编辑框,打开“病员号”的详细定义,如图 2.12 所示。

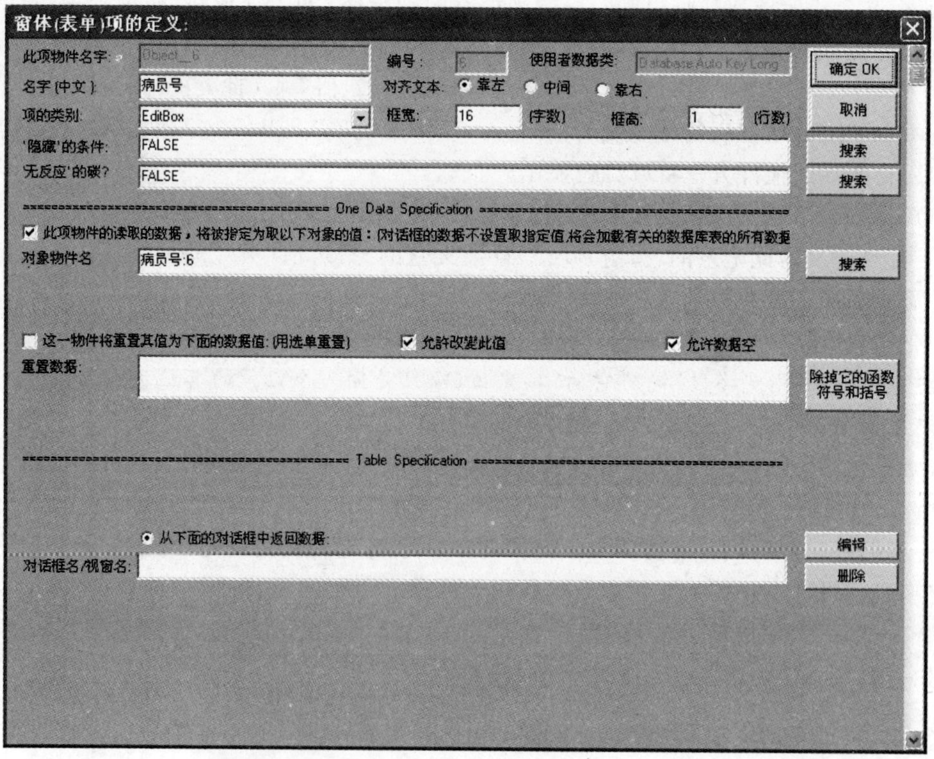

窗体(表单)项的定义:
此项物件名字:
Object_6
编号:
6
使用者数据类:
Database Auto Key Long
确定 OK
名字(中文):
病员号
对齐文本:
靠左
中间
靠右
项的类别:
EditBox
框宽:
16
(字数)
框高:
1
(行数)
取消
'隐藏'的条件:
FALSE
搜索
'无反应'的破?
FALSE
搜索
One Data Specification
此项物件的读取的数据,将被指定为取以下对象的值:(对话框的数据不设置取指定值,将会加载有关的数据库表的所有数据
对象物件名
病员号:6
搜索
这一物件将重置其值为下面的数据值:(用选单重置)
允許改變此值
允许数据空
重置数据:
除掉它的函数符号和括号
Table Specification
从下面的对话框中返回数据:
编辑
对话框名/视窗名:
删除

图 2.12 “病员号”编辑框的定义

在图 2.12 中，“此项物件的读取的数据，将被指定为取以下对象的值：”复选框下“对象物件名”文本框中显示的“病员号：6”是它的指定值(项)，表明红色编辑框“病员号”(红色表示“指定字段”)的指定值(项)是其本身。因而在运行自动构建的软件时需要预先放一个值在“病员号：6”本身的方框里，这就是为什么在第 1 章的图 1.45 中使用者设置病员号(指定值存放地址)的值为 1，而不是设置姓名(非指定值存放地址)的值的原因，只有这样才能从数据库中读取记录。

为了提醒用户注意，一个字段如果已经设定了一个指定值(项)，此字段的方框将显示粉红色(浅色的橘红色)。这里的字段“病员号”设定它的“指定值”，因此，它既是红色又是粉红色的(红色把粉红色掩盖了)。如果要删除这个“指定字段”和它的“指定值”的定义，只需取消选择“此项物件的读取的数据，将被指定为取以下对象的值：”复选框即可，如图 2.13 所示。

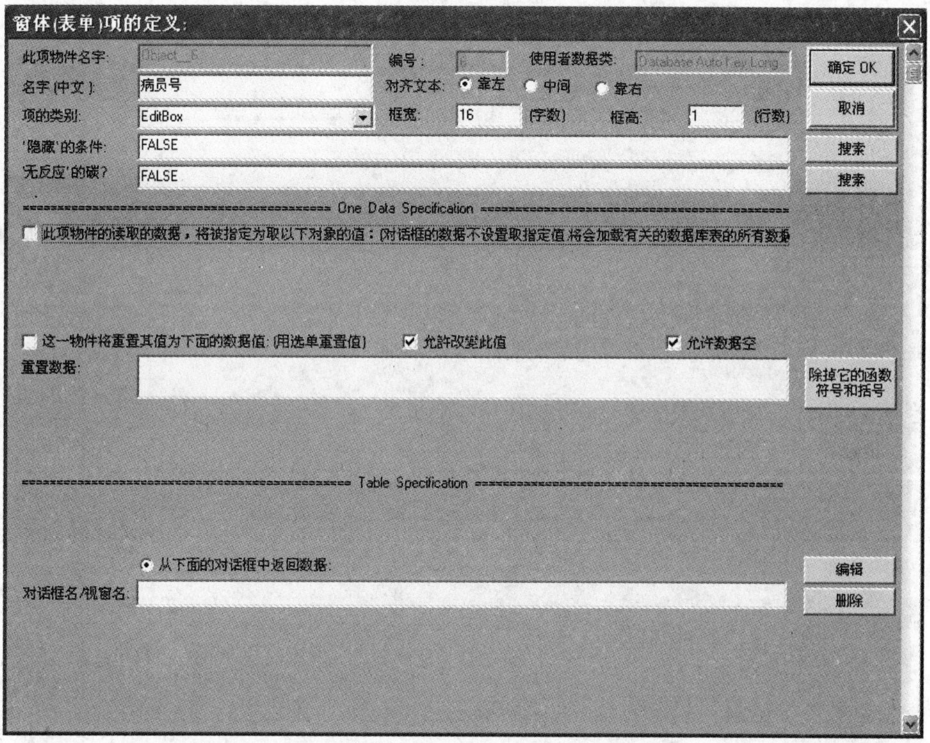

图 2.13　“病员号”编辑框被定义为非“指定字段”

当用户确认取消后，SDDA 将弹出提示信息框，单击【同意 OK】按钮回到病员资讯窗体，如图 2.14 所示。

注意：由于编辑框的“病员号”不是“指定字段”，其颜色不是红色的。此外，“病员号”的数据类型仍然是“关键字”(关键词自动计数，长整数)，它的方框为粉红色(浅色的橘红色)。

2.2.2　设定字段取指定值

设定“某一字段取指定值”的完整意思是“设定某一字段为一个‘指定字段’，同时设定它的‘指定值’应存放在哪个数据控件里”。

例如，对病员资讯窗体中的“姓名”字段进行设置，使得用户能通过指定字段“姓名”的值

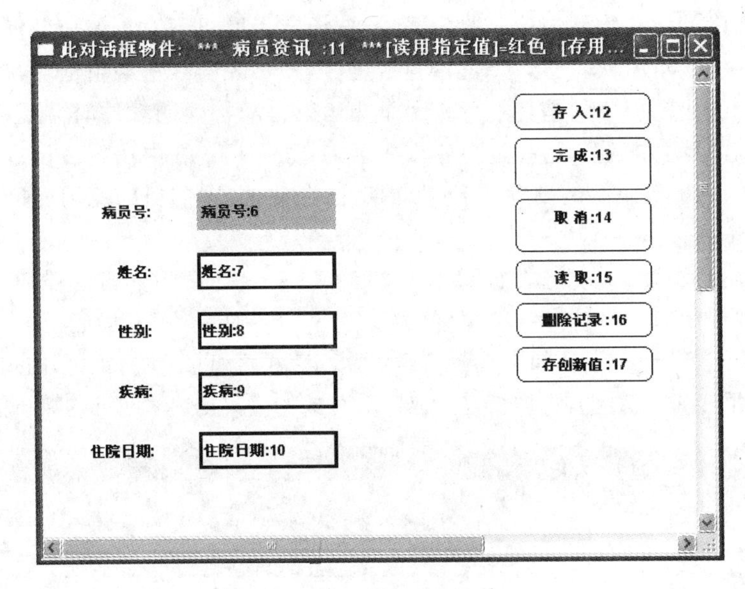

图 2.14　窗体设计界面

读取该条记录的其他字段值。“姓名”读取记录的功能需要通过设定“姓名”字段取指定值的操作来完成,其具体实现步骤如下:

(1) 双击病员资讯窗体中“姓名”对应的编辑框“姓名:7”,打开“姓名”的定义,并选择“此项物件的读取的数据,将被指定为取以下对象的值:”复选框,如图 2.15 所示。

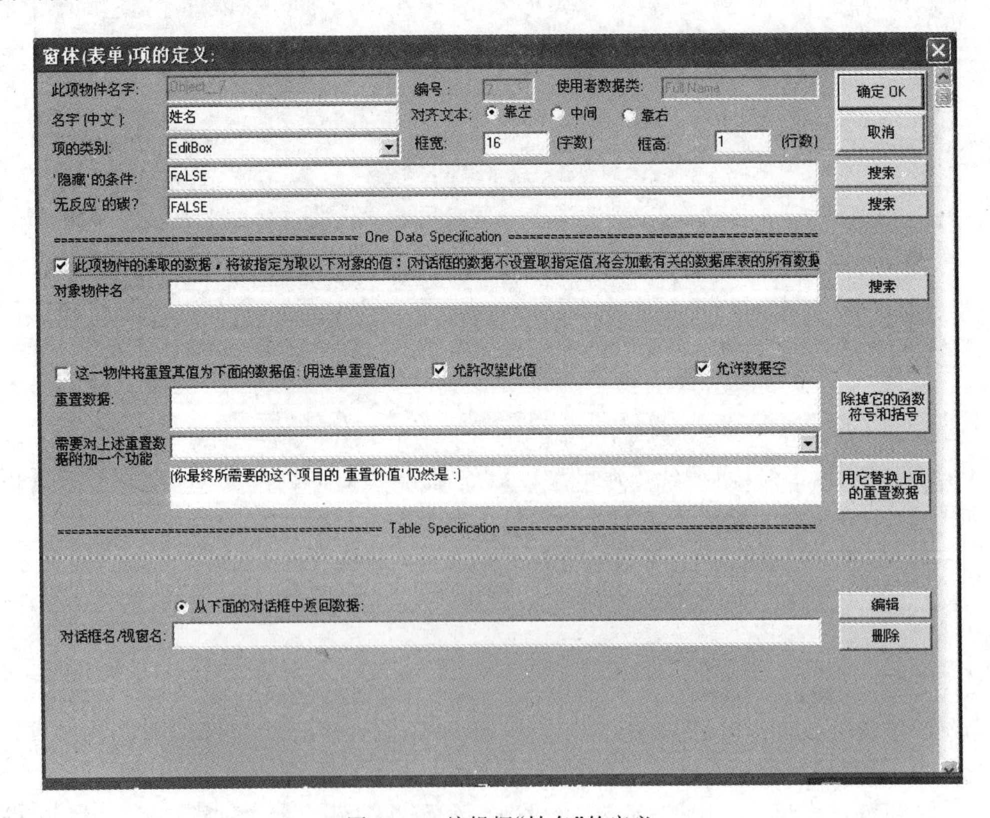

图 2.15　编辑框“姓名”的定义

(2) 单击"对象物件名"右侧的【搜索】按钮，打开"选择一物件名"对话框，并选取"姓名:7"项，如图 2.16 所示。

选择一物件名
(Database Table) 病员:5:　姓名:7
接收 OK
取消

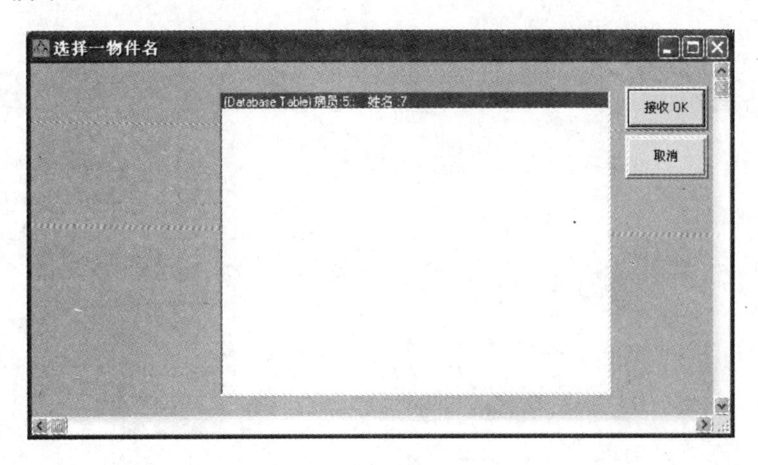

图 2.16　选择物件名

注意：为方便设计人员，这里系统已经自动避免了它的"指定值(项)"是同一个记录的其他字段的可能性。

(3) 单击图 2.16 中的【接收 OK】按钮，回到由图 2.15 更新获得的图 2.17，图中编辑框"姓名"已定义了它的指定值为"姓名:7"。注意，只有定义了"指定值(项)"的字段才称为"指定字段"。

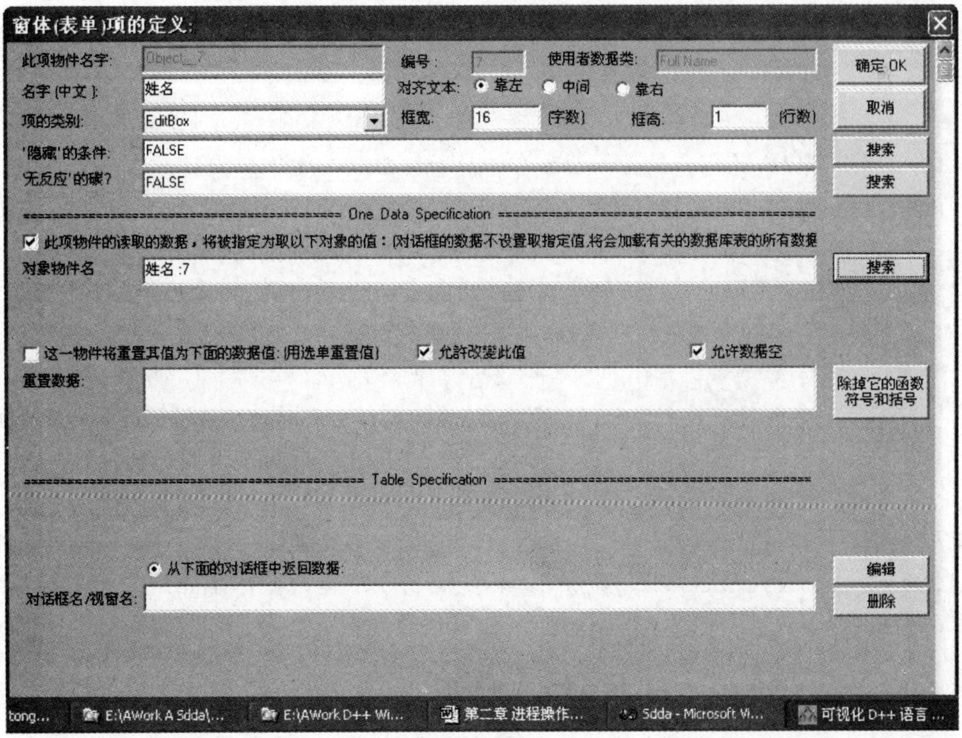

窗体(表单)项的定义:
此项物件名字:
Object__7
编号:
7
使用者数据类:
Full Name
确定 OK
名字(中文):
姓名
对齐文本:
靠左
中间
靠右
取消
项的类别:
EditBox
框宽:
16
(字数)
框高:
1
(行数)
'隐藏'的条件:
FALSE
搜索
'无反应'的破?
FALSE
搜索
One Data Specification
此项物件的读取的数据，将被指定为取以下对象的值：(对话框的数据不设置取指定值,将会加载有关的数据库表的所有数据
对象物件名
姓名:7
搜索
这一物件将重置其值为下面的数据值:(用选单重置值)
允許改變此值
允许数据空
重置数据:
除掉它的函数符号和括号
Table Specification
从下面的对话框中返回数据:
编辑
对话框名/视窗名:
删除
tong...
E:\AWork A Sdda\...
E:\AWork D++ Wi...
第二章 进程操作...
Sdda - Microsoft Vi...
可视化 D++ 语言 ...

图 2.17　编辑框"姓名"定义了它的指定值

(4) 单击图 2.17 中的【确定 OK】按钮，回到图 2.18 中，此时编辑框“姓名”已成为红色。这表明编辑框“姓名”已成为一个“指定字段”，粉红色的编辑框“病员号”的数据类型仍然是“关键字”，但不再是“指定字段”。

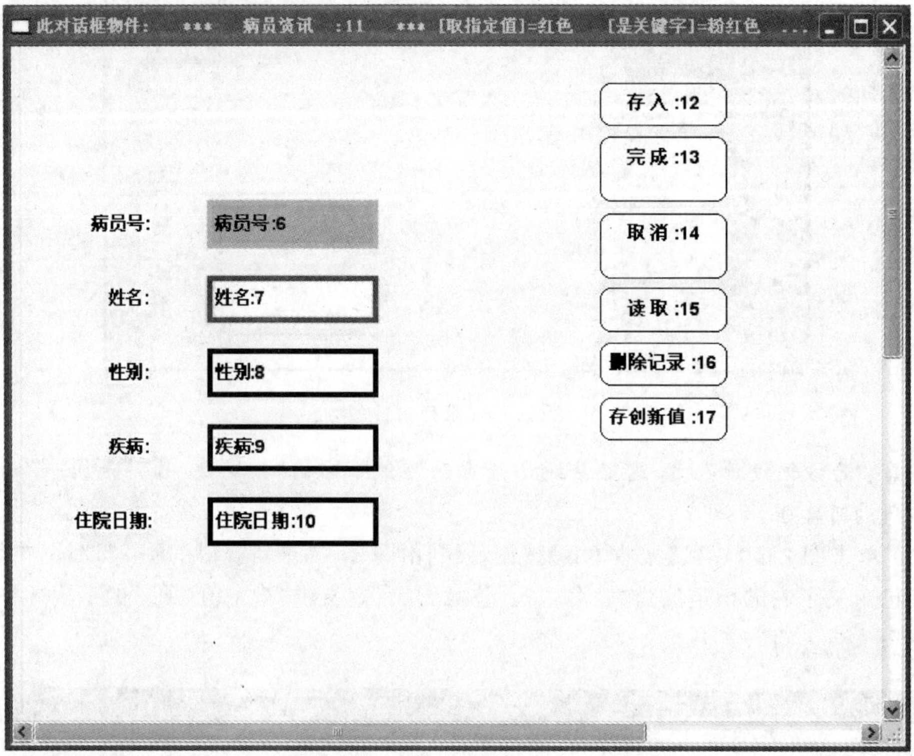

图 2.18　编辑框“姓名”已成为指定字段

现在，用户可以自动构建软件并对该窗体进行测试：关闭集成设计开发环境 SDDA 主界面下“病员资讯服务_编辑框.mdb”工程设计文件的所有窗体和目录，回到空白主界面下，并在其中选择【文件 File】菜单项，如图 2.19 所示。

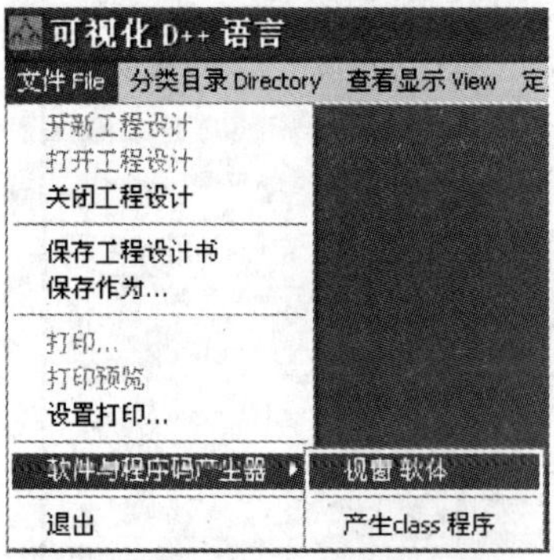

图 2.19　选择菜单项

注意：类似于第 1 章，用户要先选择【保存工程设计书】菜单项，把新设计的结果保存到原来打开的设计文件中，否则设计结果会丢失。

然后选择【软件与程序码产生器】|【视窗 软体】菜单项，可视化 D++要求用户指定该工程（软件产品）的名称并选择该工程的保存路径，如图 2.20 所示。

在图 2.20 中选择默认路径，即直接单击【同意 OK】按钮，与第 1 章 1.5 节运行窗体中介绍的相似。显示信息“现在，你可以试用一下你设计的软件”后，打开新生成的软件的窗体，如图 2.21 所示。

为验证通过姓名读取记录的操作，可以进行功能测试。此处首先在图 2.21 所示的窗体中输入两条新记录，字段值如表 2.1 所示。

图 2.20　指定工程路径

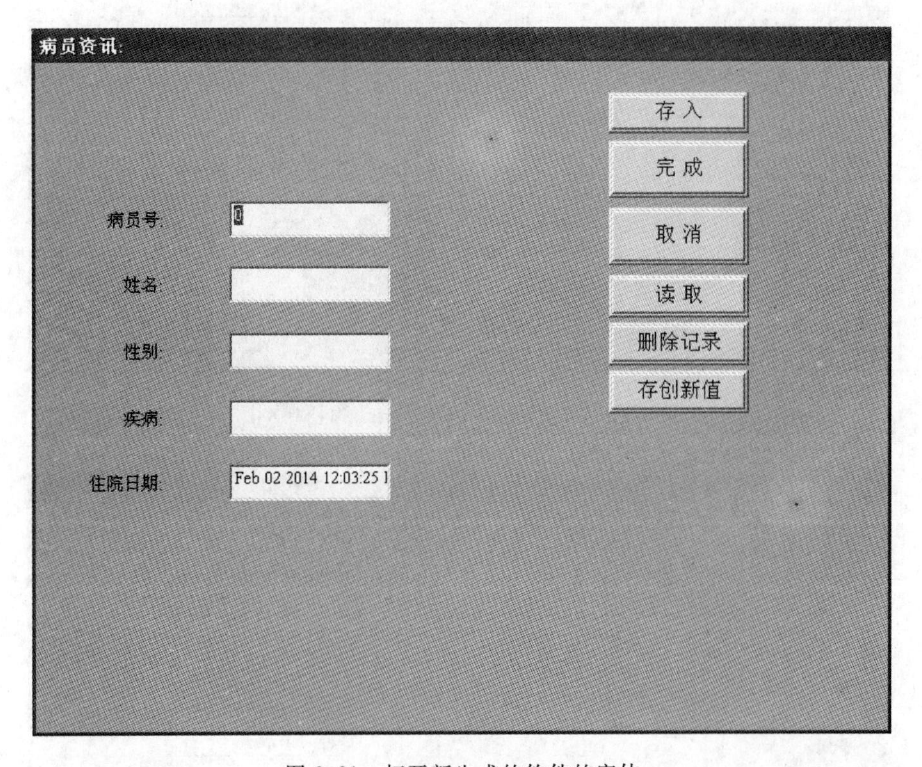

图 2.21　打开新生成的软件的窗体

表 2.1　测试字段值

病员号码	姓　　名	性　　别	疾　　病	住院日期
1	张强	男	感冒	（自动生成）
2	李梅	女	消化不良	（自动生成）

在图 2.21 中逐条输入记录，完成第一条记录的输入后单击右侧的【存入】按钮，即存储一条记录到数据库中，完成第二条记录的输入后单击右侧的【存创新值】按钮。完成两条数据的输入后，窗体由图 2.21 变为图 2.22 所示，它是第二条记录存入数据库之后的结果。

注意： 如果仍用【存入】按钮，而且病员号为 1，那么第二条记录会把第一条记录覆盖。

完成数据的输入后，在图 2.22 所示的“姓名”编辑框中输入“张强”，显示结果如图 2.23 所示。可以看出，读取数据库记录只要预先输入了“指定值”即可。

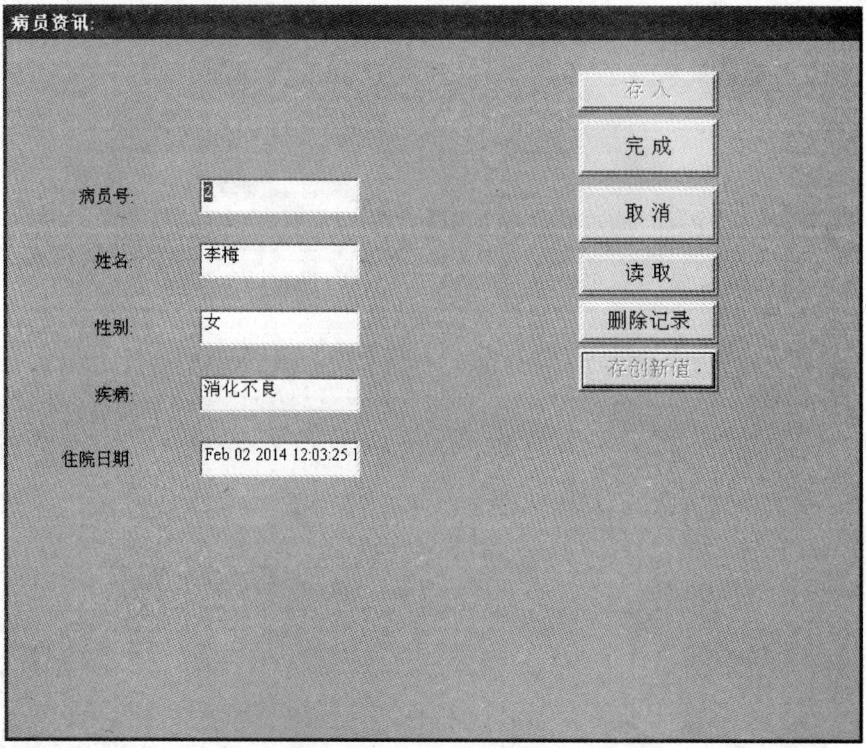

图 2.22 完成两条数据输入后的窗体显示图

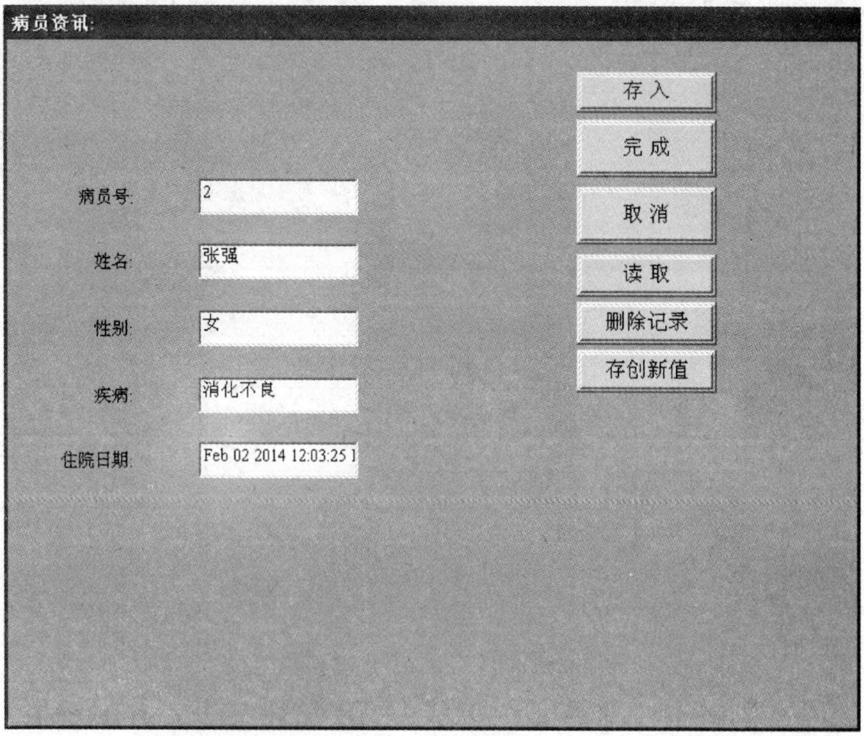

图 2.23 窗体测试——用按钮读取“张强”的记录

单击图 2.23 右侧的【读取】按钮，该条记录的所有数据将被显示在窗体对应的编辑框中。

注意：当用户通过数据库创建窗体后，SDDA 默认为数据表的关键字设定了指定值(项)，即该字段对应的编辑框一般在窗体创建后以红色显示。

最后，用户同样可以把设计结果保存到一个新文件，例如“模型包\书\第 2 章 进程操作\第 2 节 由姓名来读取记录”下的“病员资讯服务_编辑框.mdb”中。

2.3　数据类型

一般来说，繁杂的数据类型使得初学者难以上手。对于可视化 D++软件设计语言来说，用户完全不用掌握数据类型，因为所有数据类型已经由可视化 D++在后台自动设定了。本节列出可视化 D++包含的数据类型，只是为了软件设计者了解并检查这些类型，只有在必要时才需要人工修改这些数据类型。

2.3.1　数据类型概述

在前面的示例中，当用户在物件目录里加进一个物件时，可视化 D++语言会为此物件自动提供一个具有生活常识性的“数据类型”。物件的“数据类型”基本上和物件的名字相对应，有利于使用者了解和正确使用。

为了涵盖用户在软件设计过程中可能用到的各类数据或字段，可视化 D++软件设计语言设计了庞大的数据类型库供系统自动搜寻。对于可视化 D++用户来说，常用的数据类型分为 5 个大类，即整数类、小数类、字符串类、逻辑类和时间类。

为了让读者更加方便地了解可视化 D++所提供的数据类型，表 2.2 将常用的数据类型属于哪个数据大类列出，供读者参阅。一般来说，属于同一个数据大类的两个数据类型只是名称不一样，实际上是相同的。例如，“编号”和“指数”都属于整数大类，它们的数据类型没有实质的区别。

表 2.2　常用数据类型(中英文对照)

<table>
<tr><td rowspan="9">整数类(Long)</td><td>整数</td><td>Integer</td></tr>
<tr><td>编号</td><td>ID</td></tr>
<tr><td>指数</td><td>Index</td></tr>
<tr><td>标签</td><td>Tag</td></tr>
<tr><td>年龄</td><td>Age</td></tr>
<tr><td>长</td><td>Long</td></tr>
<tr><td>长整数</td><td>Long Integer</td></tr>
<tr><td>数量</td><td>Quantity</td></tr>
<tr><td>单元</td><td>Unit</td></tr>
<tr><td rowspan="3">小数类(Double)</td><td>数值</td><td>Number</td></tr>
<tr><td>长的数值</td><td>Long Number</td></tr>
<tr><td>钱</td><td>Money</td></tr>
</table>

续表

小数类(Double)	收费	Charge
	共计	Amount
	花费	Cost
	付款	Payment
	美元	Dollar
	费用	Fee
	价格	Price
	双倍	Double
	百分率	Percent
	速率	Rate
	税	Tax
字符串类(CString)	名	First Name
	姓	Last Name
	姓名	Full Name
	地址	Address
	字符串	String
	标签	Label
	口令	Password
	登录者职务	Login User Actor
	登录者姓名	Login User Name
	登录者口令	Login User Password
	电话	Phone
	电话号码	Phone Number
	图片	Picture
	分组框	GroupBox
	网格表	Grid Table
	选择	Select
	签字	Signature
	递交	Submit
	短文	Text
	电子邮件	Email
	电子邮件地址	Email Address
	传真号码	Fax Number
逻辑类(BOOL)	逻辑值	Boolean
	是	Is
	条件	Condition
时间类(CTime)	日期	Date
	时间	Time
	何时	When
	生日	Birth Day

2.3.2　查看与设置数据类型

前面已经提到，通过可视化 D++语言设计完成数据表、窗体等对象后，字段的数据类型已经被自动设置，不需要用户进行人工干预。然而，在实际应用中，用户有可能碰到一些特殊情况，需要调整某一字段的数据类型，这就需要用户掌握手动设置数据类型的技能。

在 SDDA 集成设计开发环境下打开 2.2 节完成的工程设计文件，这里打开“模型包\书\第 2 章 进程操作\第 2 节 由姓名来读取记录”中的“病员资讯服务_编辑框. mdb”。现在可以查看“病员”数据表中所有字段的数据类型，其操作步骤如下：

(1) 选择需要查看或设置的字段，例如“姓名”字段，然后右击，在弹出的快捷菜单中选择【定义说明】菜单项，如图 2.24 所示。

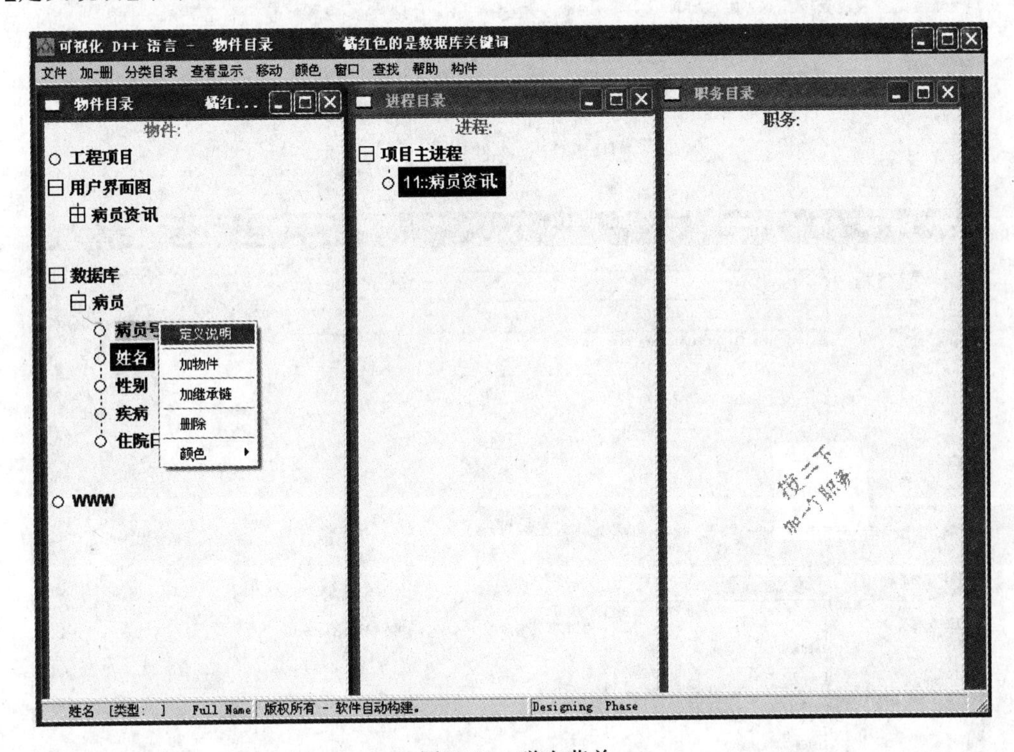

图 2.24　弹出菜单

(2) 选择图 2.24 中的【定义说明】菜单项能够打开“姓名”字段的物件说明书，该说明书中有一项“用户名命的数据类”，用户可以看到该项对应的下拉列表框中的值为“Full Name (姓名)”，如图 2.25 所示。

从图 2.25 中读者可以看出，数据表“病员”的“姓名”字段的数据类型为“Full Name(姓名)”，对比表 2.2 中的常用数据类型，该数据类型属于字符串类(CString)。该数据类型是用户在创建数据表时就已经由可视化 D++自动设置了。

(3) 如果用户需要将该数据类型进行修改或重新设置，只需单击打开该下拉列表框，重新选择其中的数据类型即可，如图 2.26 所示。

需要注意的是，如果某个对象在工程中被其他对象使用了，那么在修改该对象的数据类型前需要先将其删除。例如，在图 2.23 所示的物件说明书中，当用户试图将“姓名”字段的

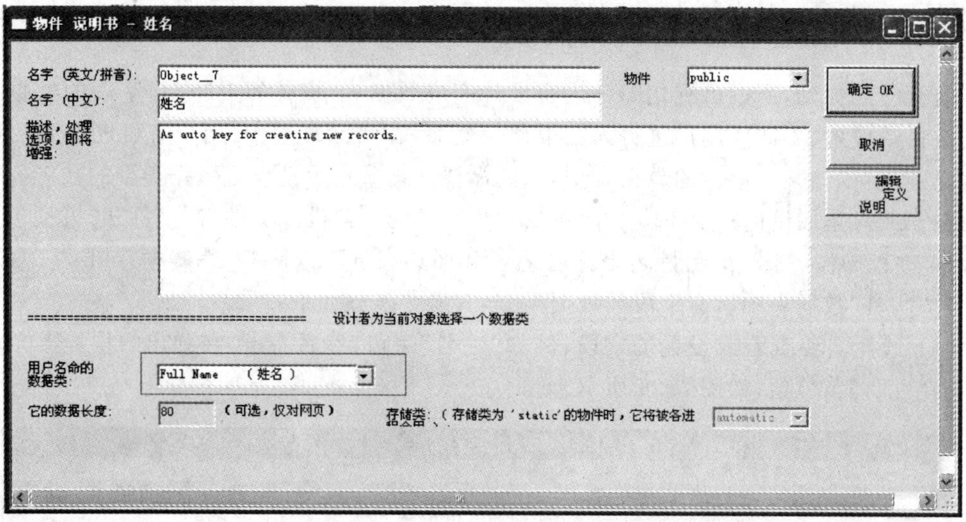

图 2.25　物件说明书

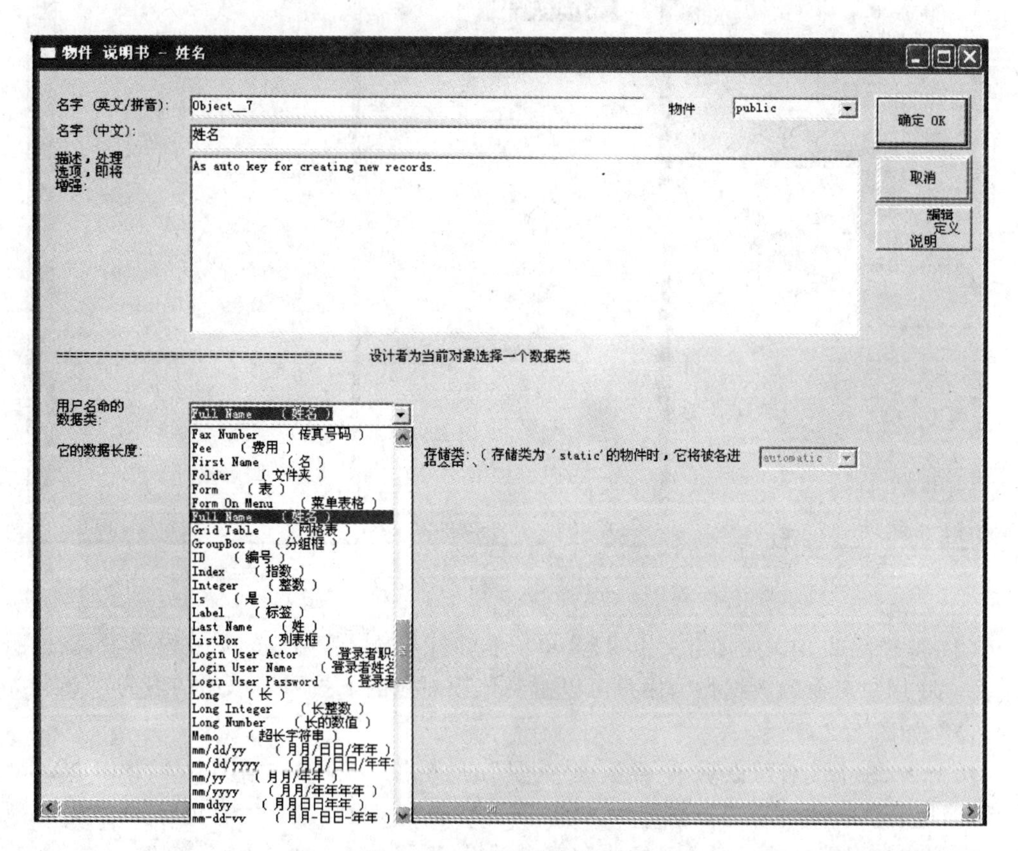

图 2.26　重新选择数据类型

数据类型重新设置为“First Name(名)”时，SDDA 将返回如图 2.27 所示的提示框。

上述提示信息表明该物件“姓名”已被应用在某个窗体中，不能修改其数据类型。如果确实需要修改，必须先在使用了该物件的窗体中进行修改。此时，用户可以在物件目录下的

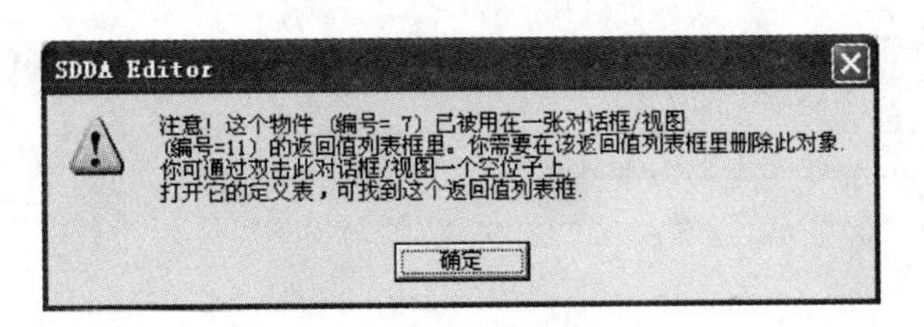

图 2.27　信息提示框

用户界面图中找到病员资讯窗体，并将其打开，然后在窗体的空白处双击，打开窗体的描述框，如图 2.28 所示（强调一下，图 2.28 收集了本窗体中物件已被使用的所有信息）。

图 2.28　窗体描述框

在图 2.28 中选择“返回值序列”中的“姓名:7”，然后单击右侧的【删除】按钮，将“姓名:7”从“返回值序列”里删除。完成以上操作后，返回物件目录并打开“姓名”字段的物件说明书，重新设置“姓名”字段的数据类型，就不会再弹出提示信息框了，例如将数据类型设置为“First Name(名)”，其设置结果如图 2.29 所示。

至此，查看和修改可视化 D++中对象的数据类型的操作就完成了。需要注意的是，考虑到字段与数据类型的匹配，可视化 D++并不允许用户任意设置数据类型，只是允许同一个大

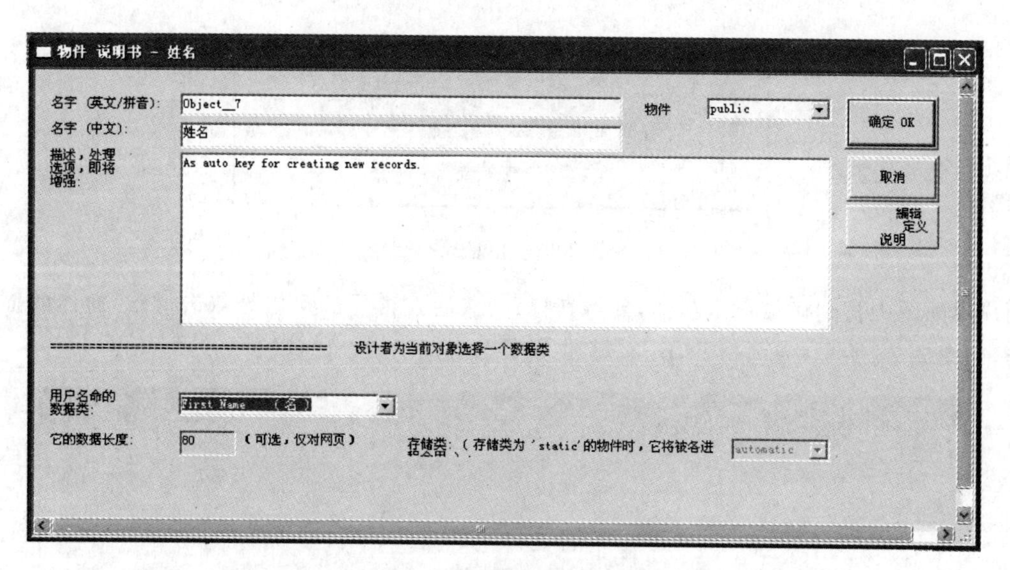

图 2.29 修改数据类型

类的字段或对象可以交换数据相互取值，两个不同大类的字段或对象不能交换数据。这样做的目的是为了提醒设计人员不会出现“年龄值等于姓名值”等错误，因为年龄的值是“整数”，姓名的值是“字符串”，“字符串”通常不能代替“整数”。

另外，每节设计结束后都应将结果文件保存起来，而下一节设计开始时都打开前一节的设计结果文件，这两个操作均是常规操作，读者自己能够实现，以后不再赘述。

2.4 小结

本章介绍了在可视化 D++软件设计语言中“窗体也是一种进程”的思想，然后在 SDDA 中以进程的方式打开窗体，并在进程目录中对其进行操作，这也衔接了本书第 1 册《绘制进程图》的内容。其次，本章为读者讲解了指定值的设定和取消，并对可视化 D++的常用数据类型做了简要说明。

第3章

窗体内的数据传送

一个实际应用的视窗应用软件通常包含许多窗体，而一个窗体中通常包含多个控件，如一个用户登录窗体中至少要包含两个标签(Label)控件、两个编辑框(Edit Box)控件和两个命令按钮(Command Button)控件。由于实际需要，窗体内的各个控件经常要相互交换数据，这就涉及本章将要介绍的窗体内的数据传送操作。可视化D++语言设计了非常简洁的数据传送操作方式，用户只需要使用鼠标即可完成操作。

3.1 表格控件

在数据库应用软件的设计中，表格(Grid Table)控件是使用最频繁、最美观的控件之一，因为该控件可以一次性显示或操作多条数据记录。与许多程序设计语言类似，可视化D++语言的集成开发环境——SDDA集成了该控件。

3.1.1 添加表格控件

在第1章"构建软件自动化框架"中，用户已经创建了一个"病员"数据库，其由5个字段组成，即病员号、姓名、性别、疾病和住院日期。前面章节采用"标签控件＋编辑框控件"的形式表示该数据库表(简称数据表)，本节将用一个表格控件将病员表中的数据表示出来，具体实现步骤如下：

(1) 双击桌面上的"可视化D++语言"图标("Visual D++")或者启动"C:\Visual D++ Language"中的"Visual D++ Language.exe"，打开可视化D++软件设计语言的集成设计开发环境——SDDA，应用软件将提示用户打开一个工程，这里打开"模型包\书\第3章 窗体内部数据传送"中的"病员资讯服务_数据库.mdb"，该工程包含了"病员"数据库，单击【打开】按钮，则打开了该工程设计文件，如图3.1所示。

(2) 此时可视化D++软件设计语言的集成设计开发环境——SDDA将会给出Windows

窗体应用软件的整个开发流程和相关信息，如图 3.2 所示。

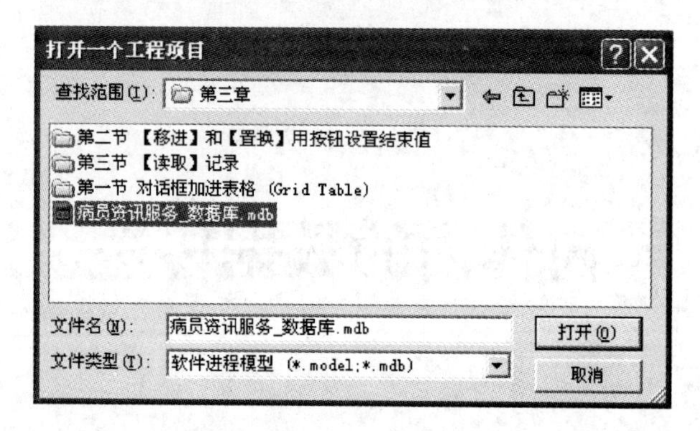

图 3.1 打开初始工程

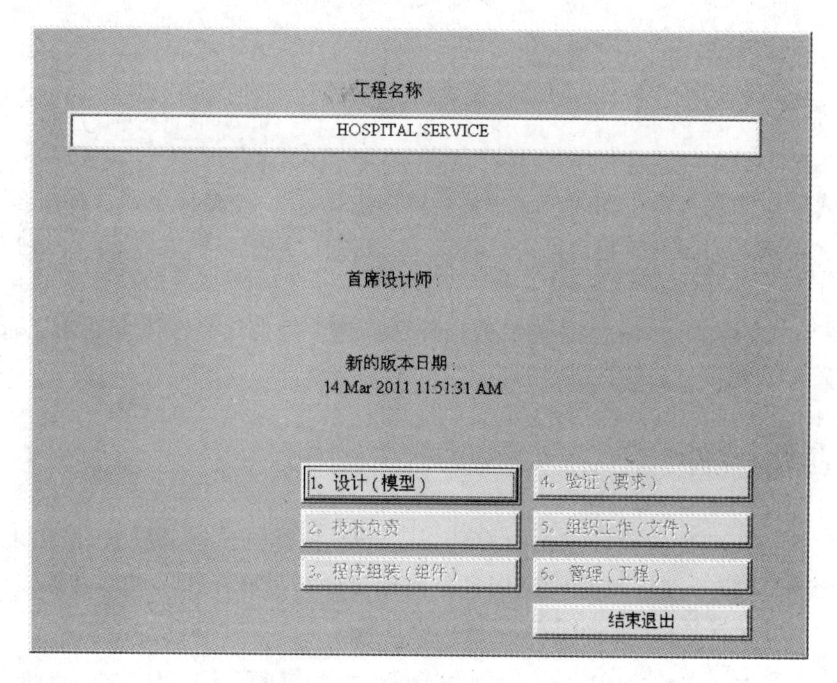

图 3.2 查看工程的基本信息

(3) 在图 3.2 中单击【1。设计(模型)】按钮进入 SDDA，设计开发环境将自动打开 3 个目录，即物件目录、进程目录和职务目录，此时物件目录中已有数据库“病员”，如图 3.3 所示。

(4) 添加一个新窗体到用户界面图。在图 3.3 中的物件目录页的空白处双击，在弹出的对话框中输入窗体名称“病员资讯”，如图 3.4 所示。

(5) 在图 3.4 中单击右侧的【确定 OK】按钮，SDDA 将弹出提示信息框，告诉用户如何操作，如图 3.5 所示。

(6) 单击【确定】按钮，鼠标指针将变成“+”字形，将鼠标指针移至物件目录中的“用户界面图”项的节点上单击，此时计算机将发出“嘀”的长声，同时弹出如图 3.6 所示的选择对话框。

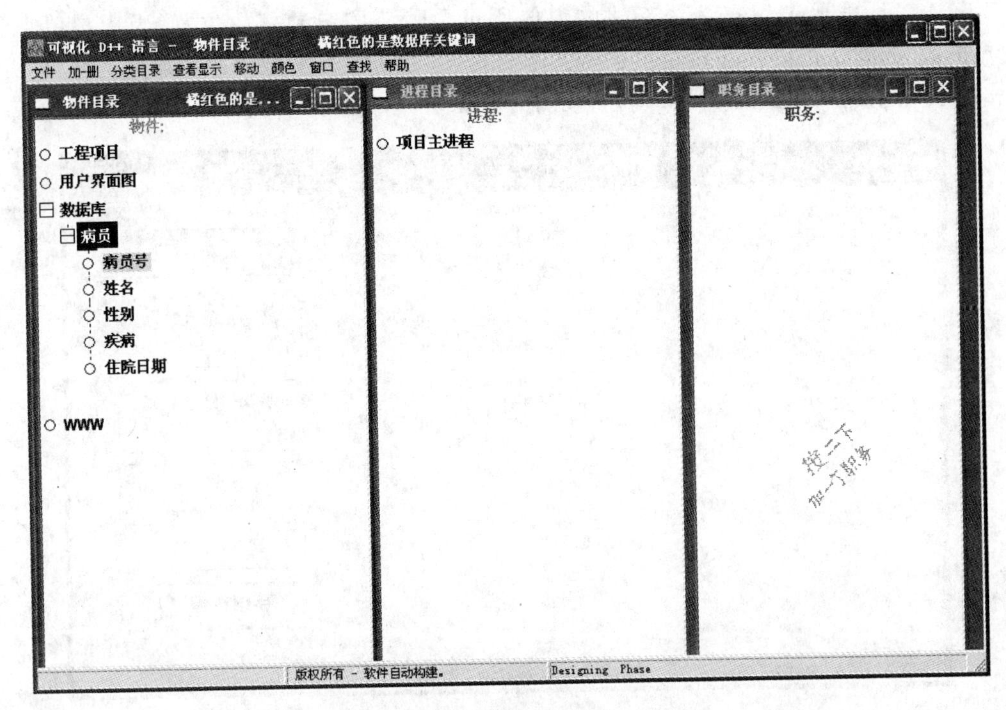

图 3.3　打开工程后的 SDDA 界面

图 3.4　添加新窗体

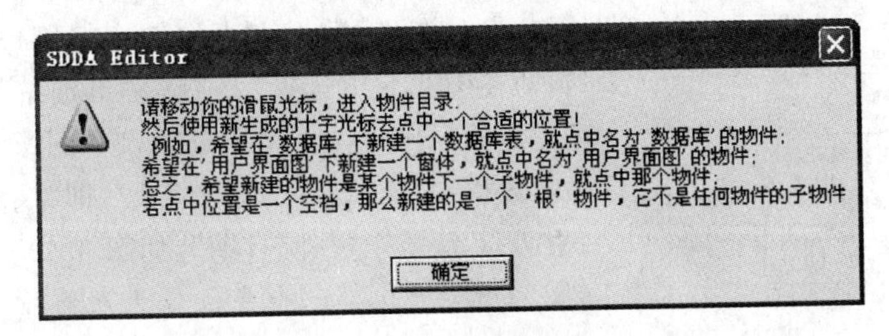

图 3.5　提示信息框

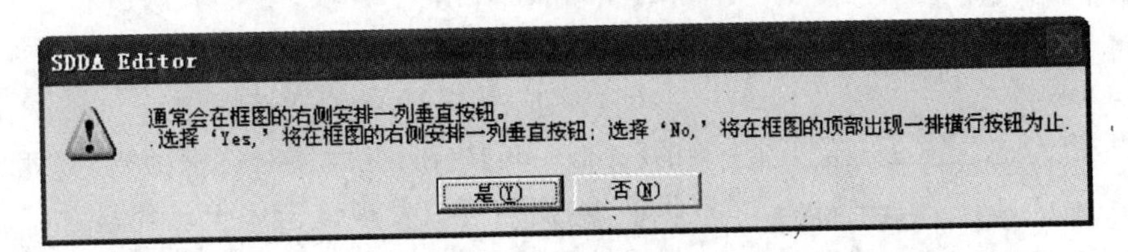

图 3.6　选择对话框

上述对话框要求用户选择新建的窗体所包含默认按钮的摆放位置，当用户单击【是(Y)】按钮时，默认按钮将垂直显示在新窗体的右侧，否则将水平显示在新窗体的底部，此处单击【是(Y)】按钮，完成后 SDDA 将自动打开该新窗体，如图 3.7 所示。

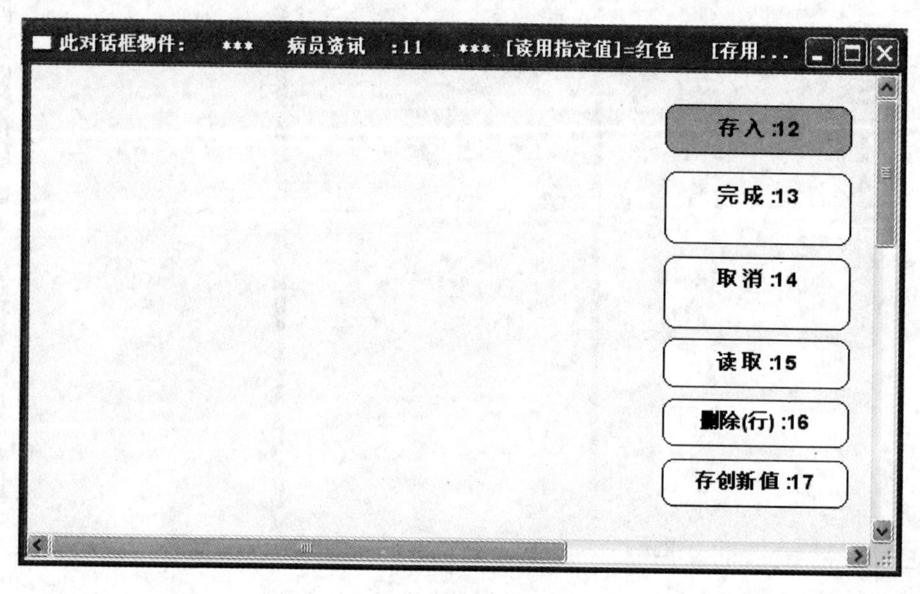

图 3.7 新窗体

(7) 在图 3.7 所示的新窗体界面下选择 SDDA 主菜单中的【加元件】|【表格(Grid Table)】菜单项，如图 3.8 所示。

图 3.8 选择【表格(Grid Table)】菜单项

选择【表格(Grid Table)】菜单项后，鼠标指针将变成"＋"字形，将鼠标指针移至新创建的窗体"病员资讯"上单击，此时 SDDA 将弹出如图 3.9 所示的对话框。

图 3.9 所示对话框的功能为选择表格控件包含的字段，字段可以新建，也可以从已有数据表中获取。此处将"病员资讯"数据表中的 5 个字段作为表格控件的列，即在图 3.9 中选择"已有的"单选按钮，并单击数据库左侧的"田"符号，展开数据表中的所有字段，并依次单击数据表"病员"下的 5 个字段，即"病员号"、"姓名"、"性别"、"疾病"、"住院日期"，如图 3.10 所示。

注意：每选择一个字段作为表格控件的列后，该字段左侧的"○"符号将会变成红色，表示选中。如果选择错误，可单击任何非字段项，表示取消已有选择，重新进行选择。

(8) 完成图 3.10 中的选择操作后，单击该对话框右侧的【接收 OK】按钮，此时该对话框关闭，并返回到病员资讯窗体，用户可以发现该窗体上已经显示了新添加的一排表格控件，如图 3.11 所示。

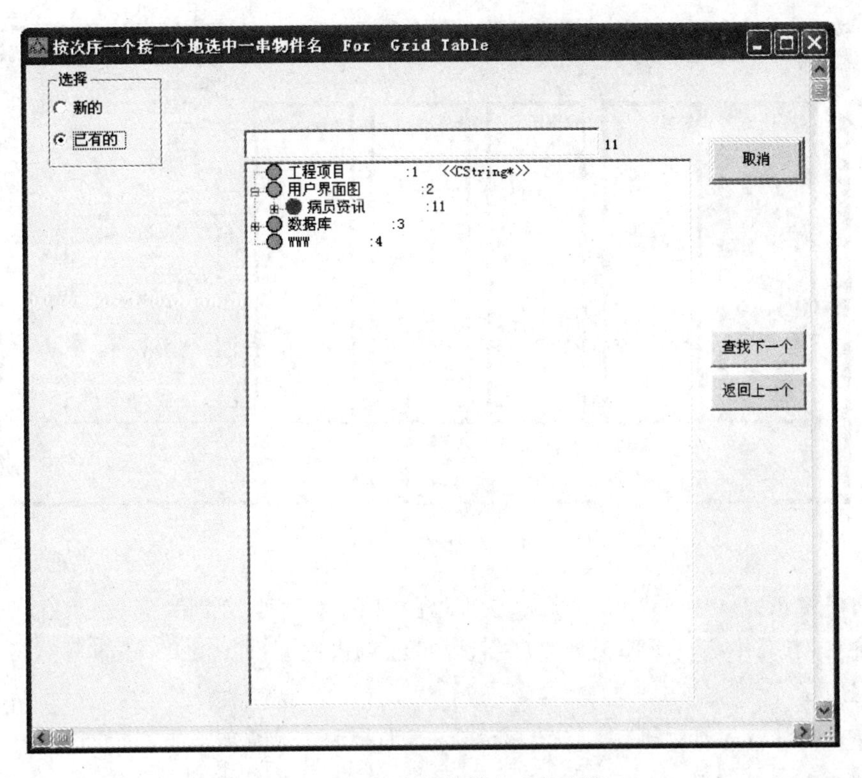

图 3.9 选择表格控件包含的字段

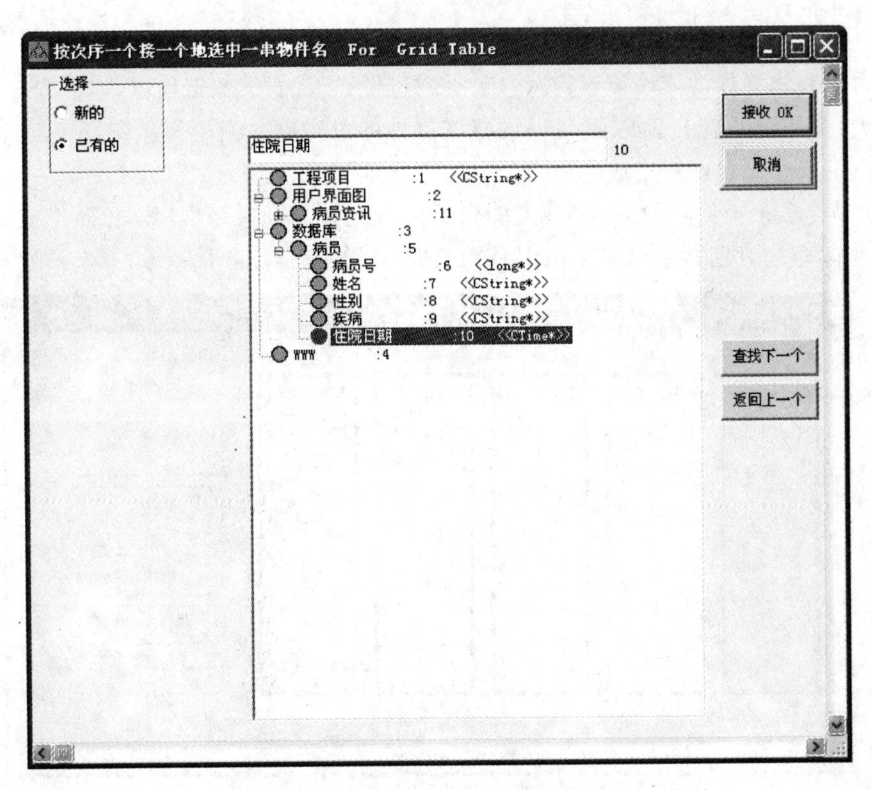

图 3.10 依次选择数据表中的 5 个字段

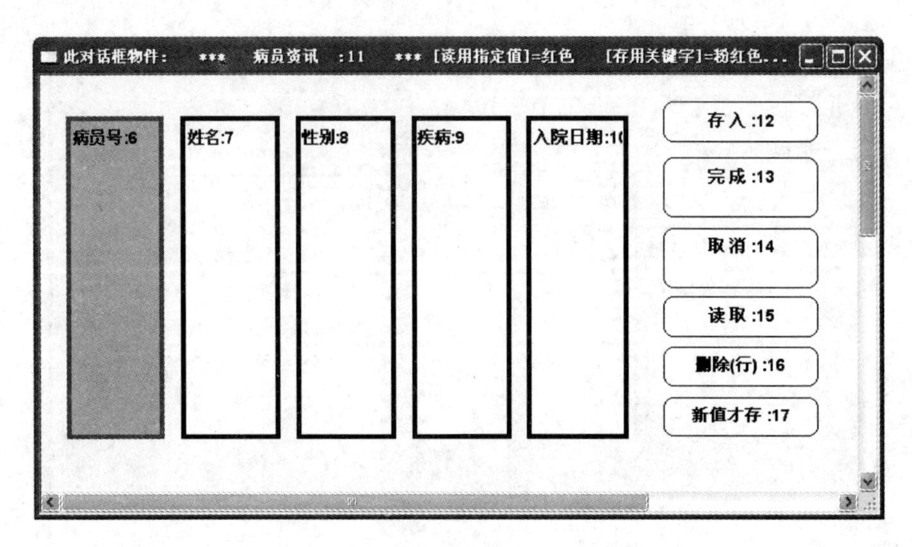

图 3.11　添加了表格控件的窗体

在病员资讯窗体中读者可以看到,该表格控件包含 5 列,分别为病员号、姓名、性别、疾病和入院日期,其中病员号一项为关键字,以粉红色边框区别。至此,添加一排表格控件的操作就完成了。

注意:同时添加的一组控件称为同一组,它们有一个隐藏的组名,能够使用户移动一个控件带动一组同时移动。

3.1.2　调整控件布局

当包含表格控件的窗体被运行后,该控件将显示它代表的数据项值,如果一排字段的总宽度较大,表格控件显示不美观,可以调整该控件的总宽度。当用户试图调整总宽度时,只需通过以下两个步骤即可完成。

(1) 单击表格控件中需要调整宽度的列所在的矩形框,此时该框以灰色背景显示。例如,此处需调整"住院日期"列的宽度,单击"住院日期:10"矩形框,返回结果如图 3.12 所示。

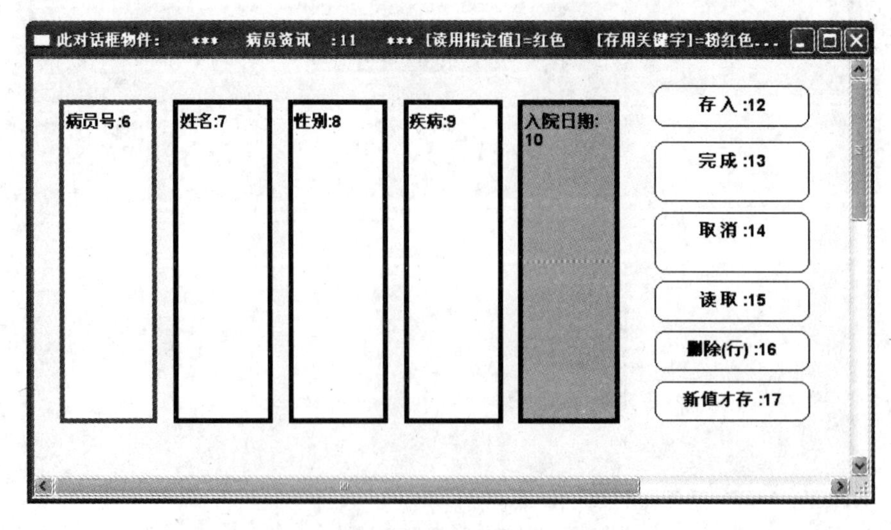

图 3.12　选中表格控件的一部分

(2) 在图 3.12 中选择矩形框后，按住鼠标左键向右拖动到一定的位置，然后松开鼠标左键即完成了调整“住院日期”列的宽度的操作，调整后的结果如图 3.13 所示。

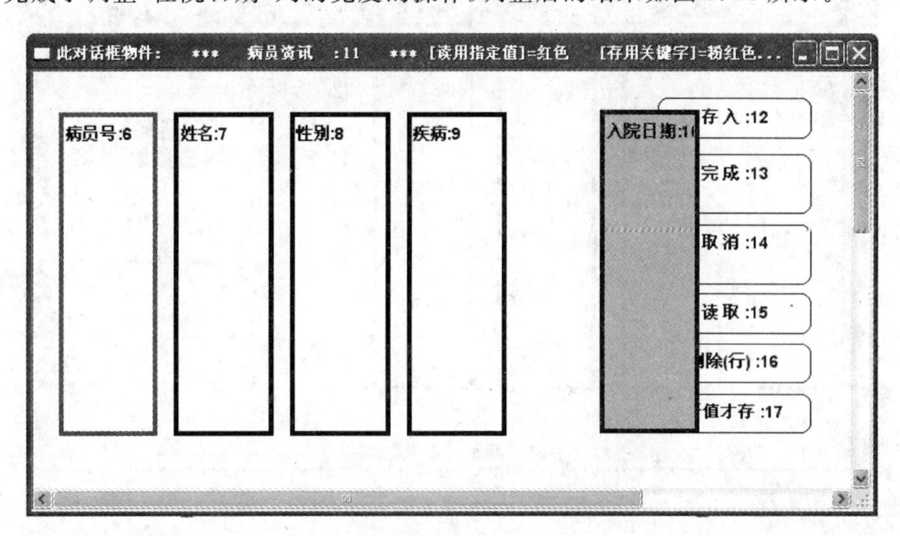

图 3.13　调整表格中某一列的宽度

以上两个步骤完成了调整表格控件中某一列宽度的操作，如果需要调整整个控件所有列的宽度，则需要在上面步骤(2)中按住鼠标左键向右拖动时用另一只手按住键盘上的 Ctrl 键，调整后的窗体如图 3.14 所示。

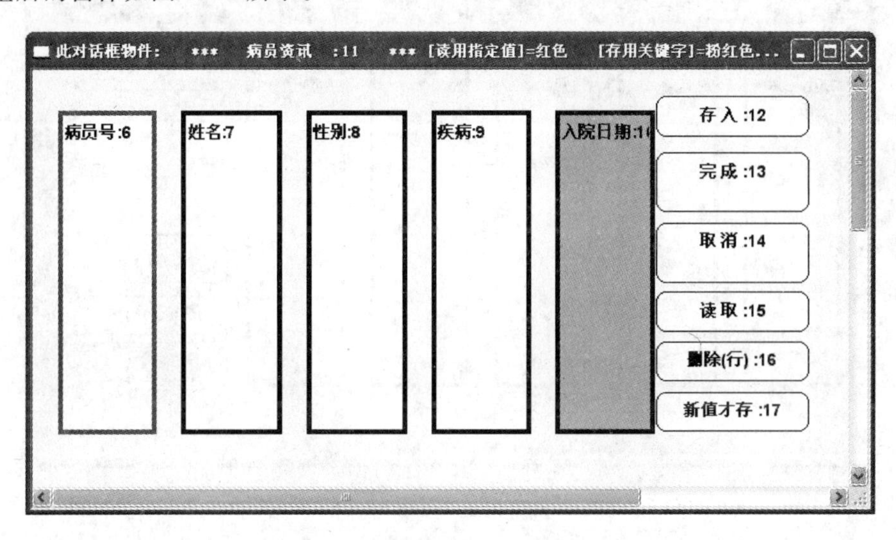

图 3.14　调整表格中所有列的宽度

完成了加进表格的操作之后，可以把这个设计结果保存到“模型包\书\第 3 章 窗体内部数据传送\第 1 节 对话框加进表格(Grid Table)”下的“病员资讯服务_数据库.mdb”中。

注意：在拖动控件的同时按住键盘上的 Ctrl 键，不仅可以整体调整表格控件的宽度，还能够对表格的各个列的间距进行调整，使其看上去更整齐。

此外，用户也可以调整窗体上按钮的位置，使窗体看起来更加美观。例如单击病员资讯窗体中的【存入:12】按钮，按住鼠标左键将其向右拖动，改变其目前所在的位置，这就调整了该按钮控件的布局，其操作结果如图 3.15 所示。

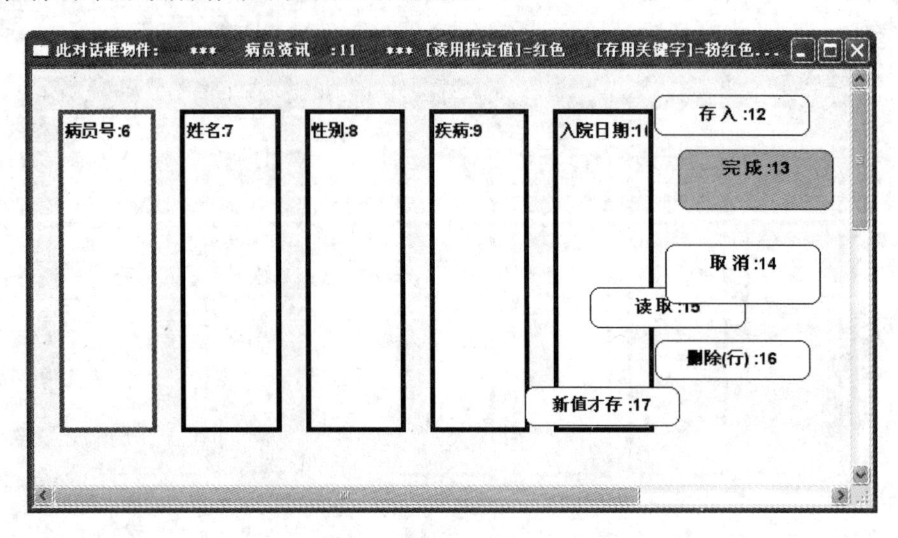

图 3.15 调整单个控件的位置

然而，在调整控件布局时需要考虑整个窗体控件的美观，因此需要考虑控件的对齐，此时就可以使用【Ctrl】键了。在拖动【新值才存:17】按钮的同时按住键盘上的【Ctrl】键，能够实现按钮对齐的功能，对齐后的窗体如图 3.16 所示

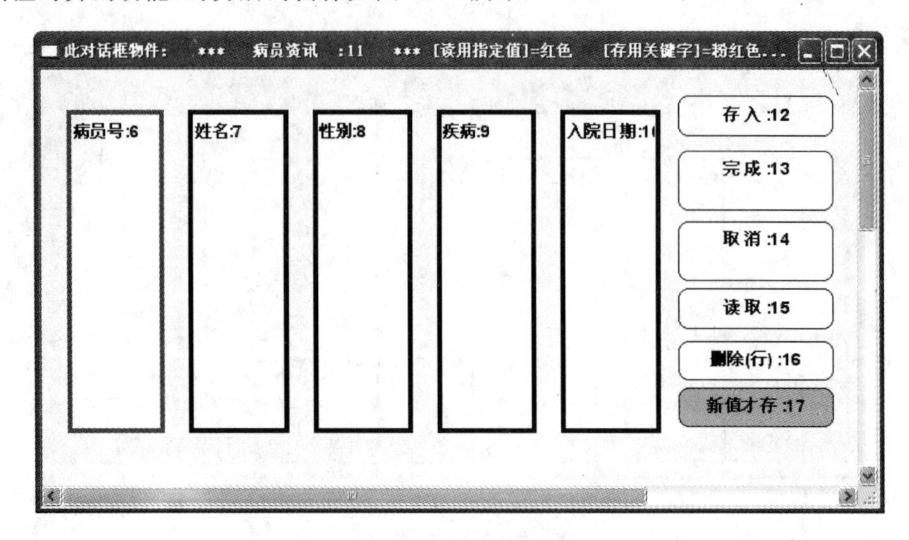

图 3.16 调整一组控件的位置

需要注意的是，SDDA 中允许用户通过 Ctrl 键整体对齐或调整一组控件的位置和布局，但是当用户需要操作的控件不是同一类型时，在使用 Ctrl 键整体对齐或调整之前需要先将其编组。

例如，在图 3.16 中调整一组控件的布局时，不需要调整其中的【新值才存:17】按钮的位置，而其他按钮要求整体对齐并向左移动，此时就需要为【新值才存:17】按钮重新编组。编组的操作步骤是同时按下键盘上的 Ctrl 键、Shift 键和 Alt 键，然后选中需重新编组的控件，例如【新值才存:17】按钮，此时 SDDA 将弹出一个对话框，显示【新值才存:17】按钮的现有编组号 12,如图 3.17 所示。

图 3.17　重新输入编号

在图 3.17 中将现有的队列编号 12 改为它自己的编码号“17”,单击对话框右侧的【确定 OK】按钮,即重新创建了一个新组(自成一组,组名为自己的编号)。此时重新选中【存入:12】按钮,并按住【Ctrl】键向左对齐控件,【新值才存:17】按钮控件就不会随之移动了,如图 3.18 所示。

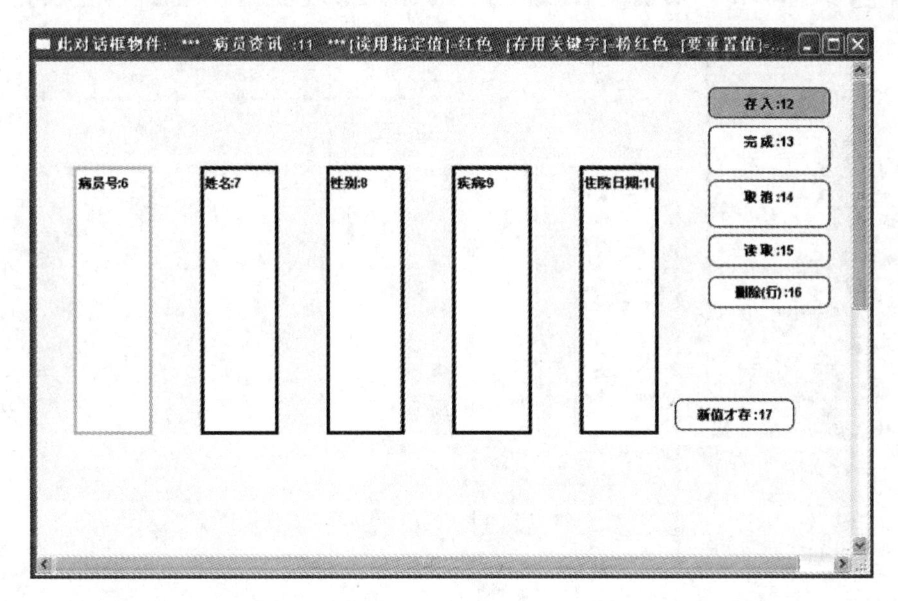

图 3.18　重新编组后的布局

由此可见,在进行窗体控件布局时,可以为需要对齐或整体调整的控件进行分组,分组后的控件在对齐或调整布局时只需按住【Ctrl】键即可完成,减轻了用户在设计窗体时的工作量。

注意:SDDA 能够为不同类型的控件进行编组操作,即队列中的控件既可以是按钮,也可以是编辑框、标签等。

3.2　操作表格数据

由于表格控件能够直观地显示数据库中的数据记录,因此在数据库应用软件中经常需要使用该控件对数据表中的数据进行读写操作。读写数据表中的数据,即通过表格控件显示数据库中的记录或写入数据库中。

3.2.1 绘制用户界面图

写入数据即通过表格(Grid Table)控件将需要添加的数据记录存入指定的数据表中，一般用编辑框(Edit Box)接收用户的输入，用【移送】按钮和【替换】按钮写入数据。在具体讲解写入数据的过程之前，先在3.1节用户进程图的基础上进行绘制，新增编辑框控件、标签控件和部分按钮控件。

(1) 打开用户界面窗体，然后选择SDDA主菜单中的【加元件】|【编辑框(Edit Box)+标签】菜单项，如图3.19所示。

(2) 选择【编辑框(Edit Box)+标签】菜单项后，移动鼠标指针到用户界面设计窗体上，此时鼠标指针将变成“+”字形，在窗体空白处单击，则SDDA弹出图3.20所示的对话框。

图3.19 选择菜单项

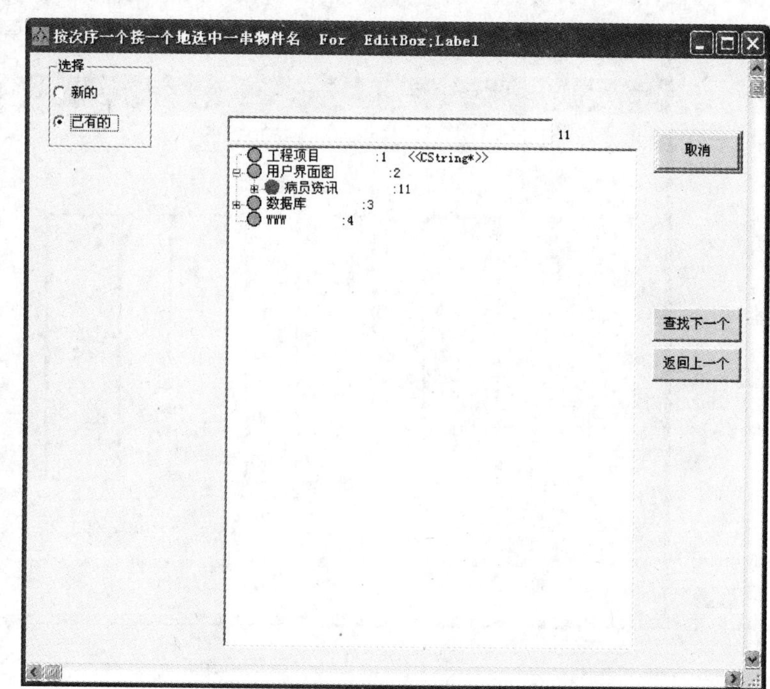

图3.20 选择控件的数据来源

(3) 在图3.20所示的对话框中选择【新的】单选按钮，此时SDDA将弹出一个对话框，在其中输入姓名、性别、疾病和住院日期4项，完成后单击对话框右侧的【关闭OK】按钮，如图3.21所示。

(4) 单击图3.22所示对话框右侧的【接收OK】按钮，关闭后回到图3.20所示的对话框，此时图3.20中的内容已如图3.22所示。

(5) 在图3.22中单击【接收OK】按钮后，SDDA将会弹出一个询问对话框，要求用户确认新增控件的排列方式，如图3.23所示。

如果用户希望这些控件竖排，则单击【是(Y)】按钮，如果希望控件横排，则单击【否(N)】按钮。此处希望横排，单击【否(N)】按钮，此时用户可以看到原来只包含表格控件和一系列按钮控件的窗体新增了4个编辑框和标签控件，如图3.24所示。

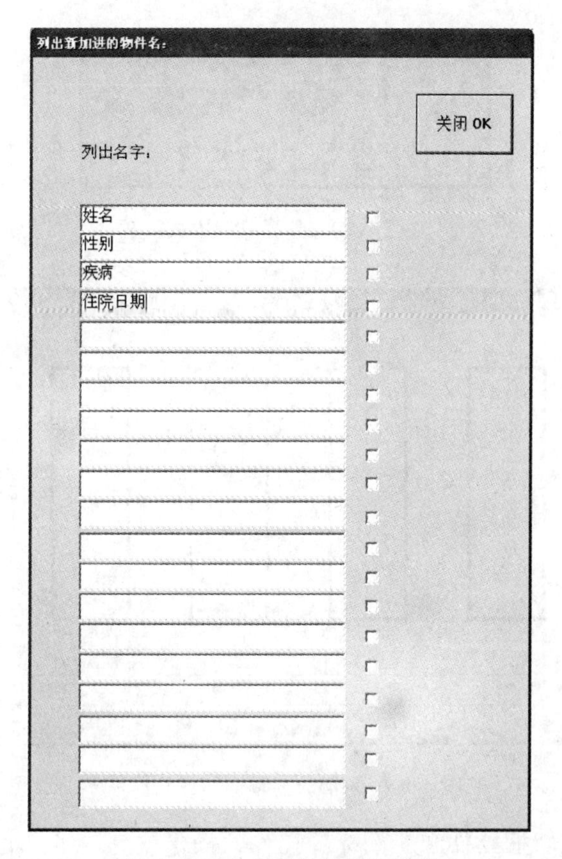

图 3.21　输入标签和编辑框项

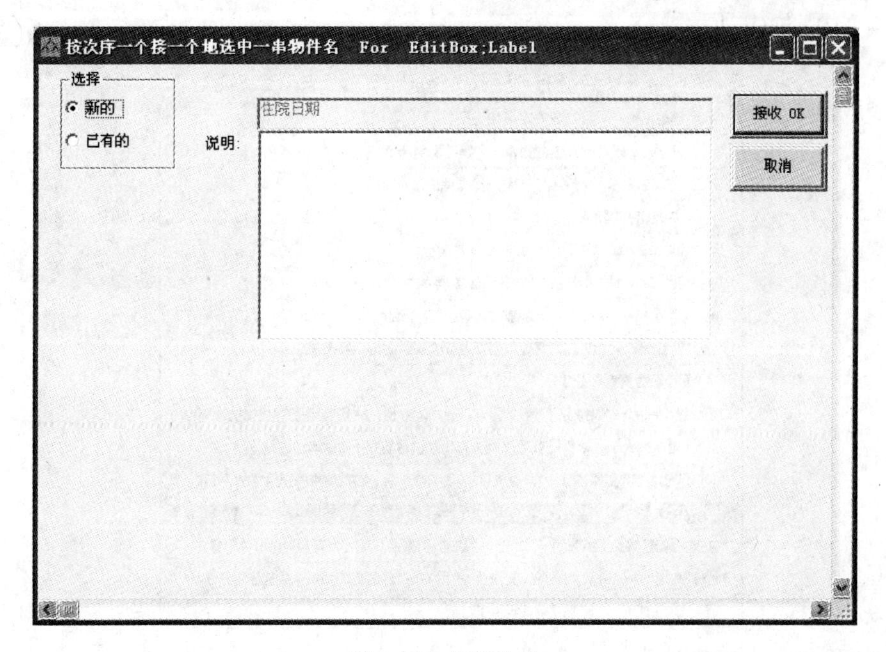

图 3.22　新增控件

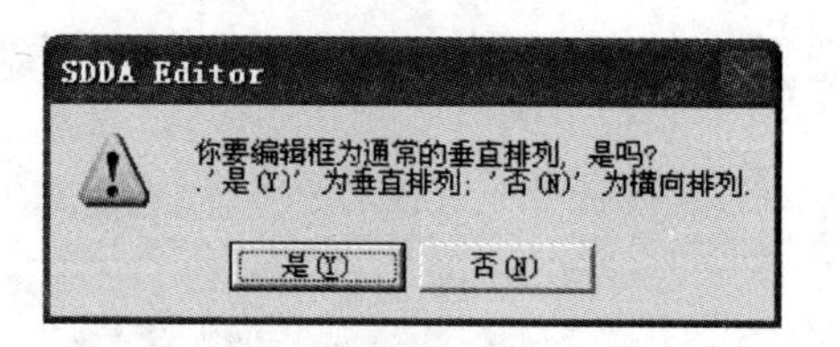

图 3.23 选择排列方式

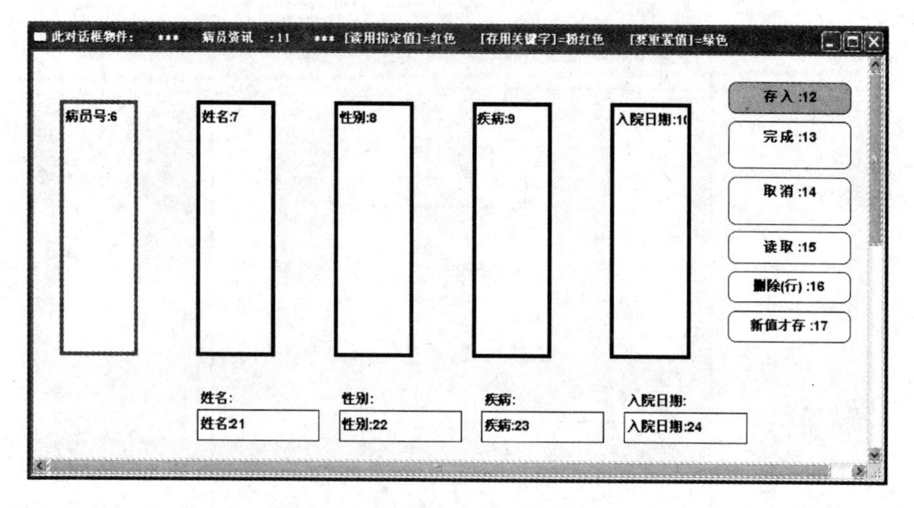

图 3.24 新增的编辑框和标签控件

至此,新增 4 个编辑框控件和 4 个标签控件的操作就完成了。此外,用户还需要添加【移送】和【替换】两个按钮。通过选择 SDDA 主界面中的【加按钮】|【'移进'+'置换'键】菜单项添加,如图 3.25 所示。

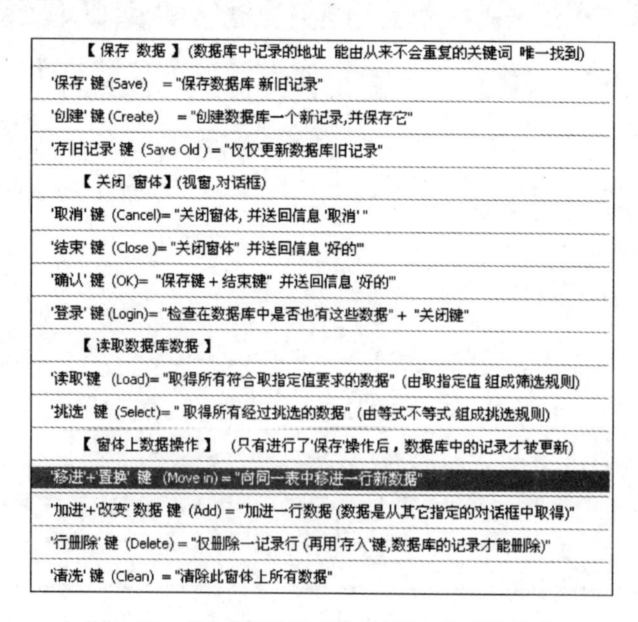

图 3.25 增加【移送】和【替换】按钮控件的菜单

选择菜单项后，在窗体的空白处单击，窗体会增加【移送】和【替换】两个按钮控件，如图 3.26 所示。

此对话框物件：　***　病员资讯　:11　***　[取指定值]=红色　[是关键字]=粉红色　[查重置值]=绿色
存入 :12
完成 :13
取消 :14
读取 :15
删除(行) :16
存创新值 :17
病员号:6
姓名:7
性别:8
疾病:9
住院日期:10
姓名:
姓名:18
性别:
性别:19
疾病:
疾病:20
住院日期:
住院日期:21
移送 :26
替换 :27

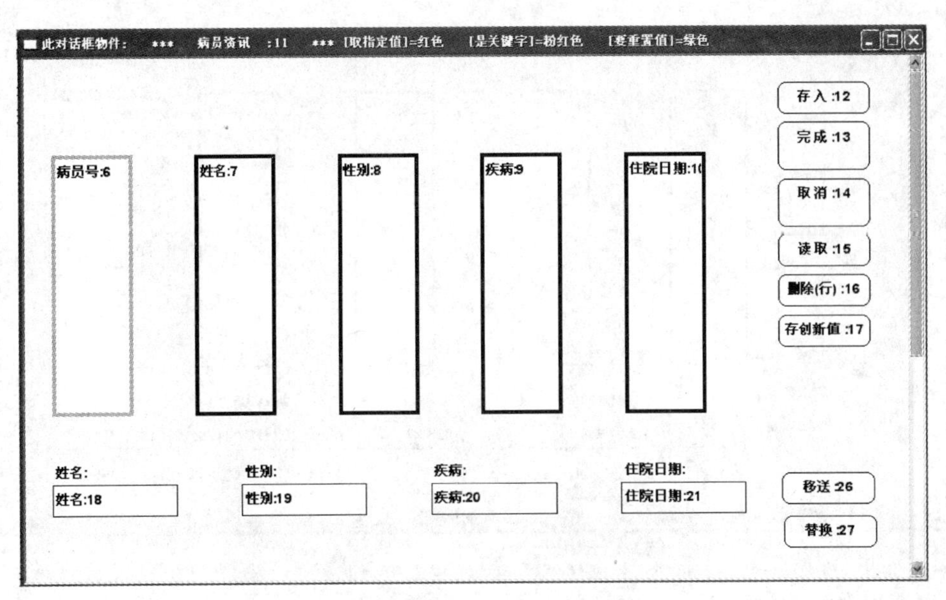

图 3.26　添加【移送】与【替换】按钮

此外，再通过选择主界面中的【加按钮】|【'清洗'键】菜单项添加【清洗】按钮，如图 3.27 所示。

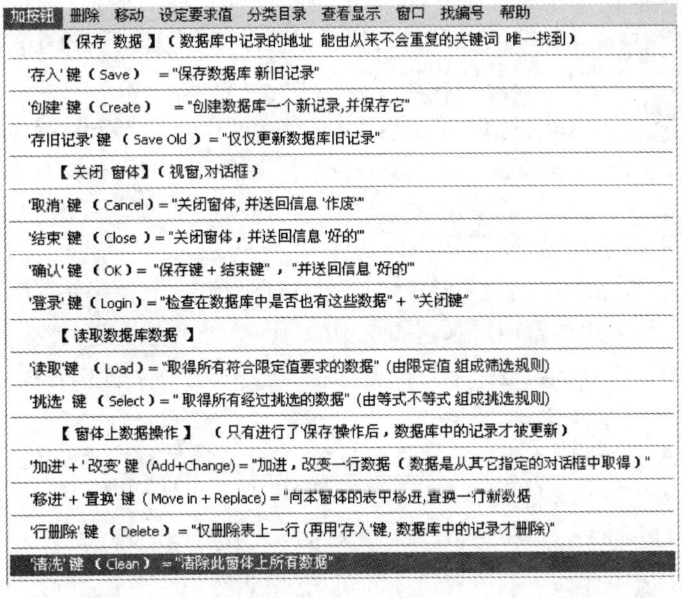

加按钮　删除　移动　设定要求值　分类目录　查看显示　窗口　找编号　帮助
【保存 数据】（数据库中记录的地址 能由从来不会重复的关键词 唯一找到）
'存入'键（Save）　="保存数据库 新旧记录"
'创建'键（Create）　="创建数据库一个新记录,并保存它"
'存旧记录'键　（Save Old）="仅仅更新数据库旧记录"
【关闭 窗体】（视窗,对话框）
'取消'键　（Cancel）="关闭窗体, 并送回信息 '作废'"
'结束'键　（Close）="关闭窗体，并送回信息 '好的'"
'确认'键　（OK）="保存键 + 结束键"，"并送回信息 '好的'"
'登录'键（Login）="检查在数据库中是否也有这些数据" + "关闭键"
【读取数据库数据】
'读取'键　（Load）="取得所有符合限定值要求的数据"（由限定值 组成筛选规则）
'挑选'键　（Select）=" 取得所有经过挑选的数据"（由等式不等式 组成挑选规则）
【窗体上数据操作】　（只有进行了保存操作后，数据库中的记录才被更新）
'加进' + '改变'键 (Add+Change)="加进，改变一行数据（数据是从其它指定的对话框中取得）"
'移进' + '置换'键（Move in + Replace）="向本窗体的表中移进,置换一行新数据
'行删除'键　（Delete）="仅删除表上一行（再用'存入'键, 数据库中的记录才删除)"
'清洗'键　（Clean）="清除此窗体上所有数据"

图 3.27　添加【清洗】按钮

同样，在窗体的空白处单击，窗体中又会增加一个【清洗】按钮控件，如图 3.28 所示。

至此，用户分别添加了 4 个编辑框控件、4 个标签控件和 3 个按钮控件，并调整了它们在窗体上的布局。

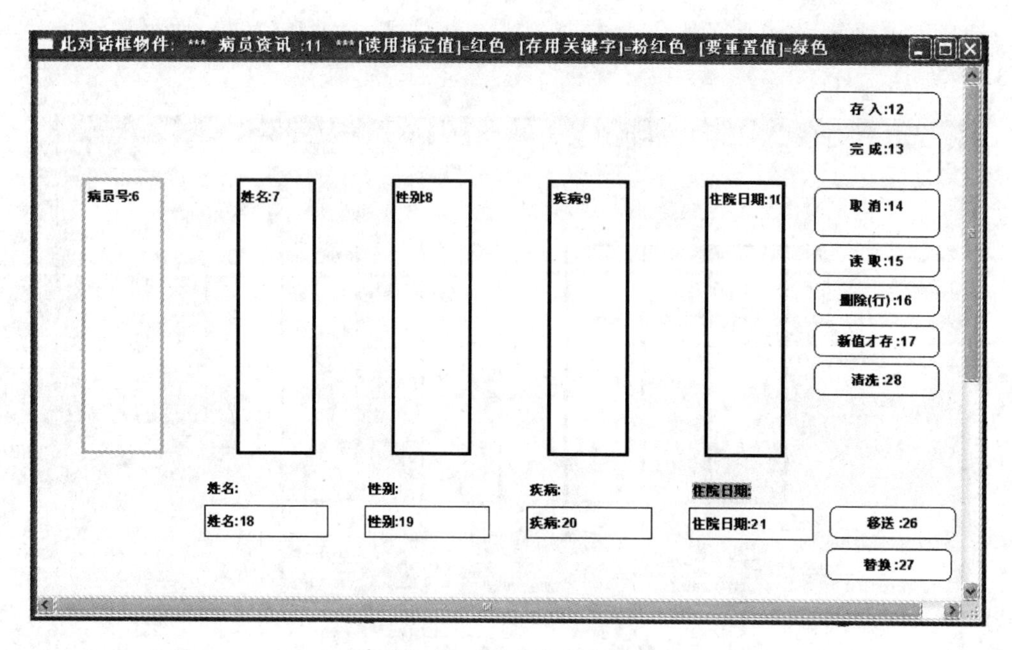

图 3.28　添加【清洗】按钮

3.2.2　移送数据

为了更好地演示通过表格控件读写数据的操作，3.2.1 小节重新设计了一个用户界面窗体。在 SDDA 集成设计开发环境中，设置由编辑框控件向表格控件写入数据非常简便。一般来说，系统已经自动给【移送】和【替换】按钮设置了操作值，但用户还需要为这两个按钮设定操作进行一次补充或修正，具体操作步骤如下：

(1) 在图 3.28 所示的用户窗体下双击【移送】按钮，打开对该按钮控件的定义，如图 3.29 所示。

(2) 在该窗体中找到物件序列，选择其中的“姓名:7<--”项并双击，此时该项自动填充为“姓名:18”，如图 3.30 所示。

上述操作表示当用户单击【移送】按钮后，编辑框“姓名:18”中的值将会传送到表格的“姓名:7”组件中。如果用户希望传送到表格中的“姓名:7”的值不是“姓名:18”，可用此图右侧的【加进选择的】按钮挑选合适的项。以此类推，通过双击分别将列表框中的性别、疾病和住院日期赋值，其结果如图 3.31 所示。

注意：“病员号:6”的数据是来自数据库的“自动计数关键词”，它的值是自动生成的，所以无须送其他值给它。

(3) 完成上述操作后单击对话框右侧的【确定 OK】按钮退回到图 3.28。

(4) 关闭 SDDA 主界面下的所有窗体和目录，回到空白主界面下，并在其中选择【文件 File】|【软件与程序码产生器】|【视窗 软体】菜单项，Visual D++开始构建软件并运行生成的软件，选择软件中的【表单】|【病员资讯】菜单项打开窗体，在底部的一排编辑框(Edit Box)中输入数据，分别为姓名“张三”、性别“男”、疾病“流行性感冒”，然后单击【移送】按钮，数据将被添加到表格(Grid Table)中，运行结果如图 3.32 所示。

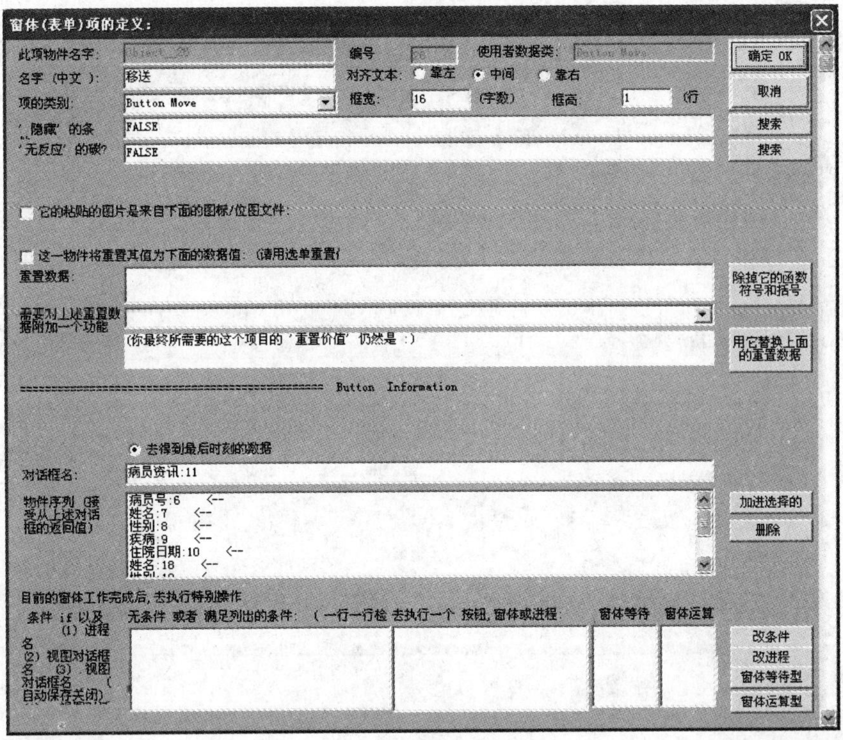

窗体(表单)项的定义:

此项物件名字: Object_28　编号 28　使用者数据类: Button Move　确定 OK
名字（中文）: 移送　对齐文本: 靠左 中间 靠右　取消
项的类别: Button Move　框宽: 16 (字数)　框高: 1 (行
'隐藏' 的条 FALSE　搜索
'无反应' 的破? FALSE　搜索

它的粘贴的图片是来自下面的图标/位图文件:

这一物件将重置其值为下面的数据值: (请用选单重置(
重置数据:　除掉它的函数符号和括号
需要对上述重置数据附加一个功能
(你最终所需要的这个项目的 '重置价值' 仍然是 :)　用它替换上面的重置数据

== Button Information

去得到最后时刻的数据
对话框名: 病员资讯:11
物件序列 (接受从上述对话框的返回值)　加进选择的　删除
病员号:6 <--
姓名:7 <--
性别:8 <--
疾病:9 <--
住院日期:10 <--
姓名:18 <--

目前的窗体工作完成后, 去执行特别操作
条件 if 以及 (1) 进程名 (2) 视图对话框名 (3) 视图对话框名 (自动保存关闭)
无条件 或者 满足列出的条件: (一行一行检 去执行一个 按钮, 窗体或进程: 窗体等待 窗体运算
改条件 改进程 窗体等待型 窗体运算型

图 3.29　按钮控件的定义

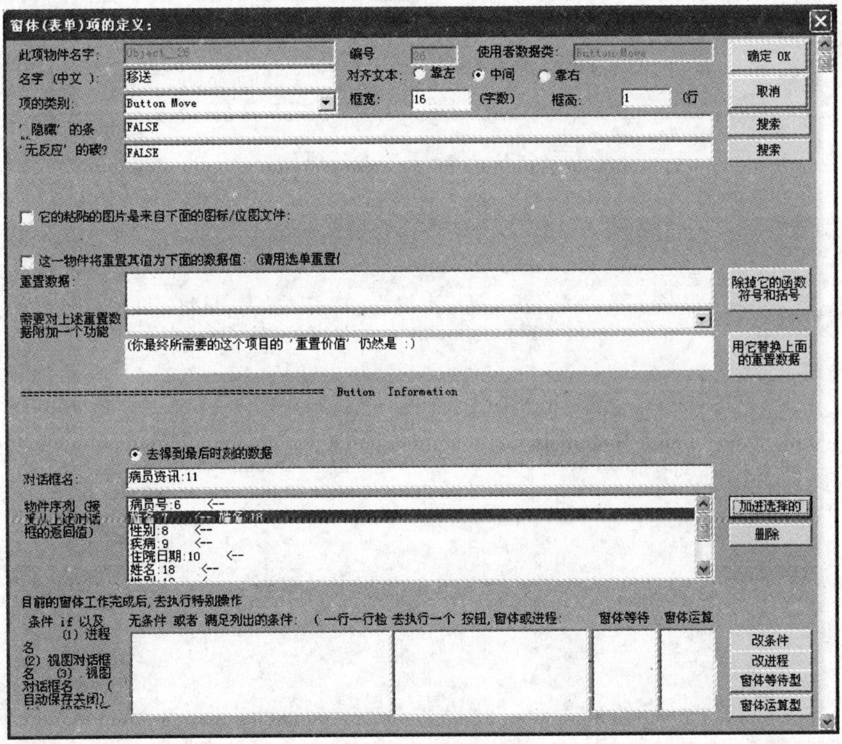

窗体(表单)项的定义:

此项物件名字: Object_28　编号 28　使用者数据类: Button Move　确定 OK
名字（中文）: 移送　对齐文本: 靠左 中间 靠右　取消
项的类别: Button Move　框宽: 16 (字数)　框高: 1 (行
'隐藏' 的条 FALSE　搜索
'无反应' 的破? FALSE　搜索

它的粘贴的图片是来自下面的图标/位图文件:

这一物件将重置其值为下面的数据值: (请用选单重置(
重置数据:　除掉它的函数符号和括号
需要对上述重置数据附加一个功能
(你最终所需要的这个项目的 '重置价值' 仍然是 :)　用它替换上面的重置数据

== Button Information

去得到最后时刻的数据
对话框名: 病员资讯:11
物件序列 (接受从上述对话框的返回值)　加进选择的　删除
病员号:6 <--
姓名:7 <-- 姓名:18
性别:8 <--
疾病:9 <--
住院日期:10 <--
姓名:18 <--

目前的窗体工作完成后, 去执行特别操作
条件 if 以及 (1) 进程名 (2) 视图对话框名 (3) 视图对话框名 (自动保存关闭)
无条件 或者 满足列出的条件: (一行一行检 去执行一个 按钮, 窗体或进程: 窗体等待 窗体运算
改条件 改进程 窗体等待型 窗体运算型

图 3.30　自动填充

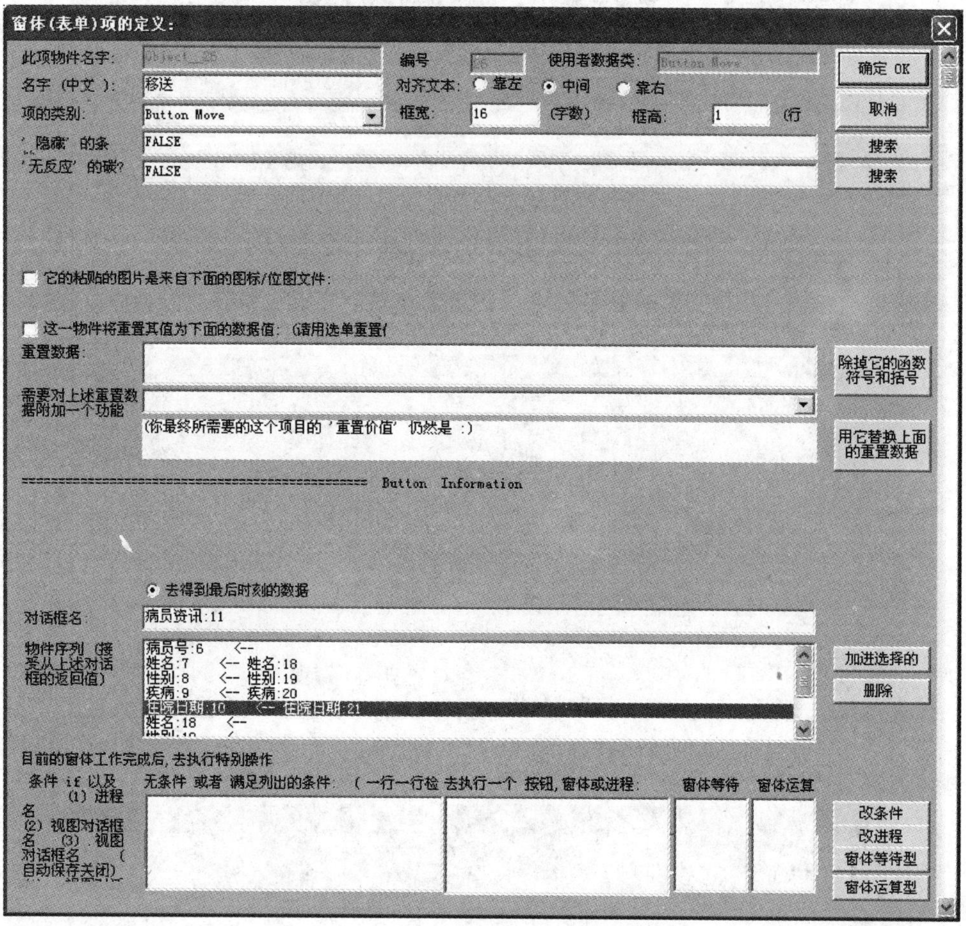

图 3.31 填充所有数据项目

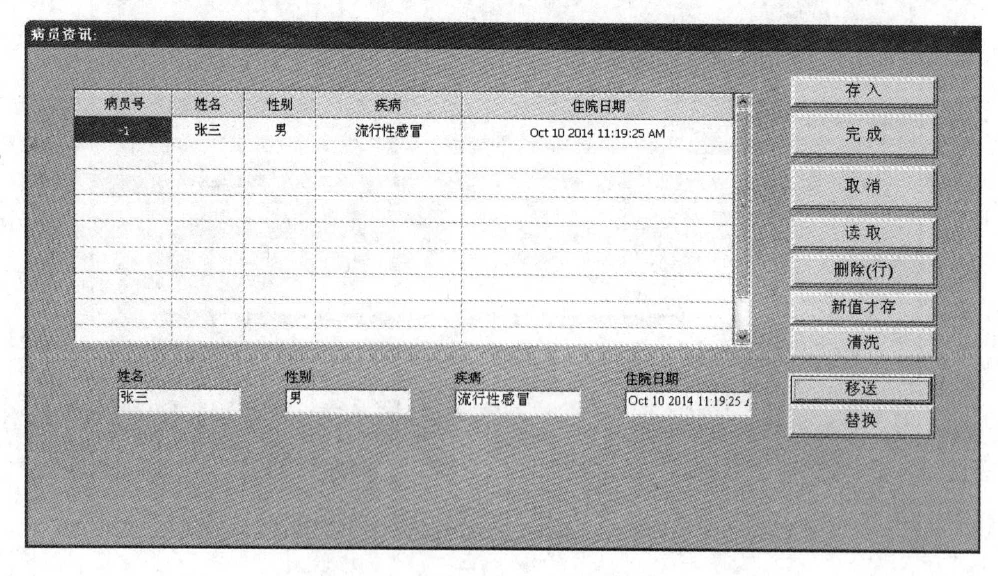

图 3.32 运行窗体输入第一组数据

接着在底部的一排编辑框(Edit Box)中输入数据，分别为姓名“李四”、性别“女”、疾病“流行性感冒”，然后单击【移送】按钮，数据将被添加到表格(Grid Table)中，运行结果如图 3.33 所示。注意，“病员号”列的值是“－1”，表明它们是未存入数据库的一组记录。

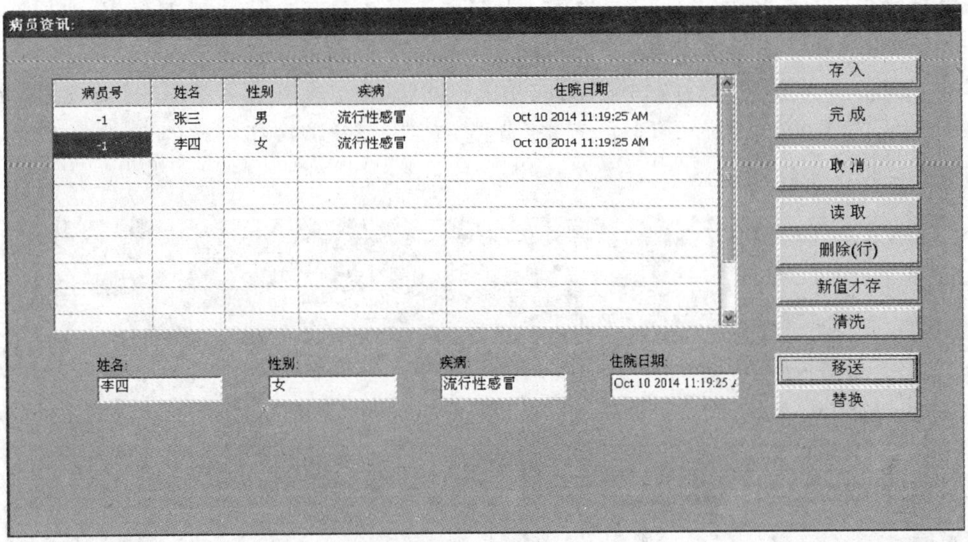

图 3.33　运行窗体输入第二组数据

最后，单击对话框右侧的【存入】按钮，表格上显示的记录都被存储到数据库中，运行结果如图 3.34 所示。这组记录在存入数据库之后，它们的关键字“病员号”一项都有了真正的数值、如 1、2。这些关键字的数值分别表示它们存放在数据库中的真实的位置。

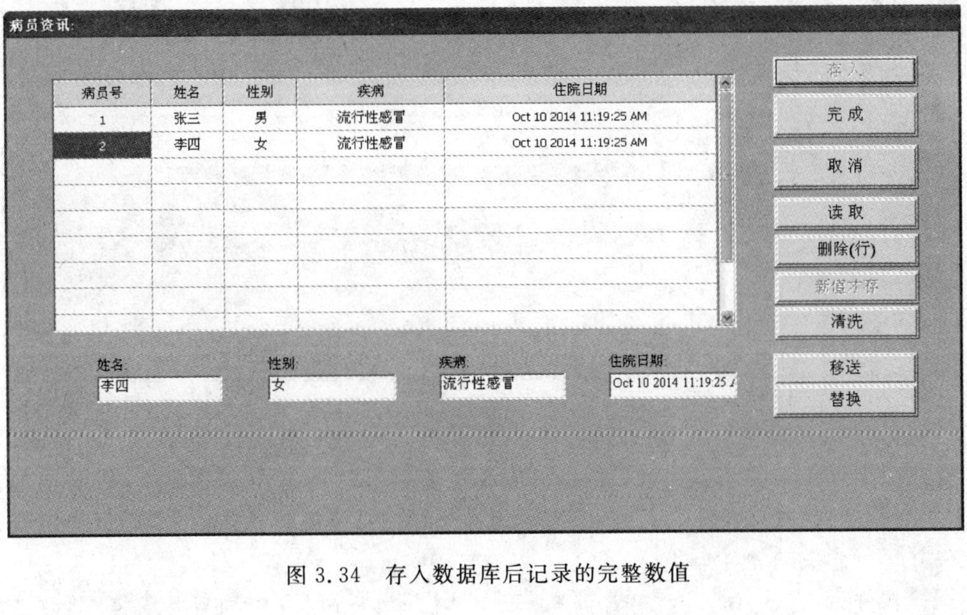

图 3.34　存入数据库后记录的完整数值

此外，如果需要修改表格(Grid Table)中的数据，例如要把“流行性感冒”一词改为“高烧”，应该如何操作呢？读者知道，由于表格(Grid Table)中的数据较多，一般不允许用户直接改变它的值。修改数据需要一定的权限，还要分几步进行。下面介绍使用【替换】按钮修改上述记录的方法。

3.2.3 替换数据

替换数据是指在不添加新记录的基础上对表格控件下方的编辑框(Edit Box)控件中的数据进行修改,并将其替换成表格(Grid Table)控件中对应记录的数据。

在SDDA中设计窗体时,替换数据的功能键可以通过选择主菜单中的【加按钮】|【'移进'+'置换'键】菜单项添加。同样,双击【替换】按钮,打开该按钮控件的定义,设置对应的物件序列,如图3.35所示。

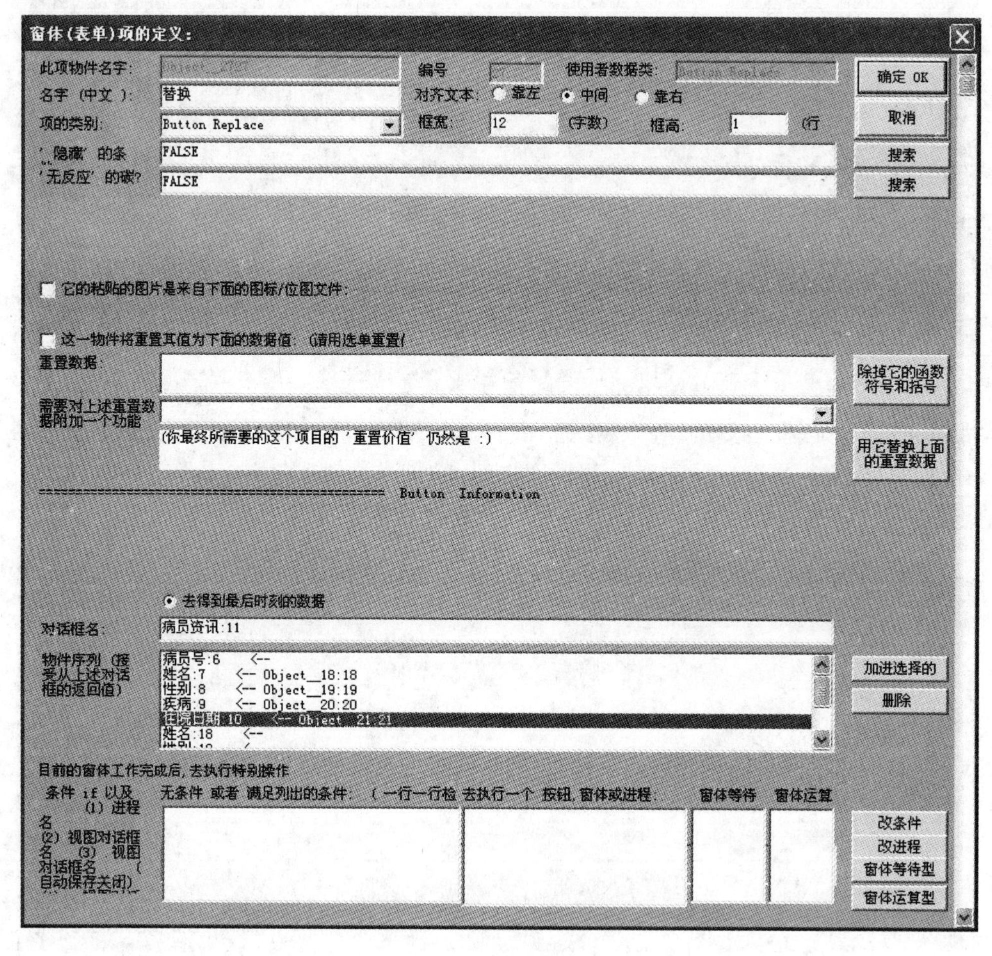

图3.35 填充所有数据项目

完成以上操作后关闭该工程,关闭SDDA主界面下的所有窗体和目录,回到空白主界面下,并在其中选择【文件 File】|【软件与程序码产生器】|【视窗 软体】菜单项,系统自动构建软件并运行生成的软件。

运行软件后,在软件的主菜单中选择【表单】|【病员资讯】菜单项打开窗体,此时弹出的窗体"病员资讯"不是空的,而是已经装载(Load)了全部记录的对话框,如图3.36所示。这是因为关键字"病员号"没有指定为它输入什么特殊值,在打开窗体时,它会装载全部记录,这常常是一个非常方便的功能。用户可以通过【清洗】按钮清除窗体上的数据,然后单击【读

取】按钮即可读取数据表中的全部记录。

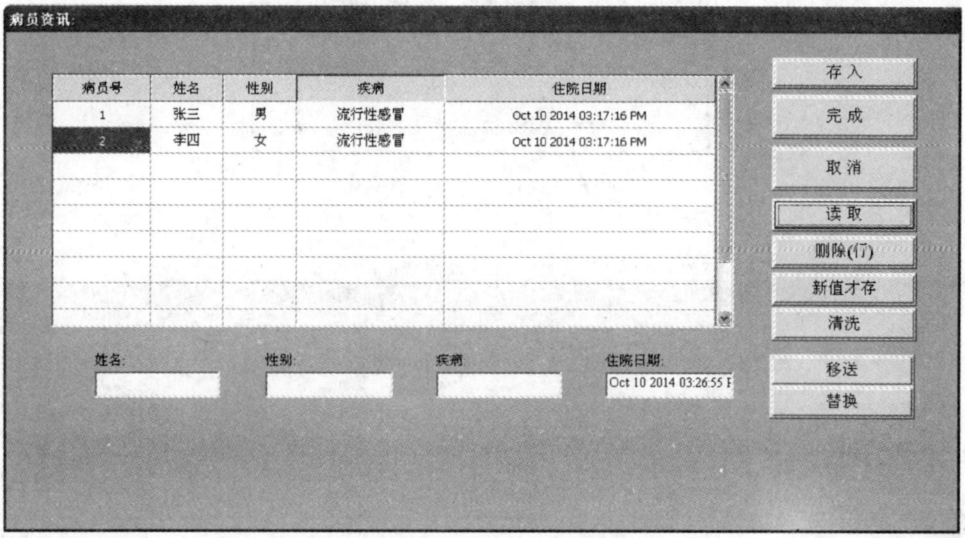

图 3.36　打开窗体“病员资讯”

用户需要先选择“李四”行要修正的记录，然后在底部的一排编辑框(Edit Box)中输入数据，分别为姓名“李四”、性别“女”、疾病“高烧”，如图 3.37 所示。

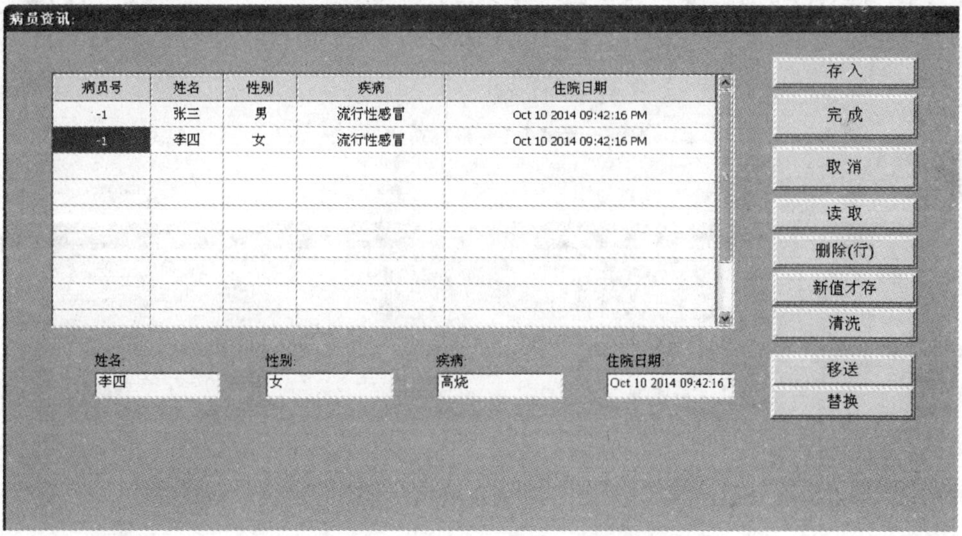

图 3.37　输入修改词“高烧”

单击窗体上的【替换】按钮，应用软件将弹出如图 3.38 所示的提示框。

在以上提示框中单击【是(Y)】按钮后，表格(Grid Table)控件中对应的记录将被替换为编辑框(Edit Box)控件中的新数据，但病员号没输入数据，不会改变，如图 3.39 所示。

单击【存入】按钮，新记录值将存入数据库，此时【存入】按钮暂时隐蔽，以防止抖动，如图 3.40 所示。

至此，数据的替换操作就完成了。

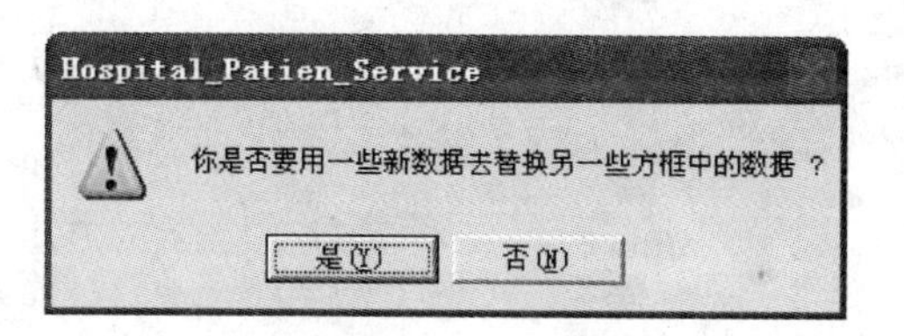

图 3.38　确认是否替换

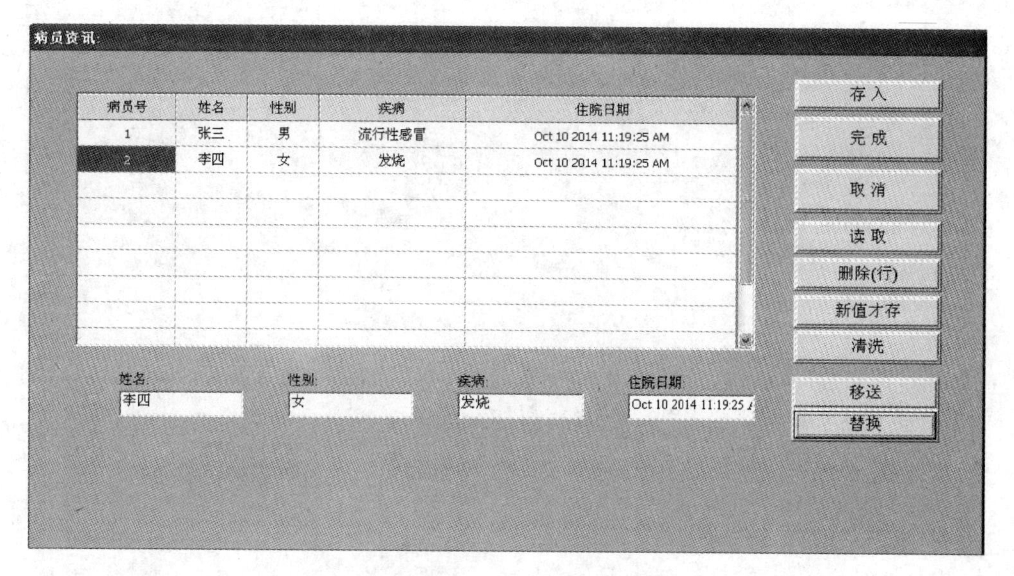

图 3.39　用【替换】按钮替换记录中的数据

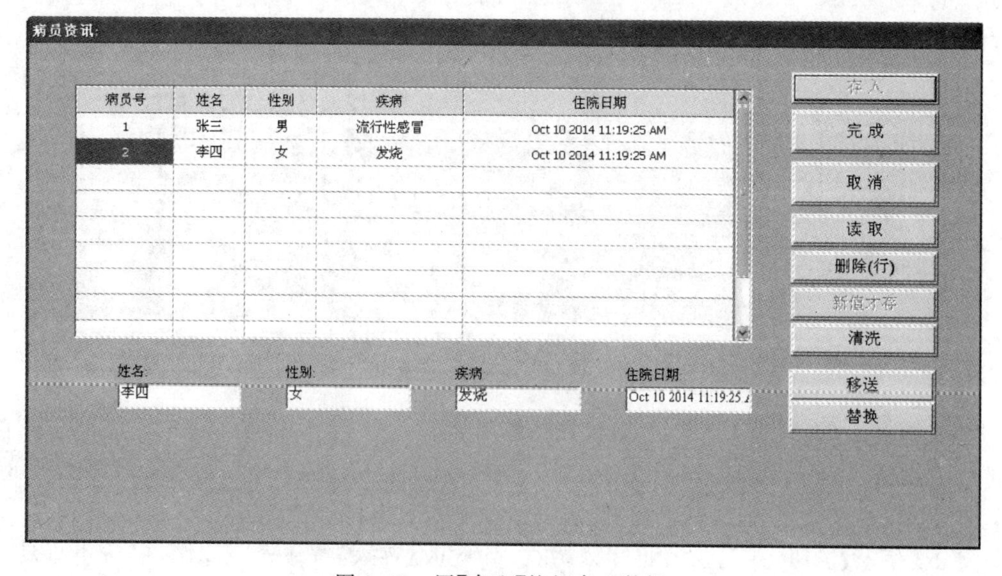

图 3.40　用【存入】按钮存入数据

3.3　读取表格数据

读取表格(Grid Table)中的数据即指定 ID 等关键字后表格(Grid Table)控件将对应记录的数据从数据库中读取出来,并显示在表格中。

由于表格(Grid Table)控件的各字段可以单独设置控件类型,因此用户可以为表格中的关键字段设置列表类型,当用户选择列表中的某项值时,表格(Grid Table)控件显示对应记录的数据。在此以病员资讯窗体中的表格(Grid Table)控件为例进行介绍,读取数据记录的实现步骤如下:

(1) 启动 SDDA 后打开"第 2 节 用【移进】和【置换】按钮设置结束值"中的"病员资讯服务_移送置换.mdb"工程设计文件,该工程包含了 3.2 节中已经完成的用户界面窗体,如图 3.41 所示。

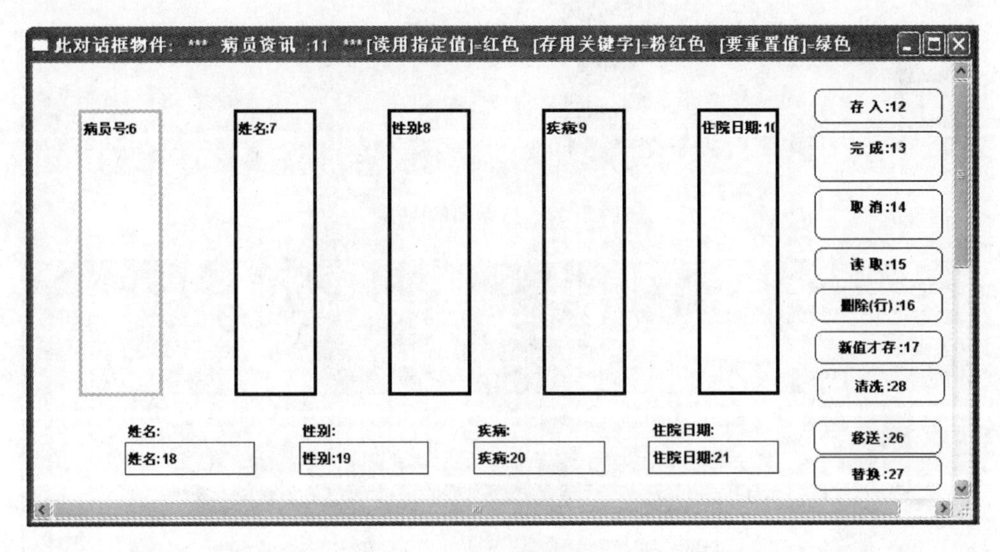

图 3.41　初始窗体

(2) 此处以"病员号"作为关键字段,选择图 3.41 所示初始窗体中的"病员号"编辑框并双击,将弹出该项的定义对话框,在"项的类别"下拉列表框中选择"ComboBox(组合框,复式清单)"选项,如图 3.42 所示。

(3) 在用户选择"ComboBox(组合框,复式清单)"作为"病员号:4"的类别后,定义对话框将显示一些原来的隐藏项。此时,在 One Data Specification 行下的第 1 个复选框"此项物件的读取的数据,将被指定为取以下对象的值"会被选择,即在其前面的方框中打上"√"符号,对话框中将显示一个"对象物件名"文本框,如图 3.43 所示。

(4) 单击"对象物件名"文本框右侧的【搜索】按钮,此时 SDDA 将弹出对话框显示用户能够选择的数据来源,如图 3.44 所示。

(5) 在上述对话框中选择"(database Table)病员号:6"项后单击右侧的【接收 OK】按钮则完成了数据源的指定,回到新定义的原表,如图 3.45 所示。

回到对象定义窗体后单击右侧的【确定 OK】按钮,即将"病员号:6"的编辑框设置为有数据源的下拉列表框的组合框。它的边框为红色的,此字段为"指定字段",它的输入值是预

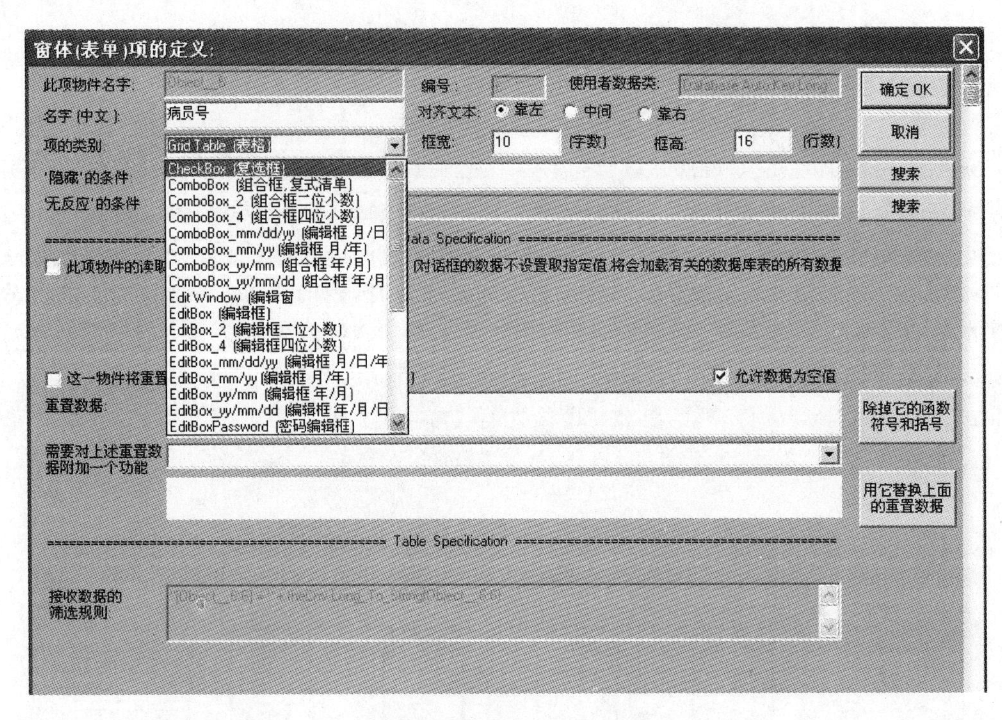

图 3.42 选择项的类别

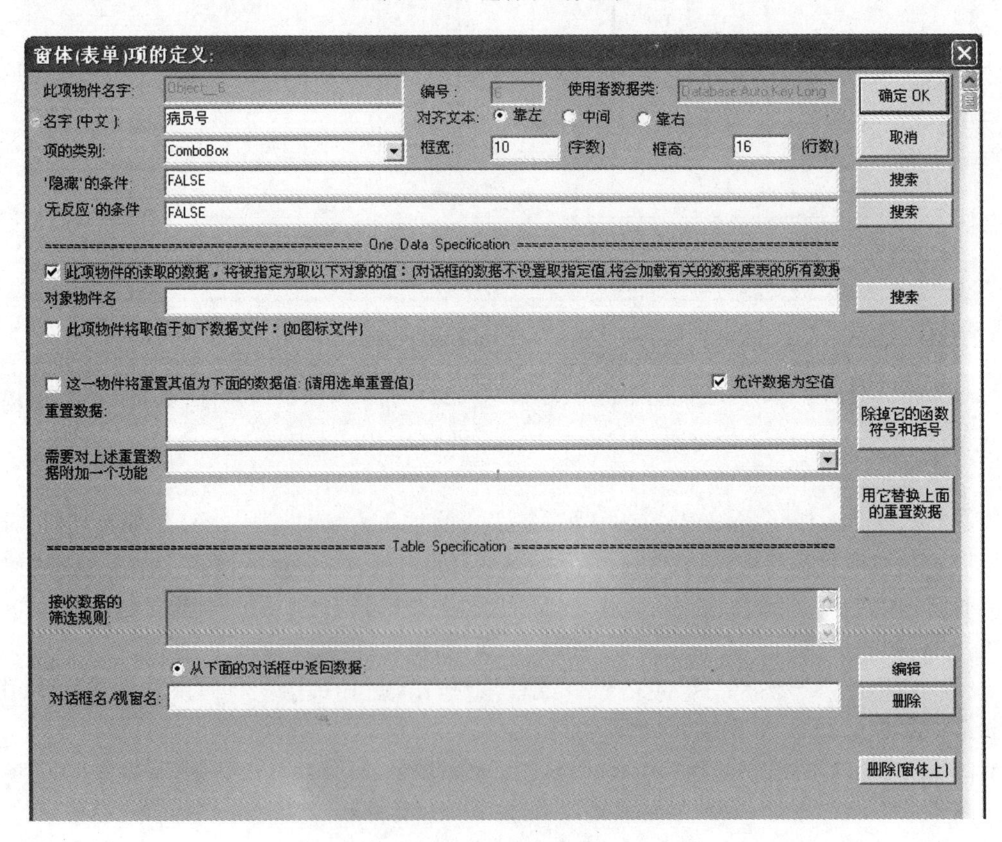

图 3.43 选择列表框的数据来源

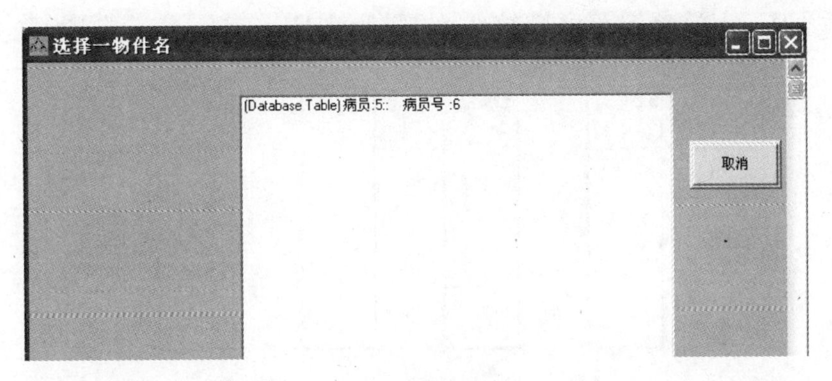

图 3.44　指定数据源

窗体(表单)项的定义:
此项物件名字: Object__6　编号: 6　使用者数据类: Database Auto Key Long　确定 OK
名字(中文): 病员号　对齐文本: 靠左 中间 靠右　取消
项的类别: ComboBox　框宽: 10 (字数)　框高: 16 (行数)
'隐藏'的条件: FALSE　搜索
'无反应'的条件: FALSE　搜索
One Data Specification
☑ 此项物件的读取的数据，将被指定为取以下对象的值：(对话框的数据不设置取指定值,将会加载有关的数据库表的所有数据
对象物件名: 病员号 :6　搜索
☐ 此项物件将取值于如下数据文件：(如图标文件)
☐ 这一物件将重置其值为下面的数据值: (请用选单重置值)　☑ 允许数据为空值
重置数据:　除掉它的函数符号和括号
Table Specification
接收数据的筛选规则: "[Object__6.6] = " + tfileCnv.Long_To_String(Object__6!8)

图 3.45　“病员号”的定义

先指定的。设置完成后的病员资讯窗体的用户界面如图 3.46 所示。

至此，指定表格(Grid Table)中的某一个字段作为读取关键字的设置就完成了，用户在自动构建软件后可以试着运行该窗体。运行软件后，选择软件主菜单中的【表单】|【病员资讯】菜单项弹出的窗体“病员资讯”是空的。这是因为关键字字段“病员号”的输入值应该是指定的，它的指定值应预先填入“病员号:6”框中。刚打开窗体时它还没有值(空值 0)，它的字段“病员号”只能是 0，整个窗体为空数据，如图 3.47 所示。

当在“病员号:6”框中输入“2”后，单击【读取】按钮，在读取记录的过程中只有字段“病员号”的值为“2”的记录会读出，并按序填入表格。表格将显示该条读出记录的 5 个字段数据，它的“病员号”为指定值“2”，如图 3.48 所示。

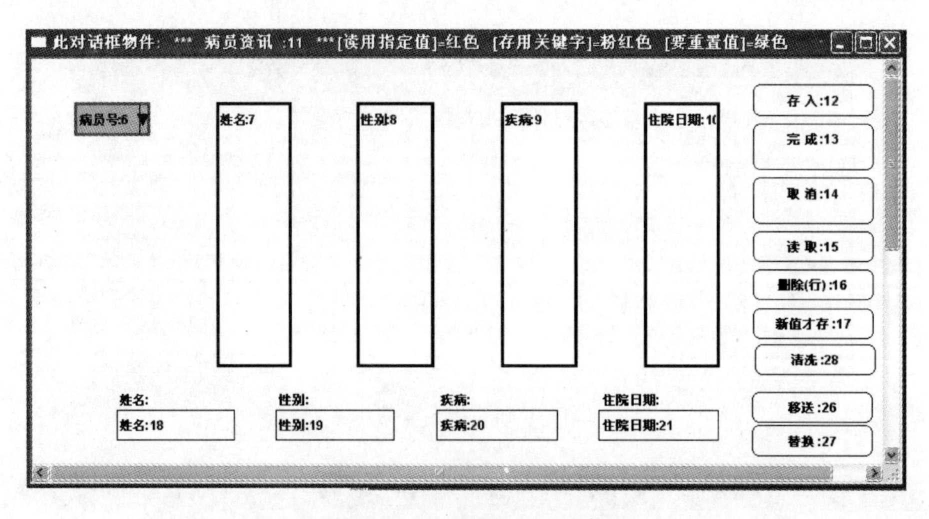

图 3.46 设置后的用户窗体

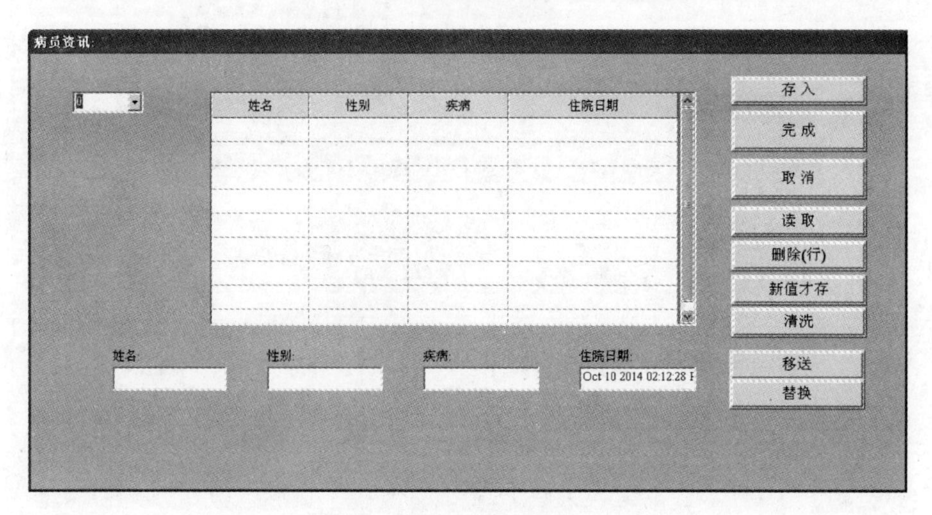

图 3.47 窗体中为空数据

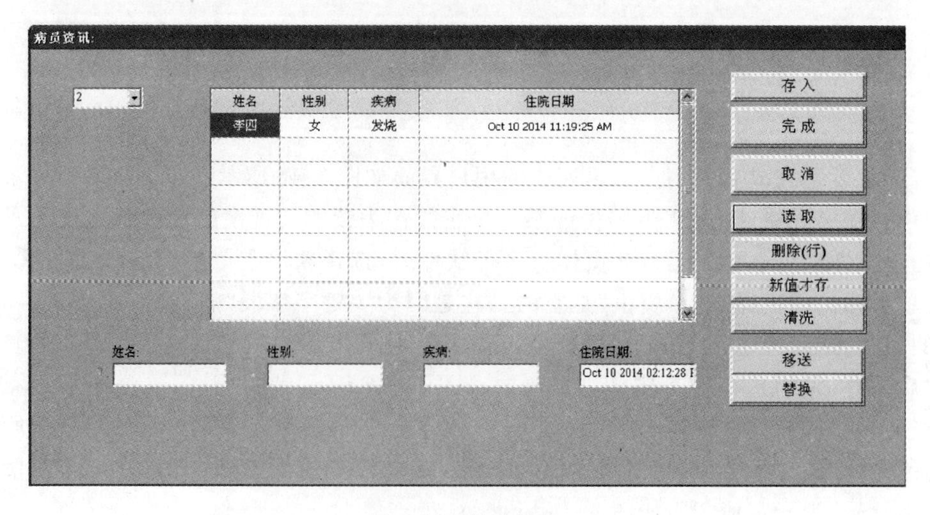

图 3.48 输入结果

3.4 小结

本章主要介绍了可视化 D++软件设计语言关于窗体设计过程中的数据传送问题。表格(Grid Tablc)控件是 SDDA 最为常用的数据控件,该控件也是本章介绍的重点。同时,本章还详细讲解了通过表格(Grid Table)控件对数据进行操作和读取等的过程,并通过具体实例演示了读写步骤。此外,本章对窗体设计过程中的控件布局、控件加入等操作也做了简要介绍。

第4章

窗体间的数据传送

在第3章中读者了解了如何通过【移送】和【替换】按钮实现同一窗体内的数据传送，然而，在现实应用中，数据库应用软件往往涉及多个窗体之间的操作，即要实现多个窗体间的数据交换。本章将在第3章的基础上建立两个以上的窗体，并为读者具体讲解如何在多个窗体间进行数据传送。

4.1 窗体设计

窗体是Windows应用软件最基本的组成部分，所有人与机器之间的信息交换功能都是通过窗体来显示和完成的。根据软件使用者的习惯，在可视化D++语言中将窗体设计分为视图(View)和对话框(Dialog)两类。

将一个窗体设计为视图还是对话框，必须知道它们的工作特点。对话框使用的特点是对话框一经打开必须马上操作，如填入数据或者操作其上的按钮，在关闭对话框之前，用户一般不能进行与此对话框无关的其他操作；如果对话框是由某一窗体的按键打开的，关闭此对话框后，对话框会“回送数据”给打开此对话框的窗体，这就是“对话”的本义。相比视图而言，视图的打开与关闭没有特别限制，关闭视图时也没有“回送数据”的功能。

4.1.1 视图与对话框

在设计一个软件时，功能较复杂、包含多个控件的窗体大多采用视图，而功能简单、只包含少量控件的窗体大多采用对话框。一个新建的视图窗体默认包含了6个按钮，这是由可视化D++语言自动添加到视图中的，如图4.1所示。

在视图中，用户可以添加集成开发环境SDDA提供的任意控件，如表格(Grid Table)控件、列表框(List Box)控件等。本章将要介绍的窗体间的数据传送使用视图实现比较方便，因为它已经预设了【加进】按钮与【改变】按钮。而一个新建的对话框也包含另外6个按钮，它也可以添加许多控件，前面章节中创建的窗体大多是对话框窗体，如图 4.2 所示。

图 4.1　新建的视图窗体

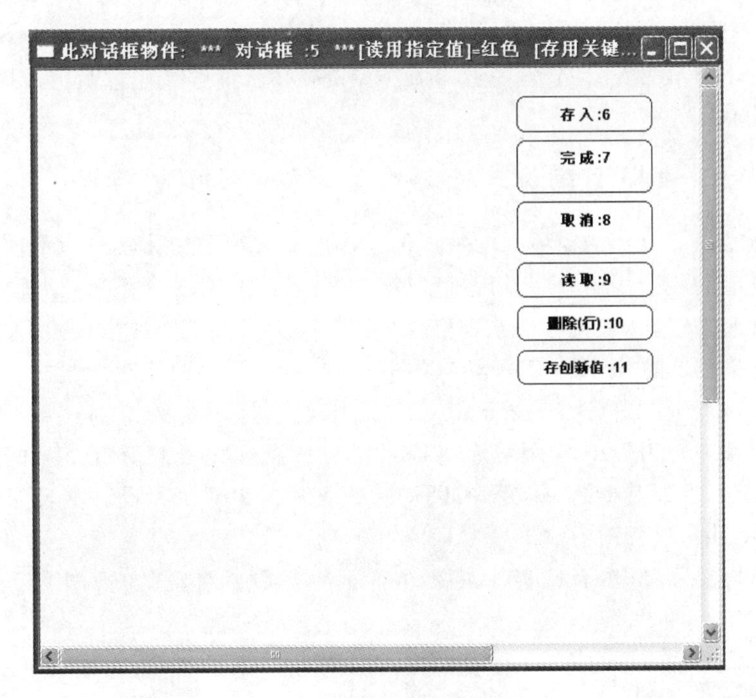

图 4.2　新建的对话框窗体

图 4.2 中的每个按钮的名字基本上反映了此按钮的功能。例如【存入】按钮执行的操作是把窗体上的数据记录(数据)无条件地存入到有关的数据库表(简称数据表)。如果根据关键字，数据表中原来已存在一条记录，那么新存入的记录使得原有的记录数据覆盖。当然，如果根据关键字，数据表中原来没有此记录，那么存入的记录将成为数据表中的一条新记录。而【存创新值】按钮是"加条件的存入"按钮，它的条件是"创新值"(创新记录)。就字面而言，可知它把窗体上的记录(数据)存入到有关的数据表时必定创建一条新记录。

为了使用方便，可视化 D++语言还提供了一种简单的对话框形式，用来提供简单的输入或显示功能，即简单对话框，用户可以选择物件目录的【加-删】|【加简单对话框（仅用于打字）】菜单项查看。当用户新建一个简单对话框后，其空白形式如图 4.3 所示。

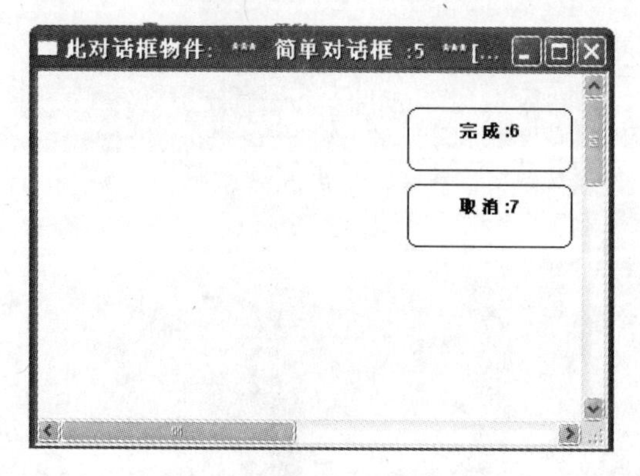

图 4.3　新建的简单对话框窗体

注意：*每一种窗体默认添加的控件都能够编辑，用户可以根据实际需求增添更多控件或删除已有控件。*

在可视化 D++软件设计过程中，这 3 种类型的窗体都能够被任意调用，用户可以根据需要新建这些窗体。

4.1.2　创建视图窗体

本章将要为读者介绍的窗体间的数据传送可以通过视图窗体实现，此处先对如何创建视图窗体做简要说明。为简单起见，本节以第 3 章建立的“病员资讯”对话框窗体为样本创建一个视图窗体，该窗体也包含一个表格（Grid Table）控件，其实现步骤如下：

（1）双击桌面上的“可视化 D++语言”图标（“Visual D++”）或程序栏“C:\Visual D++ Language\”中的“Visual D++ Language.exe”应用程序，打开可视化 D++软件设计语言的集成设计开发环境——SDDA，应用程序将提示用户选择打开的工程，在其中打开“模型包\书\第 4 章”目录，选择其中的“病员资讯服务_数据库.mdb”工程设计文件，该工程包含了“病员”数据库，用户进程图为空。

（2）选择物件目录，然后选择 SDDA 主界面中的【加-删】|【加视图 View】菜单项，如图 4.4 所示。

加视图 View
加对话框 Dialog
加简单对话框（仅用于打字）
加物件 （加数据库表）
加物件继承链
删除
紧缩此物件目录

图 4.4　选择菜单项

（3）此时 SDDA 弹出一个对话框，在该对话框中输入窗体名称“病员资讯”，如图 4.5 所示。

（4）在图 4.5 中单击右侧的【确定 OK】按钮，鼠标指针将变成“十”字形，将鼠标指针移至物件目录下的“用户界面图”上单击，此时计算机将发出“嘀”的长声，同时弹出如图 4.6 所示的选择按钮排列方式的对话框。

（5）上述对话框要求用户选择新建窗体所包含默认命令按钮的摆放位置，当用户单击【是（Y）】按钮时，命令按钮将垂直显示在新窗体的右侧，否则将水平显示在新窗体的底部。此处单击【是(Y)】按钮，完成后 SDDA 将自动打开该新视图，如图 4.7 所示。

图 4.5 添加视图

图 4.6 选择按钮的排列方式

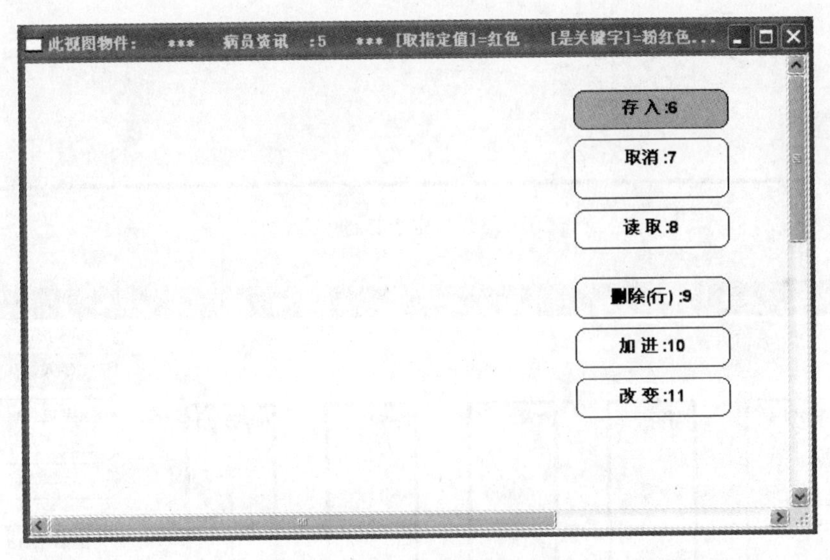

图 4.7 新建视图“病员资讯”

(6) 在新建的视图“病员资讯”中添加表格(Grid Table)控件，其操作与 3.1.1 节添加表格控件的操作一致，即选择 SDDA 主菜单中的【加元件】|【表格(Grid Table)】菜单项后移至视图中，当鼠标指针变成“十”字形时将鼠标指针移至新创建的视图“病员资讯”上单击，在图 4.8 中选择“已有的”单选按钮，并单击数据库左侧的“田”符号，展开数据表中的所有字段，并依次单击“病员”数据表中的 5 个字段。

(7) 完成以上操作后单击该对话框右侧的【接收 OK】按钮，此时该对话框将关闭，并返回到“病员资讯”视图，用户即可查看该视图的创建结果，如图 4.9 所示。

从图 4.9 中可以看到，该视图与 3.1.1 节中包含表格的对话框窗体很类似，其区别在于右侧的按钮，视图中包含了【加进】和【改变】两个按钮，用于调用其他窗体，实现窗体间的数据传送，这是对话框窗体所没有的。

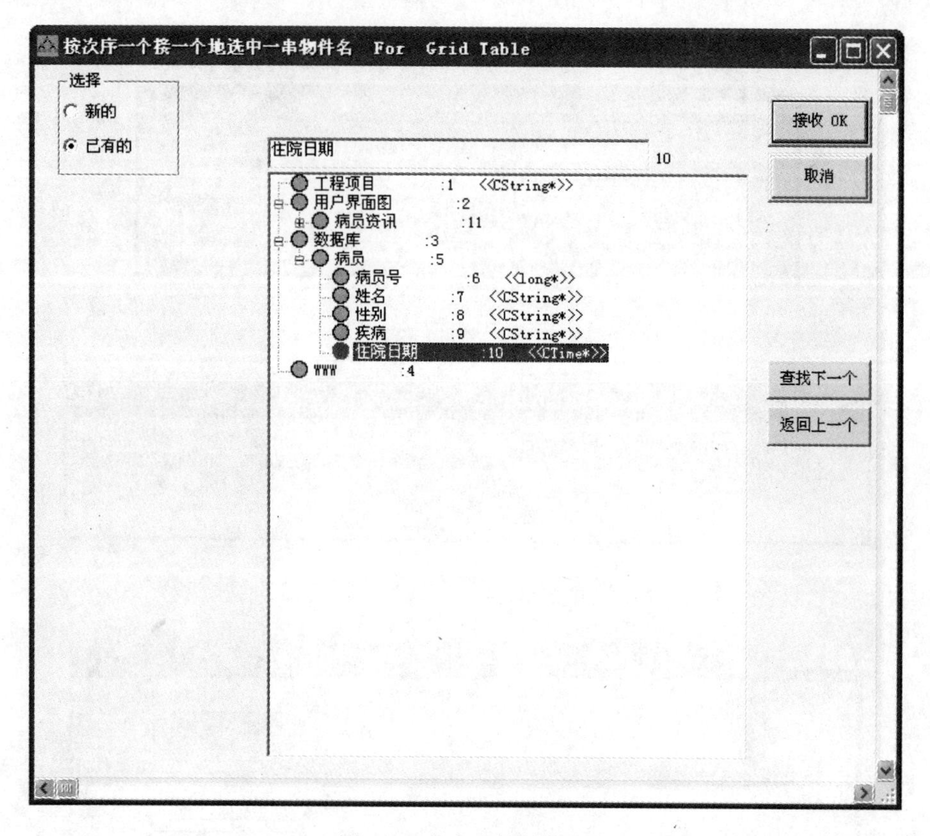

图 4.8　指定表格的字段

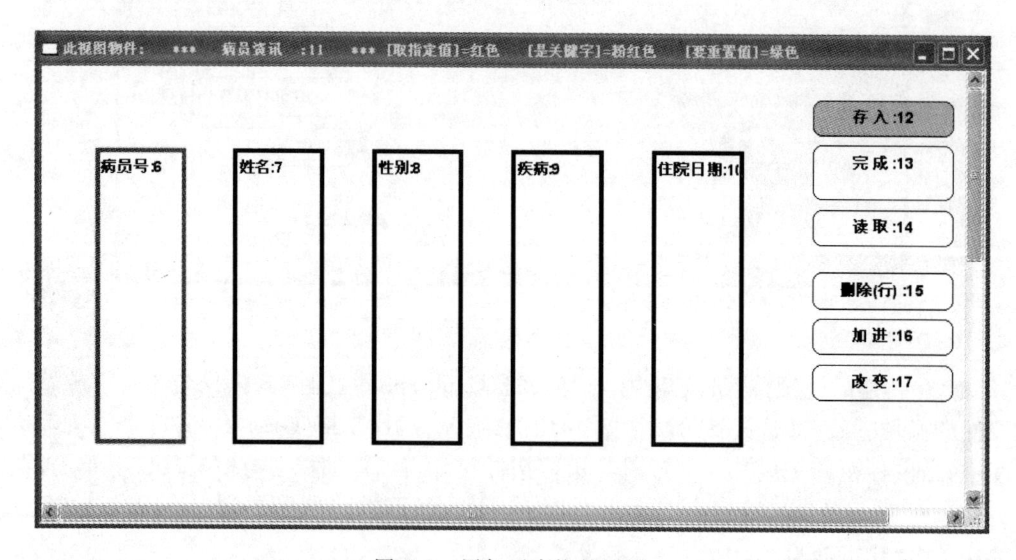

图 4.9　添加了表格的视图

4.1.3　创建简单对话框

由于对话框窗体的创建在本书前 3 章讲解得较为详细，此处不再赘述，下面将为读者简要介绍简单对话框的创建及其功能。考虑到本章后续章节的实例，本小节将建立一个“疾病表”简单对话框窗体，该窗体包含两个标签和编辑框控件。

由于“疾病表”对话框需基于数据库建立，因此在创建该简单对话框之前需新建数据表“疾病”，该表只包含“疾病号”和“疾病”两个字段。对于数据库的创建在本书 1.2.2 小节已经做了详细介绍，此处只简要叙述其步骤。

(1) 在物件目录的空白处双击，在弹出的图 4.10 所示的“插入新物件”对话框中输入“疾病”，作为新创建的数据表的名称。

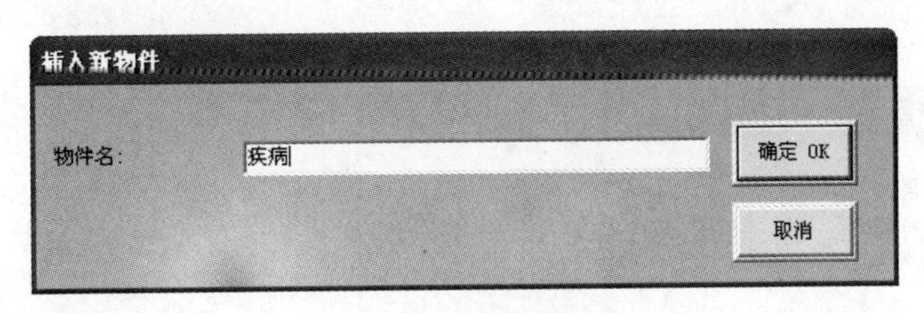

图 4.10　创建数据表

(2) 单击右侧的【确定 OK】按钮，并将鼠标指针移到空白的物件目录上，此时鼠标指针将变成“+”字形，在物件目录中的“数据库”处单击，可视化 D++将会自动创建数据表“病员”，并要求用户输入该表的所有字段名，此处可视化 D++已经默认添加了一个新的字段“病员号”，并自动指定其作为关键字，用户输入“疾病”字段即可，如图 4.11 所示。

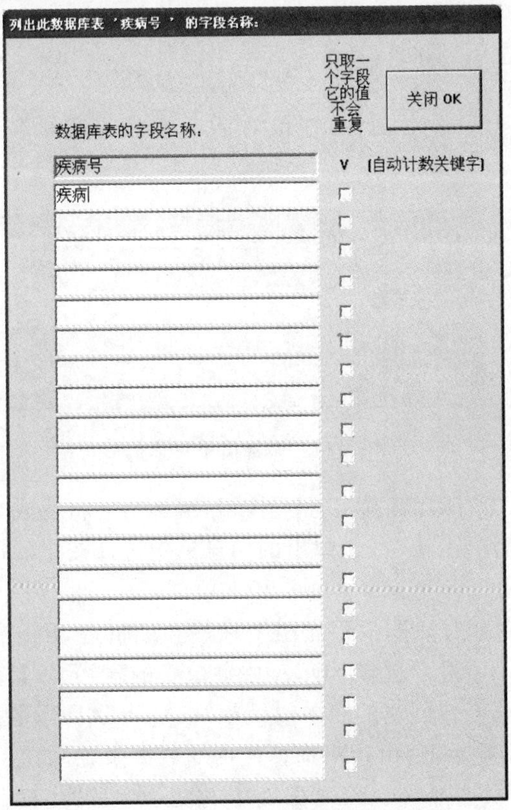

列出此数据库表‘疾病号’的字段名称:
只取一个字段它的值不会重复
关闭 OK
数据库表的字段名称:
疾病号　V　[自动计数关键字]
疾病

图 4.11　新建数据表

(3) 关闭该对话框回到 SDDA 主界面，此时用户可以看到物件目录的“数据库”下多了“疾病”项，单击“疾病”前面的“田”符号，可将该项打开，查看该数据库的结构，其表中字段如图 4.12 所示。

至此，数据库“疾病”已经创建好了，下面要做的操作是基于该表创建一个简单对话框，其具体实现步骤如下：

(1) 选择 SDDA 主界面中的【加-删】|【加简单对话框(仅用于打字)】菜单项，如图 4.13 所示。

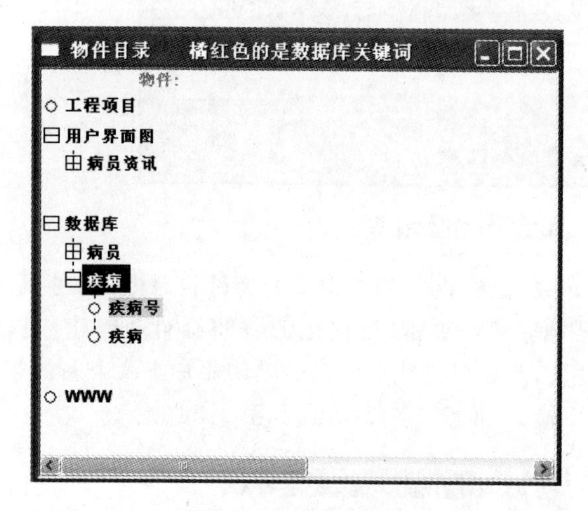

图 4.12 显示表结构

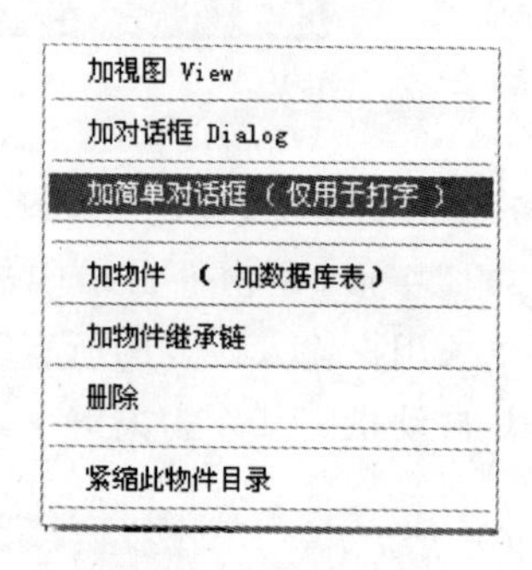

图 4.13 选择菜单项

(2) 此时 SDDA 弹出一个对话框，在该对话框中输入窗体名称“疾病表”，如图 4.14 所示。

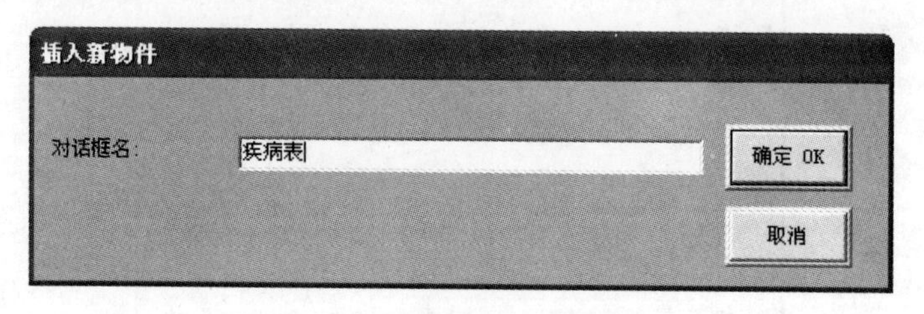

图 4.14 添加简单对话框

(3) 在图 4.14 中单击右侧的【确定 OK】按钮，鼠标指针将变成“+”字形，将鼠标指针移至物件目录的“用户界面图”上单击，在弹出的信息框中选择按钮的排列方式，SDDA 将自动打开该简单对话框，如图 4.15 所示。

(4) 在新建的空白简单对话框中添加两个标签和编辑框，用于输入和显示“疾病表”中的“疾病号”和“疾病”两个字段。选择 SDDA 主菜单中的【加元件】|【编辑框(Edit Box)+标签】菜单项，将鼠标指针移至新创建的简单对话框“疾病表”中，当鼠标指针变成“+”字形后单击，此时 SDDA 将弹出提示框，由用户选择控件的数据来源，如图 4.16 所示。

(5) 在图 4.16 中依次选择“疾病”数据库中的两个字段“疾病号”、“疾病”作为数据来源，然后单击右侧的【接收 OK】按钮，在弹出的信息框中选择按钮的排列方式，SDDA 将完成该简单对话框的控件的添加操作，返回结果如图 4.17 所示。

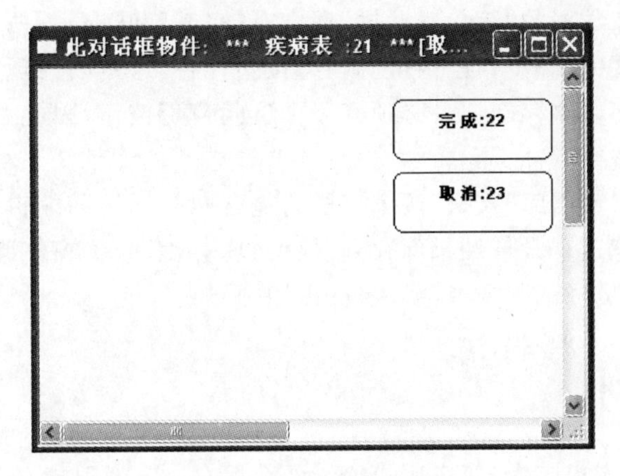

图 4.15 创建简单对话框

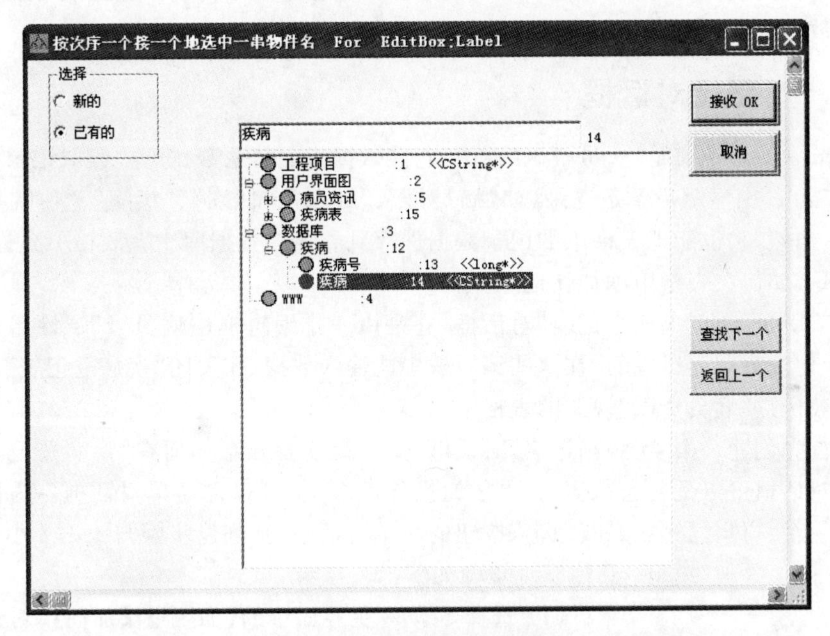

图 4.16 选择控件的数据来源

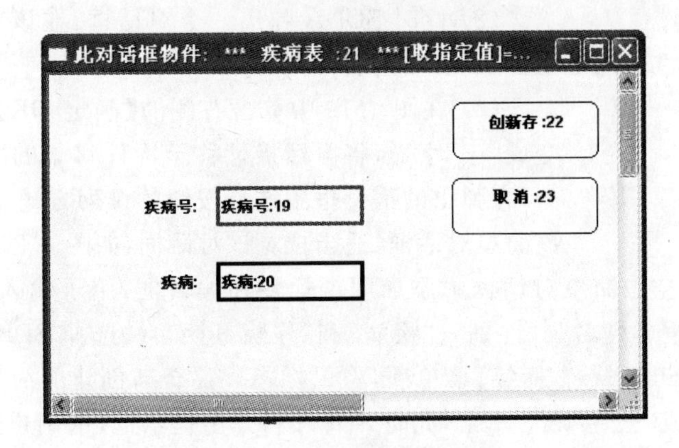

图 4.17 新建的简单对话框

同时，不含数据库数据的"简单对话框"通常有【完成】和【取消】两个按钮，而图 4.17 所示"简单对话框"中的【完成】按钮已被【创新存】按钮代替，这是因为现在的"简单对话框"有数据库的记录数据，而要储存新记录必须有一个【创新存】按钮，因此系统已经自动转换【完成】按钮为【创新存】按钮。

至此，一个对应了数据库"疾病"两个字段的包含两个标签和编辑框的简单对话框就创建完成了，读者可以把这个设计结果保存到"模型包\书\第 4 章 窗体间数据传送\第 1 节 视图与对话框"下的"病员资讯服务_疾病表. mdb"中。

4.2 预置数列

在许多应用数据库程序中，要求用户输入的数据有一定的限制，例如"性别"字段的输入只能是"男"或"女"。此外，有时还要求某些字段的取值来自于某一个数据表，这就涉及在窗体中预置数列的操作了。

4.2.1 新建对话框

本小节中的主视窗是"病员资讯"视图，它能依据指定值从数据库中读取记录，并在其表格(Grid Table)中显示一条条记录(如"病员号"、"姓名"、"性别"、"疾病"、"住院日期"等字段记录)。当然，它也能把表格中的记录数据保存到相应的数据库中。表格不允许直接输入和修改，那么如何在表格中添加新记录呢?

本小节引进一个"疾病登记表"对话框，它是由一排编辑框("病员号"、"姓名"、"性别"、"疾病"和"住院日期")组成的，在这些编辑框中能输入数据，在关闭"疾病登记表"对话框时，其数据会被送进"病员资讯"视图的表格中。

此处首先创建一个"疾病登记表"对话框，然后为读者介绍如何在"疾病登记表"中预置数列。此对话框可以是普通窗体，如果按钮操作不多，也可以是简单对话框。为简单起见，此处创建一个只包含【完成】和【取消】按钮的简单对话框，其创建步骤与 4.1.3 小节类似，其具体实现步骤如下：

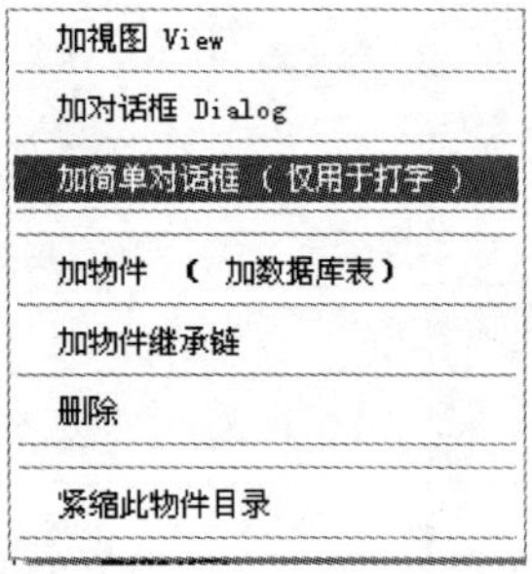

加视图 View
加对话框 Dialog
加简单对话框 (仅用于打字)
加物件 (加数据库表)
加物件继承链
删除
紧缩此物件目录

图 4.18 选择菜单项

(1) 选择 SDDA 主界面中的【加-删】|【加简单对话框(仅用于打字)】菜单项，如图 4.18 所示。

(2) 此时 SDDA 弹出一个对话框，在该对话框中输入窗体名称"病员登记表"，如图 4.19 所示。

(3) 在图 4.19 中单击右侧的【确定 OK】按钮，鼠标指针将变成"＋"字形，将鼠标指针移至物件目录的"用户界面图"上单击，在弹出的信息框中选择按钮的排列方式，SDDA 将自动打开该简单对话框，适当拉宽该对话框，如图 4.20 所示。

(4) 在新建的空白简单对话框中添加两个标签和编辑框，用于输入和显示"病员登记表"中的 4 个编辑框("姓名"、"性别"、"疾病"和"住院日期")。选择 SDDA 主菜单中的【加元件】|【编辑框(Edit Box)＋标签】菜单项，将鼠标指针移至新创建的简单对话框"疾病表"中，当鼠标指针变成"＋"字形后单击，此时 SDDA 将弹出提示框，由用户选择控件的数据来源，如图 4.21 所示。

插入新物件

对话框名:　病员登记表

确定 OK

取消

图 4.19　新建的简单对话框

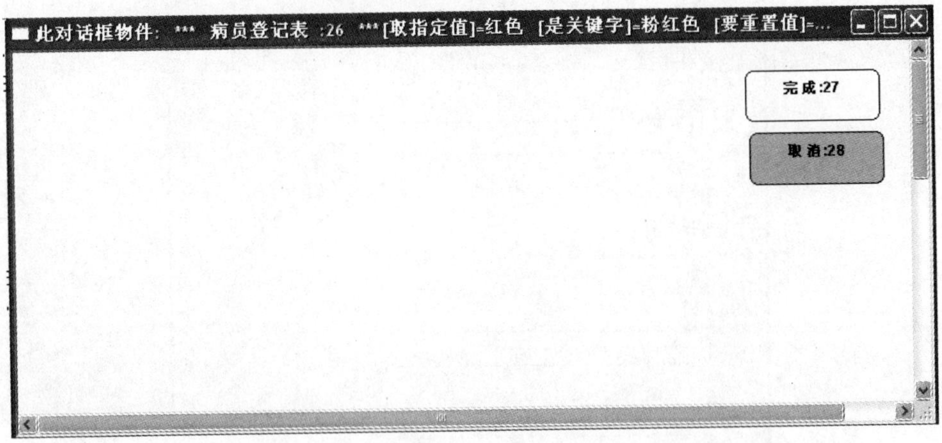

图 4.20　创建简单对话框“病员登记表”

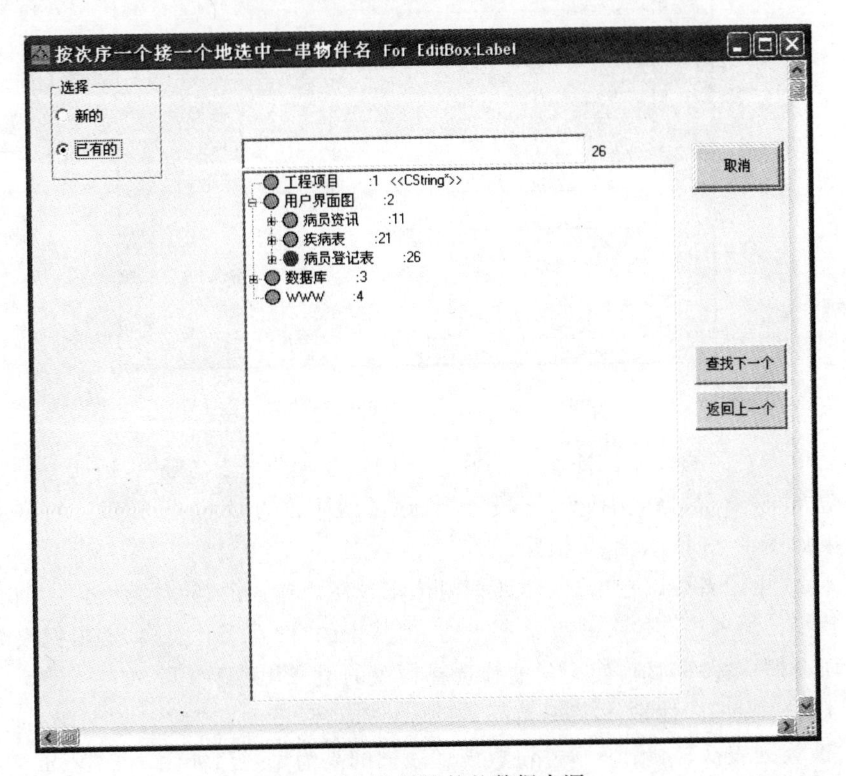

图 4.21　选择控件的数据来源

编辑框“姓名”、“性别”、“疾病”和“住院日期”的数据值是输入的，不是自动从数据库读取的，它们的值不能定义为(来自)数据库的字段值。

注意：在定义这4个编辑框的值时，可以在图4.21左上端的“选择”中选择“新的”单选按钮，此时可视化D++将会弹出“列出新加进的物件名”对话框，要求用户输入所有名字。在输入编辑框名称后，“列出新加进的物件名”对话框如图4.22所示。

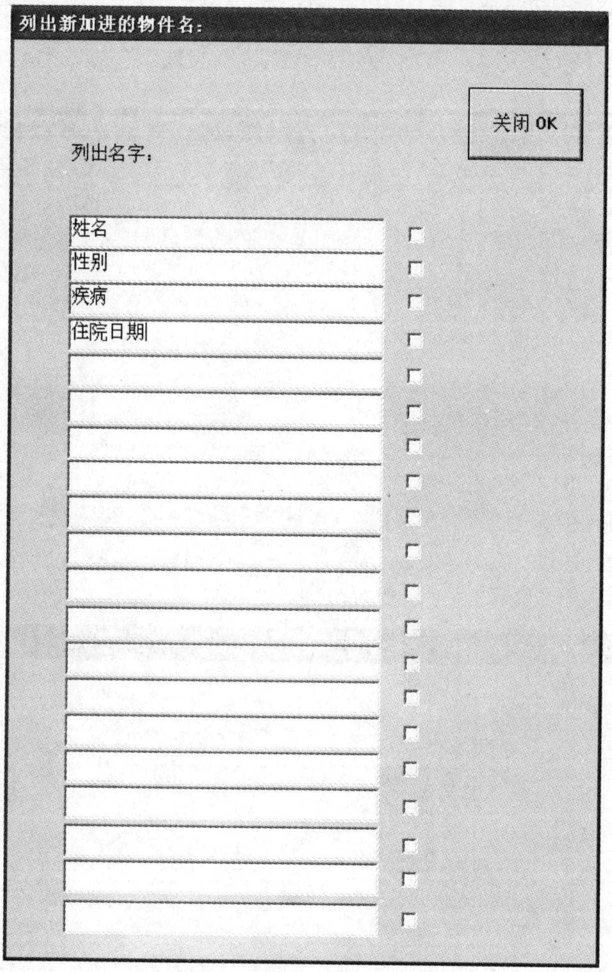

列出新加进的物件名：

关闭 OK

列出名字：

姓名
性别
疾病
住院日期

图4.22 列出新加进的物件名

完成后单击右侧的【关闭 OK】按钮，在弹出的信息框中选择按钮的排列方式，则SDDA新建一个包含“病员”数据表中所有字段数据(除自动计数的“病员号”以外)的简单对话框，其返回结果如图4.23所示。

从图4.23中读者可以看出，该对话框窗体接收用户输入的(病员)姓名、性别、疾病和住院日期等数据。为了提高输入效率又不出错，把其中的“性别”和“疾病”编辑框改为列表框，并对每个列表框预置一列值，使用户能够选择预置的值来代替手工输入。

在图4.23中双击“性别：30”编辑框，在弹出的对话框中将“项的类别”对应的编辑框(EditBox)改为列表框(ListBox)，并设置该列表框的高为16行，如图4.24所示。

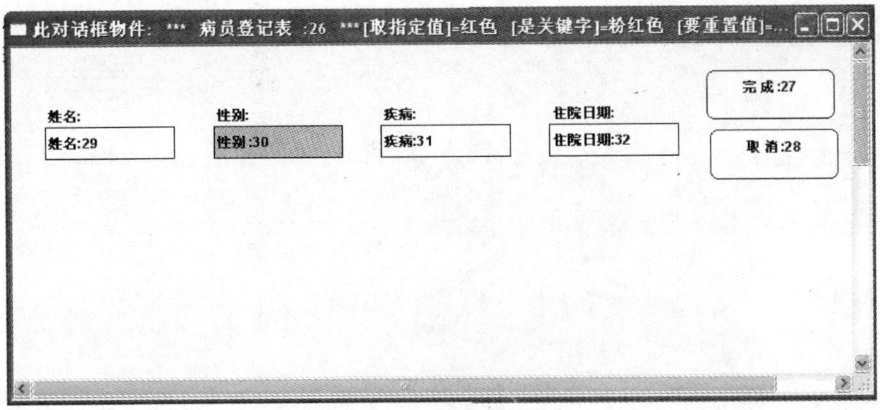

此对话框物件: *** 病员登记表 :26 ***[取指定值]=红色 [是关键字]=粉红色 [要重置值]=...

完成:27

取 消:28

姓名:

姓名:29

性别:

性别:30

疾病:

疾病:31

住院日期:

住院日期:32

图 4.23 病员登记表

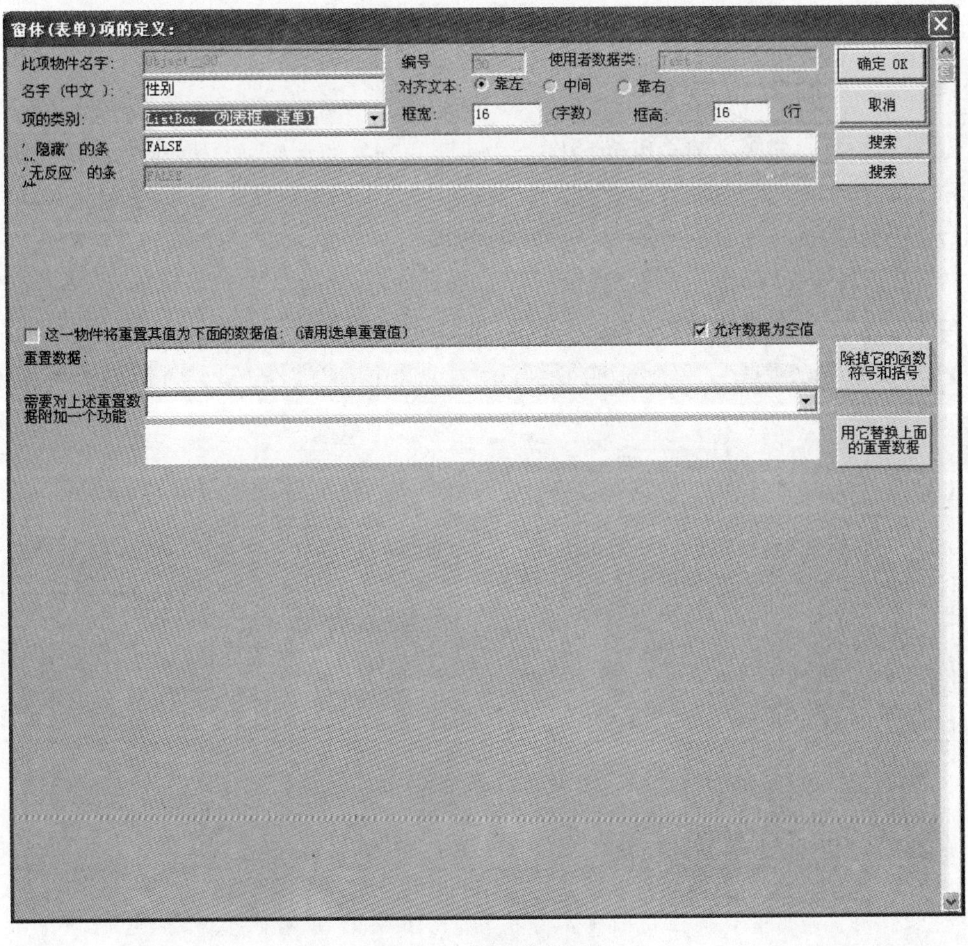

窗体(表单)项的定义:

此项物件名字: Object__30

编号 30

使用者数据类: Text

确定 OK

名字（中文）: 性别

对齐文本: 靠左 中间 靠右

取消

项的类别: ListBox (列表框，清单)

框宽: 16 (字数)

框高: 16 (行

'隐藏' 的条件 FALSE

搜索

'无反应' 的条件 FALSE

搜索

这一物件将重置其值为下面的数据值: (请用选单重置值)

允许数据为空值

重置数据:

除掉它的函数符号和括号

需要对上述重置数据附加一个功能

用它替换上面的重置数据

图 4.24 修改控件属性

同样，双击“疾病：31”编辑框，在弹出的对话框中将“项的类别”对应的编辑框(EditBox)改为列表框(ListBox)，完成后的“病员登记表”界面如图 4.25 所示。

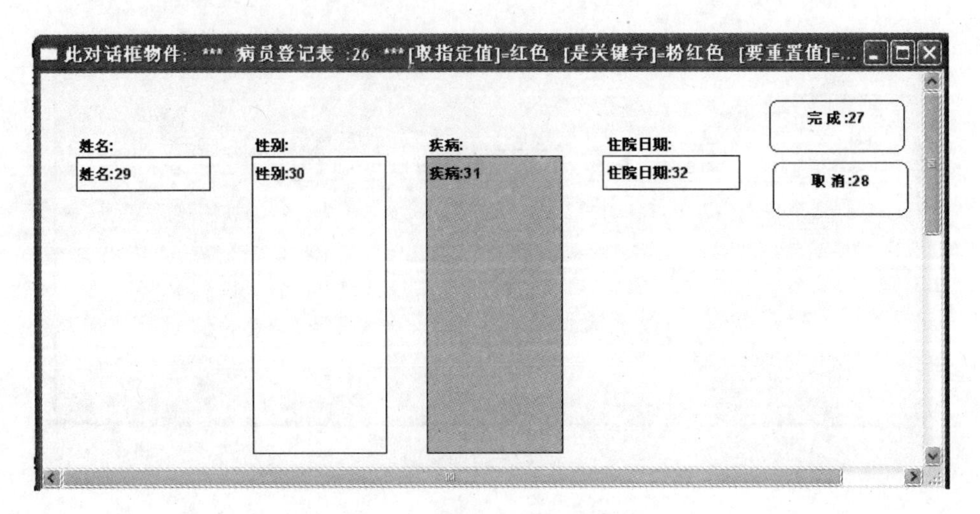

图 4.25 病员登记表用户界面

4.2.2 预置常数数列

常数数列是指写入到列表框(ListBox)中供用户选择的常量,如"男"或"女"等已经确定的值可以直接预置在"性别"列表框中。本小节在 4.2.1 小节创建的"病员登记表"简单对话框中为"性别"列表框预置常数数列,其操作步骤如下:

(1) 在简单对话框窗体中选中"性别:30"列表框,然后右击弹出快捷菜单,选择其中的【预先设定值】|【在清单中预置数据】|【预置一个常数序列】菜单项,如图 4.26 所示。

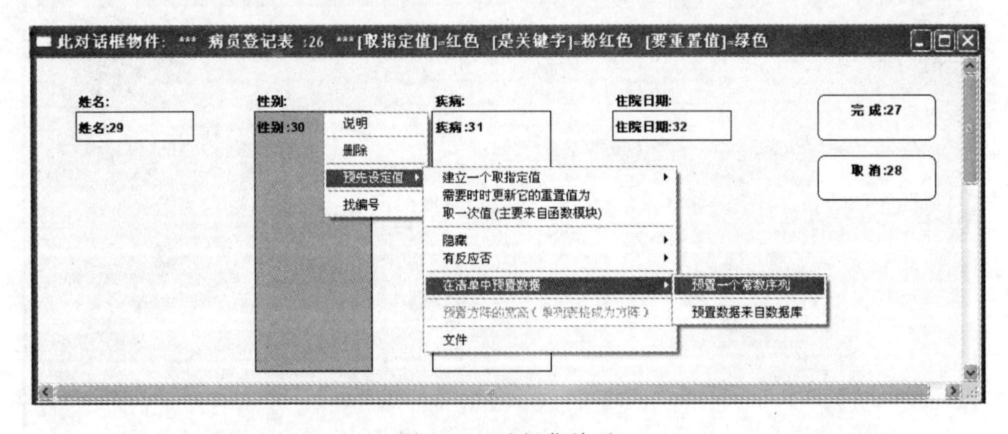

图 4.26 选择菜单项

(2) 在弹出的对话框中输入常量值"男"和"女",然后单击右侧的 OK 按钮保存,如图 4.27 所示。

注意:预置的常量之间使用回车键分隔,因此图 4.27 中有两个常量,它们在窗体运行后分行显示。

至此,字符串常量"男"和"女"预置在"性别"字段对应的列表框中的操作已经完成。事实上,在实际应用中需要预置的常量很多,例如有的应用程序中需要预置全国的所有省市名称,如果采用预置常数序列的方式输入比较烦琐,此时就可以使用数据数列的预置操作来

图 4.27　预置常量

实现。

4.2.3　预置数据库表的数据数列

数据数列是指来自数据表中某个字段的所有记录值组成的数列，如果将全国省市的地名事先存储在数据表的某个字段中，使用预置数据数列操作能够快速地将该字段下的所有记录作为预设值加入到列表框中。

本小节在 4.2.1 小节创建的“病员登记表”简单对话框中为“疾病”列表框预置常数数列，其操作步骤如下：

(1) 在“病员登记表”对话框窗体中选中“疾病:31”列表框，然后右击弹出快捷菜单，选择其中的【预先设定值】|【在清单中预置数据】|【预置数据来自数据库】菜单项，如图 4.28 所示。

(2) 选择【预置数据来自数据库】菜单项后弹出图 4.29 所示的对话框，其中显示准备预置的数据，此时该对话框为空。

(3) 单击该对话框右侧的【加进】按钮，打开“选择一物件名”对话框，在其中选择“疾病”数据表下的“疾病:20”字段，则将该字段下的所有记录值预置到“疾病:31”列表框中，如图 4.30 所示。

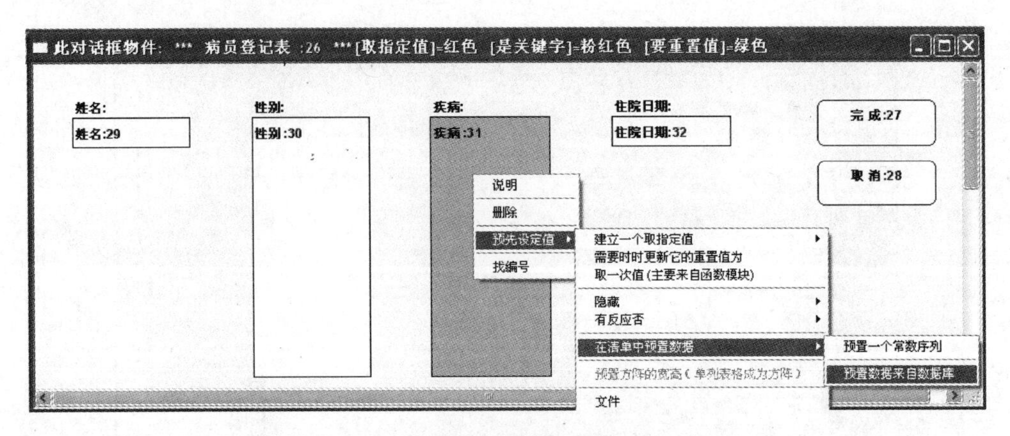

图 4.28 选择菜单项

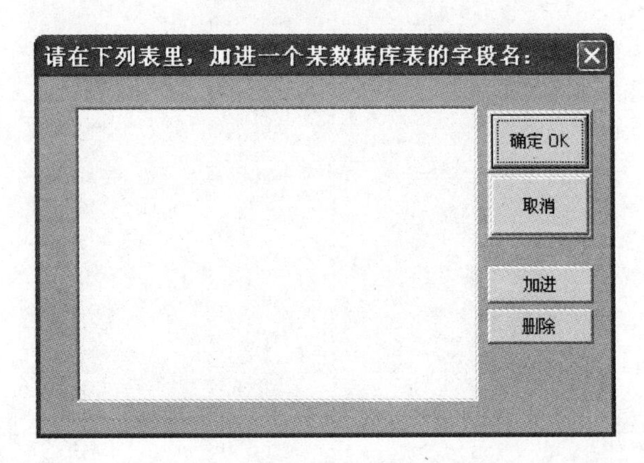

图 4.29 设置数据数列的对话框

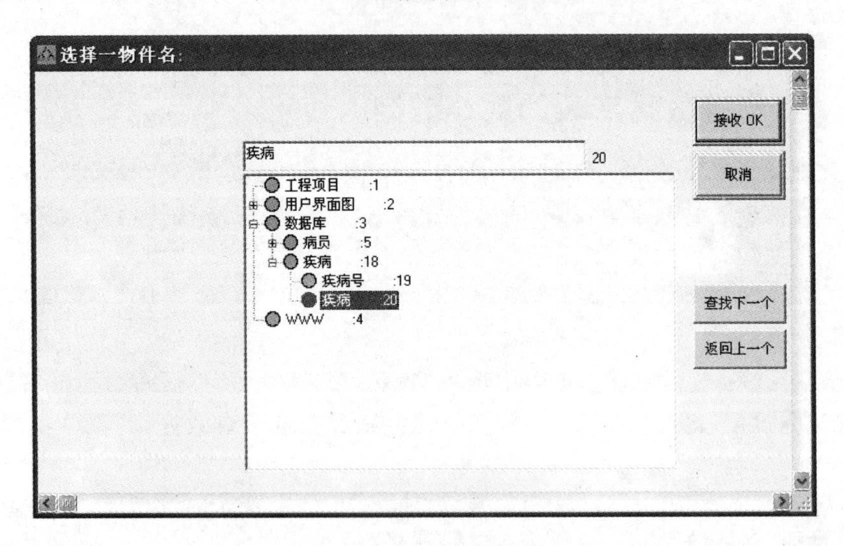

图 4.30 选择数据数列

(4) 选择“疾病:20”字段后单击对话框右侧的【接收 OK】按钮，此时回到设置数据数列的对话框，该对话框中显示即将预置的字段名称，如图 4.31 所示。

(5) 在图 4.31 所示的对话框中单击右侧的【确定 OK】按钮即可完成该字段数据数列的

预置操作。

至此,来自数据表的数列预置操作已经完成。如果在实际应用中用户需要修改或删除预置的数列,同样可以打开设置数据数列的对话框,选中需要删除的数列,然后单击右侧的【删除】按钮,如图 4.32 所示。

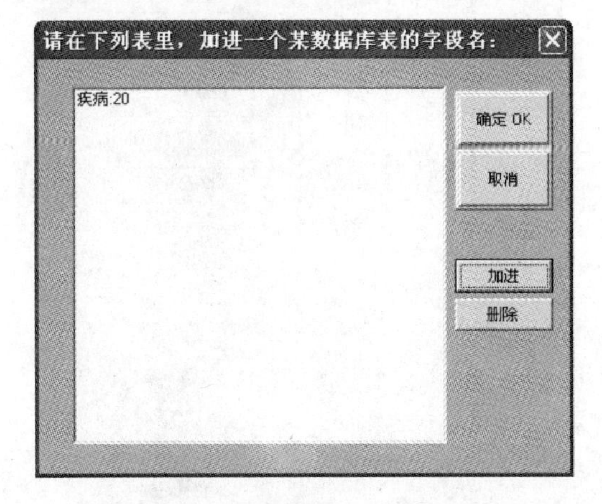

图 4.31　设置数据数列的对话框

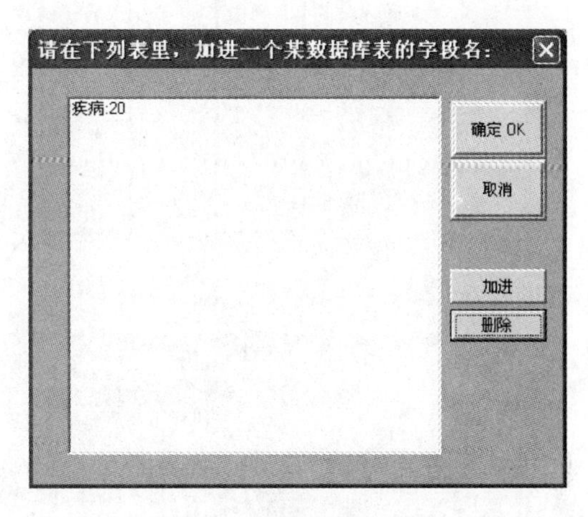

图 4.32　删除预置数列

完成上述操作后,用户可以关闭所有窗口,并把这个设计结果保存到"模型包\书\第 4 章 窗体间数据传送\第 2 节 预置数列"下的"病员资讯服务_病员登记表.mdb"中。

4.3　传送数据

4.1 节和 4.2 节分别创建了"病员资讯"、"病员登记表"和"疾病表"3 个不同类型的窗体,其中,病员资讯窗体为视图窗体,疾病表窗体为对话框窗体,病员登记表为简单对话框窗体。在实际应用中,用户只需打开病员资讯窗体,通过窗体中的【加进】按钮打开疾病登记表窗体,添加新的记录;而疾病登记表窗体中的"疾病"字段数据来源于疾病表窗体,这就需要用户了解窗体间的数据传送。

4.3.1　【加进】和【改变】按钮

在 SDDA 中,如果需要在一个窗体中调用或打开另外一个窗体,并将数据传送到该窗体,需要使用【加进】和【改变】按钮来实现。用户可以通过 SDDA 主菜单的【加元件】菜单添加这两个按钮,如果用户创建了一个新的视图窗体,那么这两个按钮将自动添加到窗体中。

在 4.1.2 节创建的病员资讯窗体中就包含了【加进】和【改变】按钮,如图 4.33 所示。

由于涉及窗体间的数据传送,当单击【加进】按钮时能够打开"病员登记表"对话框,因此首先需要为该按钮指定数据来源。双击【加进:16】按钮,弹出窗体定义对话框,在其中找到"对话框名"文本框,如图 4.34 所示。

在保证"从下面的对话框中返回数据"单选按钮被选中的情况下,单击窗体定义对话框中"对话框名"文本框右侧的【编辑】按钮,能够打开对话框列表,显示该工程中除了病员资讯窗体本身以外的所有窗体,供用户选择,此处选择"病员登记表:26",如图 4.35 所示。

此视图物件: *** 病员资讯 :11 *** [取指定值]=红色 [是关键字]=粉红色 [要重置值]=绿色
病员号:6
姓名:7
性别:8
疾病:9
住院日期:1(
存入:12
完成:13
读取:14
删除(行):15
加进:16
改变:17

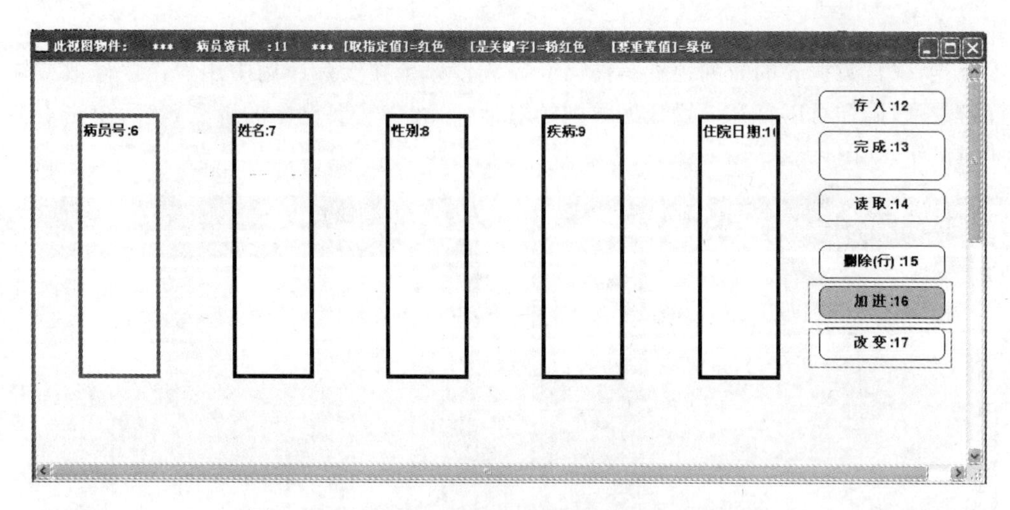

图 4.33 包含【加进】和【改变】按钮的病员资讯窗体

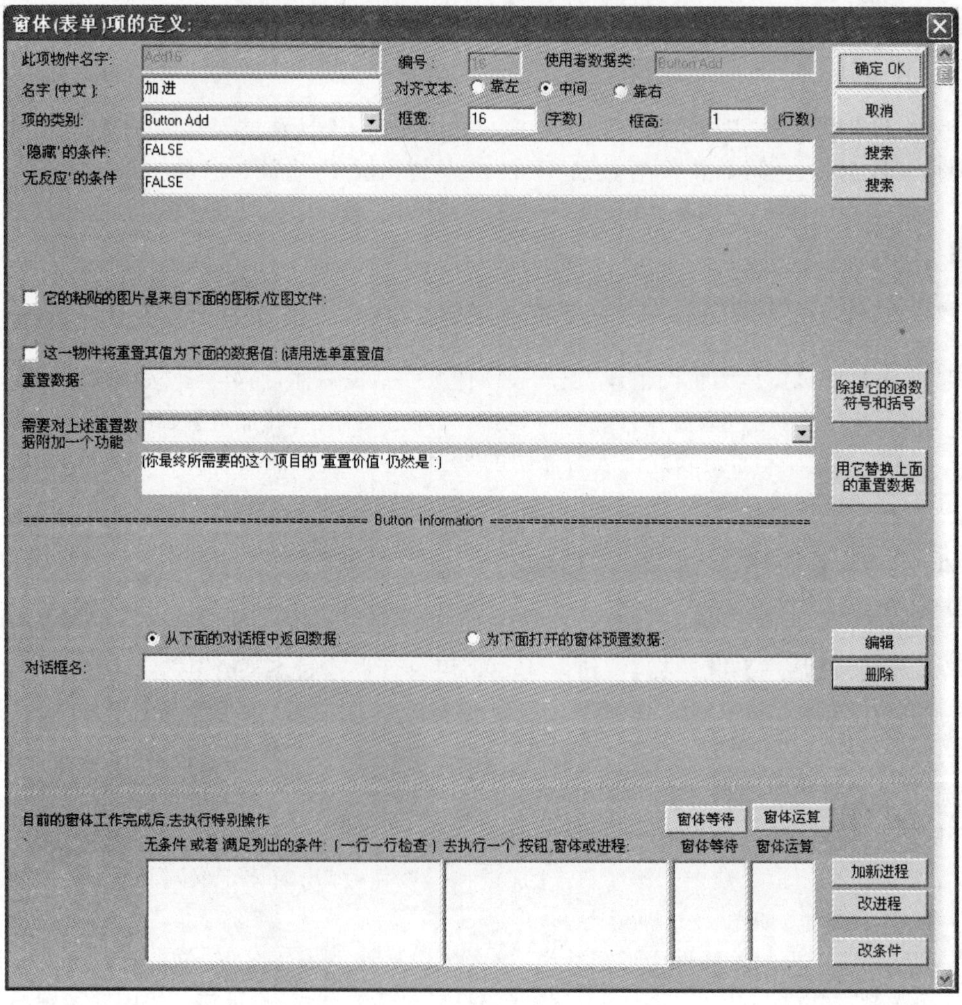

窗体(表单)项的定义:
此项物件名字: Add16
编号: 16
使用者数据类: Button Add
确定 OK
名字(中文): 加进
对齐文本: 靠左 中间 靠右
取消
项的类别: Button Add
框宽: 16 (字数)
框高: 1 (行数)
'隐藏'的条件: FALSE
搜索
'无反应'的条件 FALSE
搜索
它的粘贴的图片是来自下面的图标/位图文件:
这一物件将重置其值为下面的数据值: (请用选单重置值
重置数据:
除掉它的函数符号和括号
需要对上述重置数据附加一个功能
(你最终所需要的这个项目的'重置价值'仍然是:)
用它替换上面的重置数据
Button Information
从下面的对话框中返回数据:
为下面打开的窗体预置数据:
编辑
对话框名:
删除
目前的窗体工作完成后,去执行特别操作
窗体等待
窗体运算
无条件 或者 满足列出的条件: (一行一行检查) 去执行一个 按钮,窗体或进程:
窗体等待
窗体运算
加新进程
改进程
改条件

图 4.34 窗体的定义

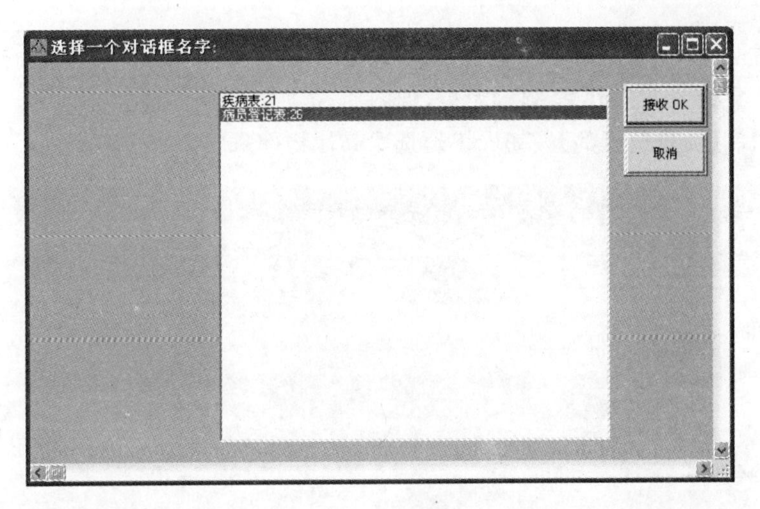

图 4.35　选择窗体

选择“病员登记表:26”后单击右侧的【接收 OK】按钮,窗体定义对话框将要求用户设定两个窗体之间字段的对应关系,初始窗体为空,如图 4.36 所示。

窗体(表单)项的定义:
此项物件名字:　编号:　使用者数据类:
名字(中文):　加进　对齐文本: 靠左　中间　靠右
项的类别:　Button Add　框宽:　16　(字数)　框高:　1　(行数)
'隐藏'的条件:　FALSE
无反应'的条件　FALSE
确定 OK　取消　搜索　搜索
它的粘贴的图片是来自下面的图标/位图文件:
这一物件将重置其值为下面的数据值: (请用选单重置值
重置数据:　除掉它的函数符号和括号
需要对上述重置数据附加一个功能
(你最终所需要的这个项目的 '重置价值' 仍然是:)　用它替换上面的重置数据
Button Information
从下面的对话框中返回数据:　为下面打开的窗体预置数据:
对话框名:　病员登记表:26
物件序列 (接受从上述对话框的返回值)
病员号:6 <--
姓名:7 <--
性别:8 <--
疾病:9 <--
住院日期:10 <--
编辑　删除　加进选择的　删除
目前的窗体工作完成后,去执行特别操作　窗体等待　窗体运算
无条件 或者 满足列出的条件: (一行一行检查) 去执行一个 按钮,窗体或进程:　窗体等待　窗体运算
加新进程　改进程　改条件

图 4.36　设定字段的对应关系

在图 4.36 中选中的单选按钮是“从下面的对话框中返回数据”,即返回“病员号:6”、“姓名:7”、“性别:8”、“疾病:9”、“住院日期:10”。

由于 SDDA 具有智能识别功能，在图 4.36 中为物件序列设定对应关系时，只需逐个双击列表框中的字段名，SDDA 会自动对应，如图 4.37 所示。如果选得不对，也可以使用右侧的【删除】按钮和【加进选择的】按钮人工地选取其他物件来对应。

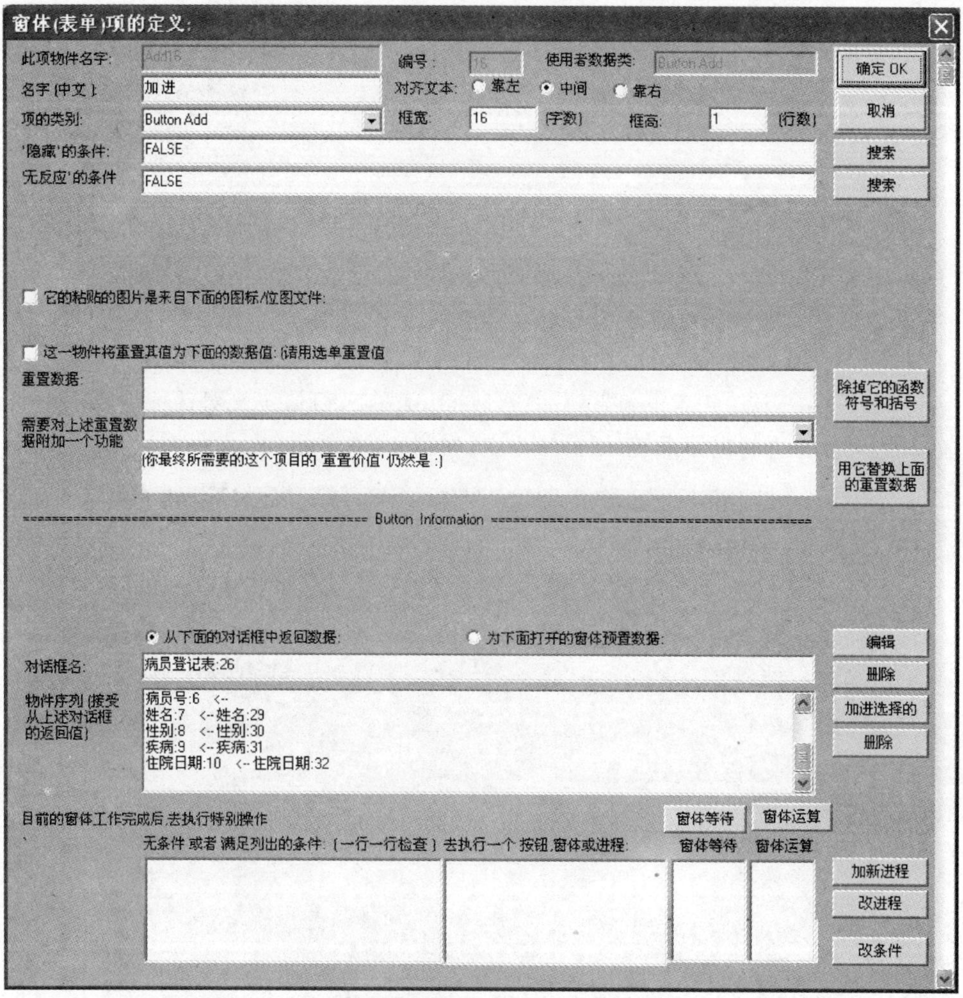

窗体(表单)项的定义:
此项物件名字: Add16　编号: 16　使用者数据类: Button Add　确定 OK
名字(中文): 加进　对齐文本: 靠左 中间 靠右　取消
项的类别: Button Add　框宽: 16 (字数)　框高: 1 (行数)
'隐藏'的条件: FALSE　搜索
'无反应'的条件: FALSE　搜索
它的粘贴的图片是来自下面的图标/位图文件:
这一物件将重置其值为下面的数据值: (请用选单重置值
重置数据:　除掉它的函数符号和括号
需要对上述重置数据附加一个功能
(你最终所需要的这个项目的'重置价值'仍然是:)　用它替换上面的重置数据
===== Button Information =====
从下面的对话框中返回数据:　为下面打开的窗体预置数据:　编辑
对话框名: 病员登记表:26　删除
物件序列(接受从上述对话框的返回值)
病员号:6 <--
姓名:7 <--姓名:29
性别:8 <--性别:30
疾病:9 <--疾病:31
住院日期:10 <--住院日期:32
加进选择的　删除
目前的窗体工作完成后,去执行特别操作　窗体等待　窗体运算
无条件 或者 满足列出的条件: (一行一行检查) 去执行一个 按钮,窗体或进程:　窗体等待　窗体运算
加新进程　改进程　改条件

图 4.37　自动识别对应关系

注意：“病员号”字段为“自动计数关键字”，并已经有指定值，所以该字段不需要设定对应关系，此处设定“姓名”、“性别”、“疾病”和“住院日期”4 个字段的对应关系即可。

在设定了两个窗体中的字段的对应关系后，单击【确定】按钮关闭该窗体定义对话框即可。至此，【加进】按钮的数据传送设置已经完成。同样，通过上述操作完成【改变】按钮的定义，之后就能够测试运行这两个窗体间的数据传送了。

4.3.2　测试运行

为了验证多个窗体间是否能传送数据，需要输入部分数据进行测试运行。在 SDDA 主界面中关闭所有窗体和目录，回到空白主界面下，并在其中选择【文件 File】|【软件与程序码产生器】|【视窗 软体】菜单项，自动构建高速可执行的软件。由于具体的测试运行方法已经

在本书 1.5 节中做过详细说明，此处不再赘述。

软件生成后，SDDA 将自动打开应用程序主界面，在该界面下选择【表单】菜单可以看到【病员资讯】、【病员登记表】和【疾病表】3 个菜单项，为保证程序运行顺利，此处先打开“疾病表”为其输入部分数据，如图 4.38 所示。

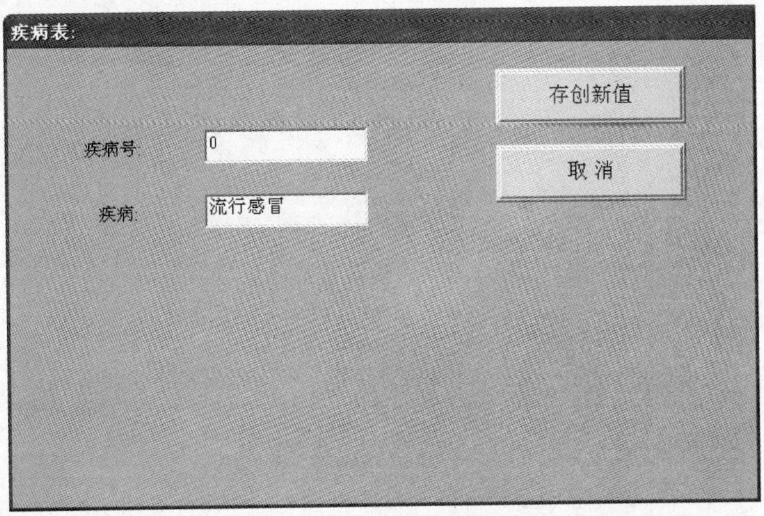

图 4.38　疾病表

在图 4.38 中，首先在“疾病”编辑框中输入数据“流行感冒”，然后单击【存创新值】按钮，向“疾病”数据表存入一条“疾病”记录，其中“疾病号”字段的值为“1”(它是自动生成的，并且返回到对话框中显示出来)、“疾病”字段的值为“流行感冒”，如图 4.39 所示。

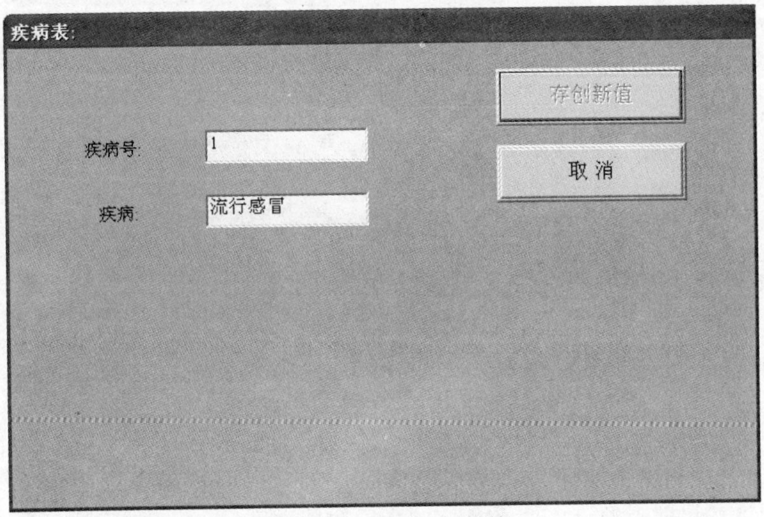

图 4.39　输入数据

然后把另外两个疾病名称“发烧”和“心血管疾病”存入，与图 4.38 和图 4.39 所示的操作一样，再用【取消】按钮关闭该窗体。

通过新生成的软件本身的主菜单中的【表单】|【病员资讯】菜单项打开病员资讯窗体，如

图 4.40 所示。

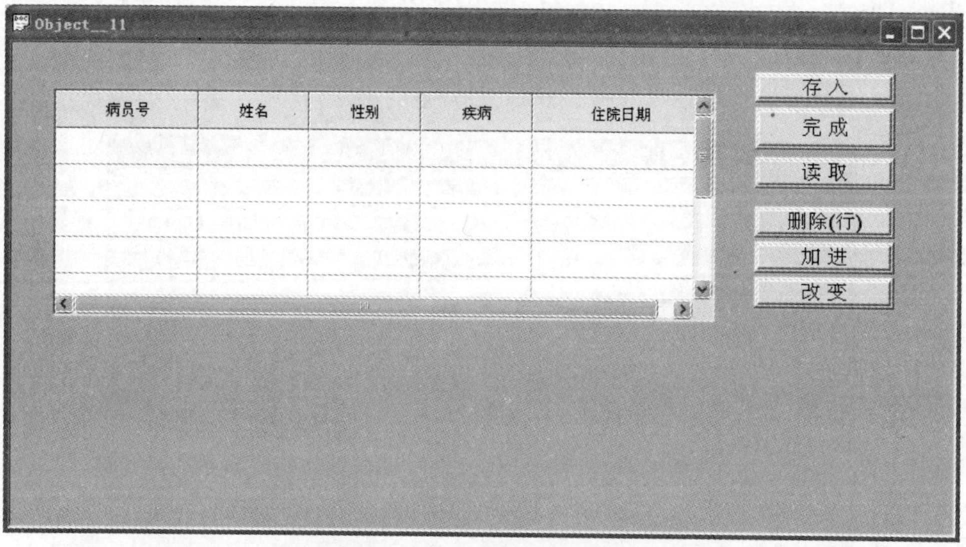

图 4.40　病员资讯窗体

此时病员资讯窗体中没有数据，用户可以单击该窗体中的【加进】按钮打开病员登记表窗体，如图 4.41 所示。

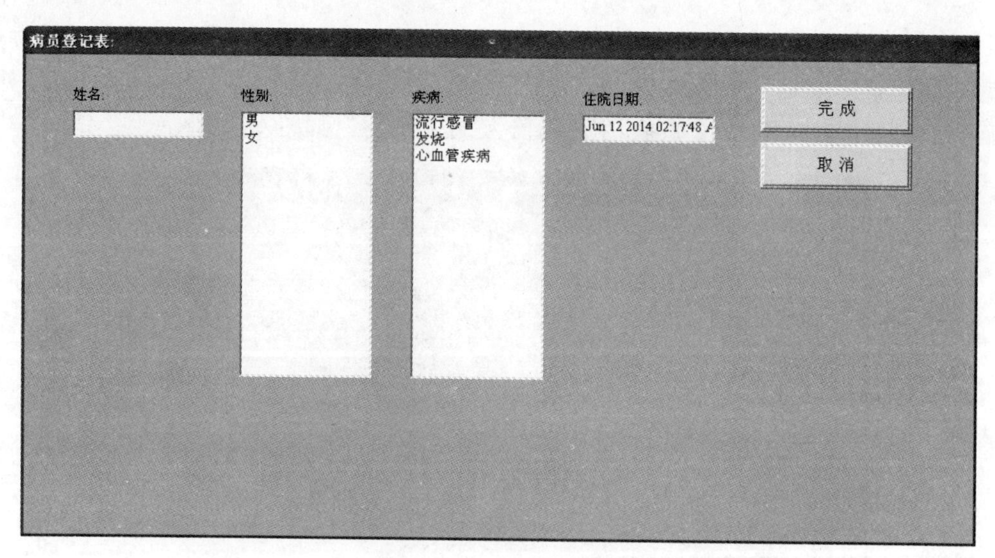

图 4.41　病员登记表窗体

从病员登记表窗体中读者可以看出，该窗体中的“性别”数据来源于 4.2.1 小节的预置常数数列，“疾病”数据来源于 4.2.2 小节的预置数据数列，其对应的字段值是在疾病表窗体中输入的。

用户可以在病员登记表窗体中输入一条新记录，如图 4.42 所示。

输入一条新记录后单击右侧的【完成】按钮，输入数据将返回到病员资讯窗体，如图 4.43 所示。

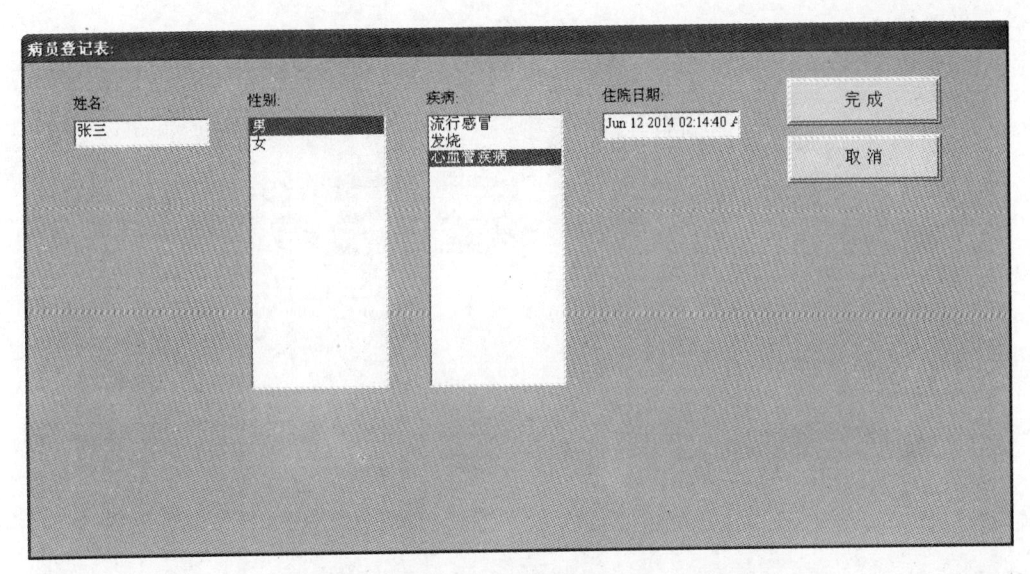

图 4.42　输入一条记录后的病员登记表窗体

Object__11

病员号	姓名	性别	疾病	住院日期
-1	张三	男	心血管疾病	Jun 12 2014 02:14:40 AM

存 入
取消
读 取
删除(行)
加 进
改 变

图 4.43　数据传送到病员资讯窗体

同样,重复使用两次图 4.43 中的【加进】按钮,输入“李四”(女)和“土五”两条记录,将它们加入到病员资讯窗体中,返回结果如图 4.44 所示。

可以看出,在病员登记表窗体中输入和选择的数据返回到了病员资讯窗体的表格(Grid Table)控件中,用户只需单击右侧的【存入】按钮即可将这条新记录写入到数据库中。因为“病员号”字段是一个“自动计数关键字”,当将新记录写入到数据库时,数据库系统会自动为它提供一个新值,这个新值会在“病员号”中的一条条记录中显示出来,如图 4.45 所示。

同样,如果用户需要修改表格(Grid Table)中的某条数据,只需选中该记录,单击右侧

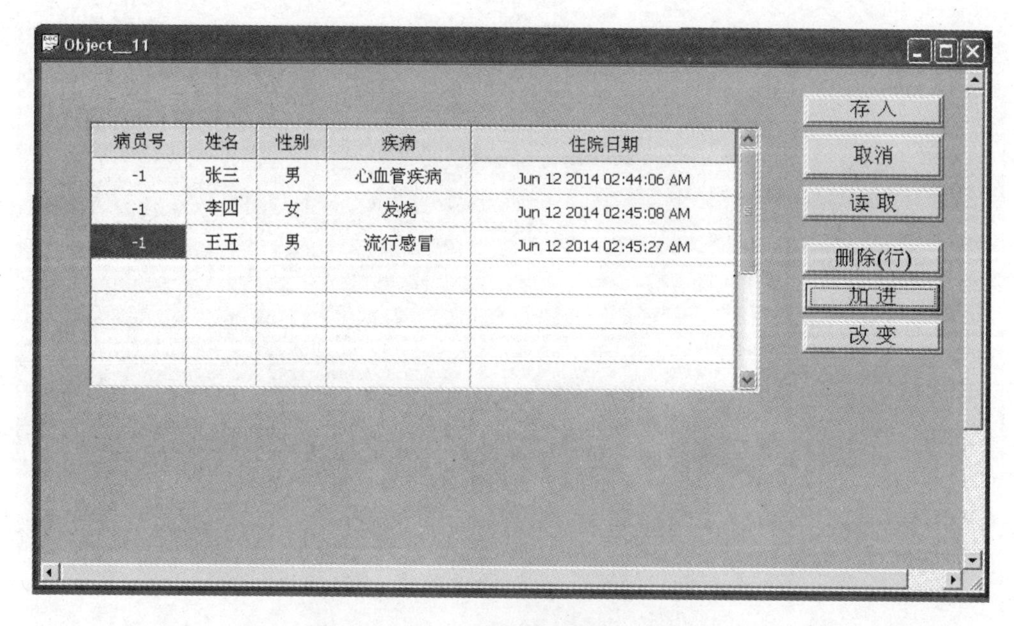

图 4.44 加了 3 条记录到病员资讯窗体

图 4.45 3 条记录存入到数据表之后的病员资讯窗体

的【改变】按钮，打开“病员登记表”，对该条记录进行修改即可，由于其操作与前面介绍的一致，此处不再赘述。

至此，窗体间的数据传送已经全部实现，在具体应用中用户可以根据实际需要为窗体设置【加进】和【改变】按钮对应的窗体及其字段关系。

此外，本设计文件还可做以下改进：如果需要使用图 4.9 中的【读取】按钮读取记录，但“病员号：6”项是一个表格(Grid Table)控件，它不能输入数据，此处则需要双击“病员号：6”项取消它的指定值定义，如图 4.46 所示。

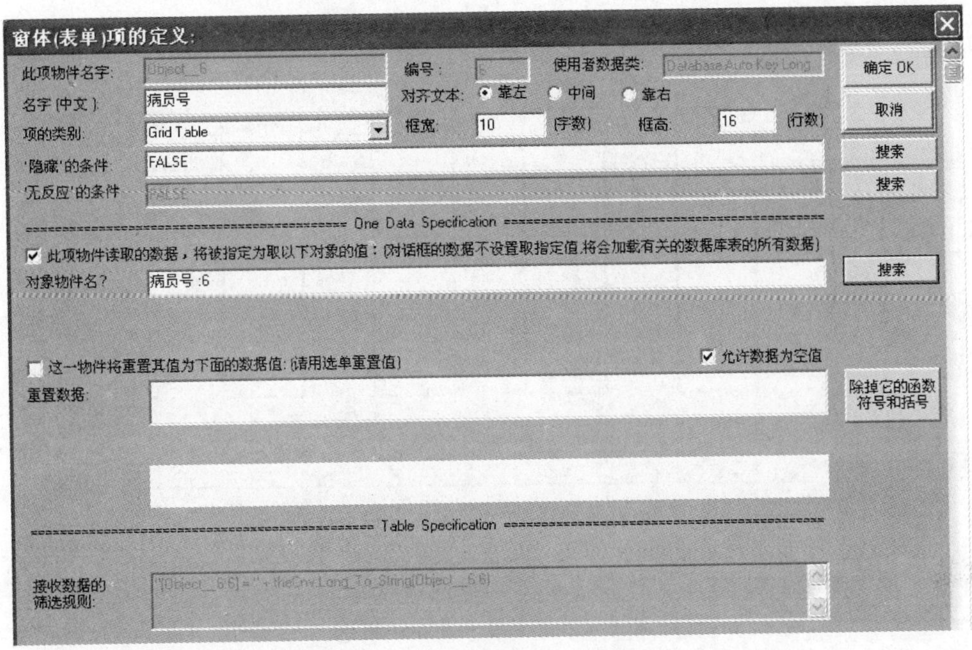

窗体(表单)项的定义:

此项物件名字: Object__6　编号: 6　使用者数据类: Database Auto Key Long　确定 OK

名字(中文): 病员号　对齐文本: 靠左　中间　靠右　取消

项的类别: Grid Table　框宽: 10 (字数)　框高: 16 (行数)

'隐藏'的条件: FALSE　搜索

'无反应'的条件: FALSE　搜索

============ One Data Specification ============

☑ 此项物件读取的数据，将被指定为取以下对象的值：(对话框的数据不设置取指定值,将会加载有关的数据库表的所有数据)

对象物件名? 病员号:6　搜索

☐ 这一物件将重置其值为下面的数据值:(请用选单重置值)　☑ 允许数据为空值

重置数据:　除掉它的函数符号和括号

============ Table Specification ============

接收数据的筛选规则: "[Object__6:6] = " + theCnv.Long_To_String(Object__5:6)

图 4.46　物件“病员表:6”的定义

若取消选择“此项物件读取的数据,将被指定为取以下对象的值”复选框,定义表对话框得到改变,如图 4.47 所示。

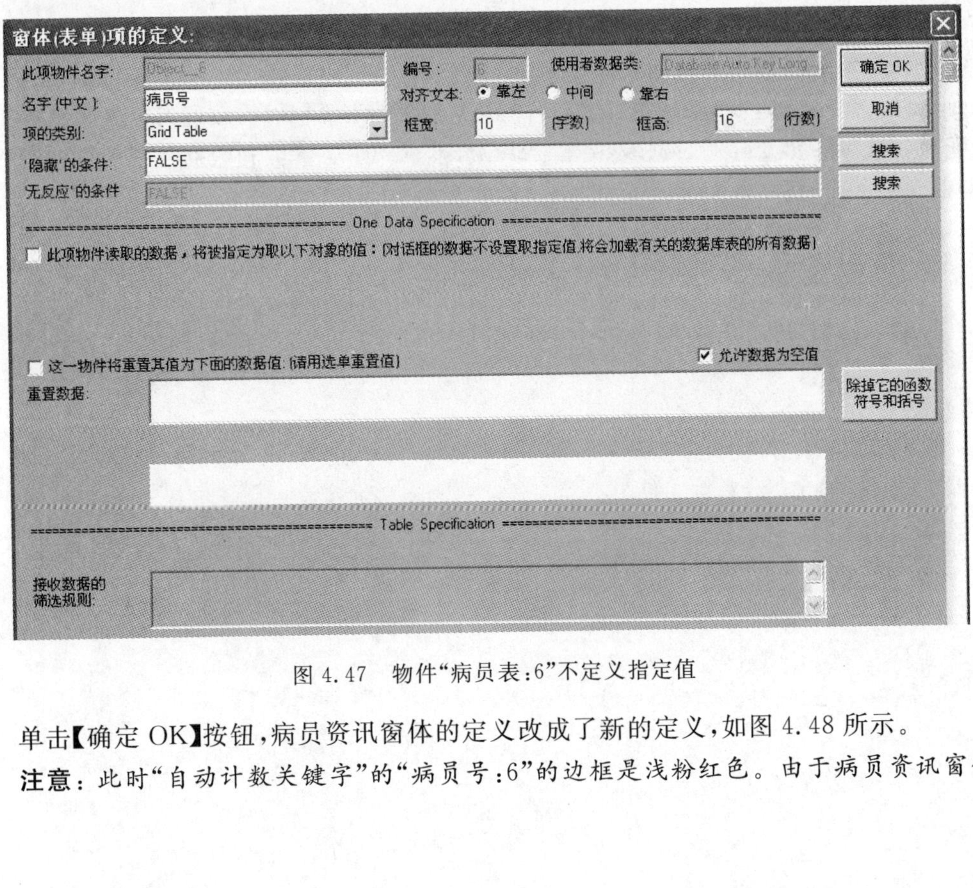

窗体(表单)项的定义:

此项物件名字: Object__6　编号: 6　使用者数据类: Database Auto Key Long　确定 OK

名字(中文): 病员号　对齐文本: 靠左　中间　靠右　取消

项的类别: Grid Table　框宽: 10 (字数)　框高: 16 (行数)

'隐藏'的条件: FALSE　搜索

'无反应'的条件: FALSE　搜索

============ One Data Specification ============

☐ 此项物件读取的数据，将被指定为取以下对象的值：(对话框的数据不设置取指定值,将会加载有关的数据库表的所有数据)

☐ 这一物件将重置其值为下面的数据值:(请用选单重置值)　☑ 允许数据为空值

重置数据:　除掉它的函数符号和括号

============ Table Specification ============

接收数据的筛选规则:

图 4.47　物件“病员表:6”不定义指定值

单击【确定 OK】按钮,病员资讯窗体的定义改成了新的定义,如图 4.48 所示。

注意:此时“自动计数关键字”的“病员号:6”的边框是浅粉红色。由于病员资讯窗体中

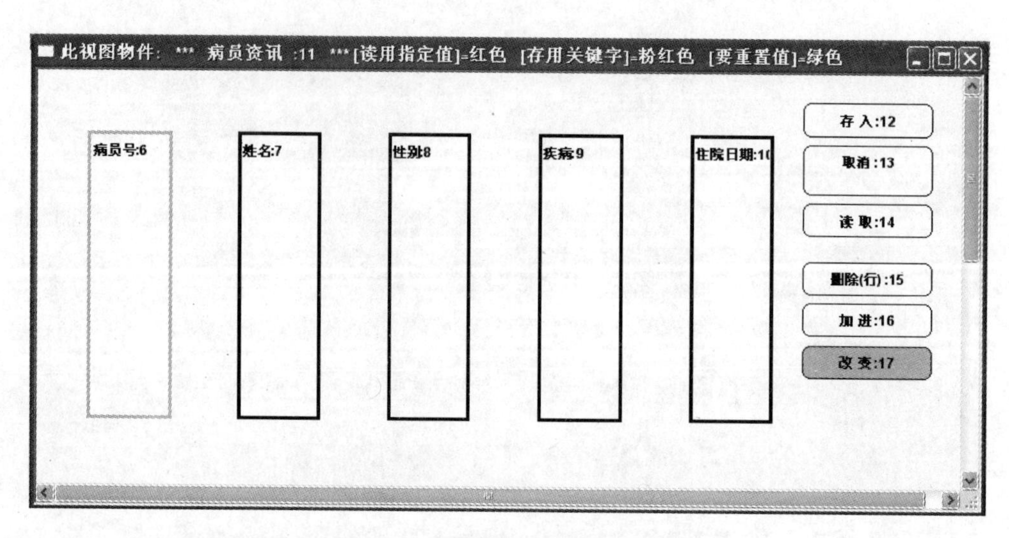

图 4.48 病员资讯窗体的新定义

的"自动计数关键字"的"病员号:6"无指定值,于是在任何时候,无论是刚打开病员资讯窗体,或者在空的窗体——病员资讯中,单击【读取】按钮都会把全部记录读出,如图 4.45 所示,这种设计特性往往用于资料的搜寻。

4.4 小结

本章主要为读者讲解了窗体间的数据传送过程及其实现。为简单起见,本章首先创建了病员资讯、疾病表和病员登记表 3 个窗体,其中,病员资讯窗体为视图窗体,疾病表窗体为对话框窗体,病员登记表为简单对话框窗体。读者需要注意它们的数值的定义来自哪里,是"数据库数据"还是"新的非数据库数据"。其次,本章介绍了常数和数据数列的预置操作,最后着重介绍了通过【加进】和【改变】按钮设置实现窗体间的数据传送,并通过具体实例测试运行来验证数据传送的有效性。

第5章

数据的读取

通过前面几章的学习，读者了解了在可视化D++语言中如何实现数据的传送，然而在实际应用中对数据的操作往往是多方面的。例如，在病员管理系统中需要根据病员号找到该病人对应的住院信息和疾病信息，第4章中介绍了软件设计人员如何用一个视窗内的【加进】按钮把另一个对话框内的数据加到本视窗的表格(Grid Table)里，实现了不同视窗间的数据传送。

在第4章的例子的基础上，本章将为读者介绍一些新的软件数据读取功能的实现，即获取使用者的输入并在数据库中检索，将结果输出并显示在使用者的屏幕上。到目前为止，读者已经制作和使用了不少例子，现在让读者了解SDDA系统是如何帮助设计人员正确设计数据的。此外，每当设计人员引进一个新的数据，SDDA系统都会自动地给它附加一个标记值"数据类型"。为了使读者自己能动手完成本章的例子，下面将在第4章有关内容的基础上结合新概念为大家进行介绍。

5.1 读取预置值与查看数据类型

在打开一个窗体时往往需要在列表框内预置一列数据，这样才能让使用者选用。列表框内已列出的预置数据可能是预置的常数，也可能是来自于某个数据库的字段数据，这完全根据设计要求而定。那么，列表框预置数据是如何在设计窗体时设定的？下面具体介绍。

双击桌面上的"可视化D++语言"图标或文件目录"C:\Visual D++ Language\"下的执行文件"Visual D++ Language.exe"，打开可视化D++软件设计语言的集成设计开发环境——SDDA，软件系统将提示用户选择打开的工程，在其中打开"模型包\书\第5章"目录，选择"病员资讯服务_窗体间数据传送.mdb"(它是读者在第4章已经完成的设计文件的复制文件)。读者可以查看物件目录中的“病员”与“疾病”节点,如图 5.1 所示。

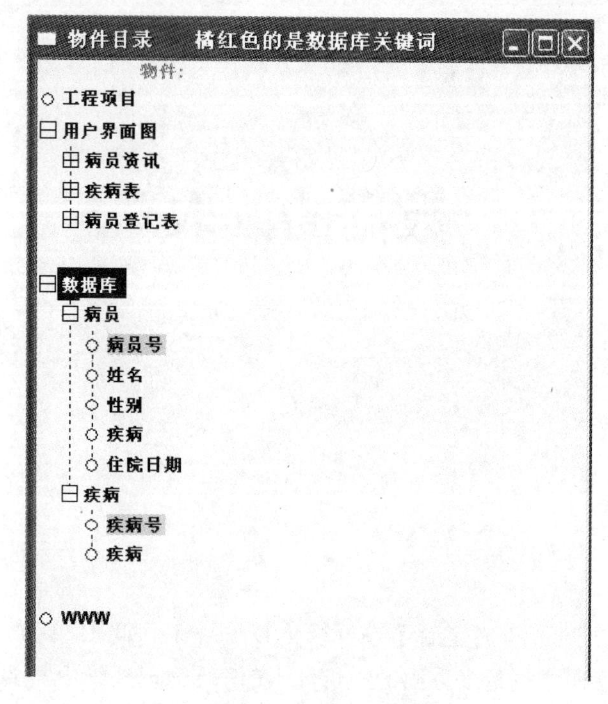

图 5.1 物件目录

每个物件项都会在创建时自动建立它的数据类型,如果设计人员需要查看数据库表(简称数据表)“病员”中的字段“病员号”的数据类型,可以右击该字段节点,在弹出的快捷菜单中选择【定义说明】菜单项,此时会立即打开该字段项的说明书,“用户名命的数据类”后的列表框内即为该字段的数据类型,图 5.2 所示为“病员号”和“姓名”字段的数据类型。

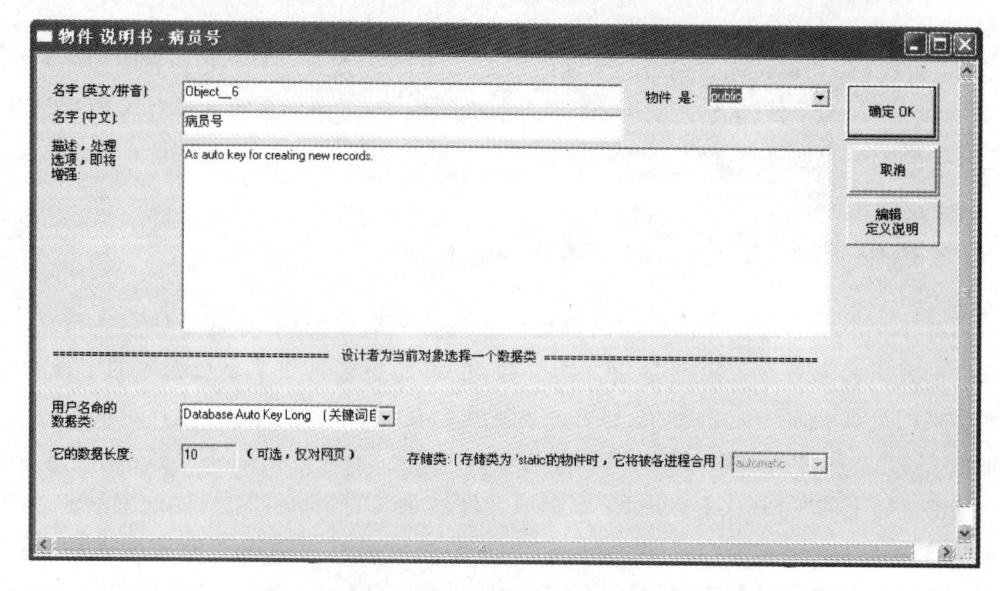

图 5.2 查看“病员号”和“姓名”字段的数据类型

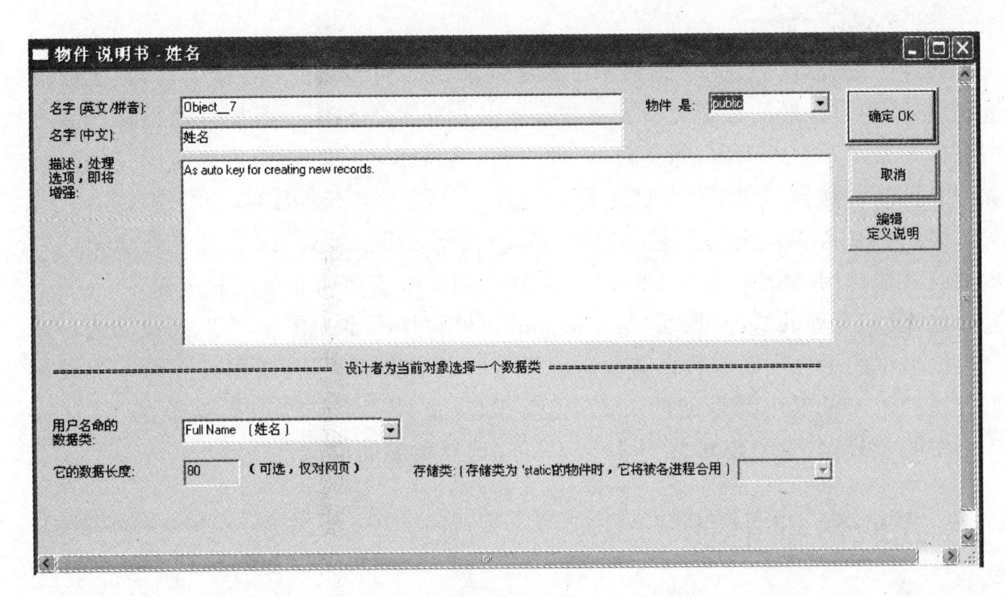

图 5.2　(续)

数据类型都显示在“用户名命的数据类”下拉列表框中，如果用户需要查看其他数据表中字段的数据类型，方法类似。例如，数据表“病员”的字段“病员号”的数据类型为“Database Auto Key Long(关键词自动计数)”，也称“自动计数关键字”；“姓名”的数据类型为“Full Name(姓名)”；“性别”的数据类型为“Text(短文)”；“疾病”的数据类型为“Text(短文)”；“住院日期”的数据类型为“Time(时间)”。

同样，用户可以查看到数据表“疾病”的字段“疾病号”的数据类型为“Database Auto Key Long(关键词自动计数)”；“疾病”的数据类型为“Text(短文)”。为了容易理解，此处把这些信息集中列在表 5.1 和表 5.2 中。

表 5.1　“病员”数据表

字　段　名	字段数据类型	字段数据类型(中文注解)	备　　注
病员号	Database Auto Key	关键词自动计数	主键
姓名	Full Name	姓名	
性别	Text	短文	
疾病	Text	短文	
住院日期	Time	时间	

表 5.2　“疾病”数据表

字　段　名	字段数据类型	字段数据类型(中文注解)	备　　注
疾病号	Database Auto Key	关键词自动计数	主键
疾病	Text	短文	

读者知道，一个数据的数据类型表示该数据的值被安排在计算机中的容量大小，因而也决定了该数据项能容纳字符的个数与字符的类型。用户在设计软件时将数据量大的数据项值送到容量小的数据类型是不合理的，但这种不合理的设计要求会受到 SDDA 系统的提醒

与阻止，这也体现了可视化 D++语言的智能。

有兴趣的读者可以了解一下 SDDA 系统内部是如何实现的：一般而言，除了数据库的关键词以外，用户接触的数据类型大多是基本数据类型。SDDA 系统自动把这些基本数据类型分为大家熟悉的六大类，即整数、小数点数、字符串、字符、逻辑值和时间。例如对于数据类型“短文”、“姓名”，我们从含义上看它们既不是数值也不是时间，它们应该是一个“字符串”类，因而 SDDA 系统会为上述名字为“姓名”、“性别”、“疾病”的数据项自动安排一个字符串类的运算与储存方式，属于同一大类的物件项的数据能相互传送和运算。

因此，设定合理的“数据类型”是一种好的软件设计习惯。此外，喜欢用中文为一个数据设定数据类型的用户可以看数据类型后的括号内的中文表达，喜欢用英文为一个数据设定数据类型的用户可采用括号前的英文表达。如果设计人员要修改数据类型，可直接单击图 5.2 中的“用户名命的数据类”下拉列表框并选择所需的类型。

5.2 读取数据记录

在大多数数据库应用软件中往往需要读取数据记录，并将其显示在表格(Grid Table)中，本节将为读者进一步介绍如何读取数据记录。

5.2.1 读取指定数据

双击图 5.1 中“用户界面图”的子节点“病员资讯”，弹出图 5.3 所示的窗体。

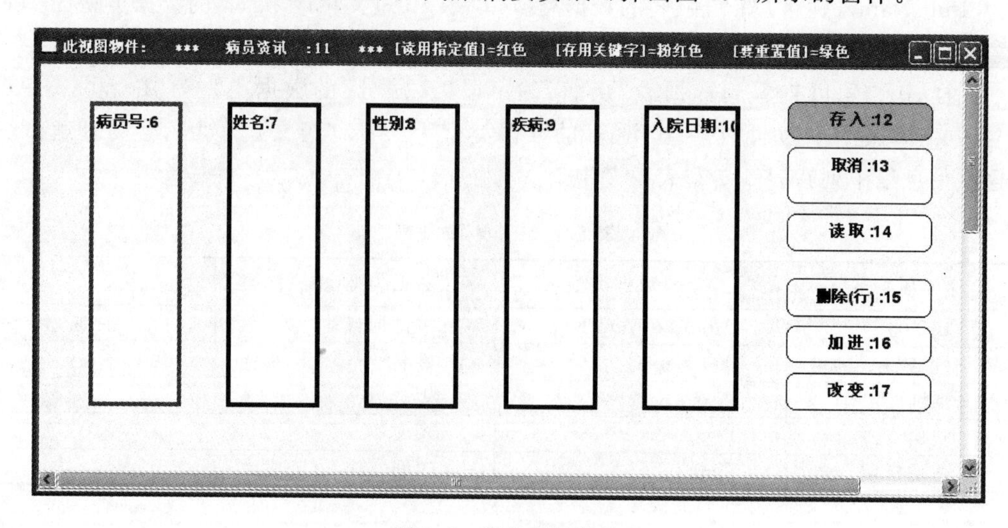

图 5.3 病员资讯窗体

由于控件“病员号:6”不是编辑框，不能预先输入值，为了让病员资讯窗体上的【读取】按钮能够读出具有指定值的“病员号:6”记录，这个预先指定的值要放到另外一个新的编辑框。要做到这一点，用户需要在窗体的主菜单中选择【加元件】|【编辑框(Edit Box)+标签】菜单项，如图 5.4 所示。

选择【编辑框(Edit Box)+标签】菜单项后会弹出一个对话框，选择该对话框左上端的【新的】单选按钮，如图 5.5 所示。

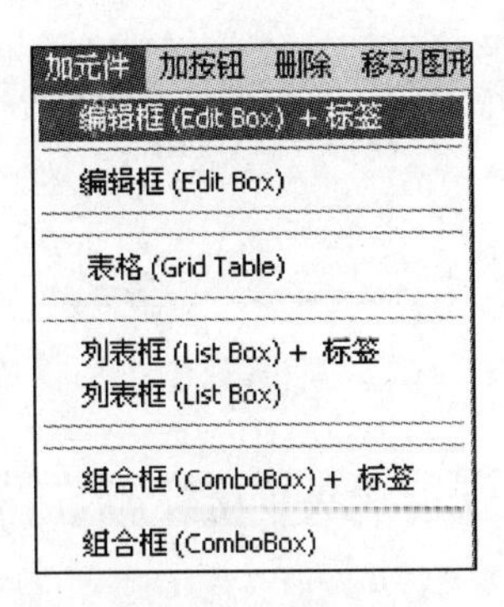

图 5.4　选择【编辑框(Edit Box)+标签】菜单项

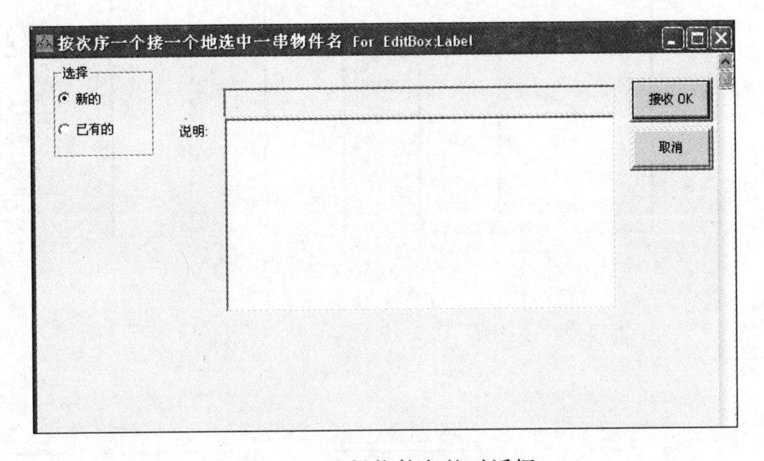

图 5.5　选择物件名的对话框

此时单击图 5.5 中的【接收 OK】按钮，SDDA 系统将弹出“列出新加进的物件名”对话框，用于新建字段，如图 5.6 所示。

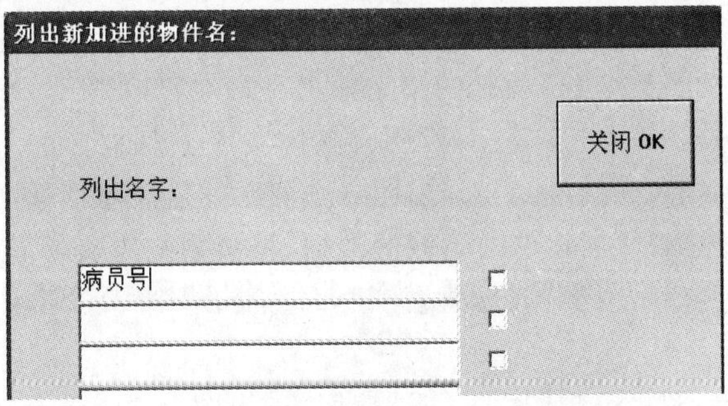

图 5.6　“列出新加进的物件名”对话框

由于图 5.6 中只需要建立一个新的编辑框“病员号”，因此只输入一个字段“病员号”即可。输入完成后单击右上角的【关闭 OK】按钮，SDDA 将弹出提示信息框，其中最底下一排按钮为【是(Y)】和【否(N)】，如图 5.7 所示。

单击图 5.7 中的【是(Y)】按钮，将添加一个编辑框“病员名”到图 5.3 所示的病员资讯窗体中，如图 5.8 所示。

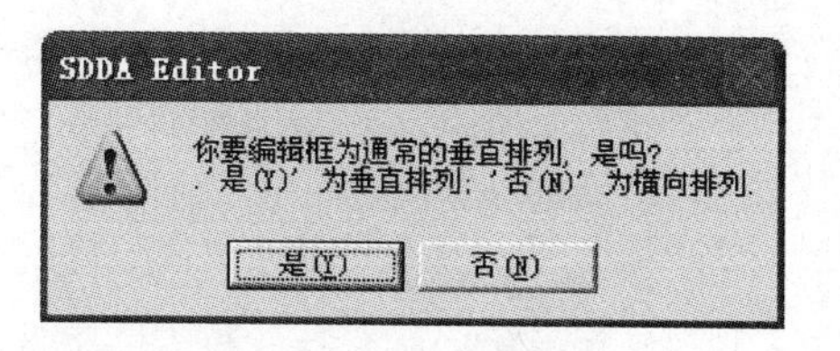

图 5.7　提示信息框

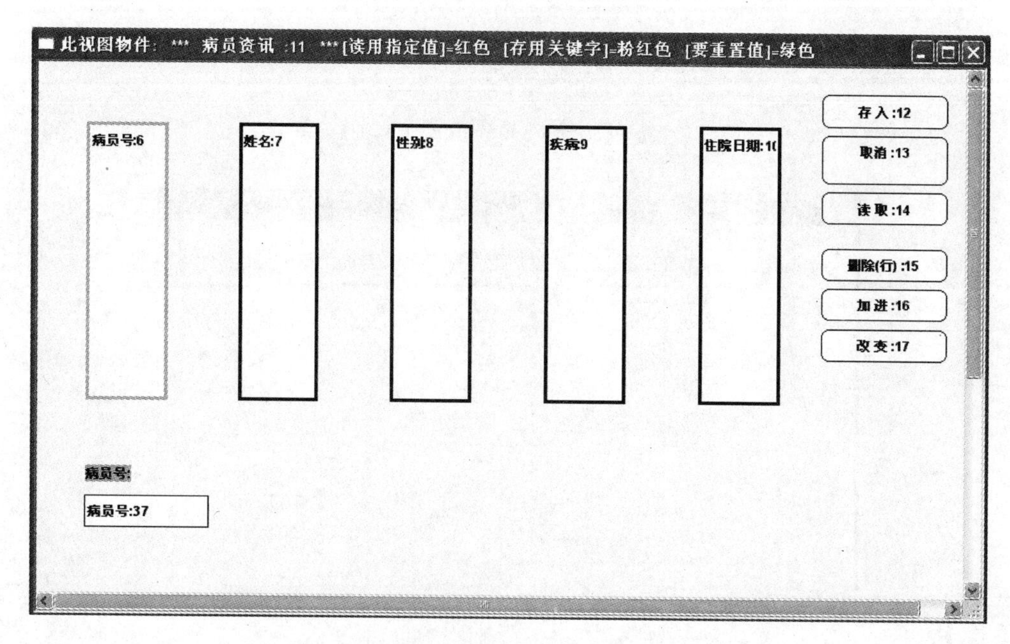

图 5.8　添加编辑框“病员号:37”后的病员资讯窗体

为了让病员资讯窗体上的【读取】按钮能够读出“病员号:6”的指定值为“病员号:37”中已填入的值的记录，用户需要在字段“病员号:6”的定义对话框中定义其指定值为“病员号:37”。而字段“病员号:6”定义了指定值之后，它的边框颜色会从粉红色变成红色，此处称字段“病员号:6”是一个“指定字段”，而它的指定值项是“病员号:37”。那么如何给“病员号:6”定义一个指定值使其成为一个“指定字段”呢？具体实现步骤如下：

(1) 双击图 5.8 上的“病员号:6”，弹出图 5.9 所示的定义对话框。

(2) 在图 5.9 中选择“此项物件的读取的数据，将被指定为取以下对象的值”复选框，然后单击“对象物件名”编辑框右侧的【搜索】按钮，系统弹出图 5.10 所示的对话框供用户选择物件名。

这里选择“病员号:37”，单击【接收 OK】按钮，进入图 5.11 中，此时“对象物件名”编辑框中已有数据“病员号:37”。

注意：在某控件项的定义图中，“对象物件名”编辑框中是否有数据表示此控件项是否被定义成一个“指定字段”。一个关键词字段是否被定义成一个“指定字段”，就看其控件边框的颜色是“红色”而不是淡淡的“粉红色”。

所以，用物件项的定义表中的“对象物件名”编辑框指定字段是很容易改变的。单击图 5.11 中的【确定 OK】按钮，在关闭图 5.11 后，窗体被更新为图 5.12 所示。

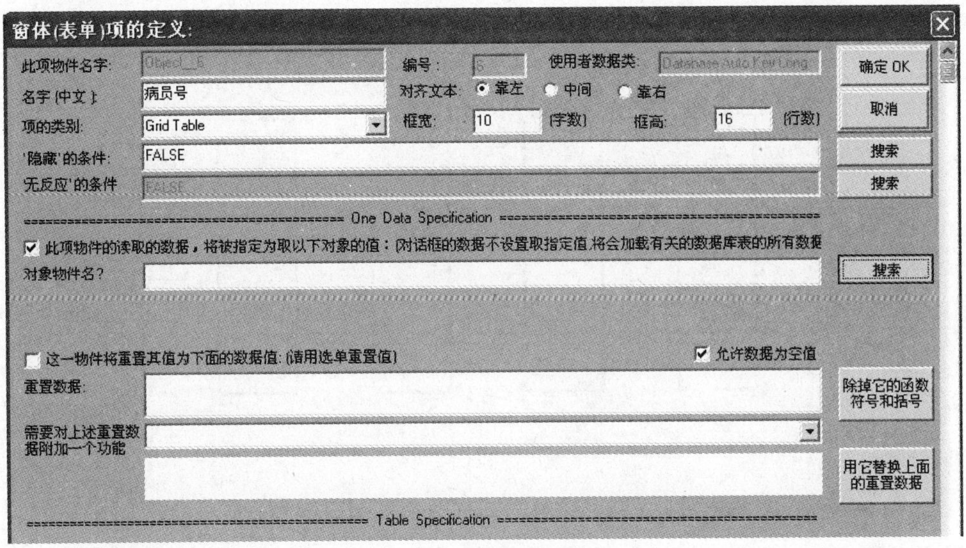

窗体(表单)项的定义:
此项物件名字:　Object__6　编号:　6　使用者数据类:　Database Auto Key Long　确定 OK
名字(中文):　病员号　对齐文本:　靠左　中间　靠右　取消
项的类别:　Grid Table　框宽:　10　(字数)　框高:　16　(行数)
'隐藏'的条件:　FALSE　搜索
'无反应'的条件　FALSE　搜索
======== One Data Specification ========
此项物件的读取的数据，将被指定为取以下对象的值：(对话框的数据不设置取指定值,将会加载有关的数据库表的所有数据
对象物件名?　搜索
这一物件将重置其值为下面的数据值:(请用选单重置值)　允许数据为空值
重置数据:　除掉它的函数符号和括号
需要对上述重置数据附加一个功能　用它替换上面的重置数据
======== Table Specification ========

图 5.9　“病员号:6”的定义对话框

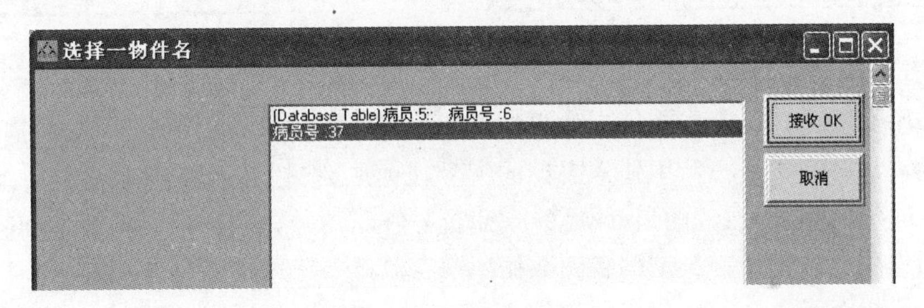

图 5.10　选择物件名

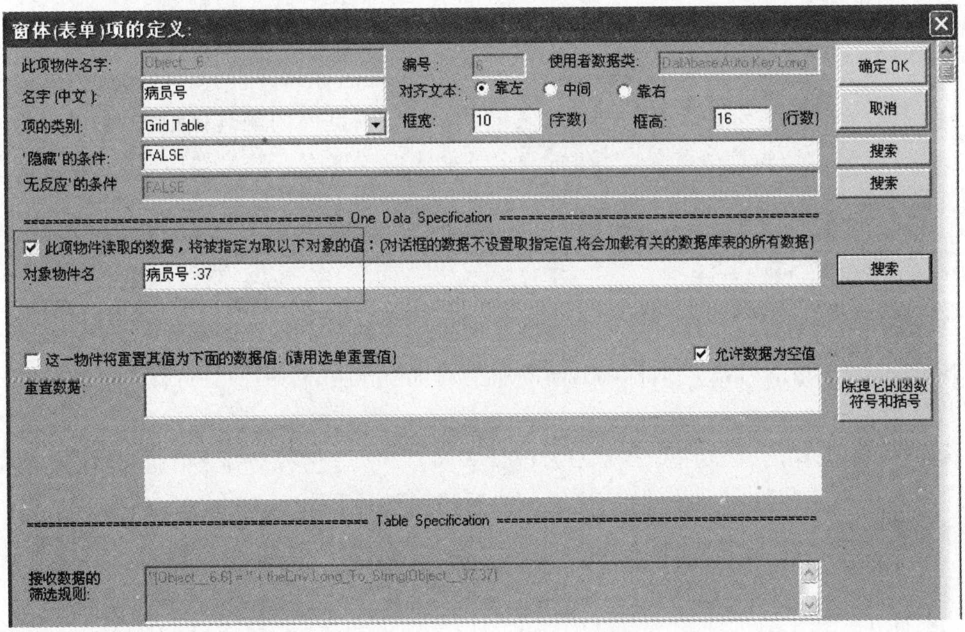

窗体(表单)项的定义:
此项物件名字:　Object__6　编号:　6　使用者数据类:　Database Auto Key Long　确定 OK
名字(中文):　病员号　对齐文本:　靠左　中间　靠右　取消
项的类别:　Grid Table　框宽:　10　(字数)　框高:　16　(行数)
'隐藏'的条件:　FALSE　搜索
'无反应'的条件　FALSE　搜索
======== One Data Specification ========
此项物件读取的数据，将被指定为取以下对象的值：(对话框的数据不设置取指定值,将会加载有关的数据库表的所有数据)
对象物件名　病员号:37　搜索
这一物件将重置其值为下面的数据值:(请用选单重置值)　允许数据为空值
重置数据:　除掉它的函数符号和括号
======== Table Specification ========
接收数据的筛选规则:　"[Object__6.6] = " + theEnv.Long_To_String(Object__37.37)

图 5.11　设定“病员号:6”的指定值为“病员号:37”

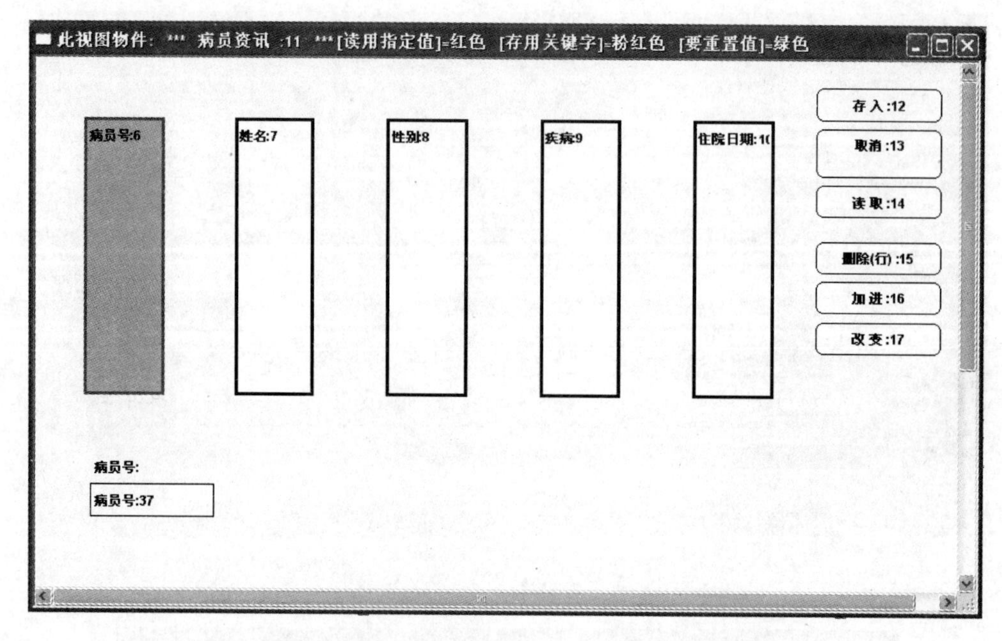

图 5.12　红色边框的项“病员号:6”的指定值为“病员号:37”

在自动构建的新软件中,窗体中的表格可用于读取指定值的记录。例如,只需在病员资讯窗体的编辑框“病员号:37”中输入需要的编号,【读取】按钮就会精确地读出一条记录,这条记录中的字段“病员号:6”的值必须等于“病员号:37”的预先有的值。同样,在存入一条记录时,需要先用此条记录的关键词找到数据库内存放此条记录的地址才能存入。

总地来说,对于一个新构建成的软件,执行窗体内的记录的读取规则为:读取数据库表的记录时,读出的记录里的指定字段的值必须等于它的指定值项的值,其他不符合此要求的记录不能读出。

同样,对于一个新构建成的软件,执行窗体内的记录的存储规则为:存储数据库表的记录时,每条记录的关键词字段用于找到此条记录存放在数据库内的具体地址,它的值是不能任意改变的;存储数据库表的新记录时,若记录里的指定字段不是关键词,那么此指定字段必须先取得此刻的它的指定值项的值,然后再把它存入数据库。

5.2.2　选择读取

在数据库应用软件中,往往需要返回满足产品使用者设定条件的部分数据表记录,这就需要用到“选择读取”功能。例如,在上面的病员资讯窗体中,需要读出的表格中的所有病员号的数值都大丁 2。

为了实现“选择读取”功能,SDDA 为设计人员提供了【选择读取】按钮,它的使用不受“指定字段”的指定值等定义的约束,使用该按钮能轻松地从数据库中读取满足选择条件的数据记录。本小节将读取“病员”数据表中所有病员号大于 2 的数据,并显示在表格中,其操作步骤如下:

(1) 打开 5.2.1 节的图 5.8 中设计完成的病员资讯窗体,然后选择 SDDA 主菜单中的【加按钮】|【‘挑选’键】菜单项,如图 5.13 所示。

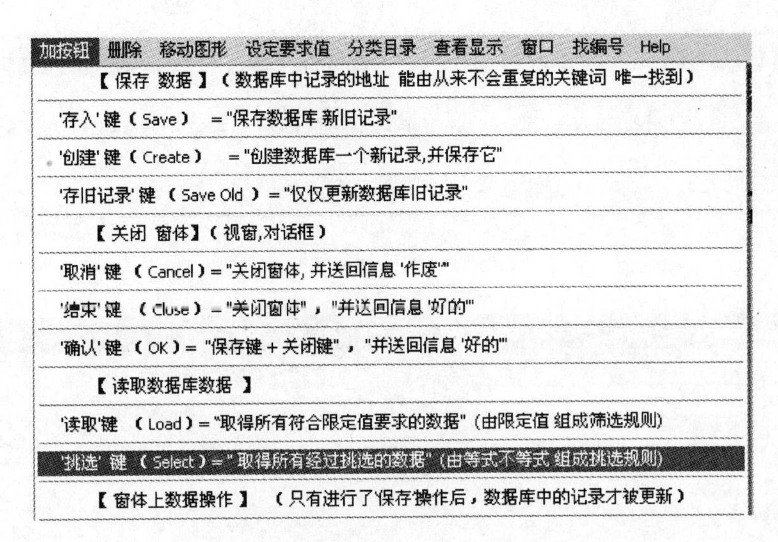

图 5.13　选择菜单项

(2) 选择【'挑选'键】菜单项后将鼠标指针移动到病员资讯窗体中,在空白处单击,即可在该窗体上增加一个【选择读取】按钮,如图 5.14 所示。

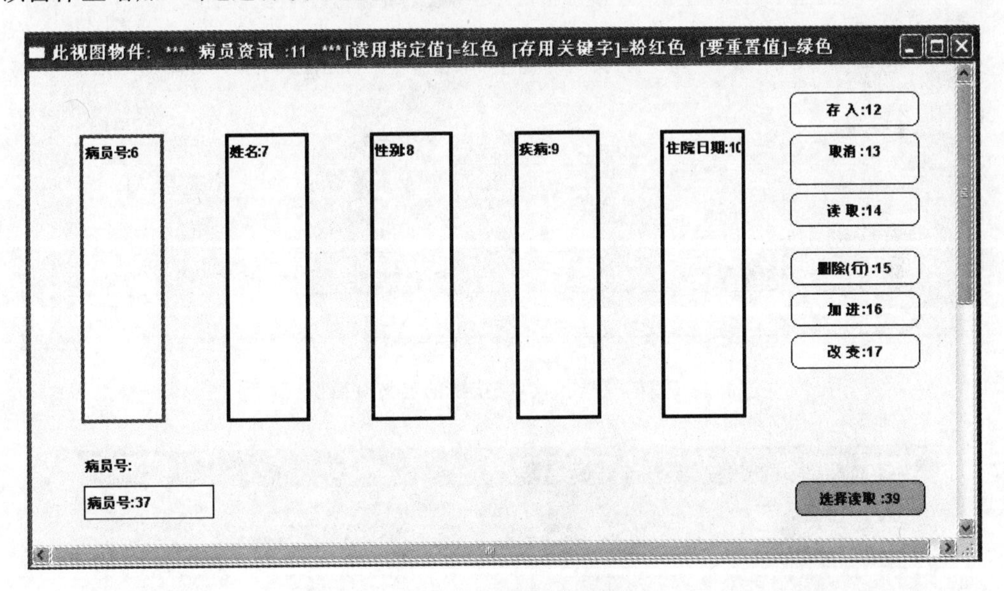

图 5.14　添加【选择读取】按钮

(3) 添加【选择读取】按钮后,即可为该按钮建立"读取规则",即定义【选择读取】按钮要取哪个数据表的记录,如果尚未定义读取规则,右击图 5.14 中的【选择读取:39】按钮,此时系统将弹出警告信息对话框,如图 5.15 所示。

单击图 5.15 中的 OK 按钮关闭该警告信息对话框,然后双击打开【选择读取】按钮的定义对话框,如图 5.16 所示。

如果在图 5.16 中显示的最底部一行的"数据库表名"右侧的编辑框是空值,则需要选择【为以下表挑选'读取/删去'的数据库表】单选按钮,然后单击它右侧的【编辑】按钮,此时 SDDA 将弹出"选择一物件名"对话框,如图 5.17 所示。

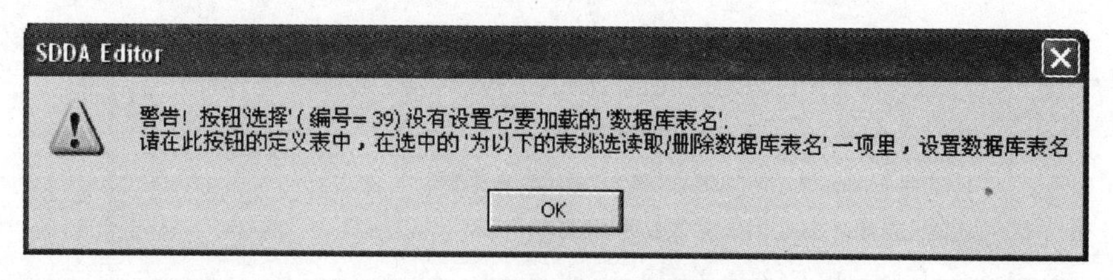

图 5.15　警告信息对话框

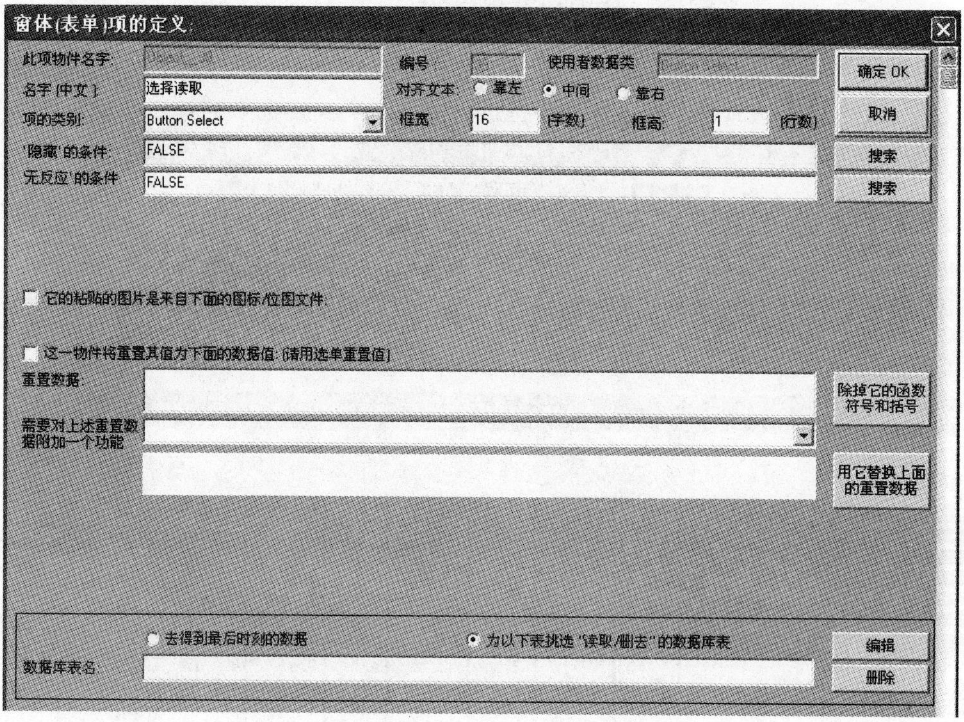

图 5.16　【选择读取】按钮的定义对话框

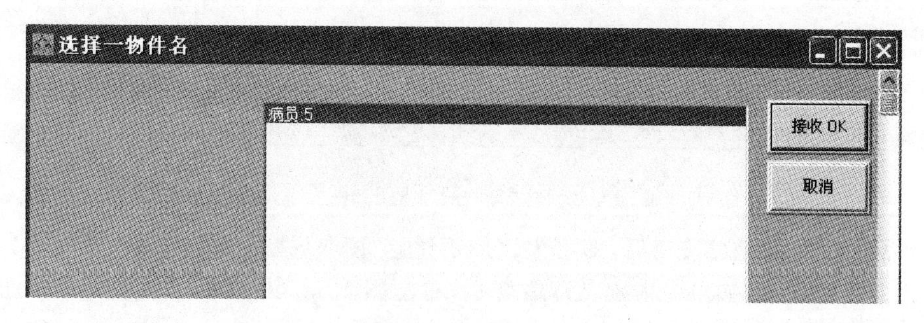

图 5.17　选择物件名

此处必须选择“病员:5”项，同时单击【接收 OK】按钮回到定义对话框。此时定义对话框已经被更新，如图 5.18 所示。

单击图 5.18 中的【确定 OK】按钮即可回到病员资讯窗体，此时【选择读取】按钮的定义有了更新。

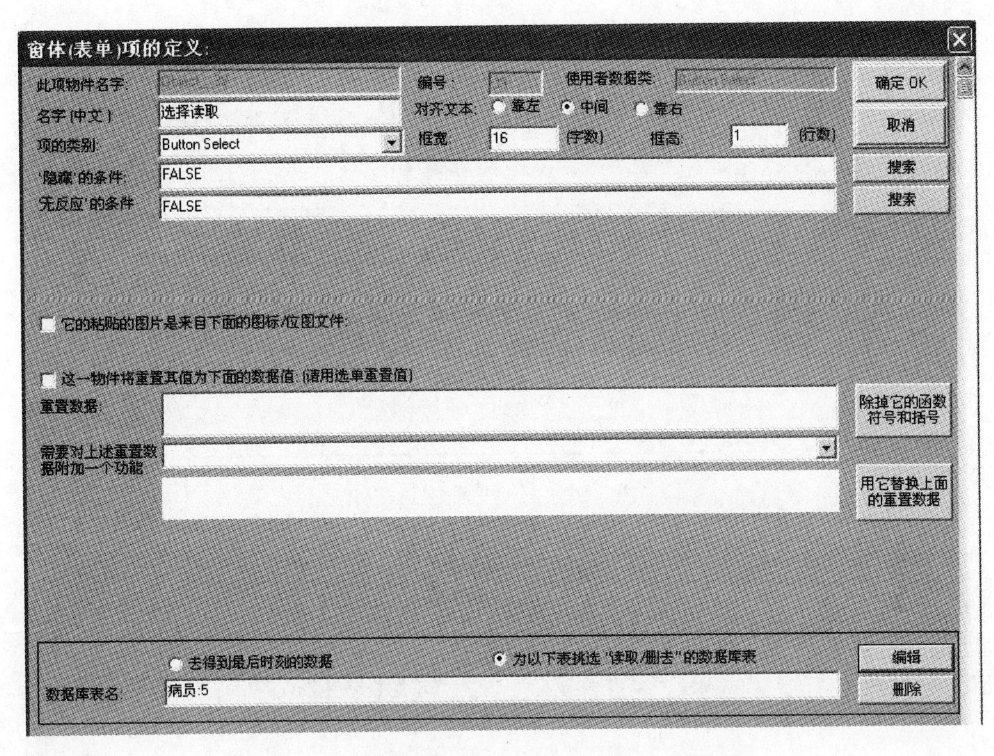

图 5.18　更新后的【选择读取】按钮的定义对话框

(4) 再次右击图 5.14 中的【选择读取:39】按钮,在弹出的快捷菜单中选择【预先设定值】|【选择规则】菜单项,如图 5.19 所示。

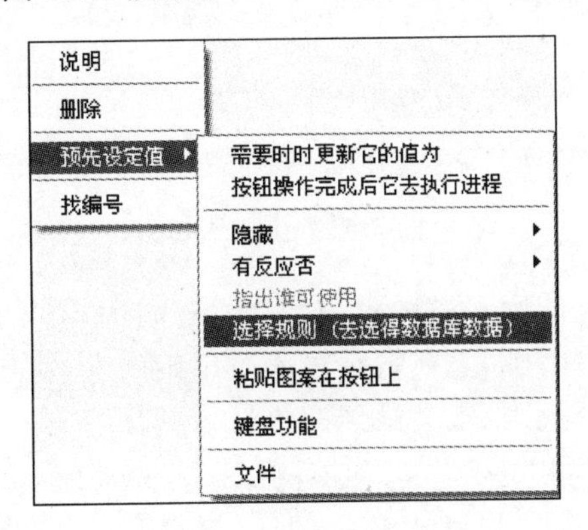

图 5.19　选择菜单项

(5) 选择菜单项后进入"编辑语句"对话框,如图 5.20 所示。单击其顶行右端的"Data Variable List"组合框的下拉按钮,选择"病员号:6",此时在图 5.20 中增加了一行字符"Object_6:6"。

单击图 5.20 顶行左端的【编辑】按钮,就可以在下方的编辑框中输入字符了,例如输入">2",从而生成语句"Object_6:6 > 2",如图 5.21 所示。

注意:此时【编辑】按钮将被【回到不打字】按钮代替,当用户再次单击图 5.21 顶行左端同一位置的【回到不打字】按钮时,此按钮又会恢复为【编辑】按钮。

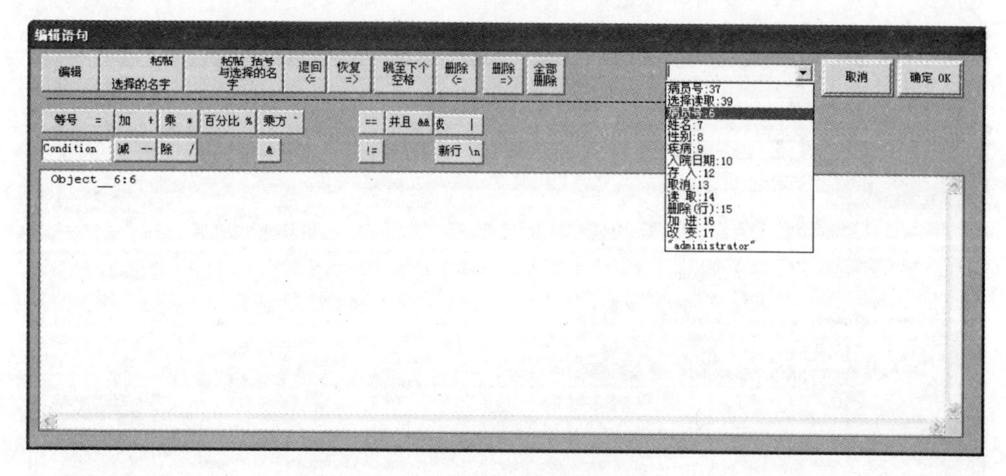

图 5.20 选择"病员号:6"

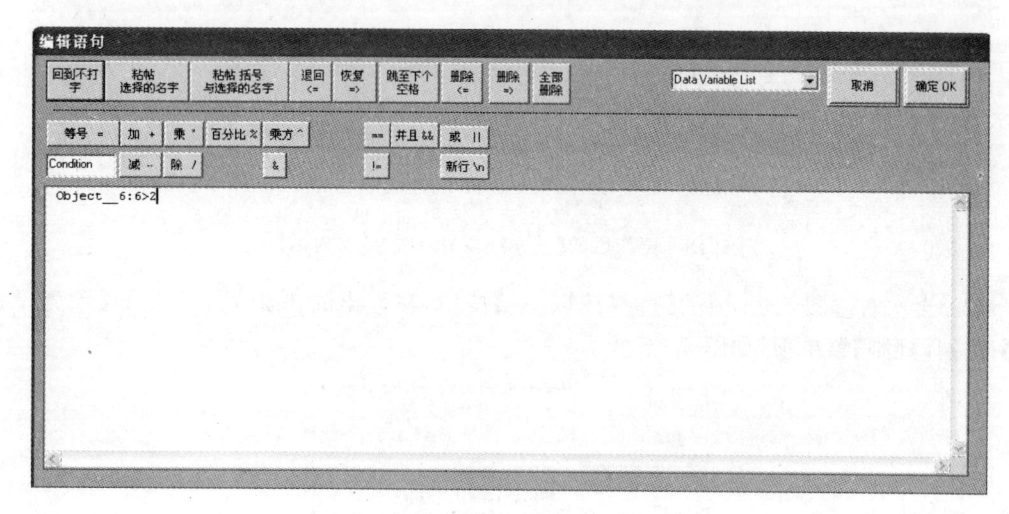

图 5.21 生成语句

此外,如果要看图 5.21 的中文名字表达式,可双击图 5.21 中的主编辑区,此时即可看到中文名字表达式"病员号:6>2"。在编辑完成后单击图 5.21 中右侧的【确定 OK】按钮保存。至此,选择读取的"选择规则"定义已经完成。

(6) 设计完成后,用户可以进行一次功能测试。首先关闭 SDDA 中的所有窗口,然后自动构建并运行软件,由于其操作与第 4 章中图 4.38～图 4.45 的测试步骤相同,此处不再赘述。

在输入数据库"病员资讯表"的几条记录后,最后一步测试是在病员资讯视窗左下方的"病员号:37"编辑框中分别输入数字"1"、"2"、"3",每次输入数字后都要单击【读取】按钮,分别读取指定值为 1、2、3 的 3 条记录,图 5.22 所示为读取指定值为 2 时的返回结果。

当数据表中存储了很多记录之后,无论在上述窗体的"病员号"中输入何值,单击【选择读取】按钮读出的都是符合条件"病员号:6>2"的全部记录。

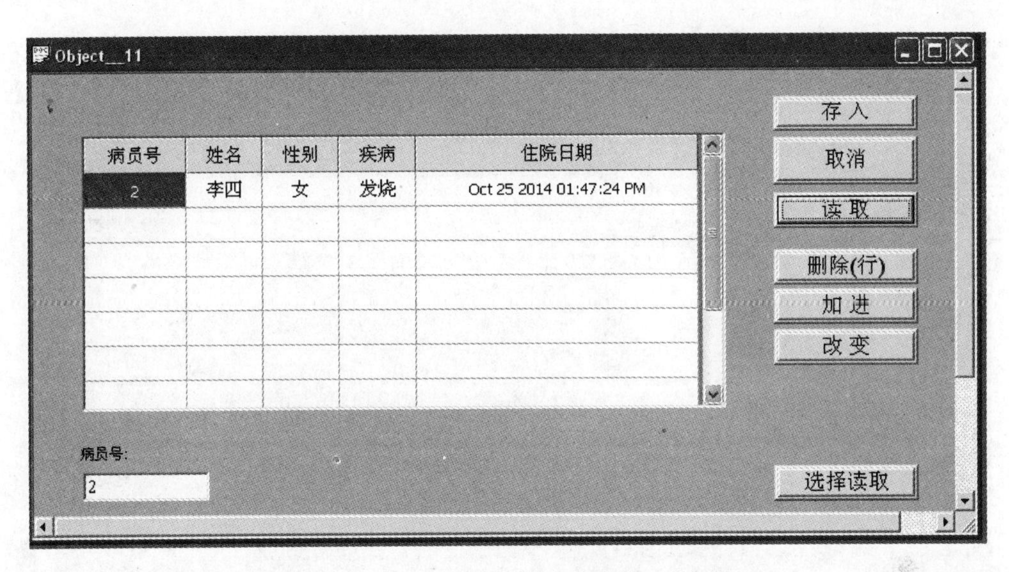

图 5.22 选择读取的 3 条有指定值 2 的记录

5.3 后接进程

在使用软件的过程中往往涉及对多个窗体的操作,并且部分窗体的使用具有一定的连贯性,例如关闭某个正在运行的窗体后需要同时打开另外一个窗体,这就涉及本节将要为读者介绍的后接进程操作。

在物件目录中双击“用户界面图”的子节点“疾病表”,会弹出它的定义图,如图 5.23 所示。

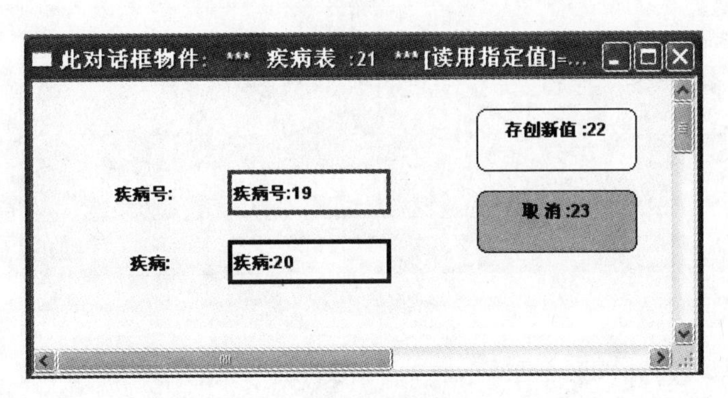

图 5.23 疾病表

在可视化 D++设计语言中,用户可以对【关闭】(Button Close)按钮或【确认】(Button OK)按钮等增添一种新功能,即当通过【关闭】和【确认】按钮等关闭窗体后可同时打开另外一个窗体。

然而,在“疾病表”中没有此类按钮,需要将其【取消】按钮变为【关闭】按钮,操作为双击图 5.23 中的【取消】按钮,弹出其定义对话框,单击“项的类别”组合框中的下拉按钮,选择“Button Close(关闭键)”选项,如图 5.24 所示。

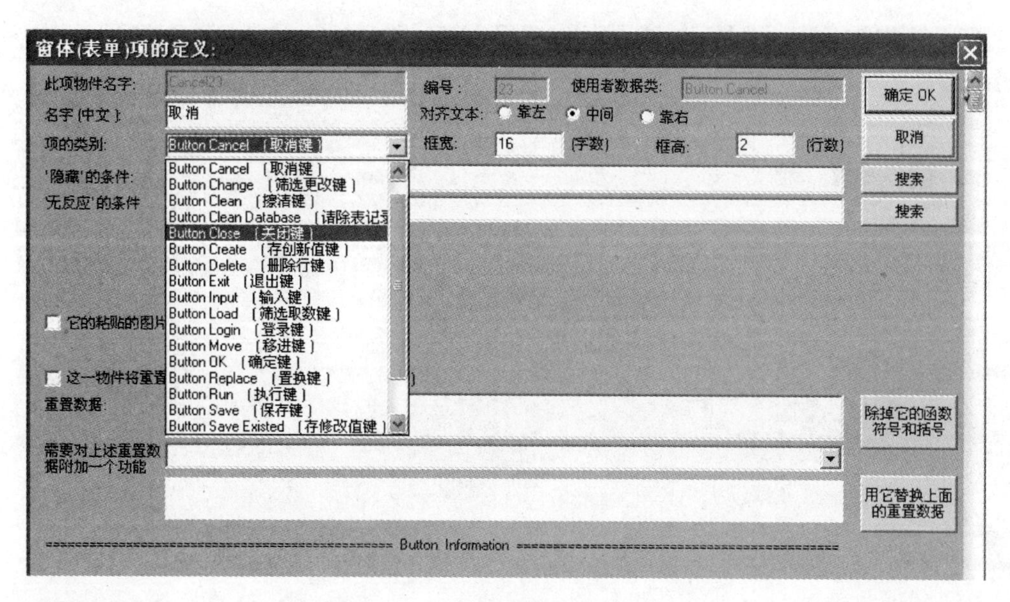

图 5.24 【取消】按钮的定义对话框

选择完毕后,可以看到【取消】按钮的定义已经改变了,其名字变为“关闭”、项的类别变为“Button Close”,如图 5.25 所示。

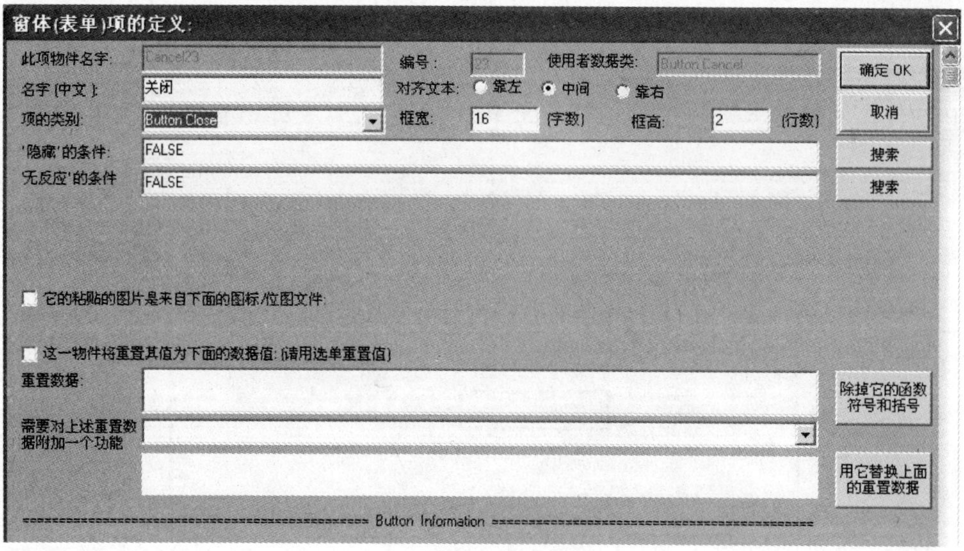

图 5.25 【取消】按钮的新定义

单击图 5.25 右上角的【确定 OK】按钮关闭定义对话框,疾病表的对话框更新为图 5.26 所示。

如果用户要求此【关闭】按钮在关闭疾病表窗体后能自动打开病员资讯窗体,不需要再用菜单人工打开病员资讯窗体,那么需要为其添加后接进程,其操作步骤如下:

(1) 在图 5.26 中双击右侧的【关闭】按钮打开该按钮的定义对话框,如图 5.27 所示。

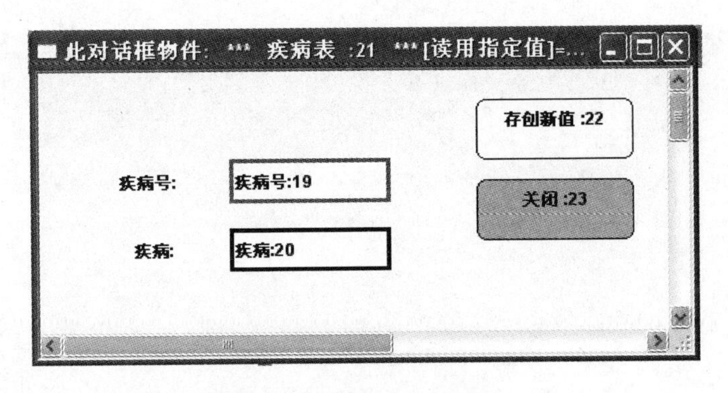

图 5.26　更新后的“疾病表”

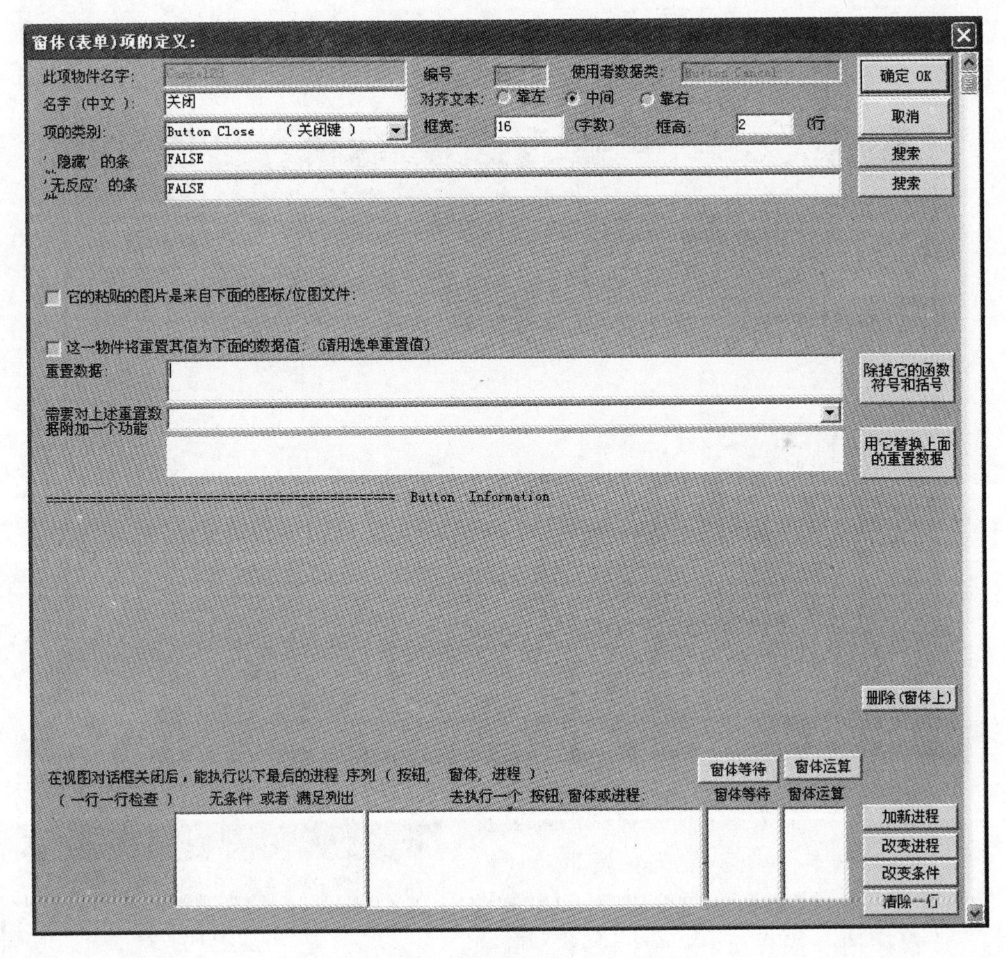

图 5.27　【关闭】按钮的定义对话框

(2) 单击右下方的【加新进程】按钮，将弹出“编辑语句”对话框，在该对话框中单击第 2 行右端的【视图/对话框】按钮，如图 5.28 所示。

(3) 单击【视图/对话框】按钮后，SDDA 将列出该工程中所有可用的对话框或视图等窗体名称，供设计人员选择。在本工程中一共创建了 3 个对话框，因此 SDDA 将给出图 5.29 所示的选项。

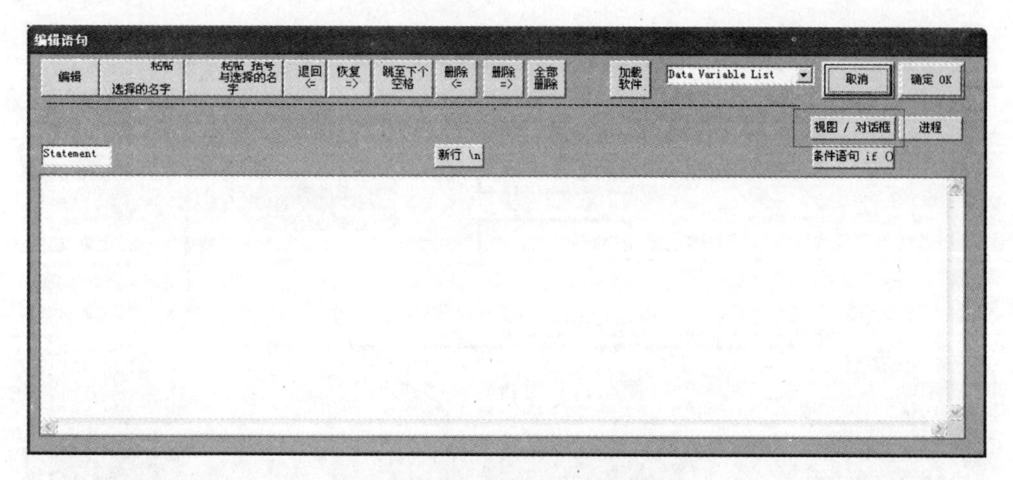

图 5.28　单击【视图/对话框】按钮

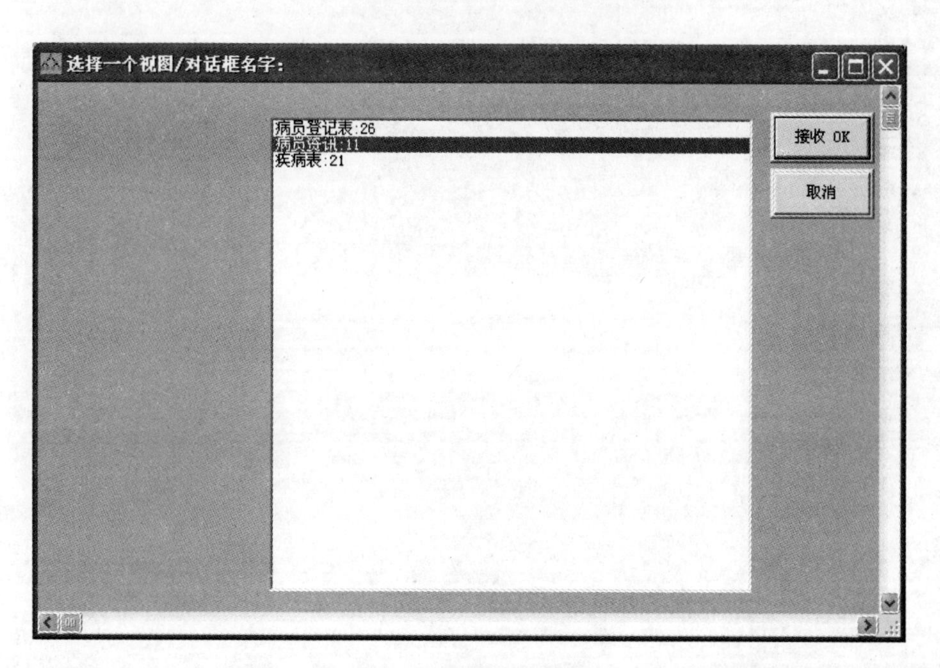

图 5.29　选择目标的对话框

（4）在图 5.29 中选择上面已提到的需要自动打开的窗体，如本例中选择“病员资讯：11”窗体，然后单击右侧的【接收 OK】按钮，SDDA 将给出有关该窗体的一些说明，以便于设计人员确认，如图 5.30 所示。

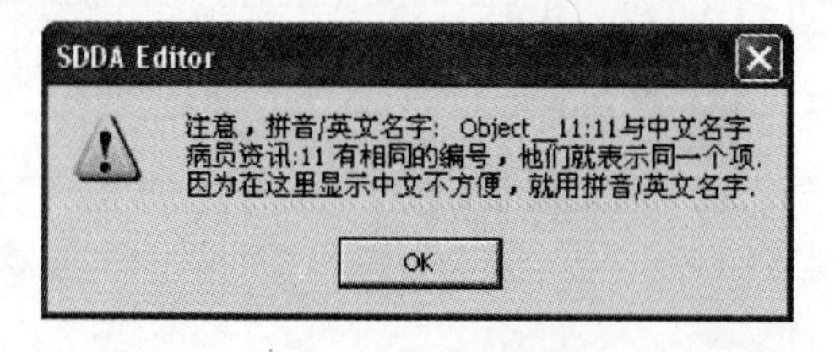

图 5.30　说明

（5）在设计人员确认后即将该窗体的编号显示在“编辑语句”对话框中，如图 5.31 所示。

注意：对于每一个物件的中文名，系统都安排有一个拼音/英文名，例如“病员资讯：27”的拼音/英文名为“Object_27：27”，它们是同一个物件。其区别在于在窗口中显示时使用中文名，在软件内部时使用拼音/英文名存放数据，例如图 5.31 中的"Object_11:11"的中文名为"病员资讯:11"。

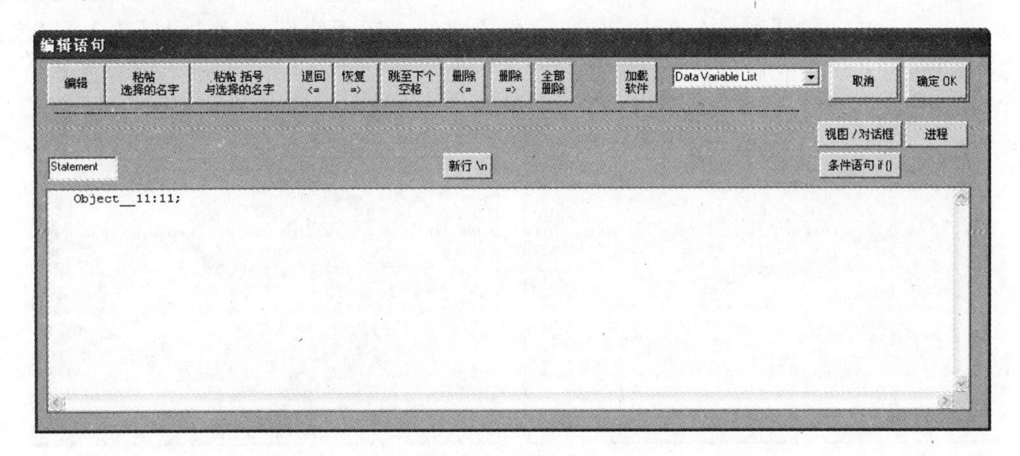

图 5.31　名称信息

（6）确认无误后单击图 5.31 中的【确定 OK】按钮关闭该对话框，回到【关闭】按钮的定义对话框，此时该对话框相比 5.27 来说有了变化，表现在框线内，如图 5.32 所示。

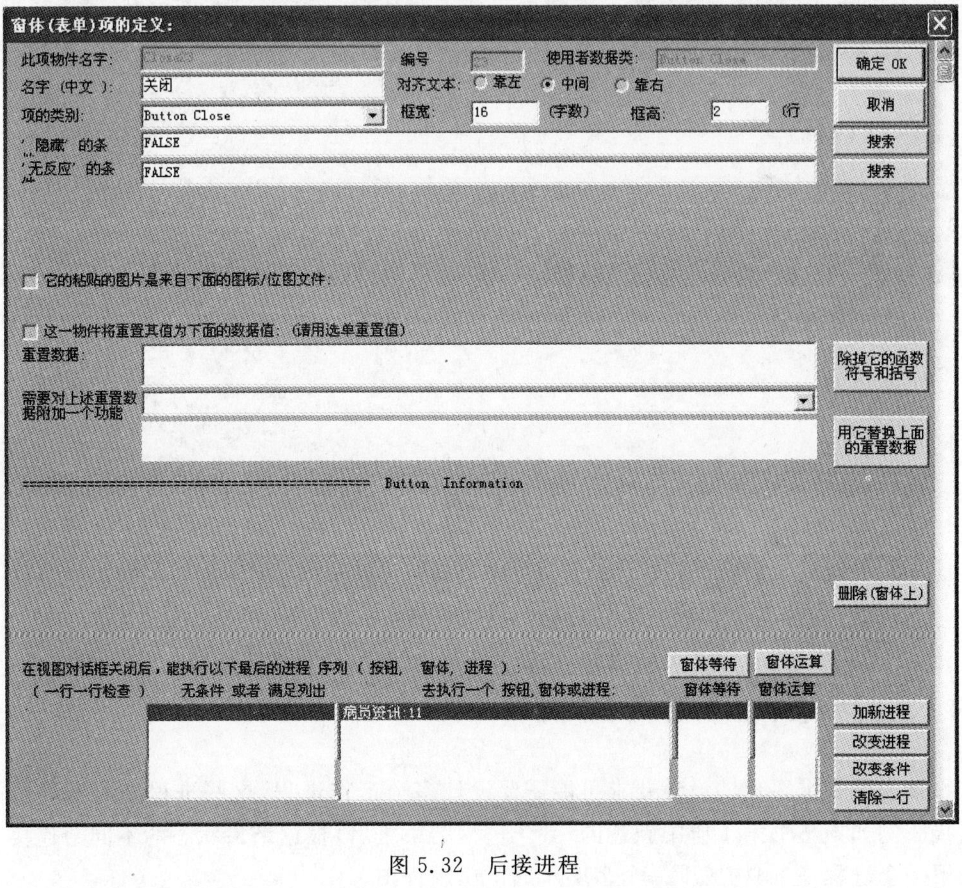

图 5.32　后接进程

至此,“疾病表”的一个后接进程的创建就完成了。如果设计人员想修改后接进程名,只需单击图 5.32 右侧的【改变进程】按钮即可,其修改操作与创建操作类似。

单击图 5.32 中的【确定 OK】按钮,自动构建软件并运行软件,然后选择【表单】|【疾病表】菜单项,打开疾病表窗体,存入“发烧”和“流行性感冒”两种疾病,每次单击【存创新值】按钮存入数据库,存入后的结果如图 5.33 所示。

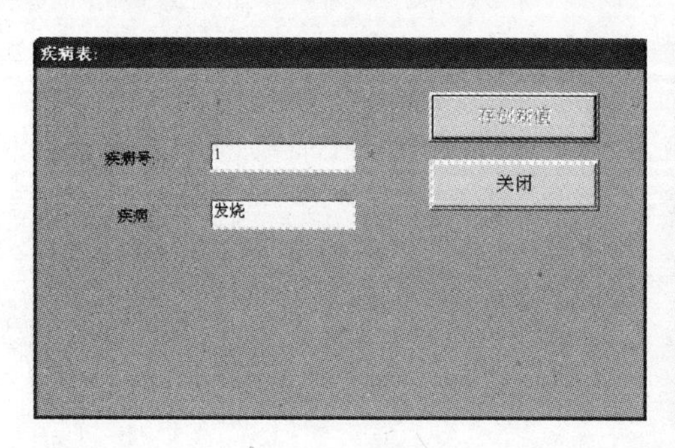

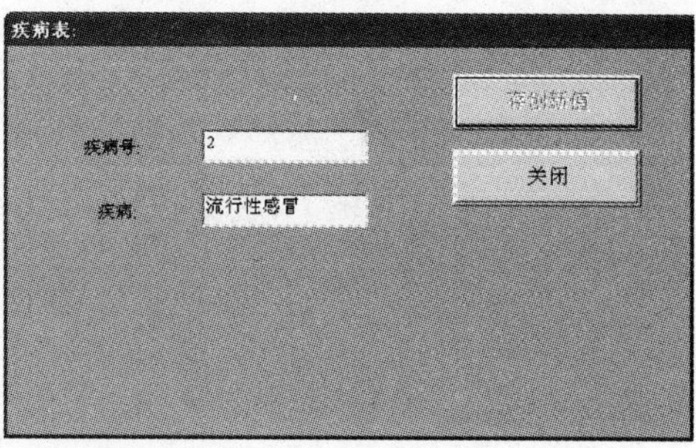

图 5.33　输入两种疾病

单击该窗体中的【关闭】按钮,软件将自动打开病员资讯窗体,如图 5.34 所示。

图 5.34　自动打开病员资讯窗体

同样,通过【加进】按钮在该窗体中输入病员的基本信息,对于该内容此处不再赘述。至此,一个后接进程的创建和修改已经完成。

5.4　后接进程的逻辑控制

设计人员根据客户的设计要求可能需要设计多个工作进程,这些进程之间不都是简单地连接。例如本丛书第 1 册中叙述的,一个进程结束之后,根据结果状态的不同会连接到不同的下一个进程,它们构成了一个多层次的工作进程图。

在可视化 D++语言的设计概念中,已经高度概括地把窗体操作也看成网络图中的一个进程(见第2章第1节的"图2.7 添加窗体作为进程")。软件产品中的一个窗体本身工作结束时都能安排逻辑条件控制,通过具有关闭窗体功能的按钮执行选定的其他后接进程。

在本章前面的例子中,进程的个数不多,再添加一个进程,更能体现逻辑控制不同的后接进程的功效。如果前面的例子结果丢失,用户也可以使用软件设计工具——可视化D++语言打开"Visual D++ Language/模型包/书/第5章 数据库数据读取以及按钮后接进程/第2节【结束】按钮能后接进程"中的"病员资讯服务_后接进程.mdb"继续进行设计,进入到主框架,如图5.35所示。

图5.35　项目主进程暂时无子进程节点

首先在进程目录中双击"项目主进程",打开它的进程图的定义,如图5.36所示。

图5.36　项目主进程的进程图是空图

若用户要在"项目主进程"的进程图里添加一个子进程,只需双击该进程图中部偏上的空白,然后在弹出的对话框中选择【新的 进程】单选按钮,并在其中部上端的编辑框里输入进程名“进程 1”即可，如图 5.37 所示。

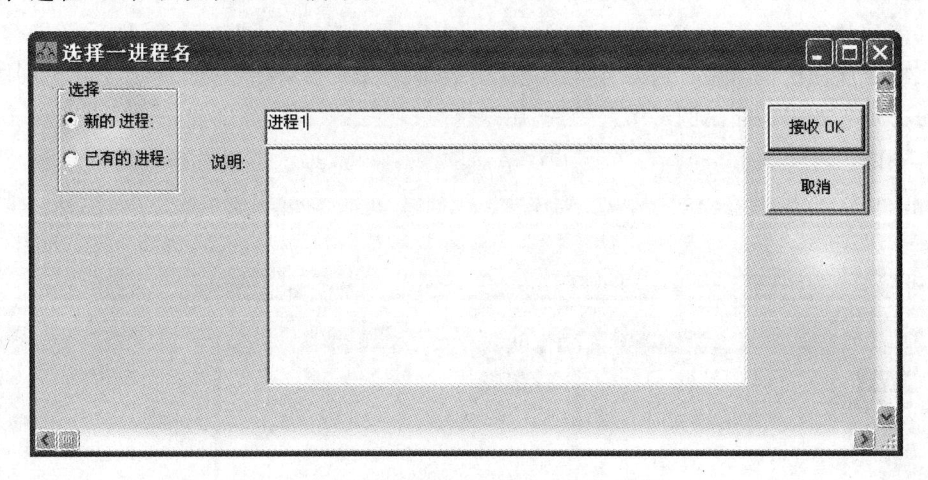

图 5.37　输入进程名“进程 1”

单击【接收 OK】按钮，关闭图 5.37，可以发现在图 5.36 中已经添加了一个子进程“进程 1:2”，如图 5.38 所示。

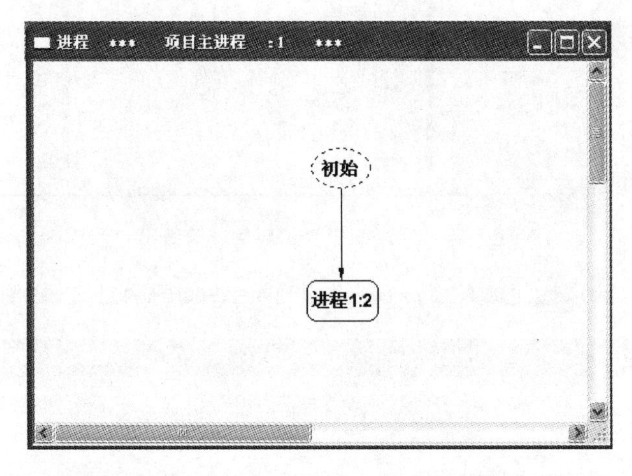

图 5.38　项目主进程添加了一个子进程“进程 1:2”

关闭图 5.38，可以发现在进程目录的“项目主进程”节点下已经添加了一个子进程“进程 1:2”节点，如图 5.39 所示。

图 5.39　“项目主进程”下新添加了子进程节点“进程 1:2”

事实上，在《绘制进程图——可视化 D++语言(第 1 册)》书中已经完成了一个能发送信息“你好!”的操作进程设计。此处设计同样的进程，将图 5.39 中的“进程 1:2”设计成能发送信息“你好!”的一个操作进程：右击打开“进程 1”的进程说明书，然后单击右侧的【说明书编辑】按钮打开相应编辑框，输入“发送 信息‘你好!’”字样，再单击【确定 OK】按钮回到说明书，如图 5.40 所示。

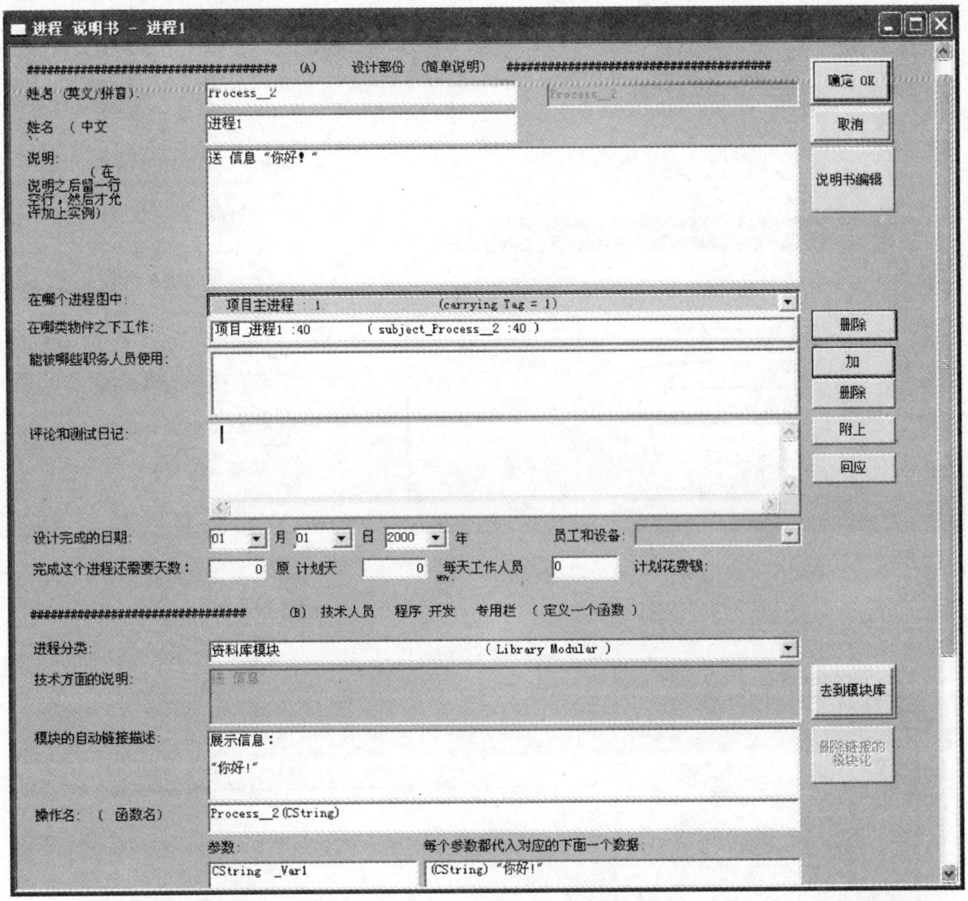

图 5.40　“进程 1”的说明书

注意：为了让系统能识别中文词组，请在“发送”与“信息”两个词语之间留一个空格，这样有利于可视化 D++语言正确地识别指令。

再回到物件目录，展开“用户界面图”，再次扩充“疾病表”的功能，此时物件目录如图 5.41 所示。

在图 5.41 所示的物件目录中双击进程节点“疾病表”，打开它的定义对话框，如图 5.42 所示。

选择 SDDA 主菜单中的【加元件】|【单选按钮(Radio Button)】菜单项，如图 5.43 所示。

此时鼠标指针将变成“十”字形，将鼠标指针移至图 5.42 中的【完成 OK】和【取消】按钮之下约 1/4 寸的空白处单击，弹出图 5.44 所示的对话框。

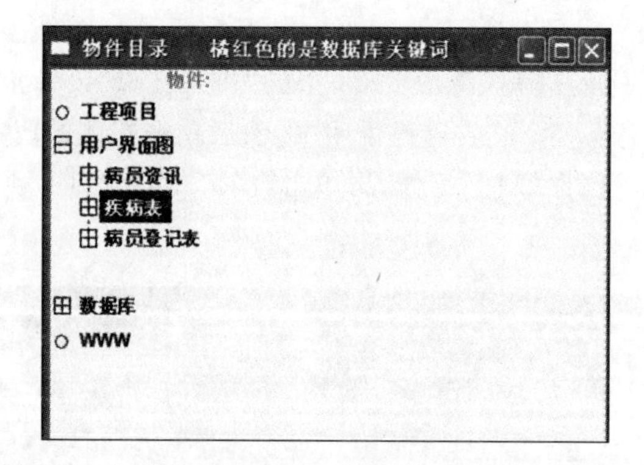

图 5.41 物件目录

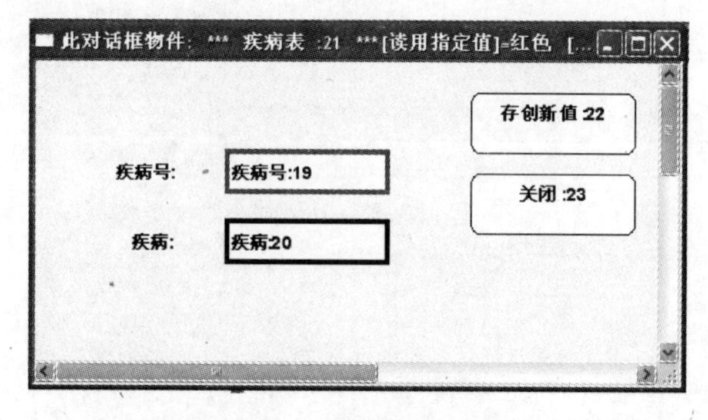

图 5.42 “疾病表”的定义对话框

图 5.43 选择菜单项

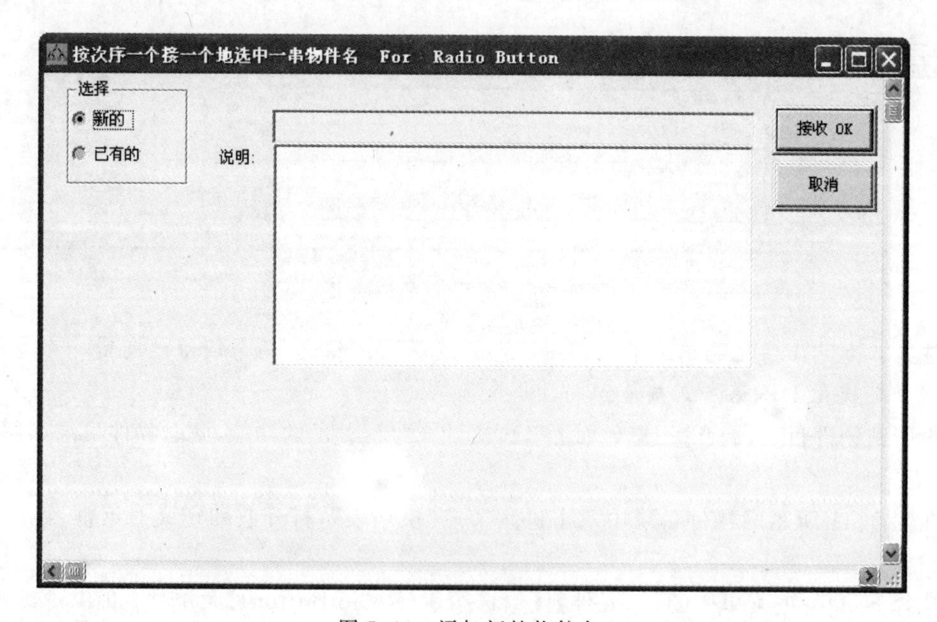

图 5.44 添加新的物件名

在图 5.44 中选择【新的】单选按钮，此时 SDDA 会弹出“列出新加进的物件名”对话框，如图 5.45 所示。

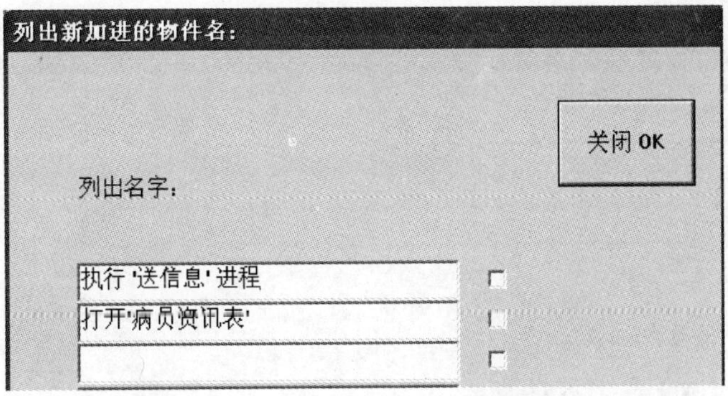

图 5.45　“列出新加进的物件名”对话框

注意：在第 1 行中输入“执行‘送信息’进程”，在第 2 行中输入“打开‘病员资讯表’”。用户在输入除了标签名以外的字符时可以使用中文的单、双引号，如果错误地在字符串中使用了英文双引号，SDDA 系统会自动将此类英文双引号改为单引号。

单击图 5.45 中的【关闭 OK】按钮，此时图 5.42 所示的对话框已更新为图 5.46 所示，它增加了【执行‘送信息’进程】和【打开‘病员资讯表’】两个单选按钮。

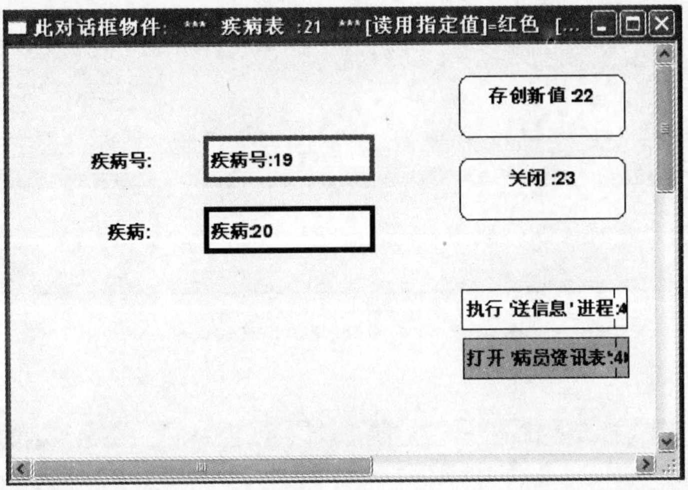

图 5.46　拥有单选按钮的“疾病表”的定义对话框

在选择【执行‘送信息’进程】单选按钮后，要让【关闭】按钮去执行后接进程“进程 1:2”，其具体方法为双击图 5.46 中的【关闭】按钮，打开它的定义对话框，如图 5.47 所示。

那么怎样在“去执行一个按钮，窗体或进程”下的列表框中通过【加新进程】按钮添加一个新进程呢？选择此列表框中的“病员资讯:11”项，单击图 5.47 所示对话框右下方的【加新进程】按钮，弹出【编辑语句】对话框，如图 5.48 所示。

在图 5.48 所示的对话框中单击【全部删除】按钮，清除其中的所有数据。然后单击右侧的【进程】按钮，弹出“选择一进程名”对话框，选择“项目主进程”，如图 5.49 所示。

注意：执行“项目主进程”就是运行它定义的进程图 5.38，此时它会从“开始”状态出发去执行每一个子进程。这些父进程往往先为子进程的变量准备好了数值，接着再去执行子进程。

窗体(表单)项的定义:

此项物件名字: Close23
编号
使用者数据类: Button Close
确定 OK
名字(中文): 关闭
对齐文本: 靠左 中间 靠右
取消
项的类别: Button Close
框宽: 16 (字数)
框高: 2 (行
'隐藏'的条
FALSE
搜索
'无反应'的条
FALSE
搜索

它的粘贴的图片是来自下面的图标/位图文件:

这一物件将重置其值为下面的数据值:(请用选单重置值)
重置数据:
除掉它的函数符号和括号
需要对上述重置数据附加一个功能
用它替换上面的重置数据

== Button Information

删除(窗体上)

在视图对话框关闭后,能执行以下最后的进程 序列(按钮, 窗体, 进程):
窗体等待
窗体运算
(一行一行检查) 无条件 或者 满足列出
去执行一个 按钮,窗体或进程:
窗体等待
窗体运算
病员资讯 11
加新进程
改变进程
改变条件
清除一行

图 5.47 【关闭】按钮的定义对话框

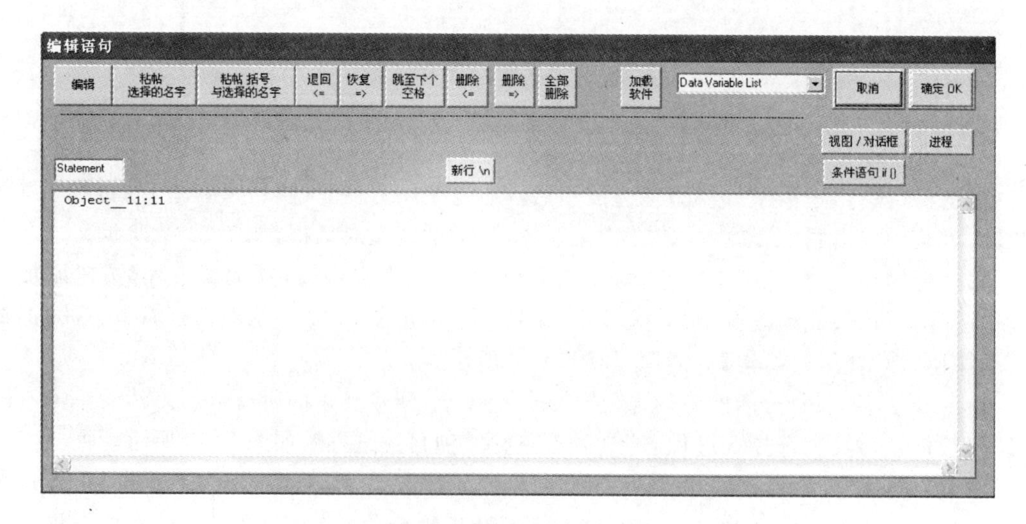

图 5.48 【编辑语句】对话框

图 5.49　选择已有的“项目主进程”

在图 5.49 中选择“项目主进程”，然后单击【接收 OK】按钮关闭图 5.49 所示的对话框，并回到“编辑语句”对话框，此时该对话框的编辑区中将显示语句“1::Process_1();”，如图 5.50 所示。

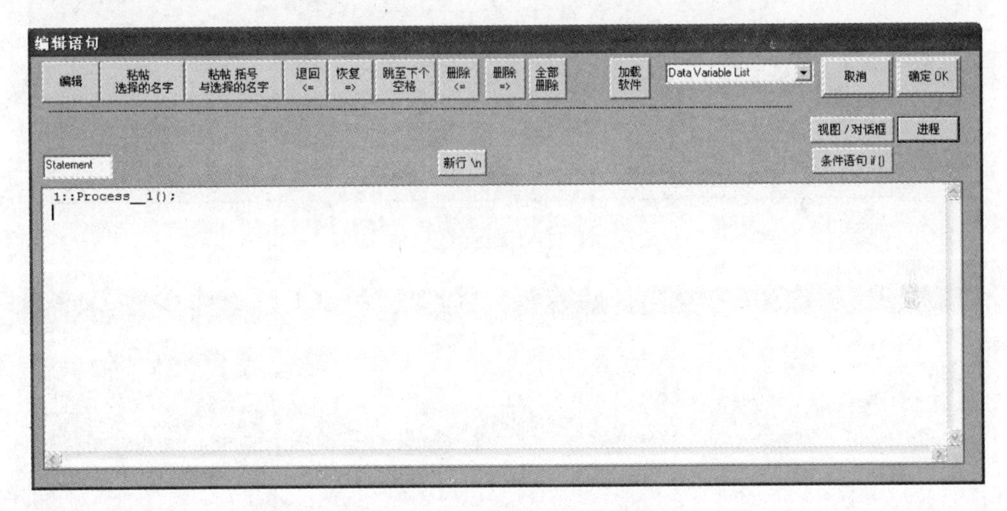

图 5.50　获得了一个进程名

此处的语句“1::Process_1();”为用户提供了很多信息。其中，为首的数字符号“1”表示用户选择的进程编号是“1”，它的“拼音/英文”名字为“Process_1”；变量括号“()”是内空的，表明此进程没有变量。

最后，单击图 5.50 所示对话框中的【确定 OK】按钮回到窗体定义对话框，如图 5.51 所示。

现在要在后接进程“项目主进程:1”(即 Process_1)之前加上条件。首先选中第 1 行“1::Process_1()”，然后单击右侧的【改变条件】按钮，弹出【编辑语句】对话框，如图 5.52 所示。

在图 5.52 中显示了一行字符“<<BOOL>>”(一排黑体符号)。按可视化 D++的语法，在双尖括号之间的是一个要被代替的变量，等待用户用真正的数据值来代替它。而真正

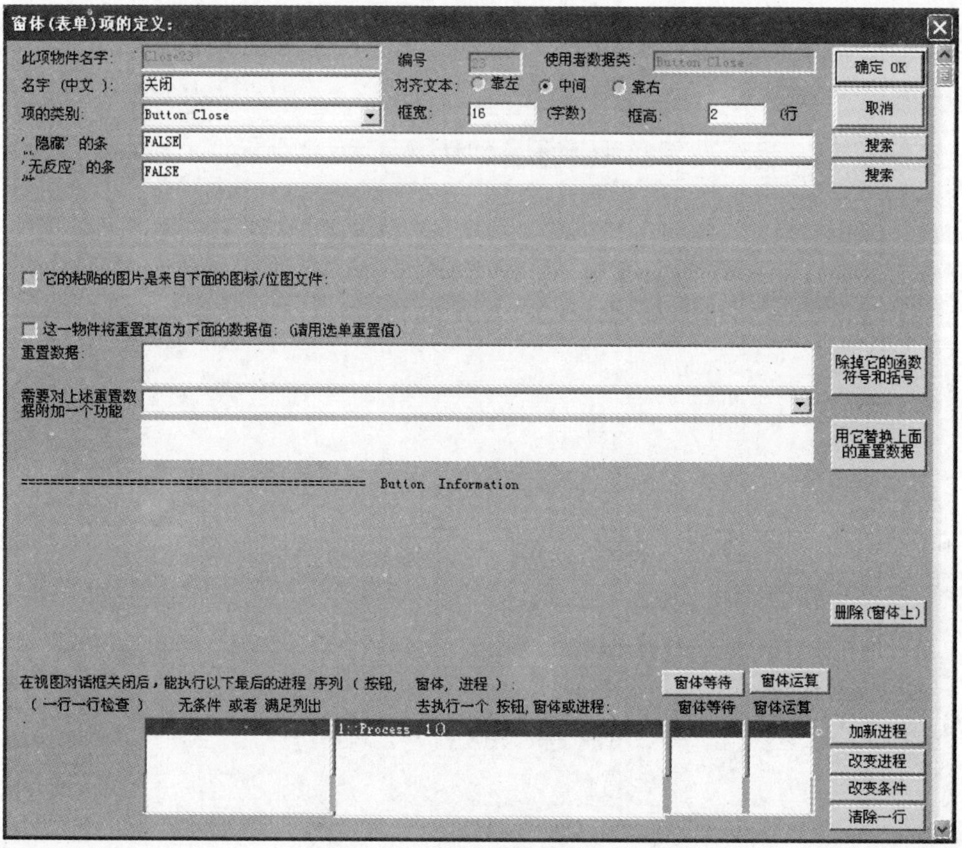

窗体(表单)项的定义:
此项物件名字: Close23　编号 23　使用者数据类: Button Close　确定 OK
名字 (中文): 关闭　对齐文本: 靠左 中间 靠右　取消
项的类别: Button Close　框宽: 16 (字数)　框高: 2 (行
'隐藏'的条件 FALSE　搜索
'无反应'的条件 FALSE　搜索
它的粘贴的图片是来自下面的图标/位图文件:
这一物件将重置其值为下面的数据值: (请用选单重置值)
重置数据:　除掉它的函数符号和括号
需要对上述重置数据附加一个功能　用它替换上面的重置数据
== Button Information
删除(窗体上)
在视图对话框关闭后,能执行以下最后的进程 序列 (按钮, 窗体, 进程):　窗体等待　窗体运算
(一行一行检查) 无条件 或者 满足列出　去执行一个 按钮,窗体或进程:　窗体等待　窗体运算
1::Process_1()　加新进程　改变进程　改变条件　清除一行

图 5.51 【关闭】按钮的定义对话框

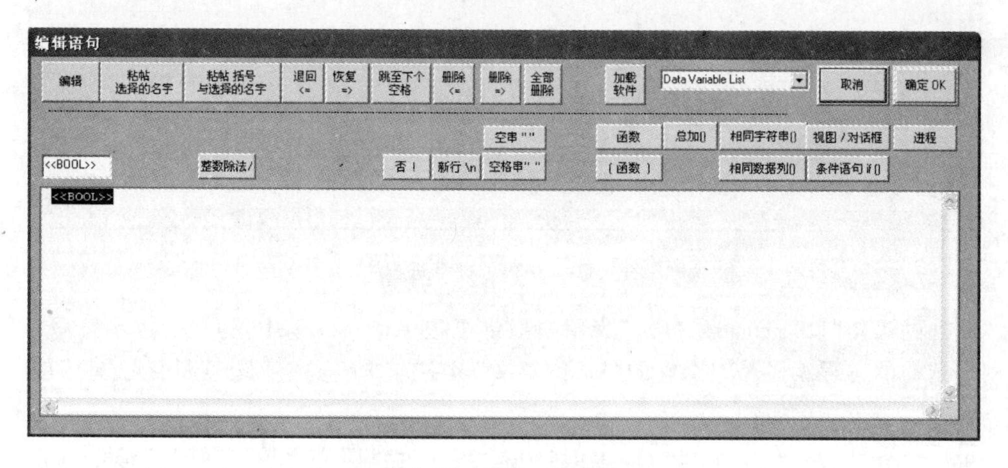

图 5.52 选定一个条件

可用的组建条件的数据值都列在图 5.52 中顶端的“Data Variable List”组合框中,用户可以直接单击其下拉按钮,如图 5.53 所示。

在图 5.53 中,“执行‘送信息’进程:41”一行是单选按钮,它在说明书中的拼音/英文名字是“Object_41:41”。此处选择“执行‘送信息’进程:41”一行后回到“编辑语句”对话框中,如图 5.54 所示。

注意：双击图 5.54 中的信息“Object_41:41”，会打开显示中文信息“执行‘送信息’进程:41”的窗体。

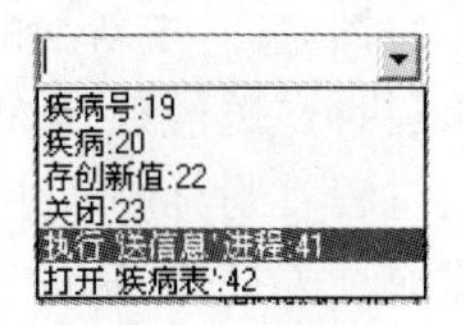

图 5.53　取条件

单击图 5.54 中的【确定 OK】按钮返回到定义对话框，可以看到定义对话框底部的“无条件 或者 满足列出的条件”列表框中已经添加了一行中文表示的条件“执行‘送信息’进程:41”，如图 5.55 所示。

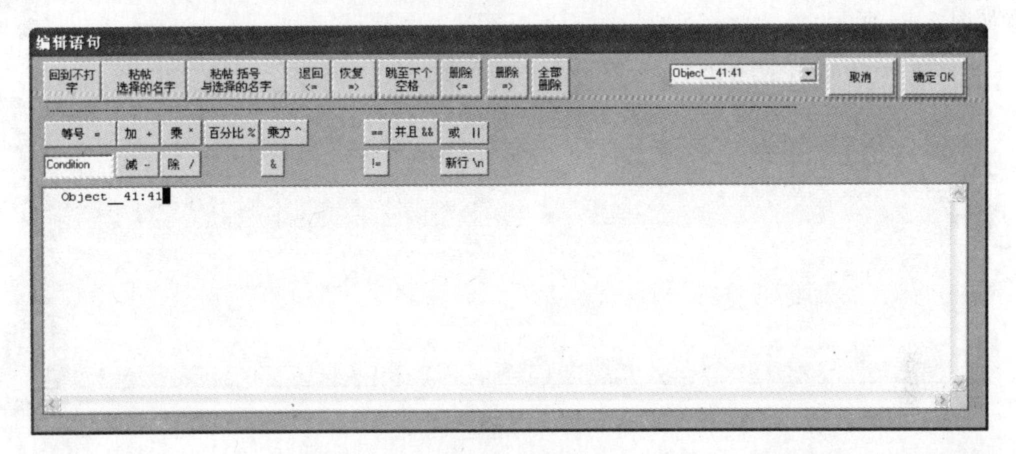

图 5.54　新条件

窗体(表单)项的定义:
此项物件名字: Close23
编号: 23
使用者数据类: Button Close
名字（中文）: 关闭
对齐文本: 靠左 中间 靠右
项的类别: Button Close
框宽: 16 (字数)
框高: 2 (行
'隐藏'的条: FALSE
'无反应'的条: FALSE
确定 OK
取消
搜索
搜索
它的粘贴的图片是来自下面的图标/位图文件:
这一物件将重置其值为下面的数据值:（请用选单重置值）
重置数据:
需要对上述重置数据附加一个功能
除掉它的函数符号和括号
用它替换上面的重置数据
== Button Information
删除(窗体上)
在视图对话框关闭后，能执行以下最后的进程 序列（按钮，窗体，进程）:
（一行一行检查） 无条件 或者 满足列出 去执行一个 按钮,窗体或进程:
窗体等待
窗体运算
执行'送信息'进程:41
1::Process_10
加新进程
改变进程
改变条件
清除一行

图 5.55　【关闭】按钮的定义对话框

图 5.55 中新加的一行表示在新产生的软件运行时，当单击【完成】按钮结束工作时，如果【执行'送信息'进程：41】单选按钮被选中的条件成立，则系统将运行它的后接进程"项目主进程_1"。例如，如果【打开"病员资讯表"】单选按钮已被选中，当单击【关闭】按钮结束操作时会去打开"病员资讯表"，其具体步骤如下：

(1) 在图 5.55 所示的定义对话框中单击【加新进程】按钮，此时将弹出【编辑语句】对话框，如图 5.56 所示。

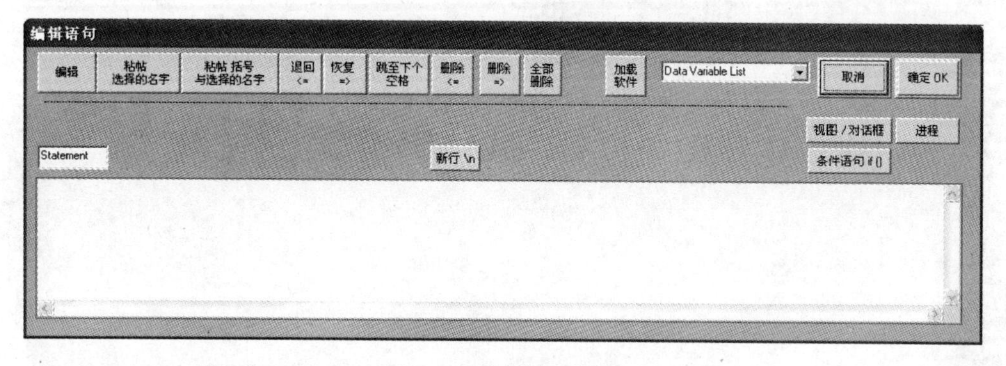

图 5.56　取新加进程名

(2) 在图 5.56 的右侧单击第 2 行的【视图/对话框】按钮，弹出"选择一个视图/对话框名字"对话框，如图 5.57 所示。

图 5.57　"选择一个视图/对话框名字"对话框

(3) 选中"病员资讯：11"一行，单击【接收 OK】按钮回到"编辑语句"对话框，此时对话框中已经列出数据"Object_11：11"，如图 5.58 所示。

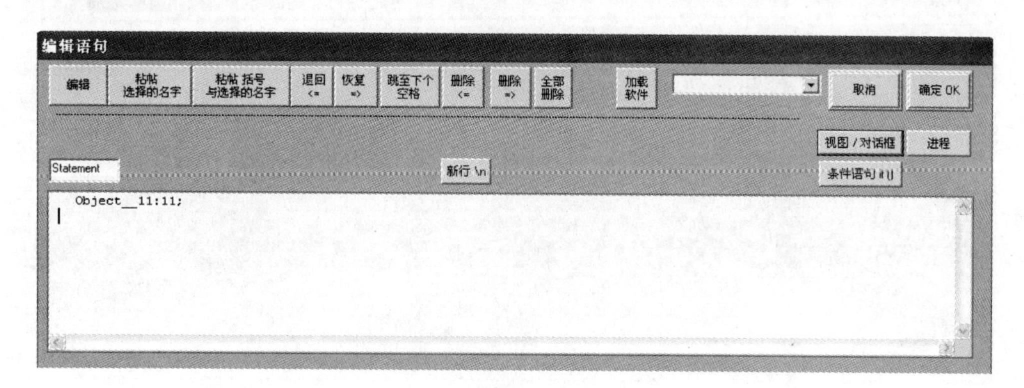

图 5.58　"编辑语句"对话框

(4) 单击【确定 OK】按钮回到定义对话框，接受一条新的后接进程名之后，定义对话框如图 5.59 所示。

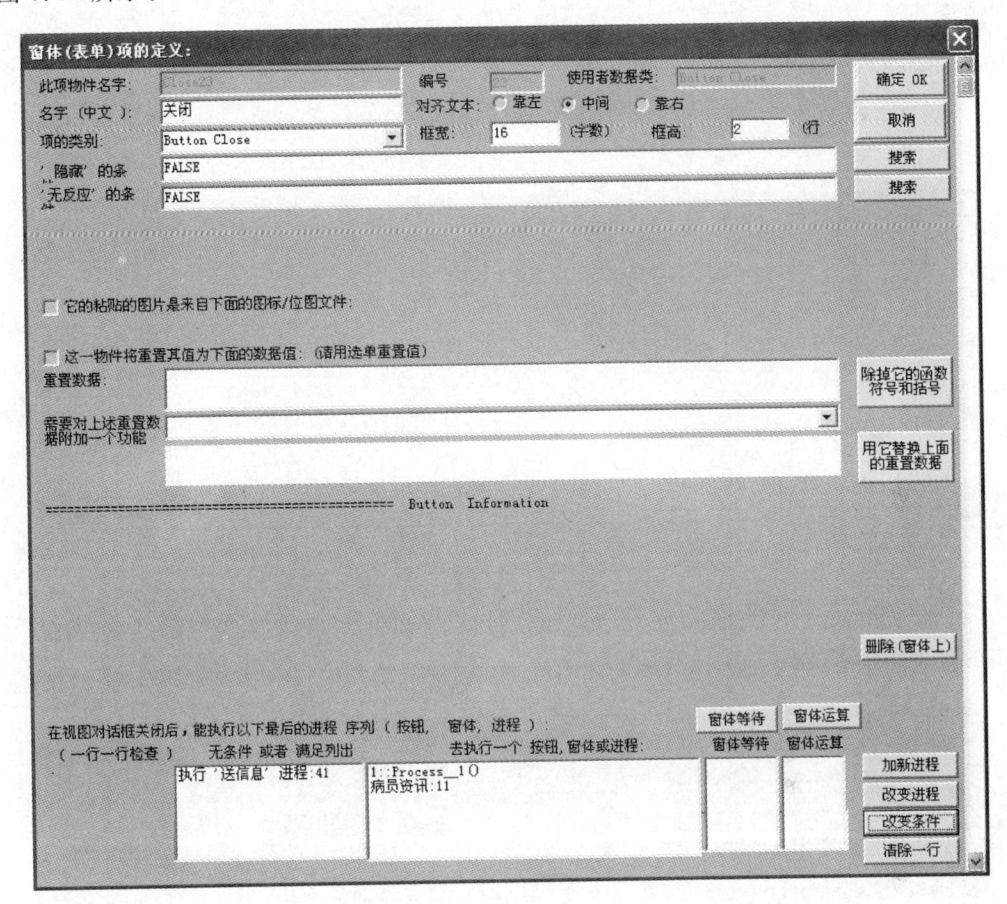

图 5.59　加了一个后接进程“病员资讯:11”的【关闭】按钮的定义对话框

(5) 如果要在后接进程“病员资讯:11”之前加上条件，可以选择第 2 行“病员资讯:11”，然后单击右侧的【改变条件】按钮，此时弹出【编辑语句】对话框，如图 5.60 所示。

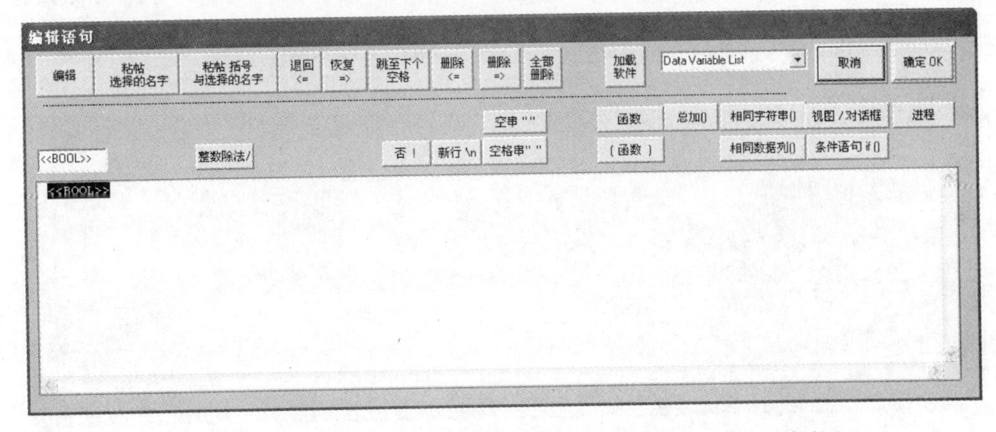

图 5.60　为了能够执行一个后接进程“病员资讯:11”取一个条件

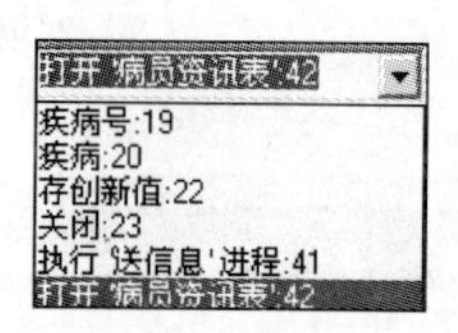

图 5.61 取条件

(6) 在图 5.60 中双尖括号之间的是一个要被代替的变量，单击“Data Variable List”组合框的下拉按钮，选择“打开‘疾病资讯表’:42”选项，如图 5.61 所示。

(7) 在图 5.61 中选择“打开‘疾病资讯表’:42”选项后，系统会返回“编辑语句”对话框，并且在收到条件数据之后修改语句，如图 5.62 所示。

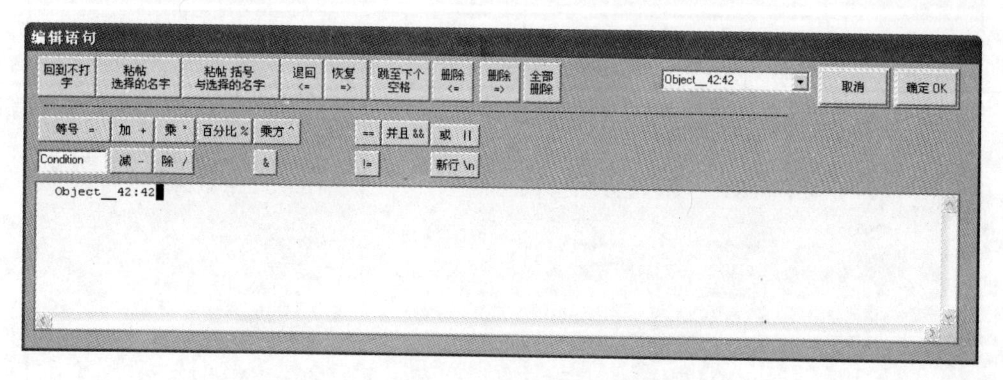

图 5.62 新取的条件

(8) 单击【确定 OK】按钮关闭对话框，返回到定义对话框，在接受条件数据之后，【关闭】按钮的定义对话框如图 5.63 所示。

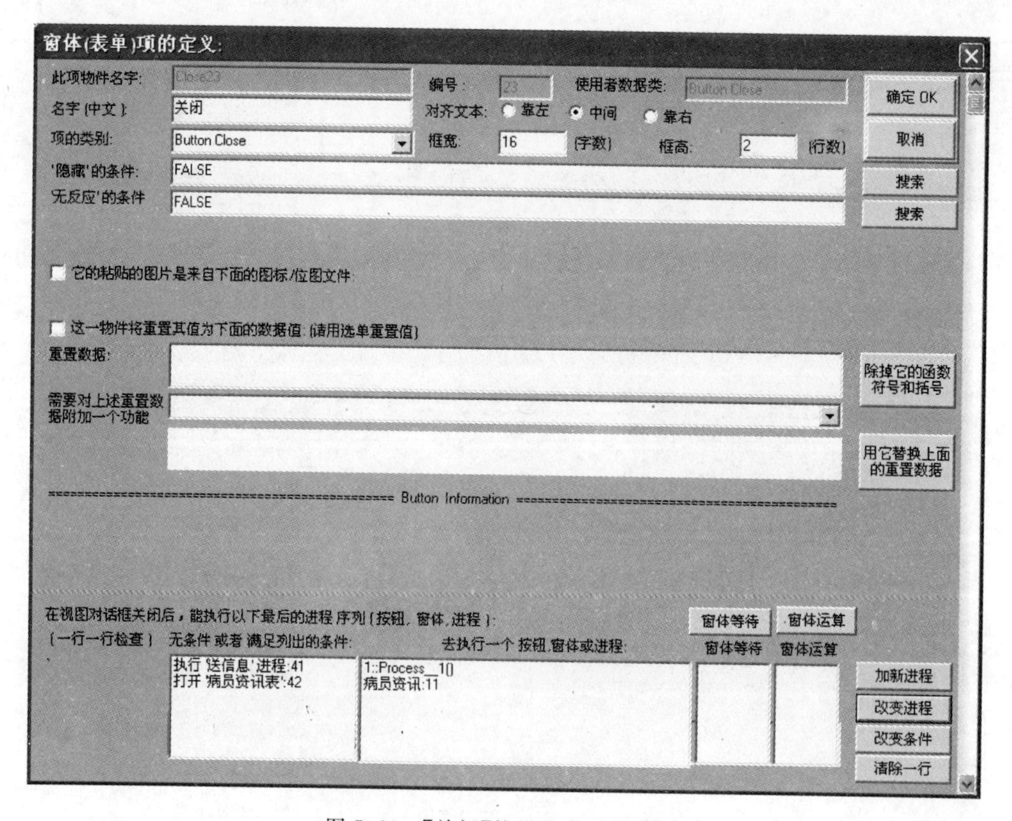

图 5.63 【关闭】按钮的定义对话框

(9) 从图 5.63 中可以看出，单击“疾病表”的【关闭】按钮时，若已满足条件“打开‘病员资讯表’”(即选中了“打开‘病员资讯表’”单选按钮)，软件将打开“病员资讯:11”窗体。

一般来说，一个工程项目很大，其中的物件名、进程名很多，而且有些名字相近或相同。如果每一个物件和进程都有编号，那么既有利于识别又有利于寻找。在可视化 D++语言的 SDDA 设计环境中，“:41”、“:42”、“:11”分别表示编号为“41”、“42”、“11”的物件项，“1::”表示编号为“1”的进程，这样的设置使用户能够更快地掌握可视化 D++语言。

(10) 读者可以选择【窗口】|【关闭所有窗口】菜单项，即确认当前设计结果，并把设计数据保存到数据表中，如图 5.64 所示。

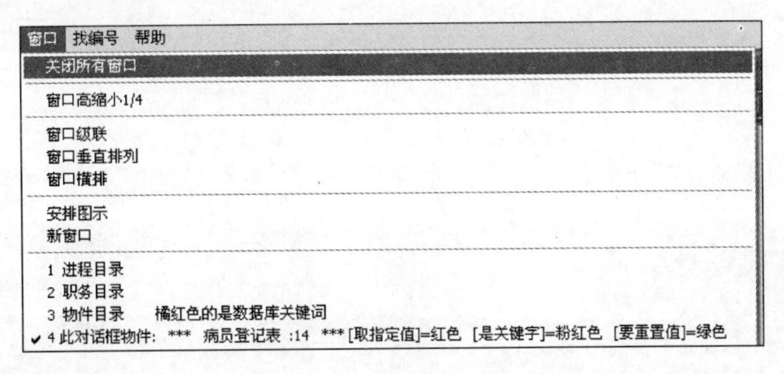

图 5.64　关闭所有窗口

(11) 此处再次强调一下，在设计的各个阶段用户都应该尽量保存设计结果，以防止意外。这里对设计结果选择【文件 File】|【保存作为】菜单项保存，如图 5.65 所示。

如果用户不希望覆盖原有的设计文件(业务模型)，可另外选择文件名保存，例如“C:\Visual D++ Language\模型包\书\第 5 章 数据库数据读取以及按钮后接进程\第 3 节 后接进程的逻辑控制”中的“后接进程的逻辑控制.mdb”，如图 5.66 所示。

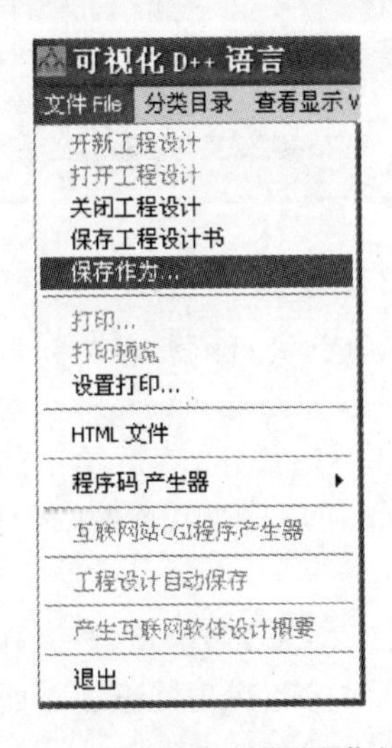

图 5.65　选择【保存作为】菜单项

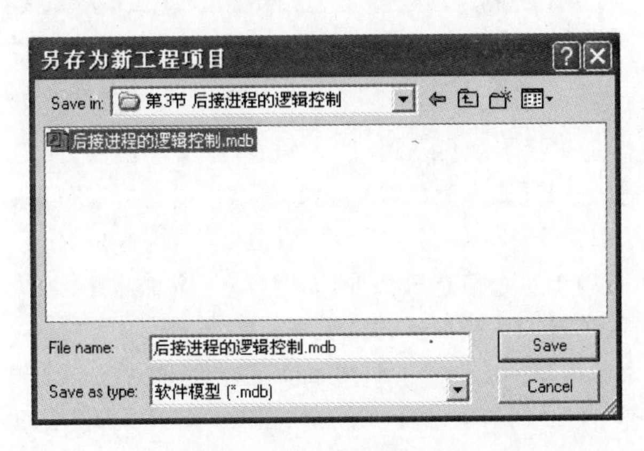

图 5.66　保存设计文件

(12) 保存完成后，用户可以测试该工程。选择主菜单中的【文件 File】|【软件与程序码产生器】|【视窗 软体】菜单项生成可执行文件，设置合适的软件产品名称，例如“Process

Logic Control”,如图 5.67 所示。

(13) 在生成软件后启动新软件时,根据“项目主进程”的进程图,此软件会执行“项目主进程”,并进入它的进程图的“起始”状态,接着会执行它的下一进程“进程 1:2”,此时会自动弹出一个信息对话框,如图 5.68 所示。

图 5.67 自动构建的软件产品名

图 5.68 显示信息“你好!”

(14) 用户必须先关闭此信息对话框才能进入软件主界面,如图 5.69 所示。

图 5.69 软件主框架

(15) 接下来可以通过“疾病表”对话框输入“发烧”和“流行性感冒”两行记录,此处不再赘述。选择【表单】|【疾病表】菜单项可以打开“疾病表”对话框,如图 5.70 所示。

(16) 选择图 5.70 所示对话框中的“执行‘送信息’进程”单选按钮,然后单击【关闭】按钮,将弹出一个信息对话框,如图 5.71 所示。这符合【完成】按钮后接进程在“执行‘送信息’进程”单选按钮条件下的结果。

(17) 关闭图 5.71 回到软件主框架,然后选择【表单】|【疾病表】菜单项,打开疾病表并选择“打开‘病员资讯表’”单选按钮,再单击【关闭】按钮,此时将打开“病员资讯表”,如图 5.72 所示。

至此,用户已经了解了单选按钮在【关闭】按钮选择不同后接进程时的逻辑条件控制作用。

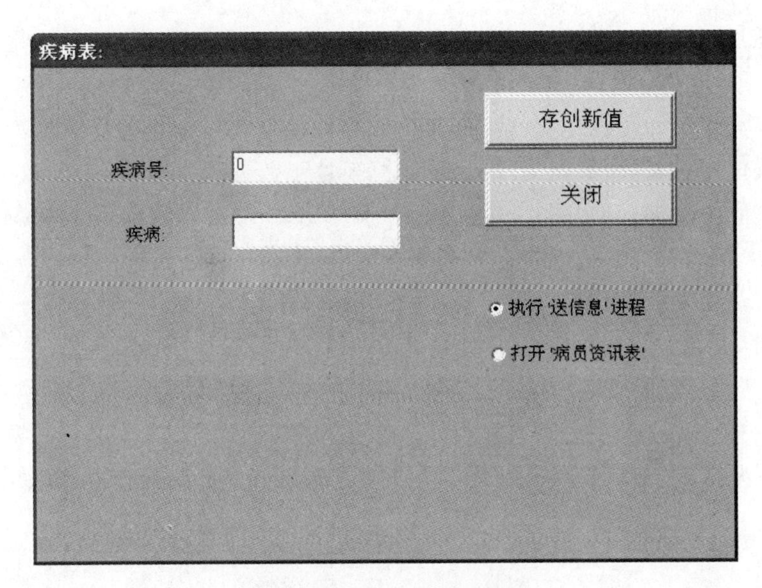

图 5.70　“疾病表”对话框

图 5.71　送信息“你好!”

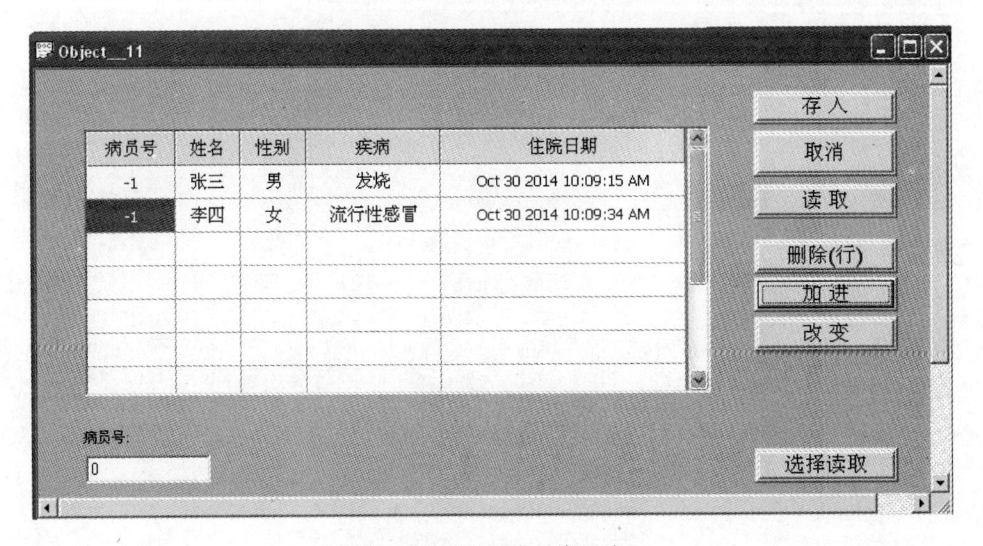

图 5.72　打开“病员资讯表”

5.5 小结

本章主要介绍了在可视化 D++中如何读取数据的操作。根据数据类型的不同，将读取操作分为预置值的设置（预置值为常数、预置值来自于数据表字段值）以及数据表记录的读取。读取数据表记录则详细介绍了指定数据行的读取和带条件的选择读取操作的实现。此外，本章还对后接进程的创建和修改做了具体介绍，读者可以据此创建表达力更强的软件设计文件。

第6章

控件的数据格式

参加软件设计组会议的核心设计人员是熟悉业务的人员，他们并不需要熟悉或关心数据类型的细节。所以，在作为软件设计工具的可视化 D++语言中，软件设计人员使用的数据类型都是常识性的"用户数据类型"，例如"姓名"、"地址"等。用户数据类型是参加设计的业务人员都容易理解的词汇，其中有很多就是物件（对象）的名称本身。在可视化 D++语言的集成设计开发环境——SDDA 中，设计人员每添加一个物件，系统就会自动被赋予一个数据类型，本章将具体介绍可视化 D++语言的数据类型和控件数据格式。

6.1 数据类型

数据类型是一个值的集合以及定义在这个值集上的一组操作。与所有程序设计语言一样，可视化 D++也有自己的数据类型，而且这些数据类型是更贴近业务逻辑的用户数据类型。

6.1.1 数据类型与大类

可视化 D++语言提供了大量的用户数据类型，如前面章节中使用到的"姓名"、"性别"、"住院日期"等数据表的常用字段，在可视化 D++语言中它们都作为数据类型存在，用户可以直接调用而无须另行定义，这大大地方便了用户的软件设计。

这里以具体的数据表和对话框为例进行介绍。用户首先双击桌面上的"可视化 D++语言"图标（"Visual D++"）或文件目录栏的"C:\Visual D++ Language\"中的"Visual D++ Language.exe"软件，打开可视化 D++软件设计语言的集成设计开发环境——SDDA，软件系统将提示用户选择打开的工程，在其中打开"C:\Visual D++ Language\模型包\书\第 6 章 数据类型与格式\第 1 节 查看数据类型"中的"病员资讯服务_编辑框. mdb"。该文件已有用户新建的一个数据库表（简称数据表）"病员"和一个对话框"病员资讯"，如图 6.1 所示。

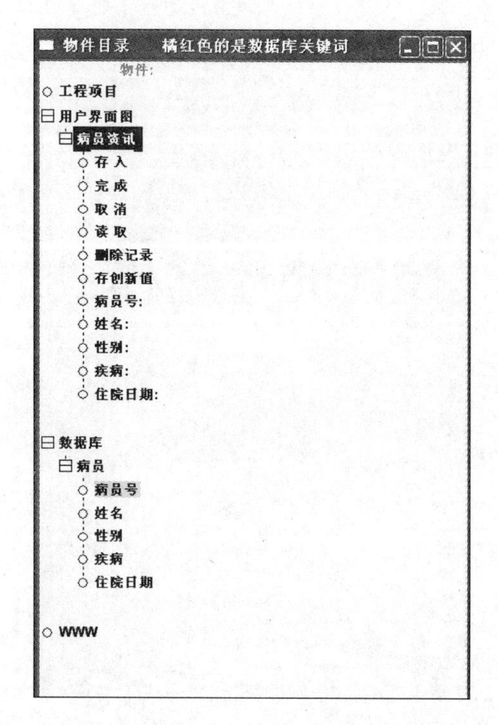

图 6.1 数据表"病员"和对话框"病员资讯"的物件目录

注意：在用户新建一个数据字段"病员号"时，用户只需输入字段名"病员号"，而无须指定该字段的数据类型，这是因为可视化 D++语言的集成设计开发环境——SDDA 会自动为数据项"病员号"指定一个数据类型"自动计数关键词"(Database Auto Key Long)。

用户可以双击数据表中的数据项"病员号"打开图 6.2 所示的说明书，查看"病员号"字段数据项已建立的数据类型"Database Auto Key Long"(关键词自动整数，又称自动计数关键词)。

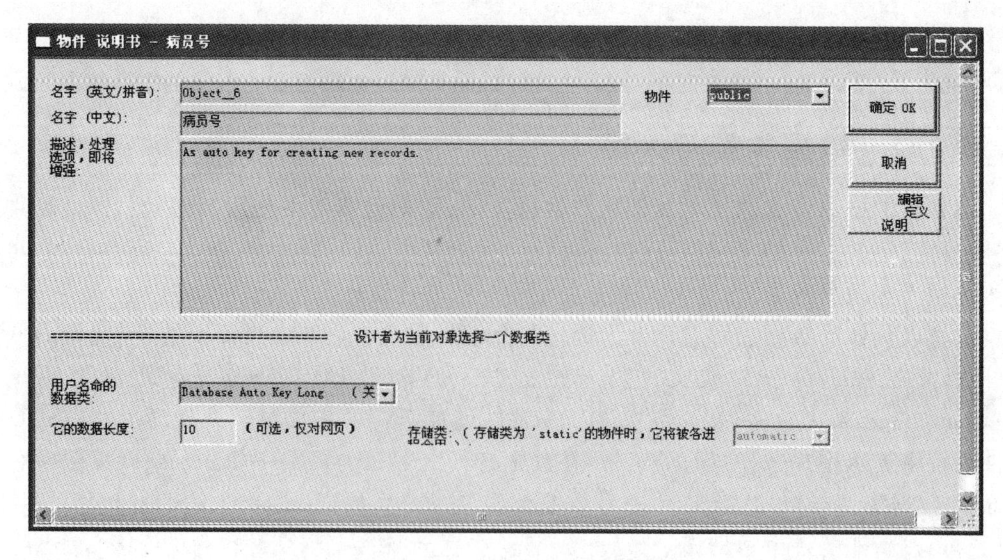

图 6.2 自动指定的数据类型

如果用户需要手动修改数据类型，可以在图 6.2 所示的对话框中单击“Database Auto Key Long”的下拉按钮，显示所有可视化 D++语言支持的中文/英文数据类型，如图 6.3 所示。

图 6.3　修改数据类型

从图 6.3 中读者可以看出，SDDA 提供了大量的数据类型供用户选择。正如第 5 章中提到的，除了数据库的关键词以外，SDDA 系统自动把这些使用者使用的基本用户数据类型根据字面意义大致分为六大类，即整数、小数点数、字符串、单字符、逻辑值和时间。同一大类中的各种数据类型可以交换使用，例如“短文”、“姓名”、“地址”、“电子邮件”、“传真号码”、“电话号码”等，从字面意义上看它们都属于“字符串”大类，允许相互传送值。又如“共计”、“价格”、“税”、“收费”、“花费”、“美元”、“费用”、“数值”、“付款”等数据类型，从字面意义上看它们都属于“小数点数”大类，允许相互传送值。而按钮控件的数据类型单一地属于“逻辑值”大类，它们的数据类型的名称仍然沿用按钮控件的类别名称。另外，“日期”、“时间”、“何时”等数据类型都属于“时间”大类。

6.1.2　控件的数据类型

读者可以双击物件目录中的数据项“病员资讯”，打开它的定义对话框，如图 6.4 所示。其中，右侧的 6 个按钮是由系统自动添加的，这可省去设计人员的输入时间。

在窗体设计过程中，用户经常使用到编辑框、列表框、单选按钮、目录树及各种按钮等控件，它们属于不同类别的控件(双击打开它们的定义对话框就可以知道它们的类别名称)。为便于记忆，用户可将编辑框、列表框、组合框、单选按钮等控件所代表数据项的数据类型作为此控件的数据类型(右击打开它们的说明书对话框后就可以知道它们的数据类型名称)。这些控件都要有足够的横向长度，这样才能把存放的数据完整地显示出来，以便于用户识别。按钮(Button)控件的表面往往显示按钮本身的名字，如“按钮加”、“按钮删除”等。

在图 6.4 中，读者可以选择任意一个编辑框(EditBox)，然后右击该控件，并在弹出的快捷菜单中选择【定义说明】菜单项，打开该控件的说明书对话框，在该对话框中能显示控件已接收和显示的数据的类型，图 6.5 所示为“姓名:7”编辑框(EditBox)的说明书对话框。

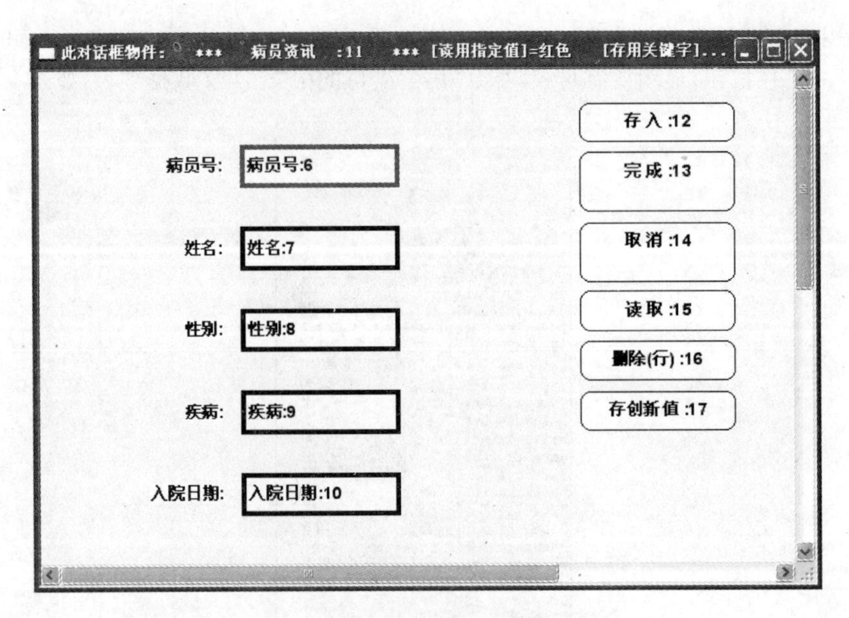

图 6.4 "病员资讯"的定义对话框

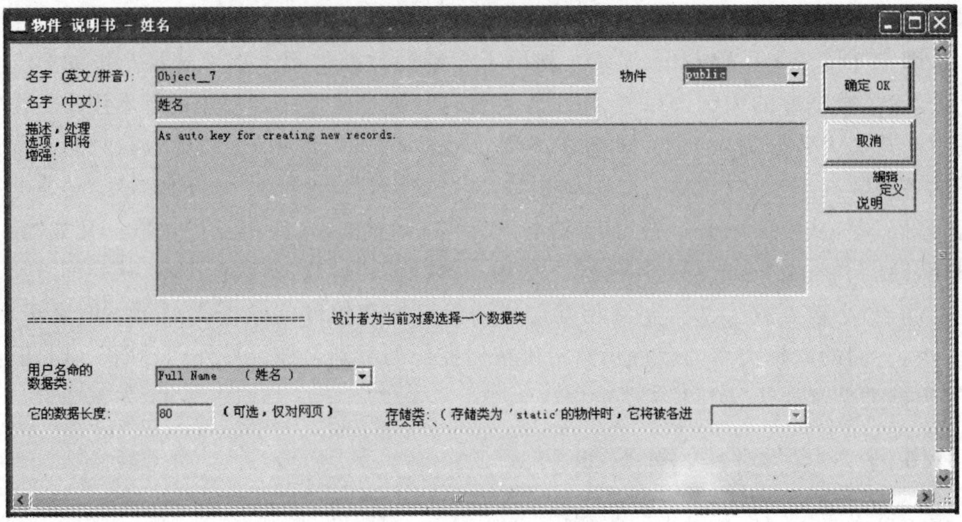

图 6.5 "姓名:7"编辑框(EditBox)的数据类型

在图 6.5 所示的说明书对话框中，读者可以看到该控件已接收和显示的数据类型为"Full Name(姓名)"。该数据类型表示"姓名:7"编辑框(EditBox)在生成软件后允许用户输入姓名数据。

同样，在用户单击图 6.4 中的【存入:12】按钮后可以查看该控件的数据类型，右击打开说明书对话框，如图 6.6 所示。读者可以看到该按钮控件的数据类型是"Button Save(保存键)"，在下拉列表框中能够看到所有可选的按钮数据类型。

按钮(Button)控件的数据类型就是按钮(Button)控件的"类别"，它表示了该控件能够执行的操作。如果用户在设计窗体时需要修改某个指定按钮(Button)控件的功能，只需修改其"类别"，它的数据类型会随之更改。

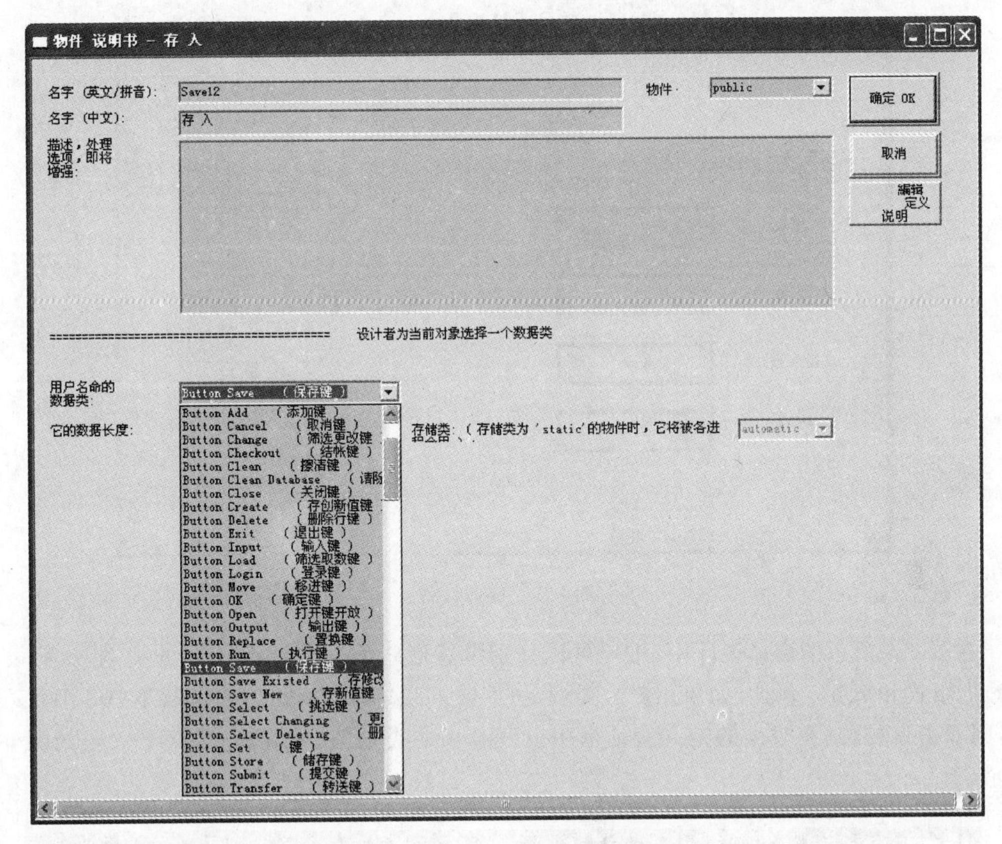

图 6.6　【存入:12】按钮的数据类型

6.2　控件的数字格式

通过 6.1 节的介绍读者了解到可视化 D++语言中支持大量的数据类型和控件类别。用户在使用数据项时需要注意采用不同的控件，同一个数据能显示不同的格式和精度，这将在本节重点介绍。

6.2.1　数字格式与精度

一个数据如何针对不同的应用在控件里有不同的显示格式和不同的显示精度呢？例如，银行中的存款数据需要显示两位小数，但不能为了显示该精度改动客户的存款数据。可视化 D++语言提供了控件的不同类别，它的功能之一是用控件各自规定数据格式，显示已经接受的数据值（例如来自数据库的数据值）；它的另一功能是用控件各自规定的数据格式输入数据值。因此，可视化 D++语言中的同一个数据在不同类别的控件里（例如各类编辑框里）会显示不同的格式数据值。

为了更好地演示数字格式和精度对应的不同数据类型，用户可以打开“C:\Visual D++ Language\模型包\书\第 6 章 数据类型与格式\第 2 节 用项的类型来控制数字的显示格式”中的“数字格式.mdb”文件，如图 6.7 所示。它包含 5 个类别的编辑框，其中 4 个用于不同数字格式和数据精度的数值型数据的输入，并将其显示出来。

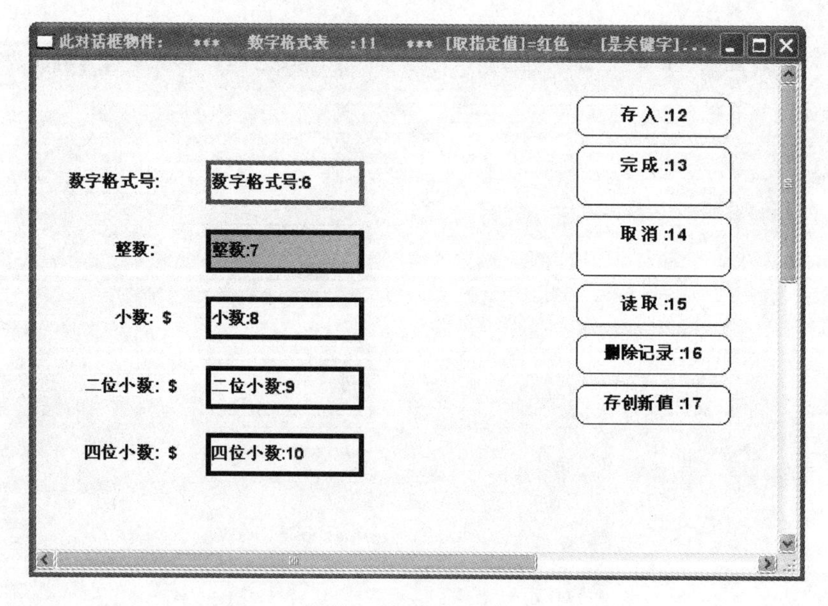

图 6.7 窗体设计

在图 6.7 所示的窗体设计中,用户可以分别设置这些编辑框(EditBox)的类别,从而设定其数据格式和精度。例如,如果用户需要设定“整数:7”编辑框为通常的“编辑框(EditBox)”类别,则双击该控件,在弹出的定义对话框中设置其项的类别为“编辑框(EditBox)”,如图 6.8 所示。

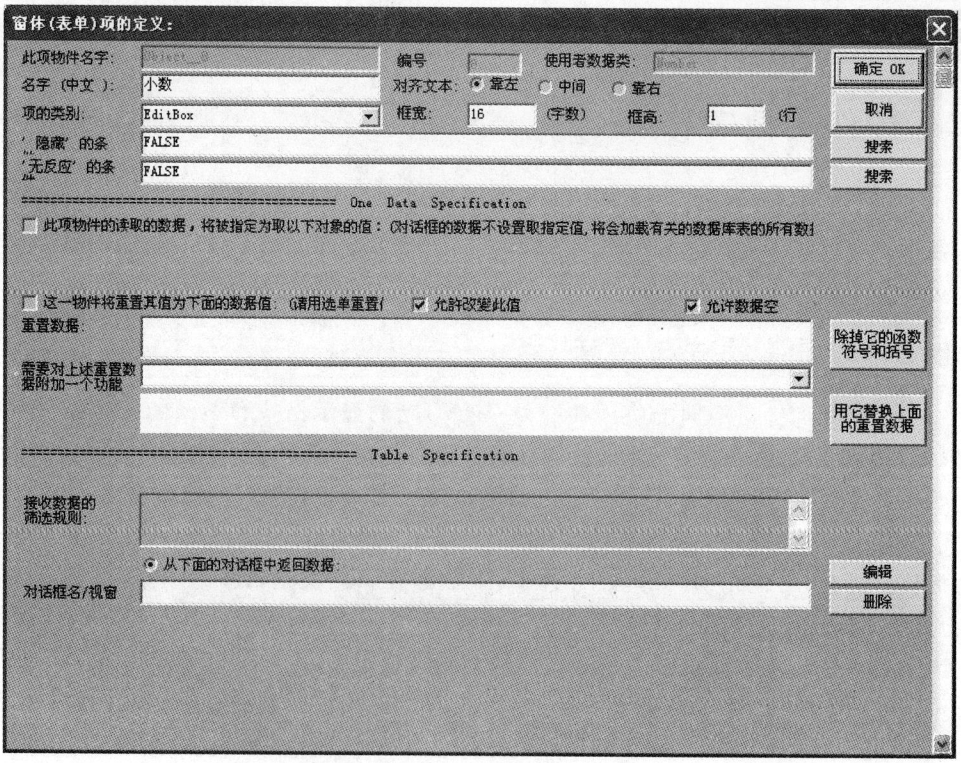

图 6.8 设置项的类别

当用户需要将某个编辑框中接收和显示的数据设置为某个精度的数值时，需要改变图6.8的"项的类别"中的值(即为控件项的类别)。例如，若需要将图6.7所示窗体中的"二位小数：9"编辑框(EditBox)的精度设置为两位小数，双击打开该项的定义对话框，然后选择"项的类别"下拉列表框中的"EditBox_2(编辑框2位小数)"类别，如图6.9所示。

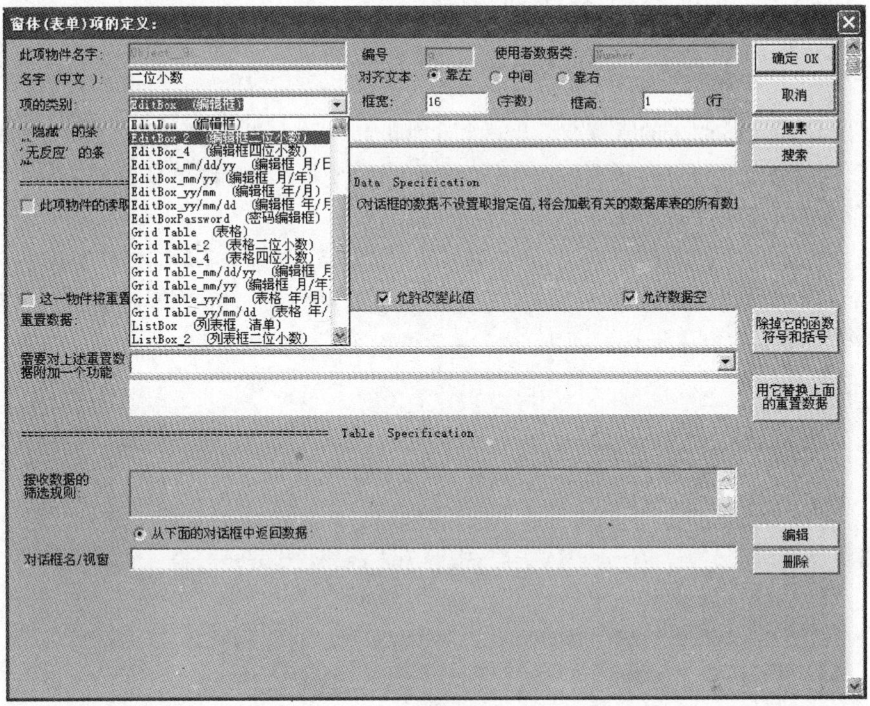

图6.9 设置数字格式与精度

同样，如果用户需要将图6.7所示窗体中的"四位小数：10"编辑框(EditBox)的精度设置为4位小数，双击打开该项的定义对话框，然后选择"项的类别"下拉列表框中的"EditBox_4(编辑框四位小数)"类别即可。设置完成后，为验证该窗体的运行效果，关闭该工程所有窗口后自动构建视窗软件并运行软件，选择【表单】|【数字格式表】菜单项，打开"数字格式表"对话框，如图6.10所示。

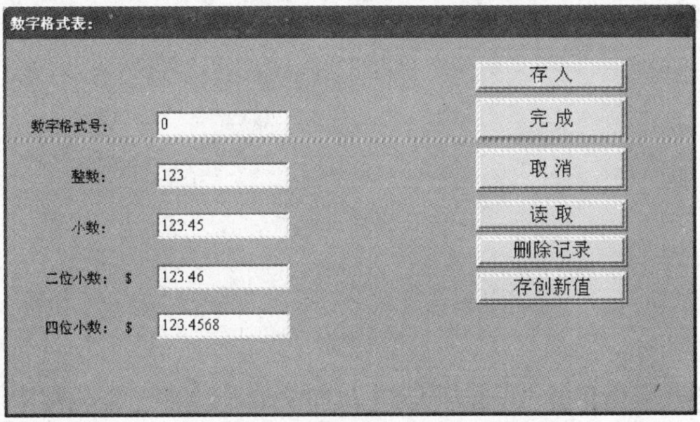

图6.10 "数字格式表"对话框

在图 6.10 中，分别在整数、小数、二位小数和四位小数对应的编辑框(EditBox)中输入数字 123、123.45、123.456、123.45678。从运行结果读者可以看出，整数和小数能够被完整地显示在编辑框中，而二位小数和四位小数编辑框对输入数据进行了四舍五入的截取，因此最终显示出来的只有两位小数和 4 位小数。通过设置编辑框(EditBox)控件的类别，将多余位数进行四舍五入，确保了数字的格式与精度。

6.2.2 存入数据

为了方便用户将输入的数据保存起来，可视化 D++语言为用户提供了【存入】和【存创新值】按钮。二者的区别在于，【存入】按钮对已存储的数据操作，将更新结果存入数据库，而【存创新值】按钮新建一条记录并将其存入数据库。

在数据库应用软件的设计中，如果窗体中没有【存入】按钮和【存创新值】按钮(例如用菜单项【加简单对话框】打开的对话框没有这两个按钮)，用户需要在窗体上添加一个【存入】按钮，只需在 SDDA 的窗体设计界面下选择主菜单中的【加按钮】|【'存入'键(Save)】菜单项即可，如图 6.11 所示。

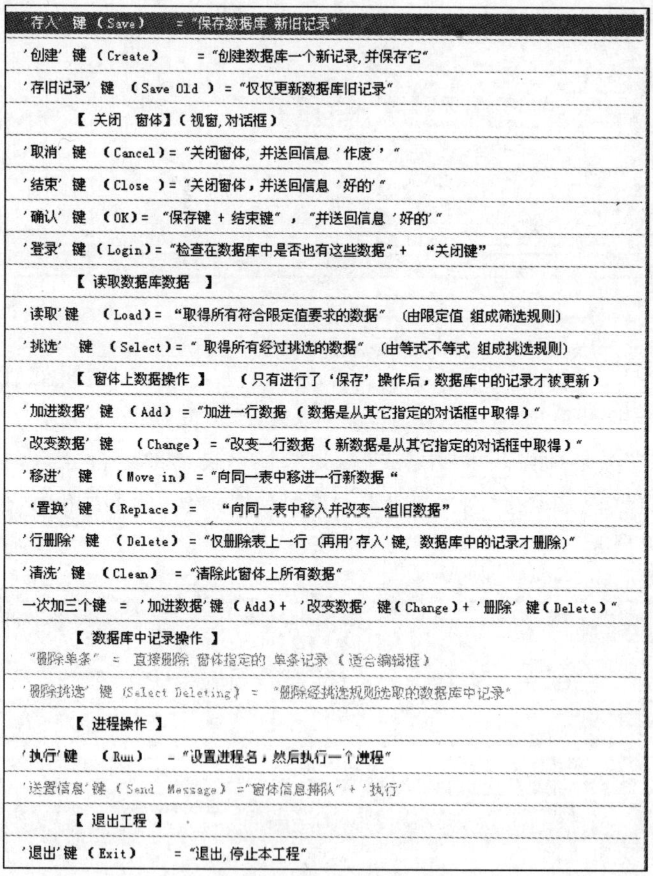

'存入' 键 (Save) = "保存数据库 新旧记录"
'创建' 键 (Create) = "创建数据库一个新记录,并保存它"
'存旧记录' 键 (Save Old) = "仅仅更新数据库旧记录"
【 关闭 窗体】(视窗,对话框)
'取消' 键 (Cancel) = "关闭窗体, 并送回信息 '作废' "
'结束' 键 (Close) = "关闭窗体，并送回信息 '好的' "
'确认' 键 (OK) = "保存键 + 结束键"，"并送回信息 '好的' "
'登录' 键 (Login) = "检查在数据库中是否也有这些数据" + "关闭键"
【 读取数据库数据 】
'读取' 键 (Load) = "取得所有符合限定值要求的数据" (由限定值 组成筛选规则)
'挑选' 键 (Select) = " 取得所有经过挑选的数据" (由等式不等式 组成挑选规则)
【 窗体上数据操作 】 (只有进行了 '保存' 操作后，数据库中的记录才被更新)
'加进数据' 键 (Add) = "加进一行数据 (数据是从其它指定的对话框中取得)"
'改变数据' 键 (Change) = "改变一行数据 (新数据是从其它指定的对话框中取得)"
'移进' 键 (Move in) = "向同一表中移进一行新数据"
'置换' 键 (Replace) = "向同一表中移入并改变一组旧数据"
'行删除' 键 (Delete) = "仅删除表上一行 (再用'存入'键, 数据库中的记录才删除)"
'清洗' 键 (Clean) = "清除此窗体上所有数据"
一次加三个键 = '加进数据'键 (Add) + '改变数据' 键(Change) + '删除' 键(Delete)"
【 数据库中记录操作 】
"删除单条" = 直接删除 窗体指定的 单条记录 (适合编辑框)
'删除挑选' 键 (Select Deleting) = "删除经挑选规则选取的数据库中记录"
【 进程操作 】
'执行' 键 (Run) - "设置进程名，然后执行一个进程"
'送置信息' 键 (Send Message) ="窗体信息排队" + '执行'
【 退出工程 】
'退出' 键 (Exit) = "退出,停止本工程"

图 6.11 选择菜单项

同样，如果用户需要在窗体上添加一个【存创新值】按钮，在图 6.11 所示的菜单中选择【加按钮】|【'创建'键(Create)】菜单项即可。

为验证【存入】按钮和【存创新值】按钮的功能，在完成“图 6.9 设置数字格式与精度”的设计后关闭该工程的所有窗口，自动构建视窗软件并运行软件。选择【表单】|【数字格式表】菜单项，打开“数字格式表”对话框，输入与图 6.10 相同的数据，然后单击右侧的【存入】按钮，窗体将弹出如图 6.12 所示的确认对话框。

在用户单击【是(Y)】按钮后，输入的数据将会被存入数据库中。由于系统中没有该条记录(指没有与这条记录有相同关键字的其他记录)，这条记录就是新记录。【存入】按钮与【存创新值】按钮的操作结果相同，都是存入一条新记录。读者也可以试着单击图 6.10 右侧的【存创新值】按钮，读者将发现其返回结果相同，如图 6.13 所示。

图 6.12　确认对话框

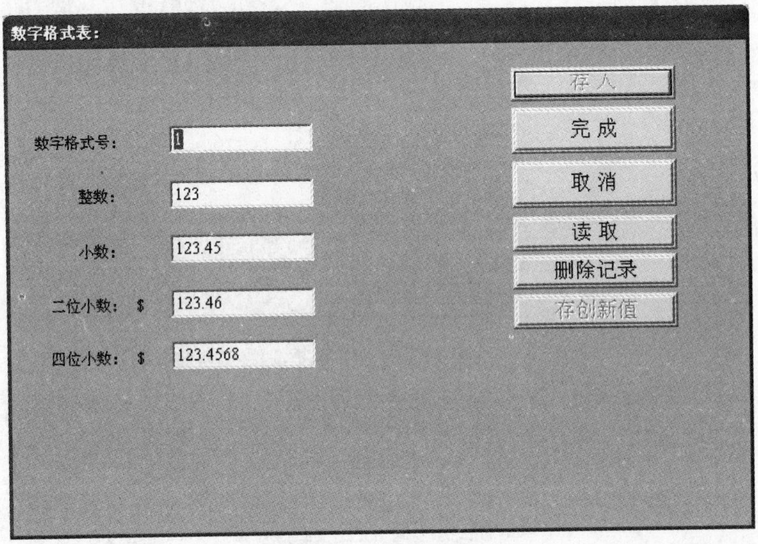

图 6.13　存入新数据

读者比较图 6.10 和图 6.13 可以发现，存入数据库后数字的格式号由 0 变为 1，表示该记录是数据库中的第 1 条记录，同时右侧的【存入】和【存创新值】按钮变为灰色，表示该记录已经存入。此时，如果用户对该记录的某些数据进行修改，例如将小数编辑框改为 123.45678(注意，此时右侧的【存入】和【存创新值】按钮均恢复为可用)，但是没有改动关键字“数字格式号”1。如果用户单击【存入】按钮，因为一条记录的储存地址完全依赖于关键字，即使对该记录中的小数进行了修改，此记录没有新的储存地址，不能存入新记录，【存入】按钮仅将修改后的结果代替原有记录写入数据库。如果用户单击【存创新值】按钮，强制关键字“数字格式号”变为 2，表示以一条新的记录方式存入数据库，如图 6.14 所示。

此时，该数据库中包含了两条不同记录，用户在“数字格式号”文本框中输入“1”或者“2”后，单击对话框右侧的【读取】按钮可以查看这两条记录，此时读者能够发现这两条记录的区别在于“小数”项，这是因为上一步骤中单击的是【存创新值】按钮。如果在“数字格式号”文本框中输入“3”，然后单击【读取】按钮，由于该记录不存在，系统将给出错误提示，如图 6.15 所示。

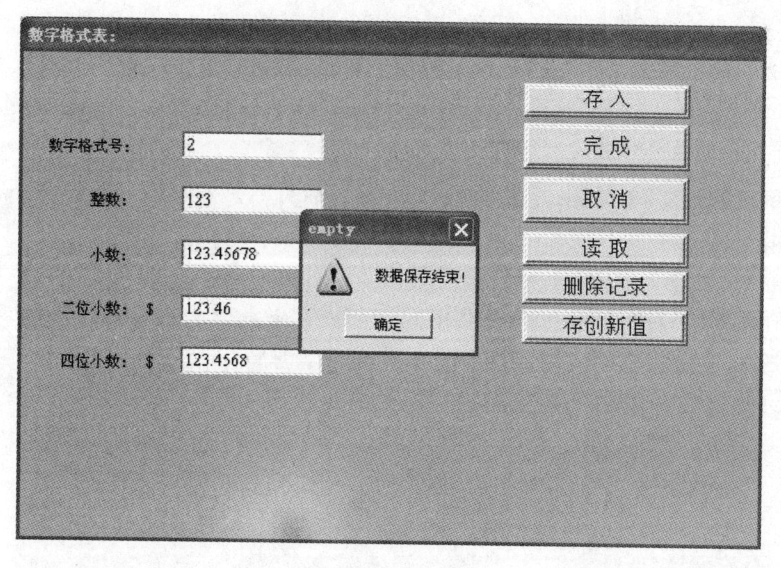

图 6.14　存创新值

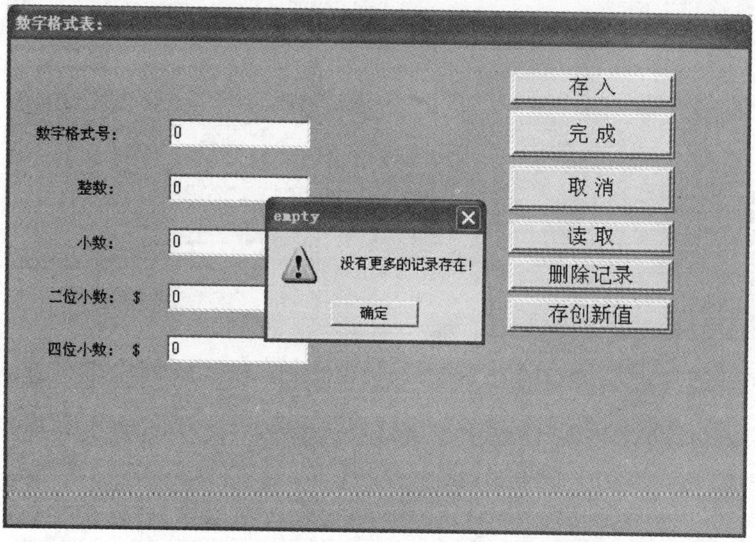

图 6.15　读取不存在的记录

至此，读者应该明白【存入】按钮和【存创新值】按钮之间的区别了。在具体的软件设计过程中，读者可以根据自身需要选用按钮控件。

6.3　控件的日期时间格式

日期时间数据类型是软件设计中常用的一种数据类型，由于日期时间格式具有多样性，在许多程序设计语言中通过格式转换函数来生成各种各样的日期时间格式，操作较复杂，且容易出错。在可视化 D++语言中，日期时间数据类型的使用相对容易很多，这是因为可视化 D++语言提供了多种常用的日期时间格式，本节将为读者做详细讲解。

6.3.1　日期时间格式

由于世界各地日期时间表示方法的差异，计算机上也存在多种不同的格式。以中文表示为例，人们在日常生活中常用“年/月/日”和“小时：分钟：秒”来表示日期时间，如“2014/07/22 05:04:30”即表示2014年7月22日的上午5时4分30秒。而英文中的表示方法与中文有一定的区别，如“July 22，2014”表示2014年7月22日。此外，在Windows操作系统中，常用分隔符“-”代替“/”来表示日期。因此，“2014-7-22”也是一种常用的日期表示格式。

从上面分析读者可以看出，考虑到年、月、日的表示顺序以及不同分隔符和是否含有前导数字0等因素，日期时间的格式繁多。为了更好地了解日期时间的表示格式，读者可以单击Windows XP操作系统中的【开始】按钮，选择【设置】|【控制面板】菜单项，然后单击【区域和语言选项】链接，在弹出的对话框中单击【自定义】按钮，打开如图6.16所示的“自定义区域选项”对话框。

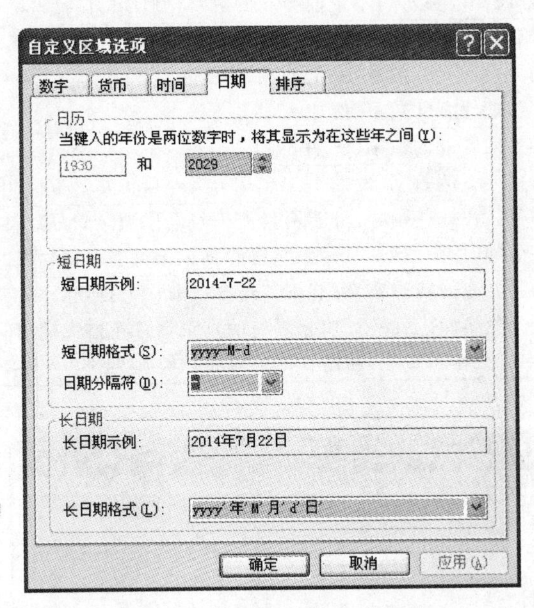

图6.16　“自定义区域选项”对话框

在该对话框显示的中文日期时间的表示方法中有短日期和长日期两种格式，其区别在于月份和日期前面是否有前导数字0。同时，日期分隔符可以选择“-”、“/”和“.”之一，并且支持中文汉字。

事实上，在计算机的日期时间表示方法中用字母“y”表示年份、用字母“m”表示月份、用字母“d”表示日。根据长日期和短日期的区别，通常用4个y表示某一年、用两个y表示长日期的某一个月、用两个d表示长日期的某一天，例如“yyyy-mm-dd”表示长日期。同样，“yyyy-m-d”表示短日期，具体说明如表6.1所示。

读者需要注意的是，在可视化D++语言中，日期数据类型默认为长日期。此外，相对日期复杂的表示方法和格式而言，时间格式更为单一。在计算机中，无论是中文还是英文操作系统，时间格式只有两种，即12小时制和24小时制。其中，12小时制要在具体时间数字后加上“AM/PM”或“上午/下午”的字样。同样，读者可以单击Windows XP操作系统中的

【开始】按钮，选择【设置】|【控制面板】菜单项，然后单击【区域和语言选项】链接，打开图 6.17 所示的对话框查看操作系统的时间格式定义。

表 6.1　日期时间格式

字符	说　明
yy	以带前导 0 的两位数字格式显示年份
yyyy	以四位数字格式显示年份
M	将月份显示为不带前导 0 的数字(如一月表示为 1)
MM	将月份显示为带前导 0 的数字(例如 01/12/01)
d	将日显示为不带前导 0 的数字(例如 1)
dd	将日显示为带前导 0 的数字(例如 01)
h	使用 12 小时制将小时显示为不带前导 0 的数字(例如 1:15:15PM)
hh	使用 12 小时制将小时显示为带前导 0 的数字(例如 01:15:15PM)
H	使用 24 小时制将小时显示为不带前导 0 的数字(例如 1:15:15)
HH	使用 24 小时制将小时显示为带前导 0 的数字(例如 01:15:15)
m	将分钟显示为不带前导 0 的数字(例如 12:1:15)
mm	将分钟显示为带前导 0 的数字(例如 12:01:15)
s	将秒显示为不带前导 0 的数字(例如 12:15:5)
ss	将秒显示为带前导 0 的数字(例如 12:15:05)
:	通用时间分隔符。在一些国家，可能用其他符号来作为时间分隔符。在格式化时间值时，时间分隔符可以分隔时、分、秒。时间分隔符的真正字符在格式输出时取决于系统设置
/	通用日期分隔符。在一些国家，可能用其他符号来作为日期分隔符。在格式化日期值时，日期分隔符可以分隔年、月、日。日期分隔符的真正字符在格式输出时取决于系统设置。读者可以看到，在中文操作系统中，通用日期分隔符被替换为"-"

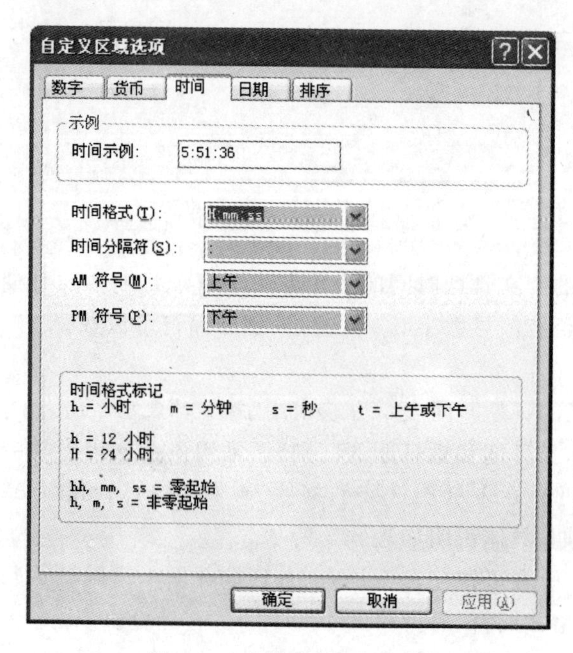

图 6.17　查看时间格式定义

在可视化 D++语言中，时间格式默认为 12 小时制，即在时间数字后面加上“AM/PM”字样表明当前时间是上午时间还是下午时间。由于时间格式的表示方法较单一，此处不做详细介绍，下面讲解可视化 D++语言中日期数据类型的使用。

6.3.2 日期格式控制

在具体的软件设计过程中，程序员往往需要根据需求方的要求控制日期时间格式的显示。针对 6.3.1 小节中介绍的繁多的日期时间格式，可视化 D++语言提供了许多不同格式的日期时间数据类型供用户选择。

为帮助读者更好地理解日期时间数据类型的格式控制，用户可以打开“C:\Visual D++ Language\模型包\书\第 6 章 数据类型与格式\第 3 节 用项的类型来控制时间的显示格式”中的“时间格式.mdb”，如图 6.7 所示。本小节设计了一个包含 5 个编辑框(EditBox)的窗体，其中包含日期和时间的显示控件以及不同格式日期的显示控件，如图 6.18 所示。

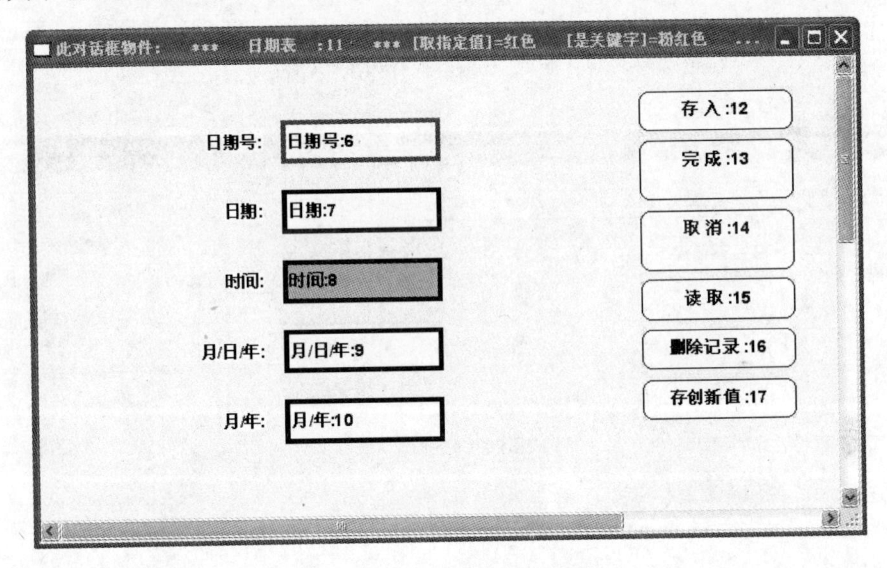

图 6.18 设计日期格式控制

在图 6.18 中使用了 5 个编辑框(EditBox)，其中，“日期号:6”编辑框(EditBox)中是记录的编号，读者可以右击该控件，通过弹出的快捷菜单打开对话框查看其数据类型为“Database Auto Key Long(关键词自动计数)”，即自动编号，如图 6.19 中的“用户名命的数据类”所示。

除了该控件以外，图 6.18 所示窗体中的其余 4 个编辑框(EditBox)的数据类型均为“Time(时间)”，用于接收用户输入的日期和时间。在可视化 D++语言中，Time(时间)数据类型如图 6.20 所示。

由于窗体中的“月/日/年:9”编辑框(EditBox)设定了用户输入的日期格式，必须先输入月份，再输入日，最后输入年份，中间以分隔符“/”进行分隔。根据表 6.1 中列出的日期格式，该控件的日期格式应为“mm/dd/yyyy”。

在可视化 D++语言中，用户只需双击需要控制格式的控件，在弹出的定义对话框中选择日期数据类型的格式即可。例如，要设置窗体中的“月/日/年:9”编辑框(EditBox)的日期显

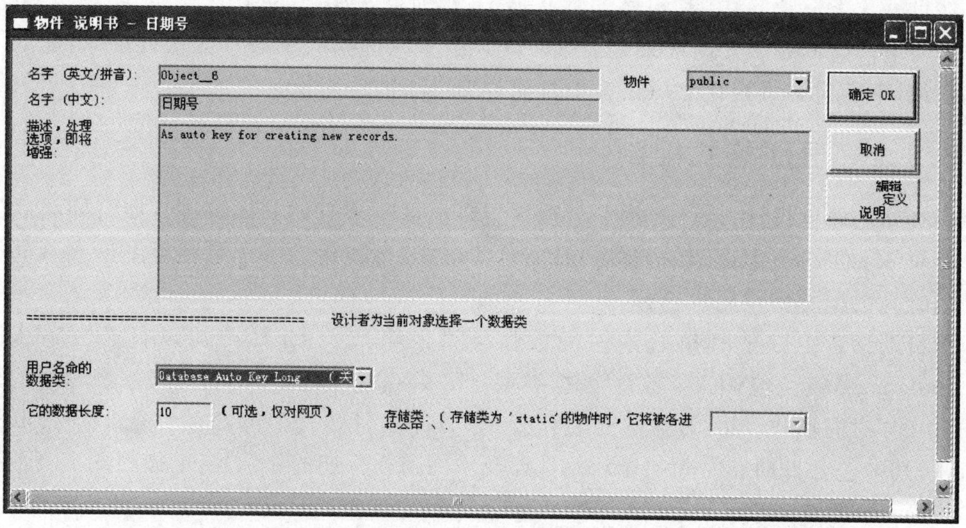

图 6.19 “日期号:6”编辑框(EditBox)的数据类型

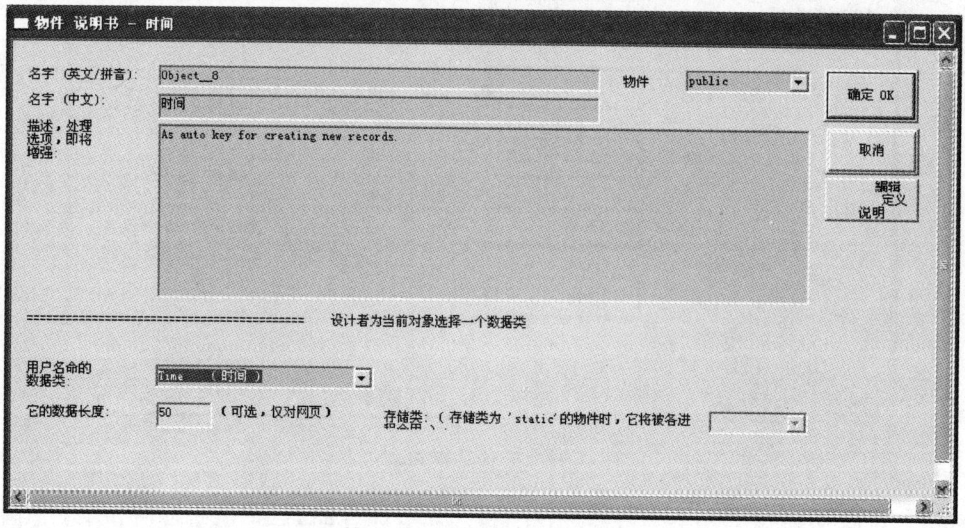

图 6.20 设置 Time(时间)数据类型

示格式为“月/日/年”,只需选择“项的类别”为“EditBox_mm/dd/yyyy(编辑框月/日/年)”即可,如图 6.21 所示。

读者从“项的类别”下拉列表框中可以看出,可视化 D++语言提供了“月/日/年”、“月/年”、“年/月”和“年/月/日”4 种不同的编辑框数据类型,用户只需选择需要的类型即可。同样,若要为窗体中的“月/年:10”编辑框(EditBox)设置数据类型,在图 6.21 所示的定义对话框中选择“项的类别”为“EditBox_mm/yyyy(编辑框月/年)”即可,此处不再赘述。

在为这两个编辑框(EditBox)设置日期格式后,为了验证控制效果,关闭该工程的所有窗口后自动构建软件并运行视窗软件,选择【表单】|【日期表】菜单项,打开日期表窗体,其运行结果如图 6.22 所示。

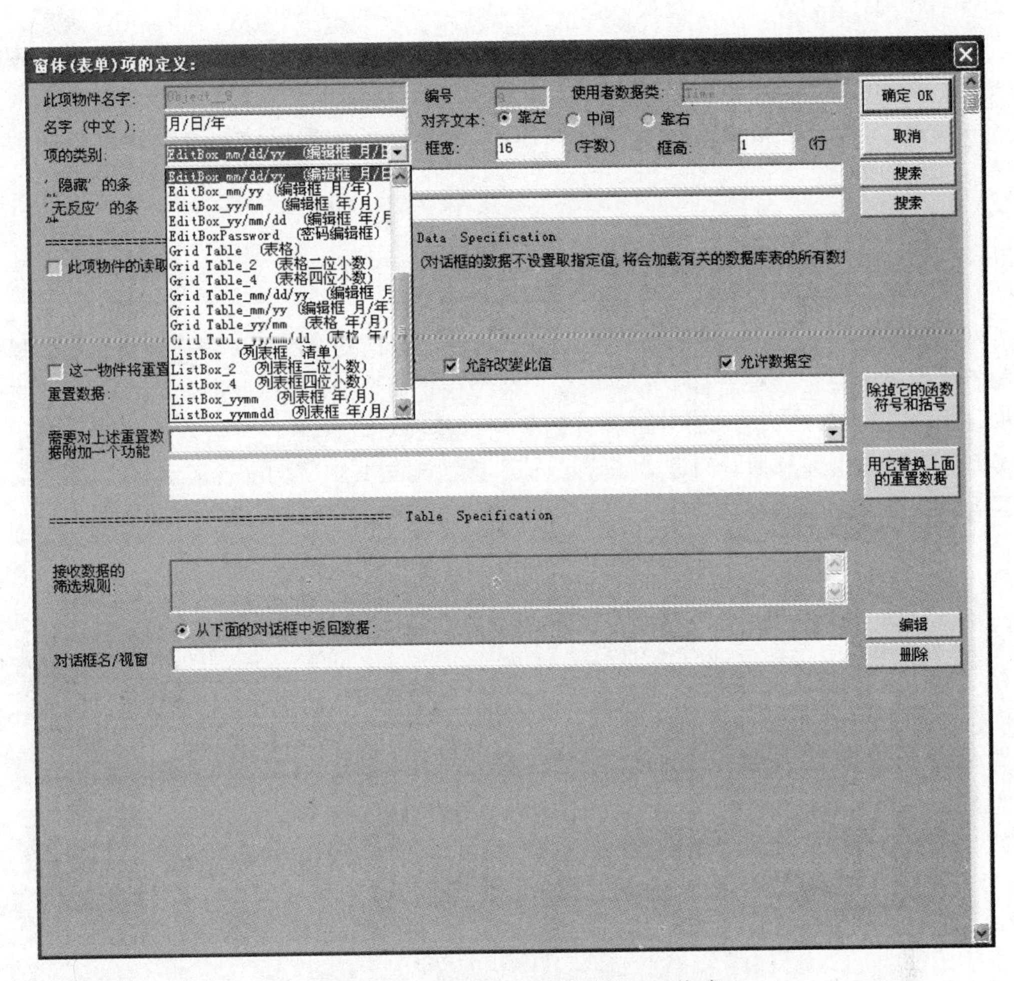

图 6.21　选择“月/日/年”日期显示格式

日期表:

日期号　0

日期　Aug 24 2014 04:54:22

时间　Aug 24 2014 04:54:22

月/日/年　08/24/14

月/年　08/14

存入　完成　取消　读取　删除记录　存创新值

图 6.22　控制日期显示格式

至此，日期时间型数据类型的设置和控制就介绍完了。从表6.1中可以看到，可视化D++语言提供的数据类型和控制类型种类非常多，这使得用户在进行软件设计时能够直接选择和设置，无须进行格式转换等复杂操作，大大提高了软件设计的自动化程度和编程效率。

6.4 小结

本章主要介绍了可视化D++语言中的数据类型与数据格式的相关知识。首先对数据类型的重要性和可视化D++语言中的常用数据类型做了简要介绍，着重讲解了窗体设计时编辑框(EditBox)控件和按钮(Button)控件的类别。其次对可视化D++语言中的两种常用数据类型——数值型和日期时间型做了详细介绍，最后通过具体实例进行演示和验证，从而加深读者对数据类型的理解。

第7章

更改数据类型与重置值

通过第6章数据类型的讲解，读者掌握了可视化 D++语言中常用的几种数据类型及其使用方法，同时了解到集成设计开发环境 SDDA 将自动为控件、数据指定数据类型，无须用户手动操作。然而，在一些特殊环境下，SDDA 指定的类型可能不符合用户的初衷，此时就需要用户手动更改这些数据类型。可视化 D++语言允许用户更改控件等元素的数据类型，并控制在软件的其他窗体或数据中更新，大大提高了软件的可维护性。

7.1 更改数据类型

更改数据类型是通过可视化 D++语言及 SDDA 自动生成软件之后对软件进行个性化定制或修改所必须经历的步骤。在实际操作中，不仅仅涉及软件进程、窗体和控件等大方案的改动，还可能涉及数据与数据类型的更改。本节为读者讲解在 SDDA 中如何完美且整体地实现数据类型的更改。

7.1.1 更改数据类型的必要性与严肃性

根据目前的软件工程生命周期，软件设计要经历可行性分析、需求分析、总体设计、详细设计和编码等几个步骤。当软件进入设计和编码阶段后，程序员最担心的就是需求方提出新的需求，从而修改软件设计方案。事实上，在软件设计阶段中，一个设计方案或数据类型的修改往往可能导致整个软件的失败。

据报道，2014年初由加拿大 IT 及业务流程服务提供商 CGI 集团承建的美国医保网站 Healthcare. gov 仍无法使用，该网站耗资8亿美元，CGI 表示此事件是由于美国政府对该网站的要求变化而导致的。由此可以看出手工编制程序的致命缺陷：修改一个已经或即将完成的软件设计方案或数据要求，将有可能导致灾难性的后果。

手工操作的困难性在于程序员的人员变动和程序文档的不完善性，使得多个部门之间数据联系的具体复杂细节与技巧被遗忘，在修改某一数据类型时，相关联的数据没有随之改变，从而引起软件的崩溃。然而，这些问题在高度智能化和整体大集成的可视化D++软件设计语言中已经不存在了。在可视化D++软件设计语言中，因为不必人工改动设计方案和数据要求的变化，对自动生成软件产品毫无影响。

7.1.2 添加示例对话框

双击桌面上的"可视化D++语言"图标("Visual D++")或文件目录栏的"C:\Visual D++ Language\"中的"Visual D++ Language.exe"软件，打开可视化D++软件设计语言的集成设计开发环境——SDDA，软件系统将提示用户打开工程，在其中打开"C:\Visual D++ Language\模型包\书\第7章 更改数据类型与重置值"中的"病员资讯服务.mdb"。

图7.1 添加对话框窗体

为了更好地演示数据类型的更改操作，本小节首先添加一个示例对话框"时间表"。该对话框的添加过程与简单对话框的添加过程类似，即用户首先在物件目录中创建空白的简单对话框，然后通过添加控件到对话框来绘制窗体，具体步骤如下：

(1) 添加简单对话框窗体。在集成设计开发环境SDDA中新建工程后，在物件目录下选择主菜单中的【加-删】|【加简单对话框(仅用于打字)】菜单项，如图7.1所示。

选择该菜单项后，SDDA将弹出对话框要求用户为所添加对话框命名，此处输入"时间表"，如图7.2所示。

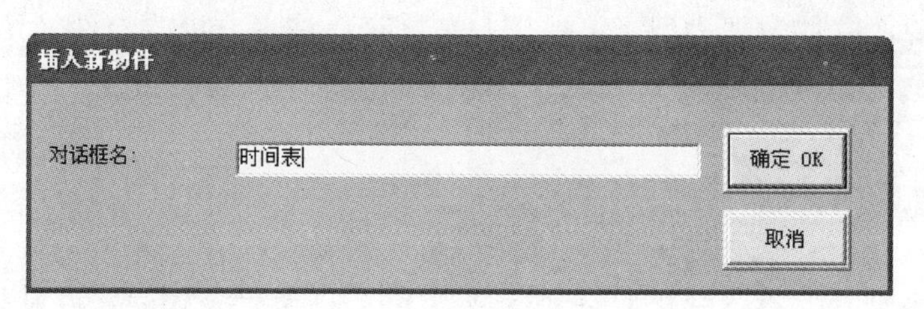

图7.2 命名对话框

然后单击图7.2中的【确定 OK】按钮，当鼠标指针变成"+"字形后单击物件目录中的"用户界面表"，该窗体即被添加。

(2) 添加控件。在物件目录下双击打开"时间表"对话框，此时对话框中仅含有右侧的两个按钮，其他的控件还没有添加。要在其中加入一系列控件，只需选择【加元件】|【列表框(List Box 清单)+标签】菜单项，如图7.3所示，这里为该对话框加入6个标签和列表框控件，分别命名为月、日、年、时、分、秒。检查一下它们的数据类型都是"Text(短文)"。此外，选择【加元件】|【编辑框(Edit Box)标签】菜单项，为该对话框加入一个标签和编辑框控件，该控件名为"日期"，如图7.4所示。

(3) 在添加编辑框控件后，双击打开"日期:58"编辑框的定义对话框，将其中"框宽"的值改为42，如图7.5所示。

再次选择【加元件】|【列表框(List Box 清单)+标签】菜单项，为该对话框加入一个标签和列表框控件，命名为"上午-下午"。然后双击打开它的定义对话框，修改"框高"的值为2，其操作与图7.5所示的类似，此处不再赘述。设计完成后得到一个完整的时间表，如图7.6所示。

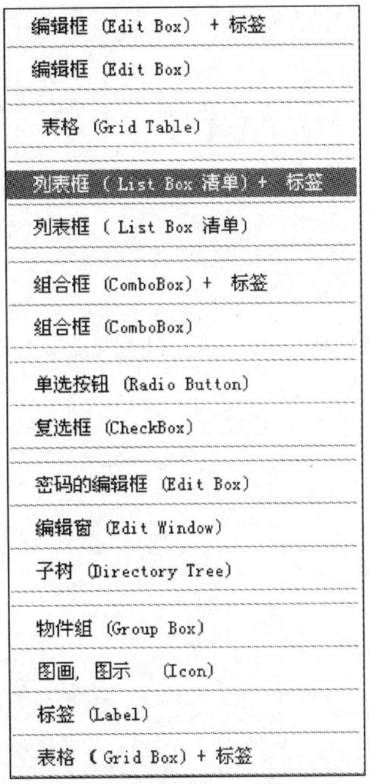

编辑框 (Edit Box) + 标签
编辑框 (Edit Box)
表格 (Grid Table)
列表框 (List Box 清单) + 标签
列表框 (List Box 清单)
組合框 (ComboBox) + 标签
組合框 (ComboBox)
单选按钮 (Radio Button)
复选框 (CheckBox)
密码的编辑框 (Edit Box)
编辑窗 (Edit Window)
子树 (Directory Tree)
物件組 (Group Box)
图画, 图示 (Icon)
标签 (Label)
表格 (Grid Box) + 标签

图 7.3　添加列表框控件

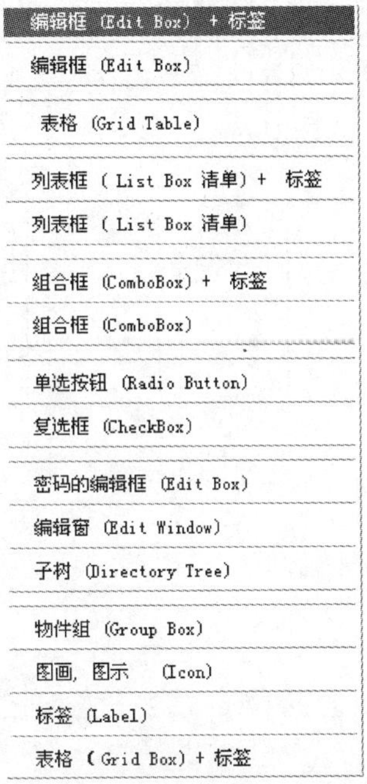

编辑框 (Edit Box) + 标签
编辑框 (Edit Box)
表格 (Grid Table)
列表框 (List Box 清单) + 标签
列表框 (List Box 清单)
組合框 (ComboBox) + 标签
組合框 (ComboBox)
单选按钮 (Radio Button)
复选框 (CheckBox)
密码的编辑框 (Edit Box)
编辑窗 (Edit Window)
子树 (Directory Tree)
物件組 (Group Box)
图画, 图示 (Icon)
标签 (Label)
表格 (Grid Box) + 标签

图 7.4　添加编辑框控件

窗体(表单)项的定义:
此项物件名字:
名字 (中文):
日期
项的类别:
EditBox
'隐藏' 的条件
FALSE
'无反应' 的条件
FALSE
编号
使用者数据类:
对齐文本:
靠左
中间
靠右
框宽:
42
(字数)
框高:
1
(行
确定 OK
取消
搜索
搜索
这一物件将重置其值为下面的数据值: (请用选单重置值)
允許改變此值
允许数据空
重置数据:
需要对上述重置数据附加一个功能
除掉它的函数符号和括号
用它替换上面的重置数据
从下面的对话框中返回数据:
对话框名/视窗
编辑
删除

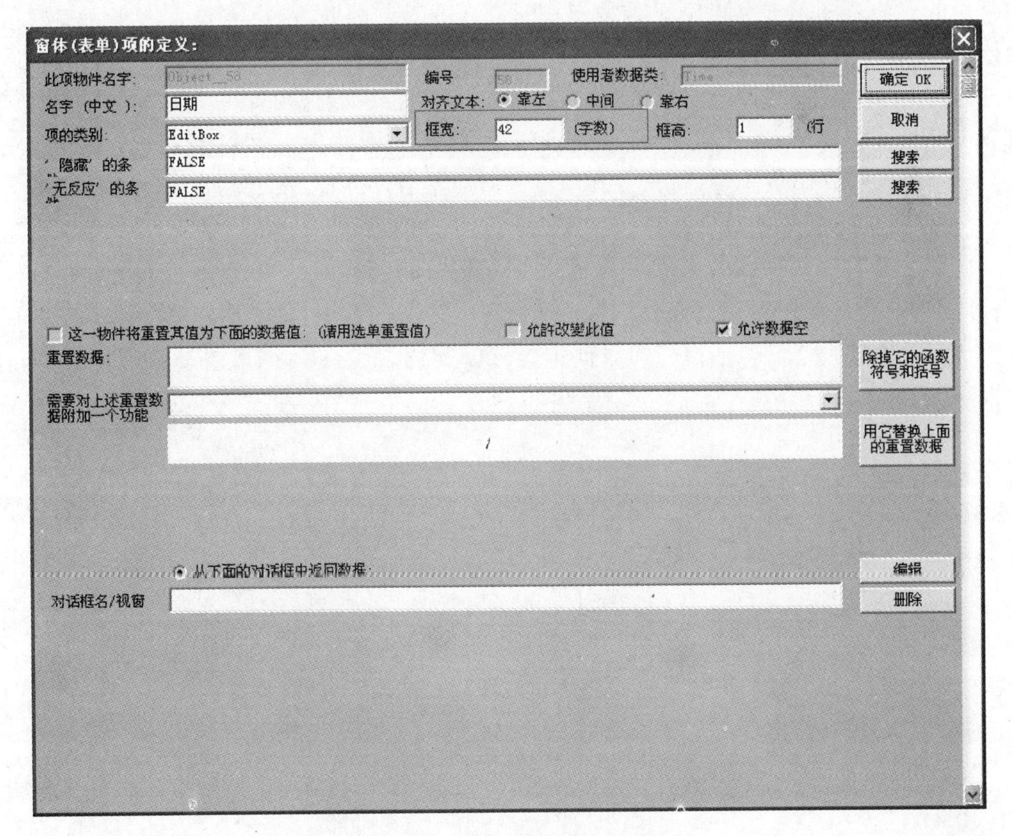

图 7.5　修改编辑框的宽度

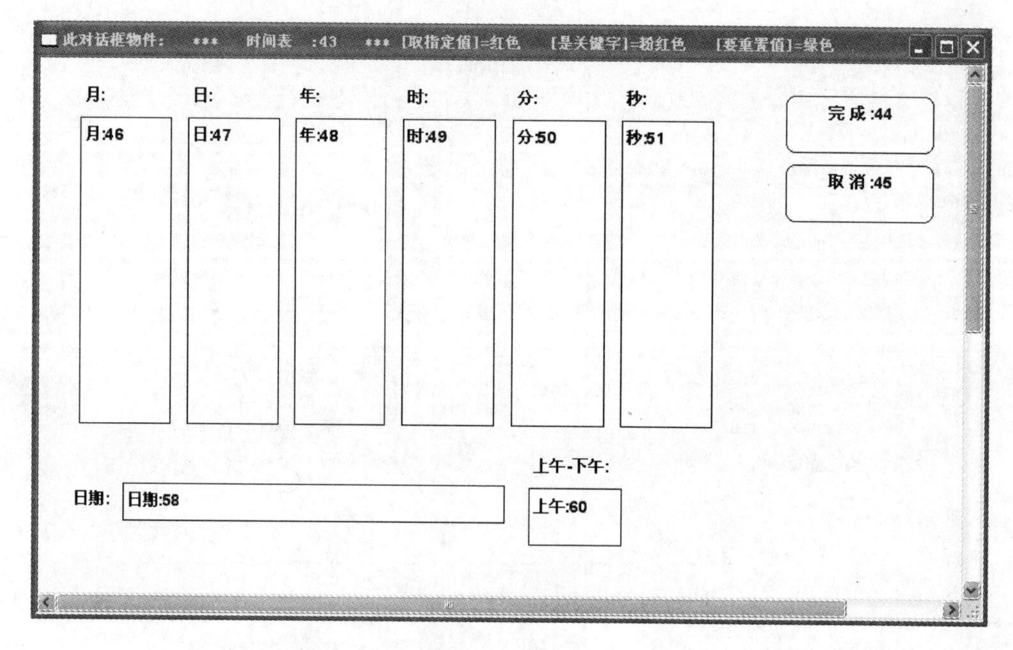

图 7.6 时间表

(4) 预设初始值。由于对话框中的月、日、年、时、分、秒等列表框都有一定的取值范围，如月份的取值范围是1～12,秒的取值范围是0～59等。因此,用户需要为这些列表框指定初始值,使其运行后自动显示这些初始值。预设初始值的操作为选中需要预设值的列表框控件,选择主菜单中的【设定要求值】|【在列表框中预置数据】|【预置一个常数序列】菜单项,或右击弹出快捷菜单,选择其中的【预先设定值】|【在清单中预置数据】|【预置一个常数序列】菜单项,均可弹出设置对话框,在其中输入对应常数序列即可。例如,图7.7所示即为列表框"月:46"的预置常数对话框。

需要注意的是,列表框中的每一项都以回车符分隔,即每一项单独占对话框的一行。此外,对话框中的常数序列还允许使用".."符号表示常数的范围,如10..100表示10～100的所有常数。因此,由于在"日:47"列表框中预置的常数为1～31,读者可通过以下序列进行预置。

```
01*
02
03
04
05
06
07
08
09
10..31
```

注意:上面的"01"之后添加了星号"*",要求这列数据刚打开时选中"01";简写表达

图 7.7　预置常数序列

式"10..31"(两个数之间有两个小点，不是两个句号)表示 10～31 的所有省略列出的数都作为预置值。

将以上序列输入到"日：47"列表框的预置常数对话框中，运行该窗体后用户可以看到 10～31 的所有常数也显示在列表框中，如图 7.8 所示，其他列表框的常数序列可以采用相同的方法输入。在"时间表"对话框中依次完成月、日、年、时、分和秒对应的列表框常数预置，此处设置年份的预置常数为 1970..2030(两个数之间有两个小点)，时的预置常数为 01..12(两个数之间有两个小点)，分和秒的预置常数为 0..59(两个数之间有两个小点)。设置完成后保存，即完成了"时间表"对话框的设计要求。

7.1.3　控制对数据类型的更改

7.1.1 小节提到如果修改其他软件设计工具完成的软件方案或数据，可能导致软件崩溃，而由可视化 D++语言设计的软件则可以避免该问题。那么在可视化 D++软件设计语言中如何控制数据的改动呢？

在使用 SDDA 设计软件时，同一个物件项(例如病员姓名)可能在几处或几张表单中同时被使用，而每个物件项包括窗体本身都有一张定义表，各个物件(数据项)不是在进程中就是在窗体中使用。可视化 D++软件设计语言使用窗体本身的一张定义表去监督并限制窗体上的各个物件的"保护"状态，这些处于"保护"状态的物件不能被轻易破坏。所谓"保护"状态的物件，是指此物件已被多处地方使用。

因此，在使用 SDDA 设计或修改软件时，删除数据或更改一个物件的数据类型，SDDA

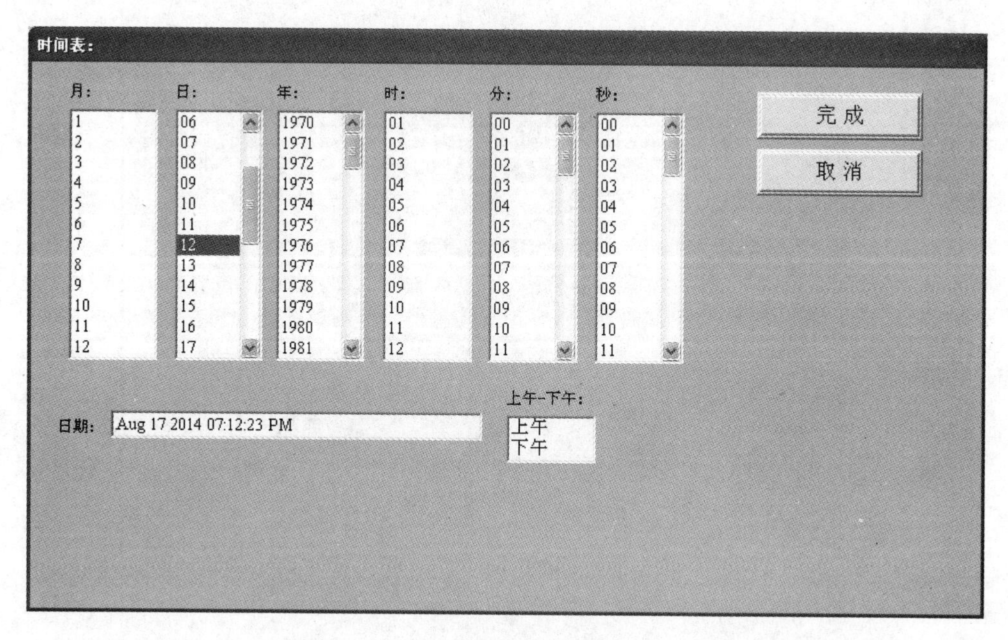

图 7.8 常数序列的运行结果

都会自动提示用户到有关的窗体上查询，确认其改动是否会影响该数据在各张窗体上和其他进程中的使用要求。当 SDDA 允许并撤销有关窗体对该物件的“保护”状态时，用户才能删除此物件或者更改它的数据类型，从而保证软件的可靠性与可维护性。

为了让读者更好地理解在 SDDA 中对数据类型进行更改的操作，下面对“时间表”对话框中的“日期：58”编辑框的类型进行更改。用户可先在已建立的物件目录的“用户界面图”下双击打开“时间表：43”对话框，并选中“日期：58”编辑框，然后右击，在弹出的快捷菜单中选择【说明】菜单项，打开图 7.9 所示的说明书对话框。

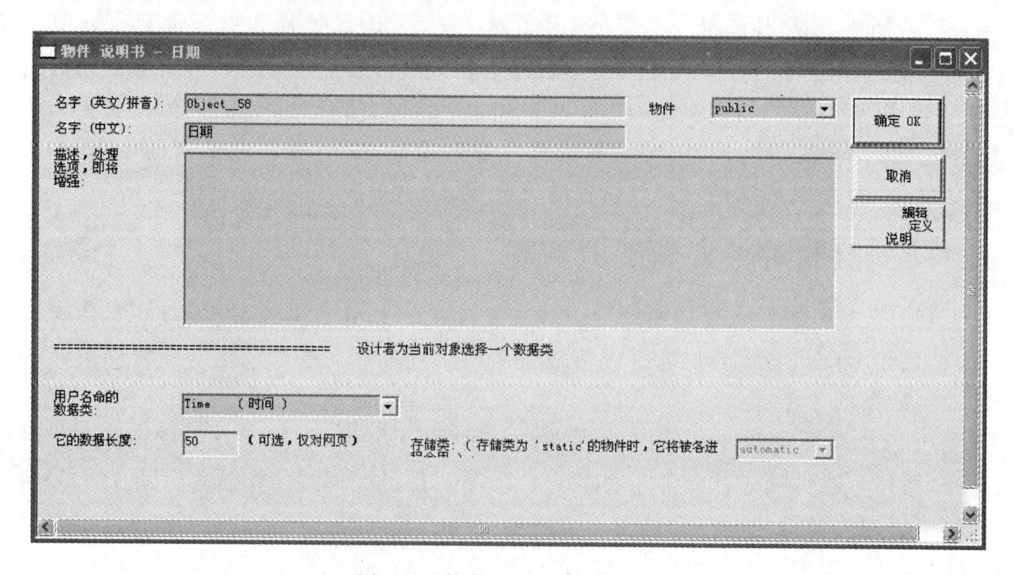

图 7.9 控件的说明书对话框

从“用户名命的数据类型”下拉列表框中可以看到，该控件的数据类型为“时间(Time)”，表示该编辑框用于显示日期时间型的数据。然而，当用户需要手动输入时间数据到该控件中时，“自动取当前时间”的 Time 数据类型不支持这些手工输入操作，此时就需要将该控件的数据类型修改为“短文(Text)”。当用户通过该下拉列表框进行修改时，SDDA 将弹出如图 7.10 所示的提示框，要求用户在修改前先进行“日期:58”数据项的独立性测试。

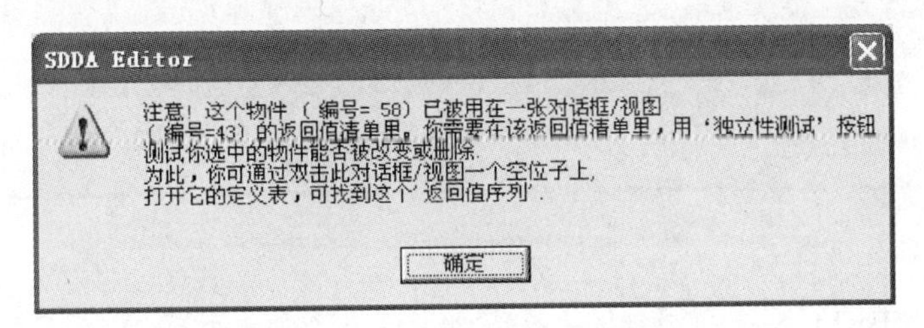

图 7.10　独立性测试提示框

此时用户可以发现，当该控件的数据被其他对话框或视图使用时，如果不通过独立性测试将无法修改其数据类型。对数据进行独立性测试的操作为在上述信息框指出的“时间表:43”的空白处双击，打开“时间表:43”窗体本身的定义对话框，如图 7.11 所示。

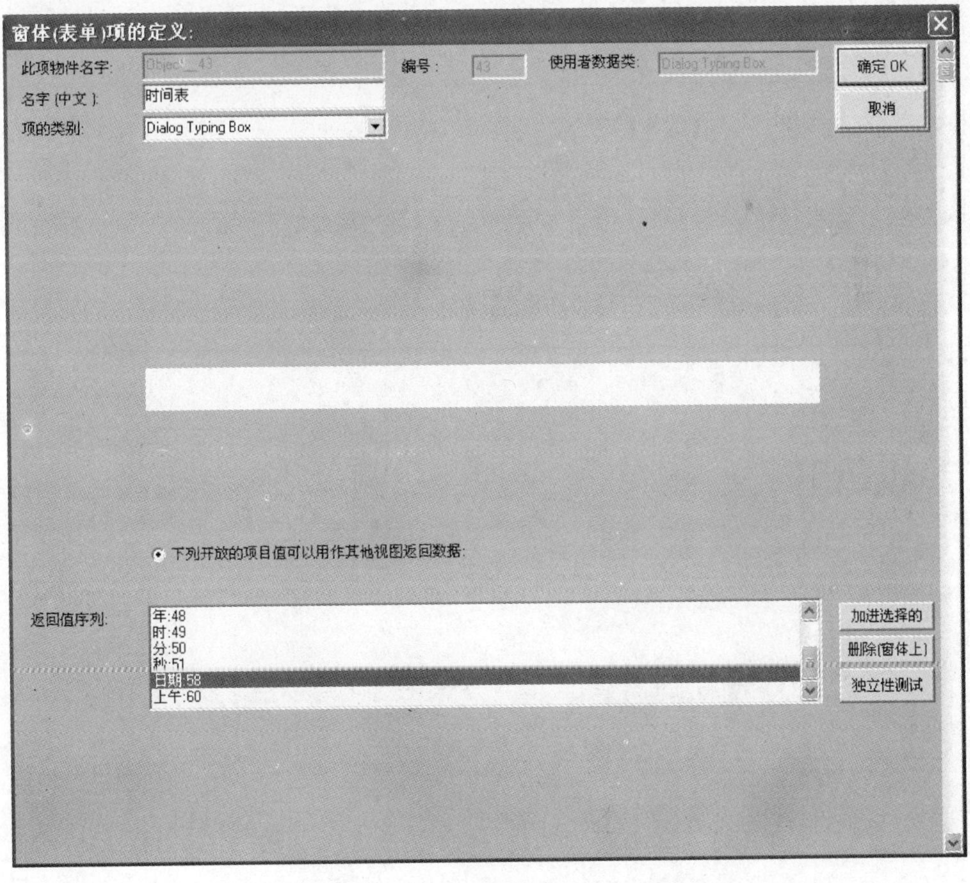

图 7.11　时间表窗体的定义对话框

若要更改“日期:58”数据类型,可以在该对话框中打开“返回值序列”下拉列表框,其中显示了所有窗体上的数据项,找到需要进行独立性测试的“日期:58”数据并选中,单击右侧的【独立性测试】按钮。此时,如果物件数据项“日期:58”的数据类型更改不影响工程其他部分的设计,将弹出一个信息回复很详细的提示框,如图 7.12 所示。

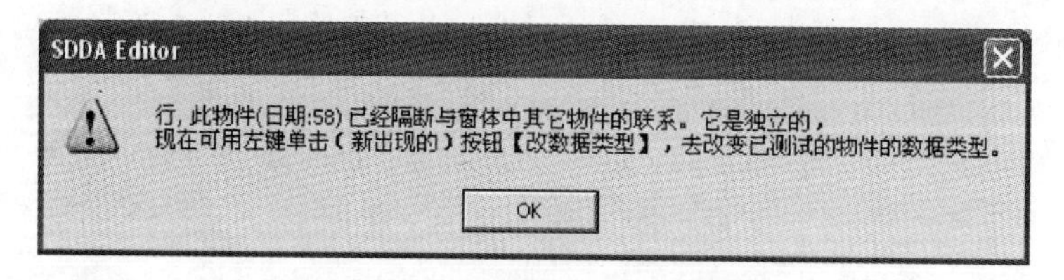

图 7.12　独立性测试并断开联系

单击图 7.12 中的 OK 按钮回到图 7.11,由于通过了独立性测试,定义对话框会更新为如图 7.13 所示,它将拥有一个【改数据类型】按钮。

图 7.13　时间表窗体的更新了的定义对话框

单击图 7.13 右下角的【改数据类型】按钮，即可回到图 7.9 所示的控件说明书对话框中，将该控件的数据类型修改为“Text(短文)”。因为编辑框控件“日期:58”已经断开与对话框中其他控件的数据联系，此时 SDDA 不会再弹出提示框，而是直接完成更改数据类型的操作，如图 7.14 所示。

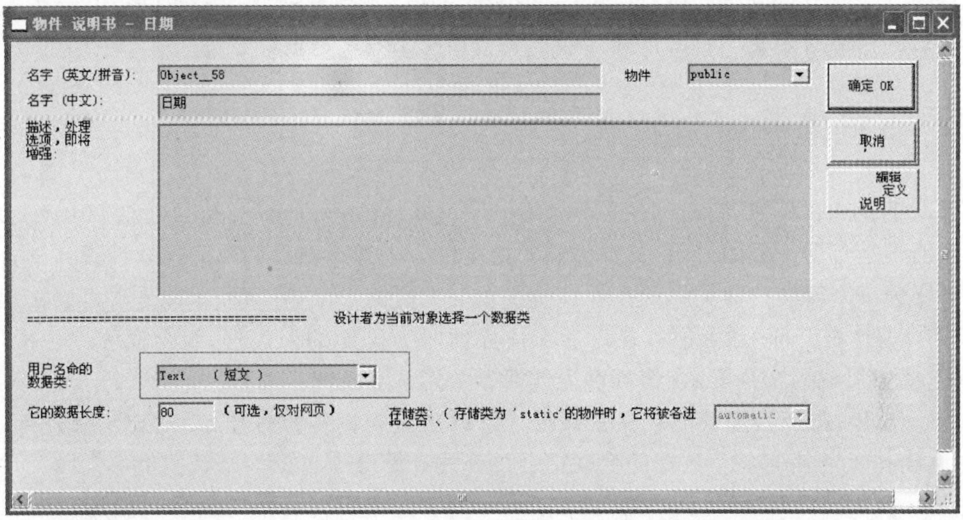

图 7.14　更改数据类型成功

从图 7.14 中用户可以看出，此处已经成功地将“日期:58”编辑框的数据类型由“Time(时间)”改为了“Text(短文)”。于是，当用户以后自动构建成的软件运行时，该“时间表”运行结果如图 7.15 所示。由于它的“日期”不是自动生成的，所以刚打开此对话框时是空值。

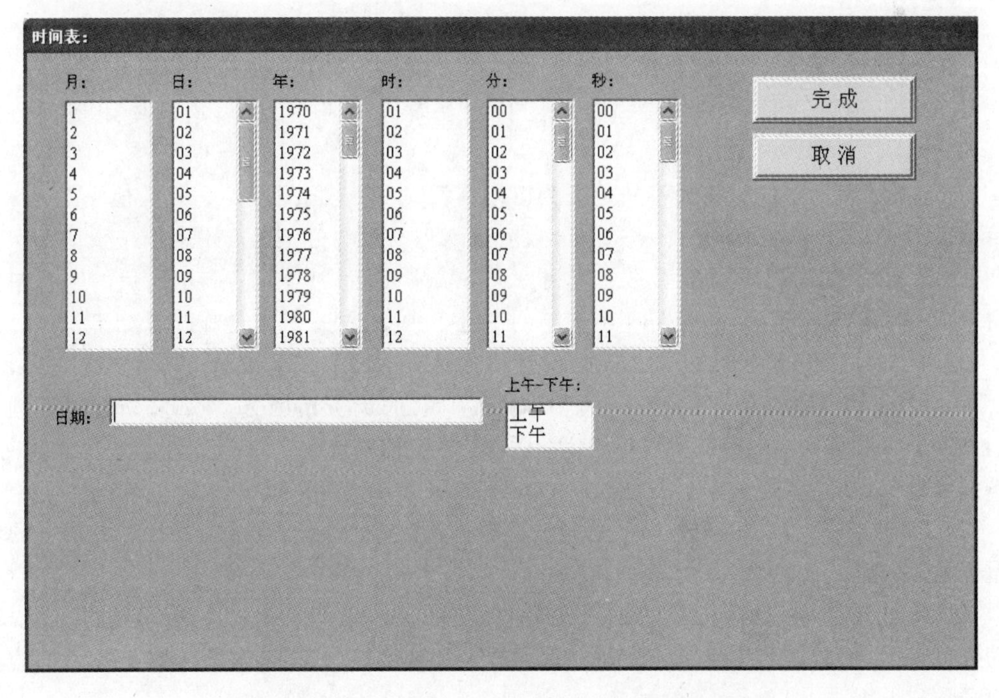

图 7.15　日期类型改为“Text(短文)”后的运行结果

同样,当用户试图删除对话框上的某个与其他控件对象有数据联系的对象时,可视化D++语言也会弹出提示框要求用户进行独立性测试,只有成功断开了与其他控件的数据联系,才能删除该控件或更改数据类型。

本节主要介绍如何更改数据类型使得整个工程仍然保持正确与协调。使用这个更改数据类型的方法,用户可以将“病员资讯表”中的数据项“住院日期:10”的数据类型改为“短文(Text)”,因为只有短文字符串的项才能给其他字符串的项送值。

7.2 重置值

图7.15中的“日期”编辑框的数据类型已是“短文(Text)”而不是“时间(Time)”,因而它的数值不是自动生成的时间,其数值需要指定输入来源。在可视化D++软件设计语言中,如果需要为一个窗体内的数据项在设计阶段指定数据值来源,有下面4种方法可以实现。

(1)(窗体打开前)预置值。在设计窗体界面时为添加的列表框、组合框等控件指定预置值,这些值可以为一列常数,也可以为数据库中的某字段的一列数据值。

(2)(窗体打开后)重置值。在软件设计阶段为编辑框等控件指定一个公式,软件运行窗体后,窗体上的任何一个数据的变动都会按公式计算给编辑框一个数据值等。

(3)(窗体打开后)转送值。通过【加进 Add】等按钮控件将指定值转送给编辑框、列表框和组合框等控件。

(4)(窗体关闭时)回送值。通过【关闭 Close】等按钮控件定义的“结束进程”语句在窗体关闭时回送给某些数据项一个数据值。

其中,预置值、转送值和回送值的实现在前面章节中已经介绍,此处不再赘述,本节对重置值的实现做具体讲解。

以“时间表”对话框为例,当自动构建的软件运行时,用户选择对话框中的月、日、年、时、分和秒等数据值后,“日期:58”编辑框将自动显示用户选择的日期和时间。当用户修改选中的数据项后,“日期:58”编辑框中的日期和时间也随之改变,这可使用重置值来实现。

“日期:58”编辑框的时间值不妨定义为以下字符串:年数值+" "+月数值+" "+日数值+" "+" "+小时数值+" "+分数值+" "+秒数值+" "+上下午数值。引号中间空一个空格,即" "(两个双引号之间用一个空格隔开,而加号“+”表示前后的字符串需要拼接成一个新的字符串,加号“+”不在新的字符串中出现)。具体操作步骤如下:

(1)在前面完成的设计工作上继续(或打开“C:\Visual D++ Language\模型包\书\第7章 重置值与更改数据类型\第3节 重置值”目录下的“病员资讯服务_重置值.mdb”工程文件),然后通过物件目录打开“时间表”对话框。该对话框中包含7个列表框和一个编辑框,其中编辑框“日期:58”的数据类型已为“Text(短文)”,如图7.16所示。

(2)选中“日期:58”编辑框,然后选择主菜单中的【设定要求值】|【需要时时更新它的值为重置值】菜单项,如图7.17所示。

(3)在图7.17中选择【需要时时更新它的值为重置值】菜单项后,SDDA将弹出“编辑语句”对话框。该对话框中提供了丰富的选择按钮和文本输入功能,允许用户进行简单的重置值表达式的编写,如图7.18所示。

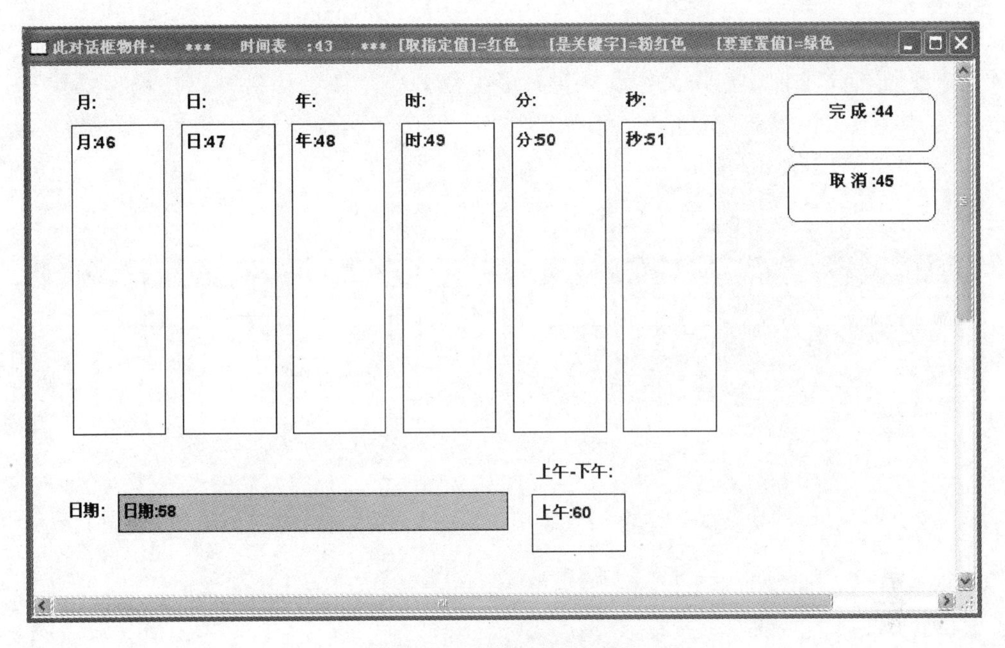

图 7.16　“时间表”对话框

设定要求值　分类目录　查看显示　窗口

规定一个项的限定值（数据库表）
需要时时更新它的值为重置值
按钮操作完成后它去执行某进程
隐藏
有反应否
指出谁有使用此已选项的权力
选择规则(去选得数据库数据)
在列表框中预置数据
粘贴图案在按钮上
键盘功能
设计概要
按钮动态分析
暴露隐藏物件
展示'无反应'物件

图 7.17　选择菜单项

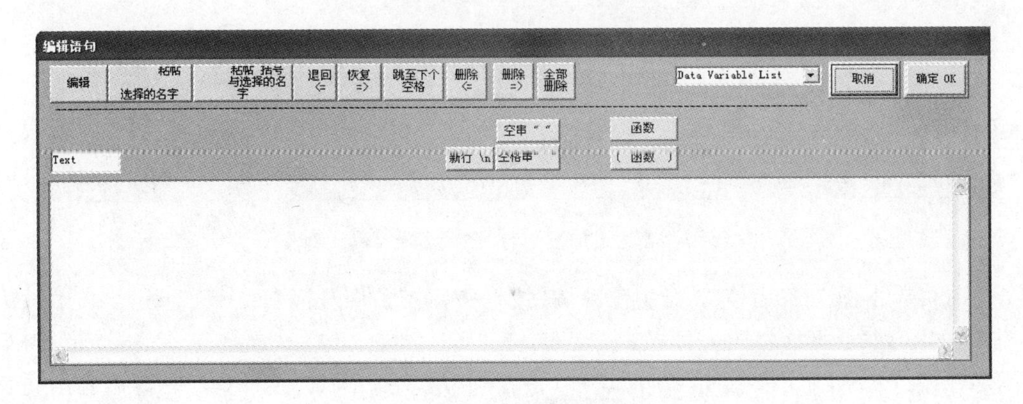

图 7.18　“编辑语句”对话框

(4) 如果需要在该对话框中手动编写,需要首先单击对话框顶端左侧的【编辑】按钮,然后才能在下面的文本框中输入文本或语句。可视化 D++软件设计语言支持鼠标操作,用户可以不手动输入以上语句,而通过鼠标来实现。依照重置值表达式的要求,首先需要输入年数值,单击“编辑语句”对话框顶端右侧的组合框“Data Variable List”,在其中选择“年:48”后,编辑区中将出现“Object_48:48”,如图 7.19 所示。

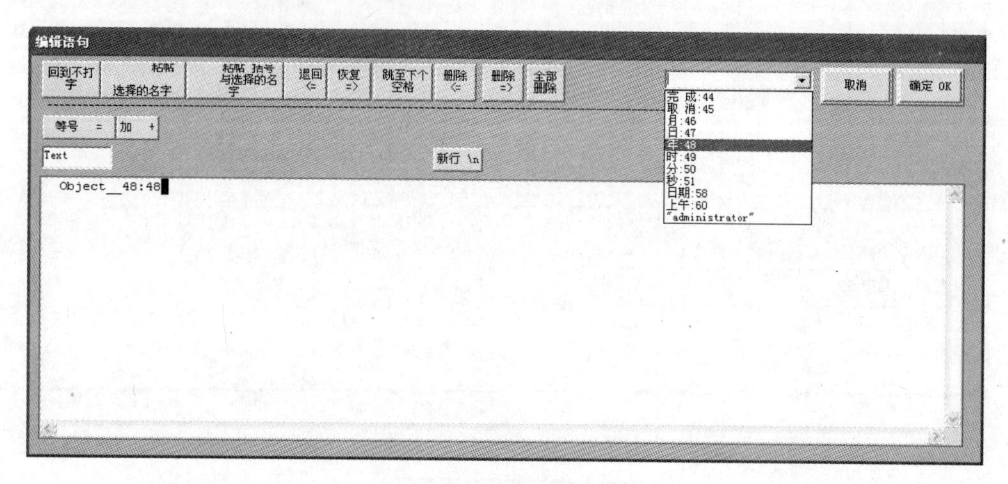

图 7.19　选择变量列表

然后输入连接符“+”,可以单击图 7.19 中左侧第 2 行的按钮【加+】,用连接符“+”号代替图 7.19 中选中的部分,得到的结果如图 7.20 所示。对于可视化 D++语言的集成设计开发环境——SDDA 的智能分析结果,根据常识在连接符“+”之后需自动添加一个<<Text>>项,而且选中成为要更换的部分。

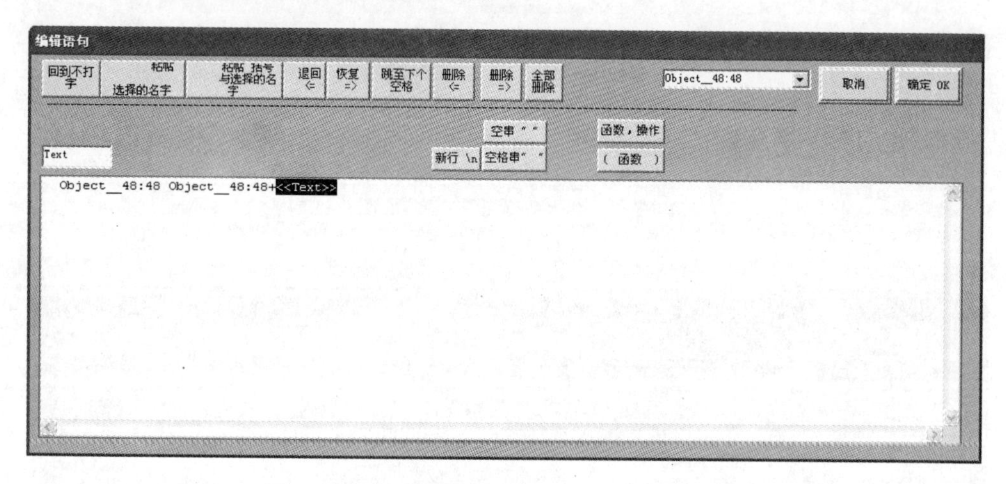

图 7.20　表达式加进了符号“+ <<Text>>”

此时可单击图 7.20 中第 3 行中部的按钮【空格串“”】,用分隔符“”代替图 7.20 中选中的部分,如图 7.21 所示。

同样,对“月”、“日”、“小时”、“分”、“秒”和“上午”重复上面对“年”的操作,即可在语句编辑区中写入下面一段代码:Object_48:48+" "+Object_46:46+" "+Object_47:47+" "+

Object_49:49+" "+ Object_50:50 +" "+ Object_51:51+" "+ Object_60:60,写入后的“编辑语句”对话框如图 7.22 所示。

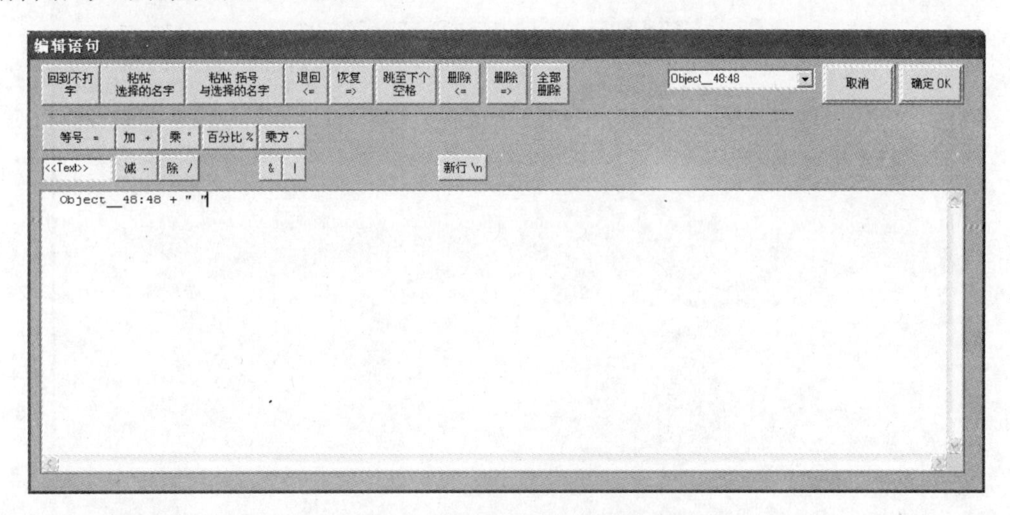

图 7.21　表达式加进了分隔符“”

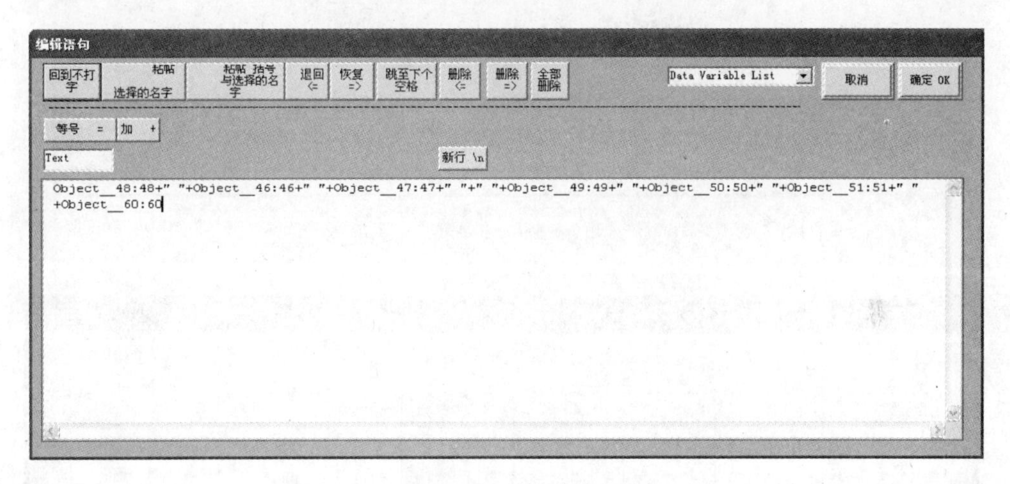

图 7.22　编辑语句

如果需要显示中文名字,可以双击图 7.22 中的代码,重置值中文表达式如下:年:48+" "+月:46+" "+日:47+" "+时:49+" "+分:50 +" "+秒:51+" "+上午:60。用户可以查看弹出的“帮助和编辑”对话框,如图 7.23 所示。

此外,用户也可以手动修改,但要特别小心,尤其是对于其中的双引号""、空格和“+”等符号。中文编辑结束时,单击【确定 OK】按钮关闭该对话框。

(5) 在语句输入完成后,单击图 7.22 所示“编辑语句”对话框顶端右侧的【确定 OK】按钮,即可保存输入的语句并关闭对话框,回到“时间表”对话框。此时读者可以发现,“日期:58”编辑框的边框变成了绿色,说明该编辑框已经有重置值了,如图 7.24 所示。

至此,“日期:58”的重置值的设定就完成了。关闭 SDDA 的所有目录,选择主菜单中的【文件 File】|【软件与程序码产生器】|【视窗 软体】菜单项,即可自动构建软件,生成软件后选择【表单】|【时间表】菜单项,打开“时间表”对话框,如图 7.25 所示。

图 7.23 “帮助和编辑”对话框

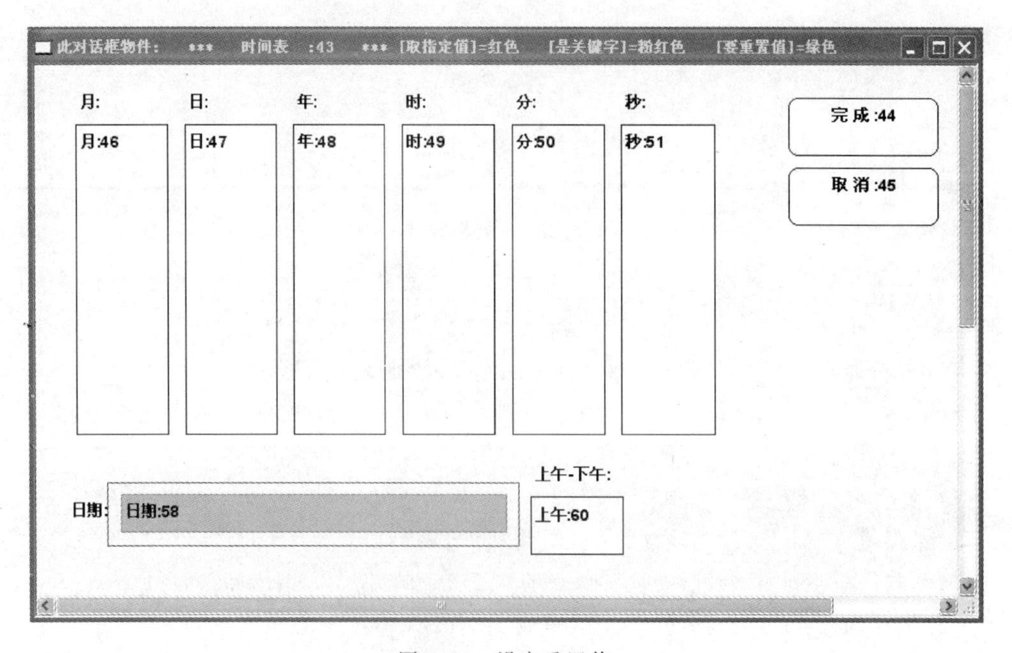

图 7.24 设定重置值

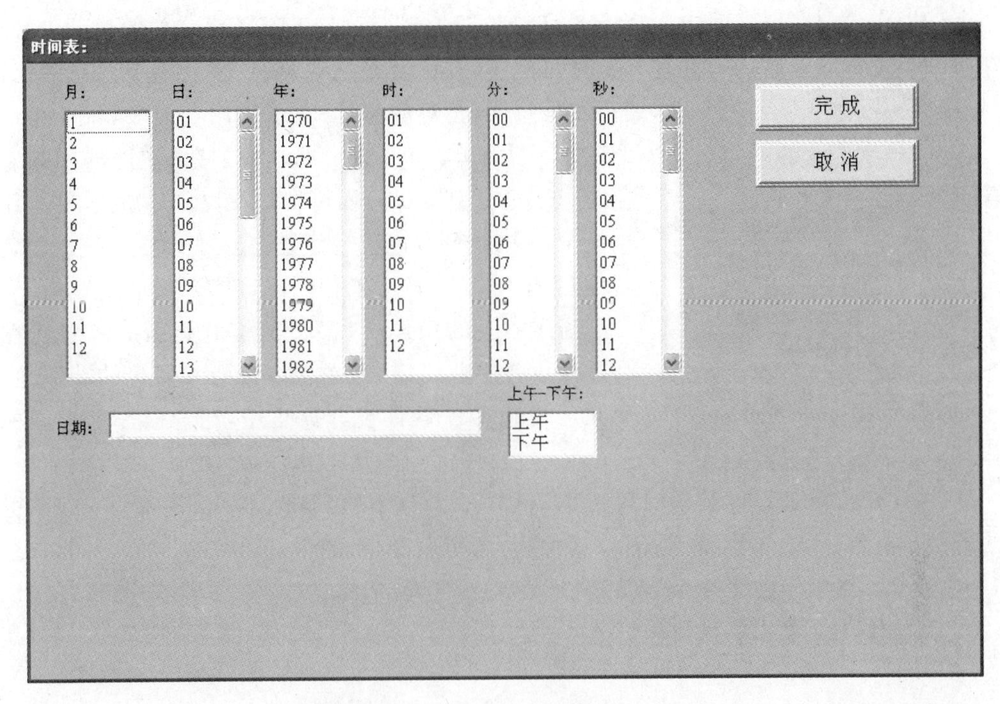

图 7.25　“时间表”对话框

读者可以注意到，此时“日期”对应的编辑框为空，没有任何值。当用户选择“月”、“日”、“年”、“时”、“分”、“秒”和“上午-下午”等列表框中的值时，“日期”编辑框中的值随之变化，实现了实时更新，如图 7.26 所示。

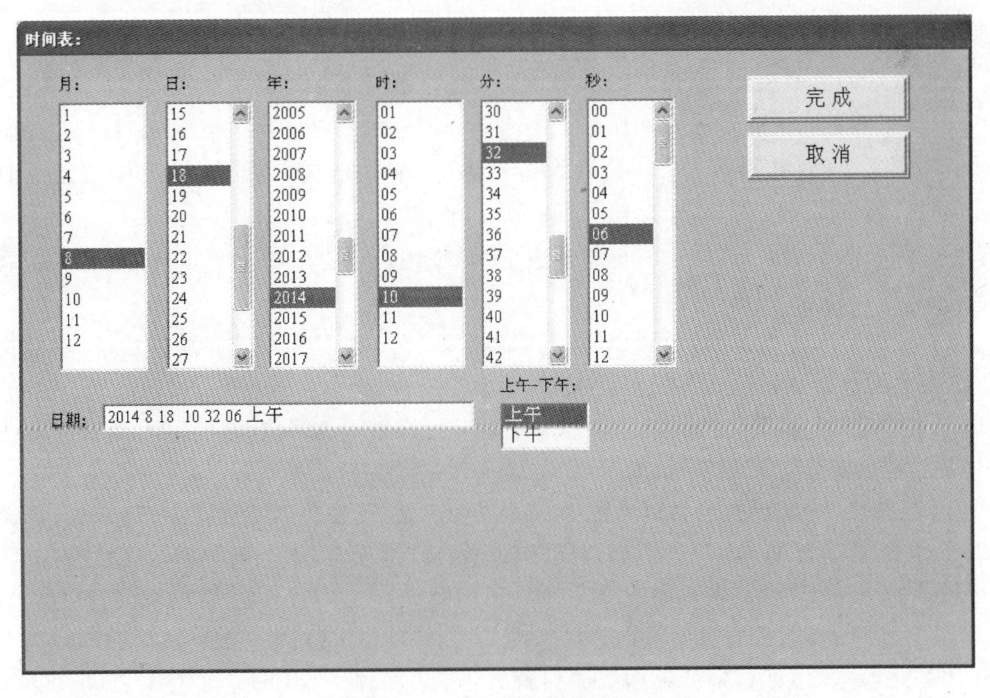

图 7.26　实时更新的重置值

上述操作分别在列表框中选择了 8 月、18 日、2014 年、10 时、32 分、06 秒和上午等值，则在“日期”编辑框中显示了具有日期时间格式(重置值表达式)的文本。需要注意的是，在打开“编辑语句”对话框时，除了使用上面步骤(2)中所介绍的选择主菜单中的【设定要求值】|【需要时时更新它的值为重置值】菜单项外，还可以选中对象后右击，在弹出的快捷菜单中选择【预先设定值】|【需要时时更新它的值为重置值】菜单项，二者的功能相同，如图 7.27 所示。

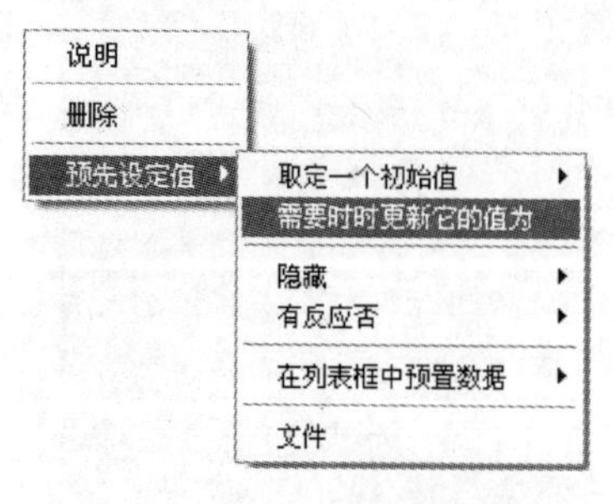

图 7.27 快捷菜单

通过以上的操作可以发现，实时更新的重置值在实际软件设计中使用频繁，是程序员经常实现的功能之一，而在可视化 D++ 软件设计语言中，用户只需通过鼠标选择相应菜单项即可完成。

最后，用户可以把设计结果保存到“C:\Visual D++ Language\模型包\书\第 7 章 更改数据类型与重置值\第 3 节 重置值”下的“病员资讯服务_重置值. mdb”中。

7.3 数据的实时传送

前面章节中提到了用按钮进行多个窗体或对话框之间的数据传送，而在实际软件设计中，将其中一个窗体中某对象的值赋给另外一个窗体的某个对象的实现需求更为广泛，这就涉及数据的实时传送。本节将通过一个具体示例为读者介绍如何实现不同窗体中的数据实时传送，并通过编辑框进行显示。

7.3.1 编辑框的取值

与列表框的取值类似，编辑框的取值也可以有多种方式，例如预置值、重置值、通过【加进 Add】按钮转送以及通过进程回送等。本小节介绍一种不必使用【加进 Add】按钮，编辑框本身也能定义“转送值”的功能实现，即当用户选中在编辑框中准备输入字符时，会跳去打开另一个对话框选取一个值，回送给编辑框。

本示例将使用到工程“病员资讯服务_编辑框取值. mdb”中的两个窗体(表单)，即病员登记表和时间表。其实现步骤如下：

(1) 在 SDDA 中打开“病员资讯服务_编辑框取值. mdb”工程，选择物件目录，然后在物件目录中双击打开“病员登记表”对话框，如图 7.28 所示。

(2) 对“病员登记表”对话框的“住院日期:29”编辑框定义“转送值”功能，使其能够获取值。双击“住院日期:29”编辑框，打开图 7.29 所示的定义对话框。

(3) 在图 7.29 所示的定义对话框中，单击“对话框/视窗名”右侧的【编辑】按钮，将弹出“选择一个视图/对话框名字”对话框，要求用户选择数据来源(不能选视窗，视窗没有返回值的功能)。此处选择“时间表”，如图 7.30 所示。

(4) 在图 7.30 所示的对话框中选择“时间表:43”后单击【接收 OK】按钮，即可将 7.1 节中添加的“时间表”对话框中的数据添加到病员登记表窗体中，因此得到“住院日期:29”的新的定义，如图 7.31 所示。

此对话框物件: *** 病员登记表 :23 *** [取指定值]=红色 [是关键字]=粉红色 [要重置值]=绿色
完成:24
取消:25
姓名:
姓名:26
性别:
性别:27
疾病:
疾病:28
住院日期:
住院日期:29

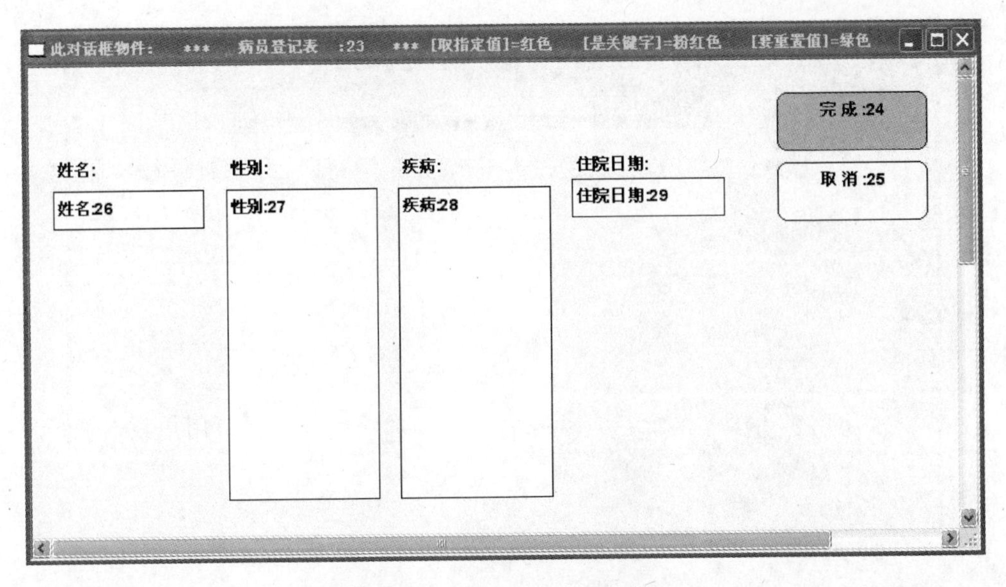

图 7.28 “病员登记表”对话框

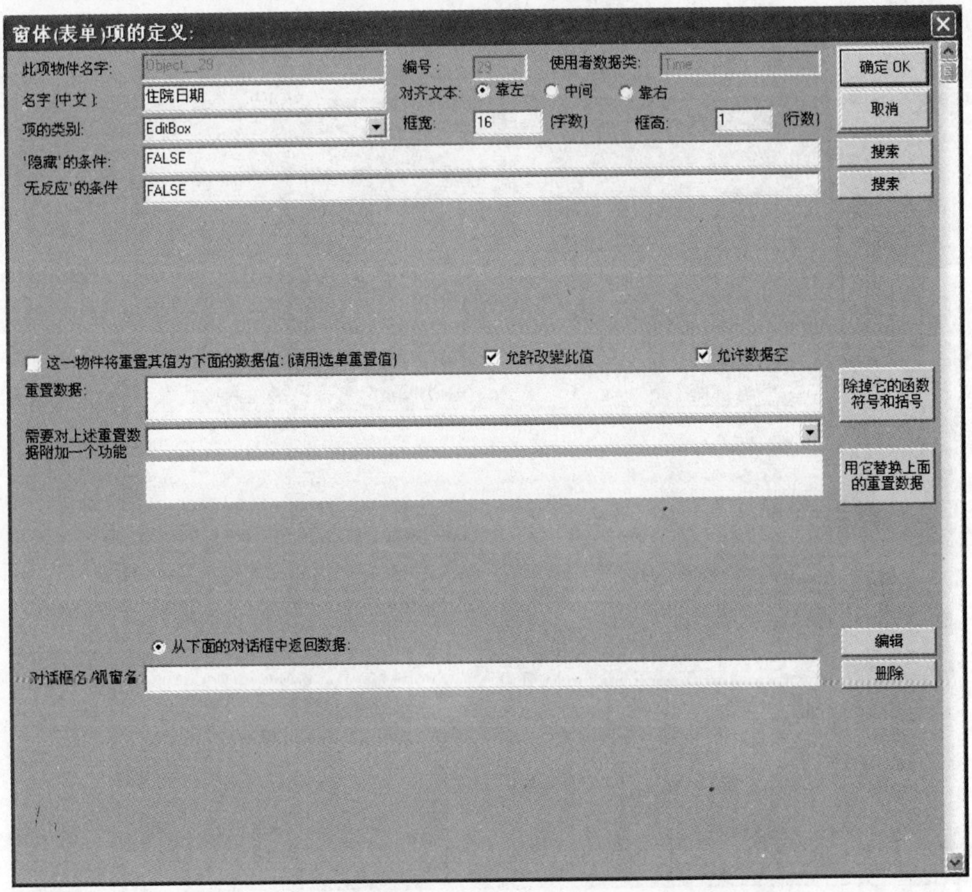

窗体(表单)项的定义:
此项物件名字:
Object_29
编号:
29
使用者数据类:
Time
确定 OK
名字(中文):
住院日期
对齐文本:
靠左
中间
靠右
取消
项的类别:
EditBox
框宽:
16
(字数)
框高:
1
(行数)
'隐藏'的条件:
FALSE
搜索
'无反应'的条件
FALSE
搜索
这一物件将重置其值为下面的数据值:(请用选单重置值)
允許改變此值
允许数据空
重置数据:
除掉它的函数符号和括号
需要对上述重置数据附加一个功能
用它替换上面的重置数据
从下面的对话框中返回数据:
编辑
对话框名/视窗名:
删除

图 7.29 “住院日期:29”编辑框的定义对话框

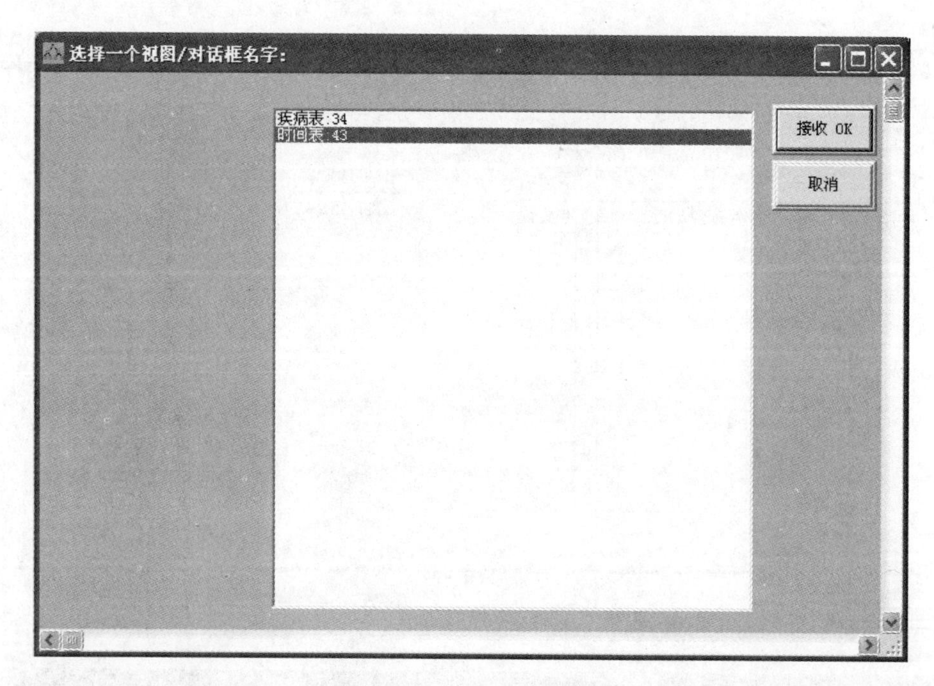

图 7.30 选择数据来源

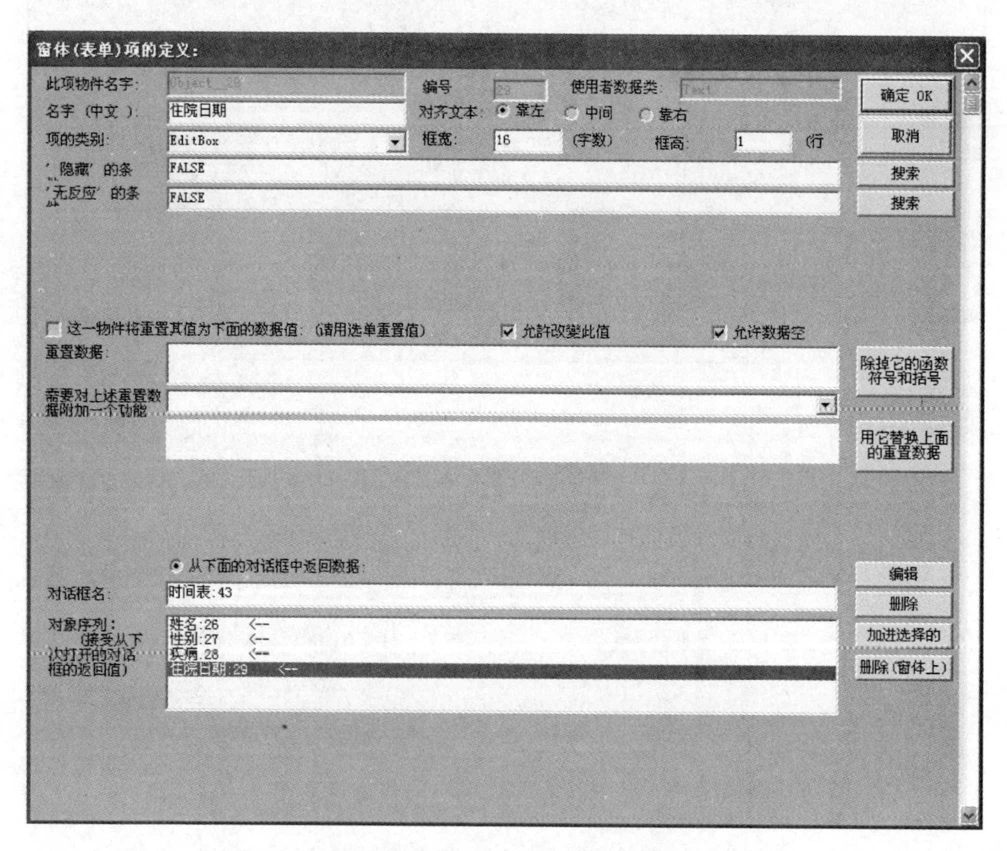

图 7.31 添加后的“住院日期:29”编辑框的定义对话框

(5) 那么怎样从"时间表:43"对话框中取值并回送一个值给"病员登记表"对话框中的"住院日期:29"控件呢？SDDA的操作非常简单，在前面章节中也提到了，用户只需选中对象序列里的"住院日期:29"项，单击右侧的【加进选择的】按钮，就会弹出拥有一列数据的对话框，如图7.32所示。

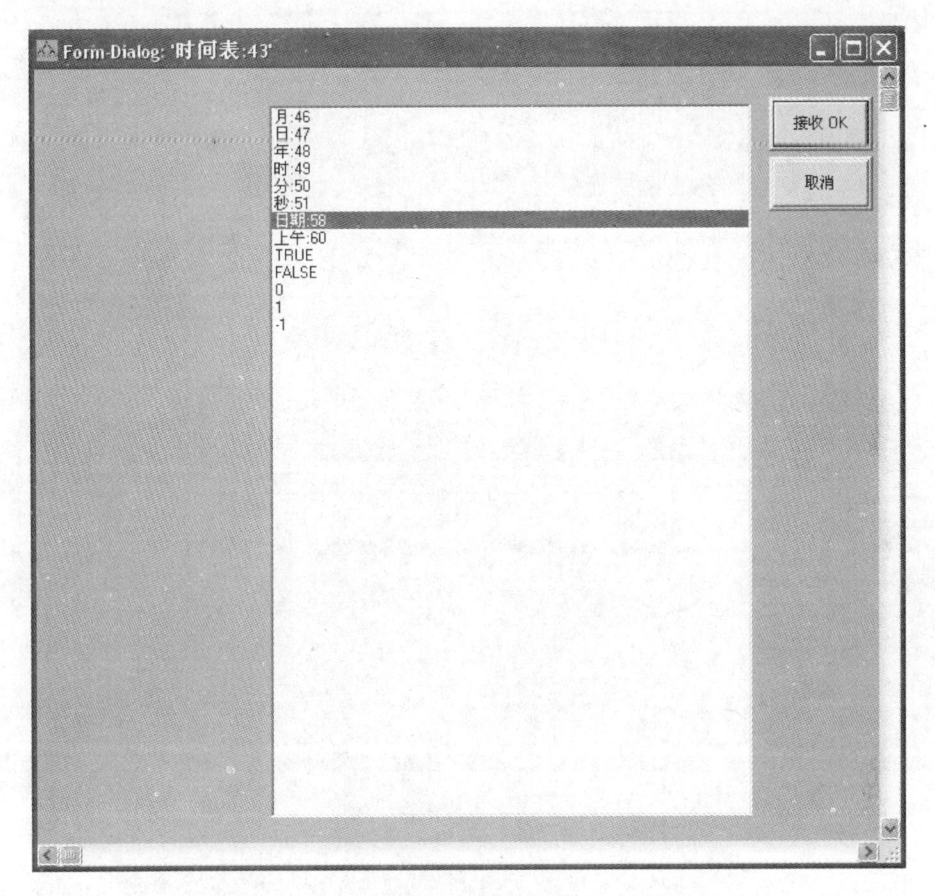

图7.32　"时间表"对话框

(6) 在图7.32所示的对话框中选择"日期:58"选项，即选择数据来源为"时间表"对话框中的"日期:58"编辑框，单击右侧的【接收 OK】按钮，该对话框被关闭同时回到"住院日期:29"项的定义对话框，可以看到已经生成了对应关系，如图7.33所示。

需要注意的是，如果要传送两个对象之间的数据，必须保证其数据类型一致。例如"时间表"对话框中的"日期:58"编辑框为"Text(短文)"类型，那么"病员登记表"中的"住院日期:29"编辑框也必须为"Text(短文)"类型，否则将出现如图7.34所示的错误提示框。

图7.34中的错误提示说明"病员登记表"中的"住院日期:29"编辑框的数据类型为"Time(时间)"。此时，需要将"住院日期:29"编辑框的数据类型更改为"Text(短文)"，其更改步骤已在7.1.3小节中详述：首先进行独立性测试，解除"住院日期:29"编辑框与对话框中其他对象的数据联系，再打开"住院日期:29"编辑框的说明书对话框，将其类型改为"Text(短文)"，如图7.35所示。

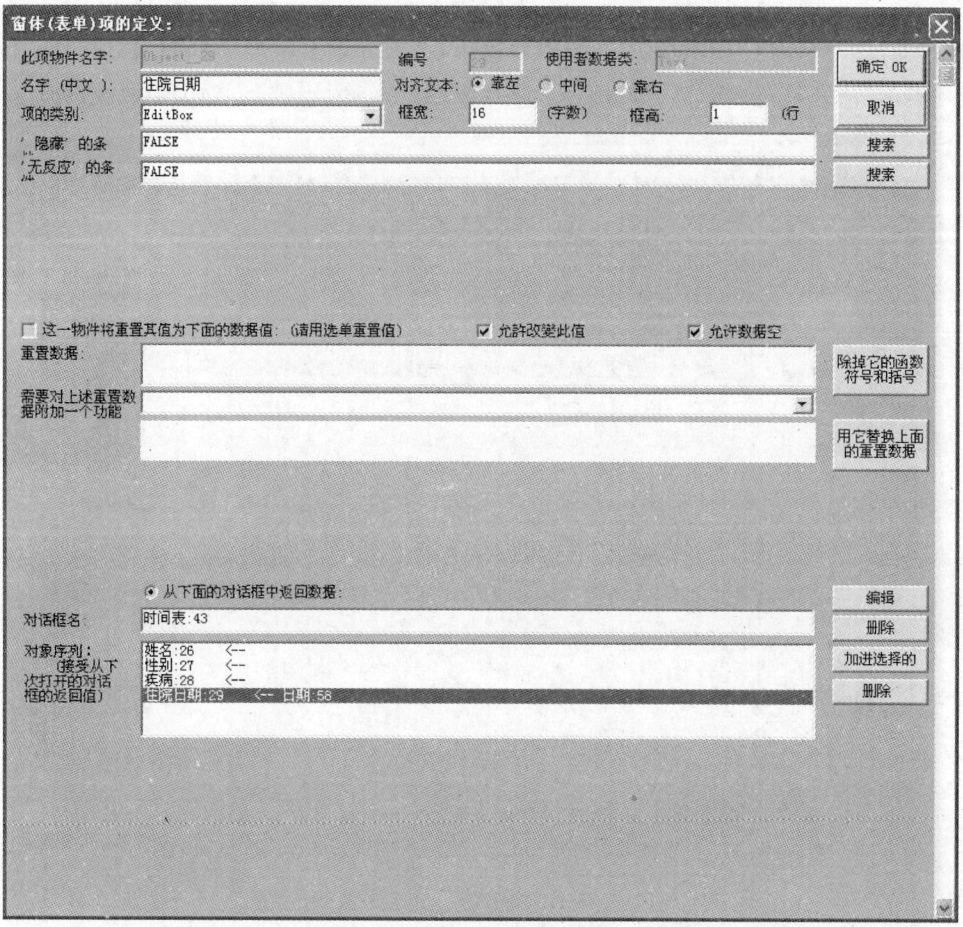

图 7.33　生成传送对应关系

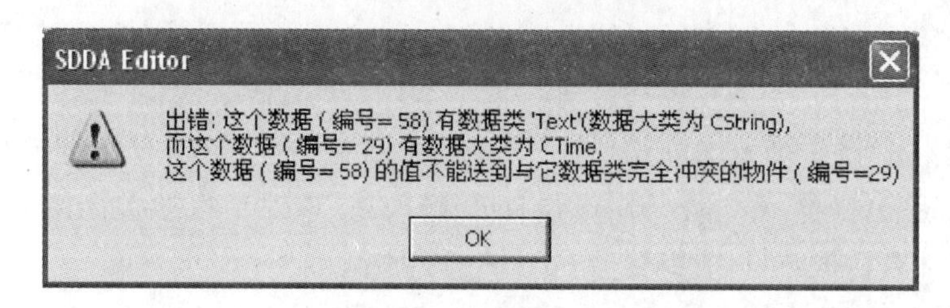

图 7.34　数据类型不一致

在完成了数据类型的修正后，需要重新进行图 7.31～图 7.33 所示的送数操作，直到实现了将时间表的数据项“日期:58”的数送给“住院日期:29”，具体步骤如下：

(1) 重复图 7.31 的操作：选定“病员登记表”对话框中的数据项“住院日期:29”，然后单击【加进选择的】按钮。

(2) 重复图 7.32 的操作：选定被送的数据来源为“时间表”对话框中的“日期:58”。

(3) 重复图 7.33 的操作：实现“病员登记表”对话框中的“住院日期:29”接受“日期:58”送回的值。

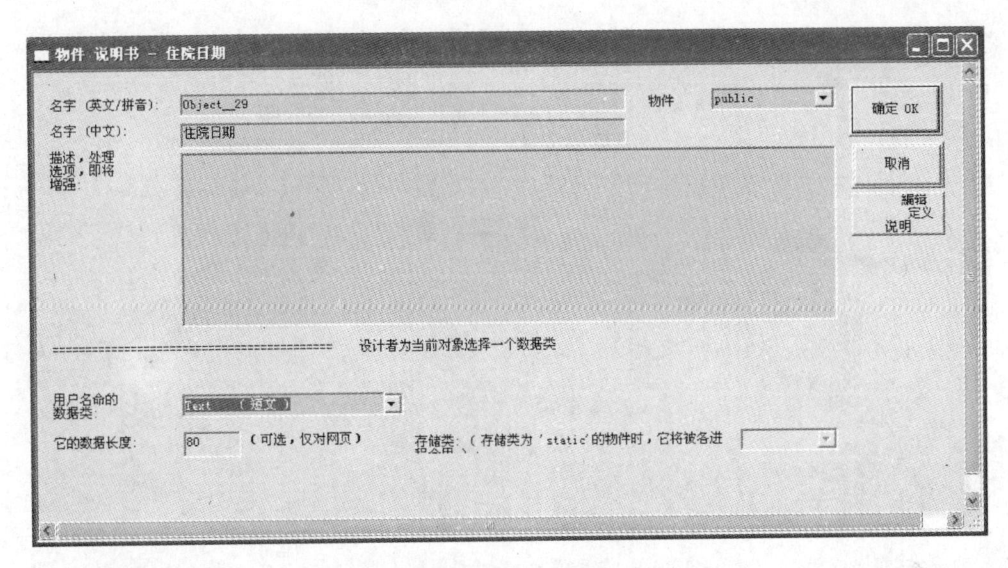

图 7.35　更改数据类型为“Text(短文)”

至此，为“住院日期:29”编辑框获取回送值的操作完成。读者可以关闭该对话框，此时自动构建了软件并运行软件，选择【表单】|【病员登记表】菜单项，打开“病员登记表”对话框，如图 7.36 所示。

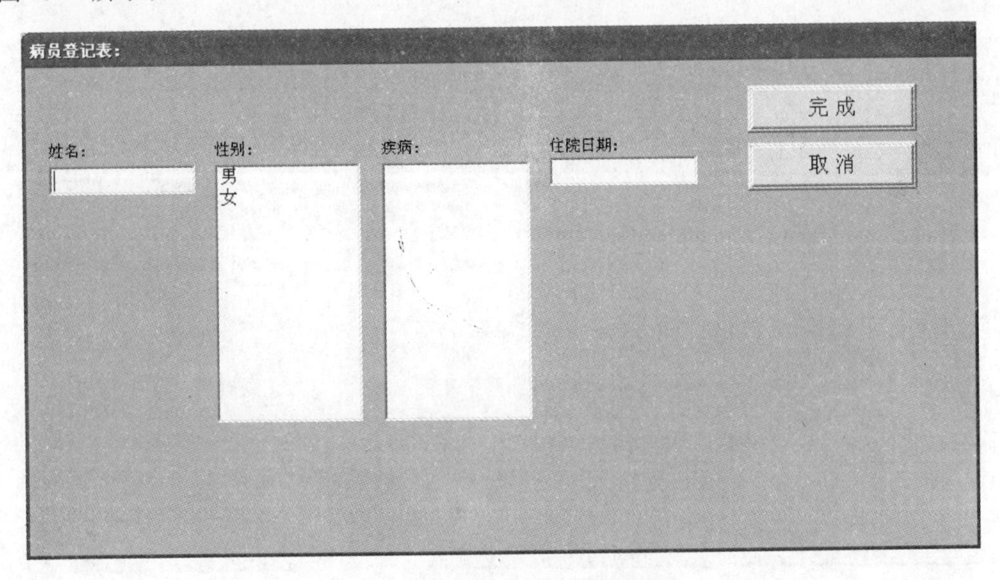

图 7.36　“病员登记表”对话框

单击“住院日期”下面的编辑框，程序弹出“时间表”对话框，供用户选择日期和时间，如图 7.37 所示。在该图中选择 8、18、2014、02、19、00 和下午几个值，得到“日期”编辑框的值为“2014 8 18　02 19 00 下午”，如图 7.37 所示。

用户在图 7.37 所示的对话框中选择日期后，单击右侧的【完成】按钮，则该对话框关闭，返回到“病员登记表”对话框，此时“住院日期”编辑框中已经有值，该值就是用户刚刚在“时间表”对话框中所指定的，如图 7.38 所示。

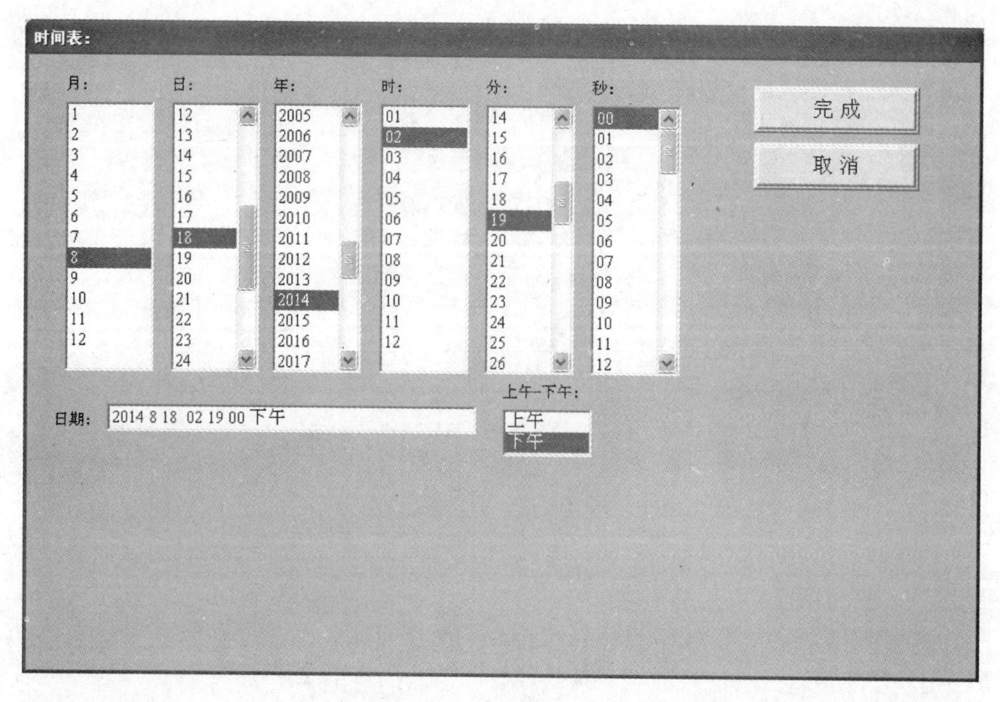

图 7.37　选择日期和时间

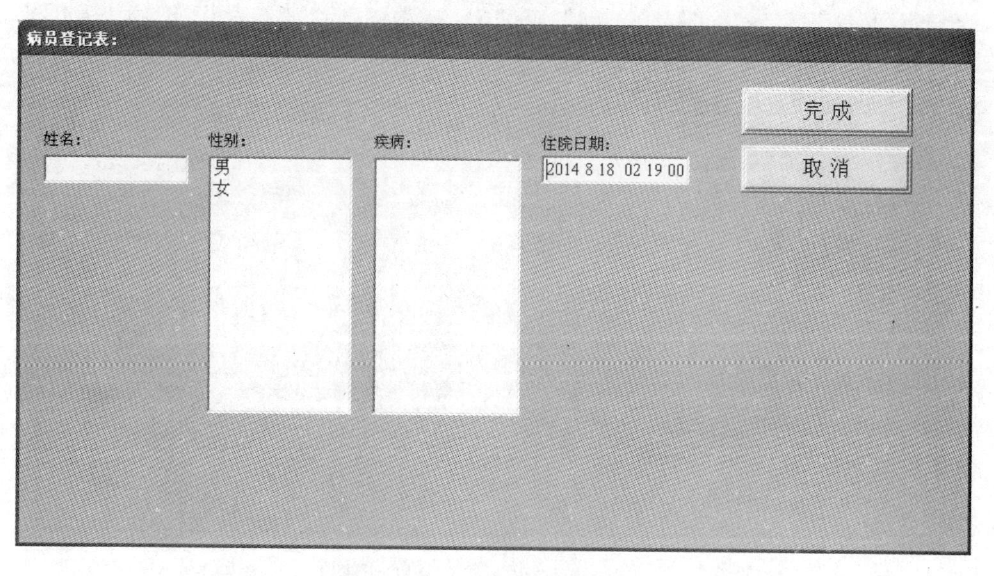

图 7.38　返回值到编辑框中

至此，编辑框的取值操作完成。通过以上步骤，用户可以任意指定工程中的数据作为该窗体中某对象的数据来源，大大提高软件设计的自动化程度。

7.3.2　查看“设计概要”

为了更好地观察软件设计的操作，可视化 D++软件语言设计了“设计概要”功能模块，供用户查看对话框或窗口的数据取值变化。如果要调用该功能，可以在主菜单中选择【设定要

求值】|【设计概要】菜单项，如图 7.39 所示。

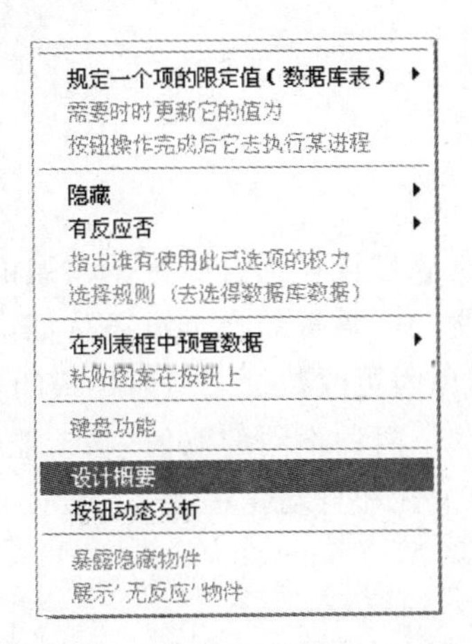

图 7.39　选择“设计概要”菜单项

该功能能够显示当前设计的对话框或窗体的大致情况，这里以本工程中的“病员登记表”对话框为例，其设计概要窗体如图 7.40 所示。

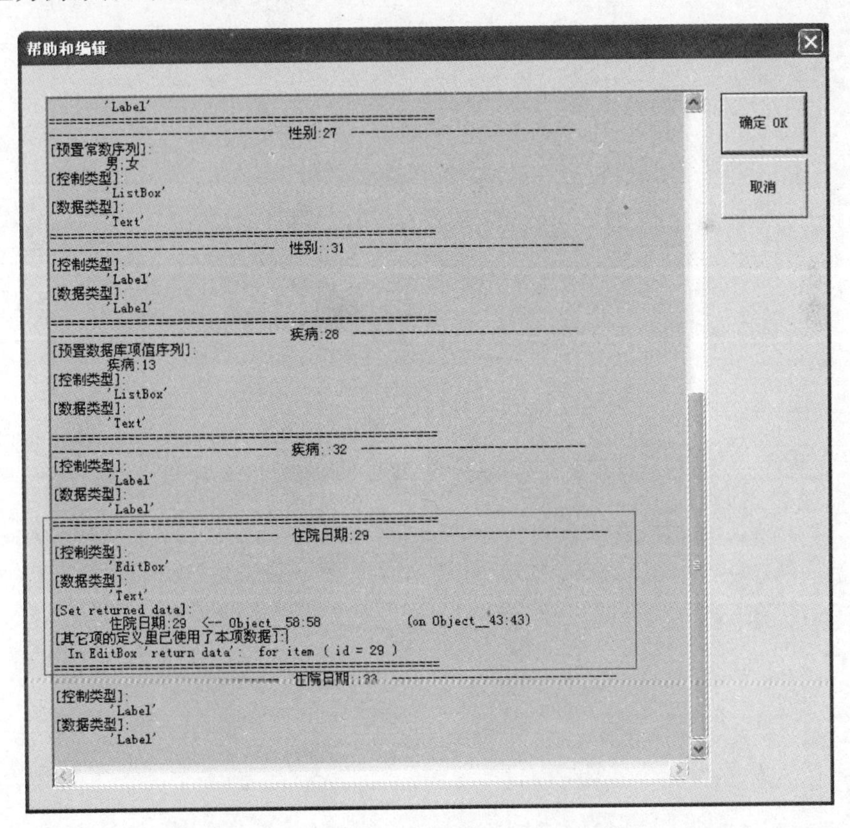

图 7.40　设计概要窗体

从图 7.40 所示的“病员登记表”的设计概要窗体中读者可以看到“病员登记表”的各对象类型，而设置了编辑框返回值的“住院日期:29”对象则显示了对应的数据关联。因此，概要设计窗体能够帮助用户全面了解当前窗体的设计概况，是用户在设计软件时非常实用的功能。

7.4 小结

本章主要介绍了可视化 D++软件设计语言中数据类型的更改和重置值的操作，能够自由更改数据类型和方案是可视化 D++语言的一个重要特征，可视化 D++语言通过设计独立性测试模块来断开关联数据，避免因更改数据类型而导致的程序崩溃问题。此外，重置值的“自动重复取值”和“编辑框取值”是两种不同的取值方式，能够使用户在设计软件时指定数据来源，大大提高了软件的可维护性和自动化程度。

第8章

数据的主从连接

在许多数据库应用软件中，由于不同的数据库表（简称数据表）之间存在着密切的关系，在读取和写入这些数据的时候需要为其建立一种数据连接。当用户从“主”数据表中读取一条记录后，“从”数据表需要显示对应的一条或多条记录，这就是数据的主从连接。主从连接能够很好地实现关系数据库中的一对多关系，解决人们日常生活中碰到的常见问题，并且能够直观地显示不同数据表中的数据及其联系，深受程序员和用户的欢迎。

8.1 教学示例

可视化D++语言具有强大的主从连接实现功能，能够方便、快捷地构建数据主从连接窗体。为使读者更好地理解主从连接在应用软件中的作用，本节首先为读者展示一个教学示例软件，即“C:\ Visual D++ Language\模型\书\第 8 章 信息的主从连接\教学示例”下的“Hospital_Service. exe”，该示例明确了主从连接的优势和特点。

8.1.1 查看主从信息

例如，在某医院建立的病员信息管理系统中，数据表“病员表”记录了所有病人的信息，包括病员的病员号、姓名、性别等基本信息，同时用另一个数据表“病历表”记录了每位病员每一次看病的详细信息，包括每一次看病的病历号、日期、疾病等信息。同一位病员可能有多个看病记录，这两个数据表在关系数据库中就体现为一对多（1：N）关系。“病员表”作为“主”表存储所有病员的基本信息，“病历表”作为“从”表记录每位病员多次看病的详细信息。

查看一张“病员卡”，人们的视觉习惯是从上到下看。人们先从窗体顶部看到了一条“病员表”记录的病员号和姓名，再往下看，看到了此病员的“病历表”的多行病员号和疾病名。根据人们的阅读习惯，此“病员卡”的安排自然应该是图中顶部的一行编辑框用于存取“病员表"记录；图中偏下部的多行表格(Grid Table)用于存取"病历表"的多行记录。当然，此时"病历表"每行的病员号必须被指定为与顶部的"病员表"中的病员号相同。这样就建立了图 8.1 所示的主从连接窗体，它能够清晰、直观地体现这两个数据表之间的关系。

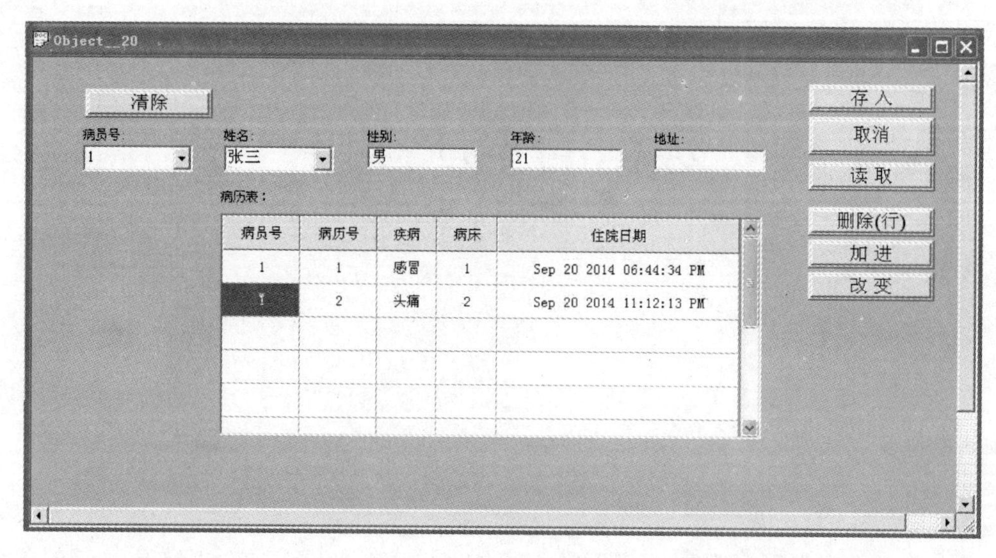

图 8.1　主从连接窗体示例

在图 8.1 所示的教学示例软件中，读者看到病员号为"1"、姓名为"张三"的病员的基本信息，同时"病历表"中显示了该病员的两次看病经历，第一次病历号为"1"、疾病为"感冒"、病床为"1"、住院日期为"Sep 20 2014　06:44:34 PM"，第 2 次病历号为"2"、疾病为"头痛"、病床为"2"、住院日期为"Sep 20 2014　11:12:13 PM"。

当读者想查看其他人的看病经历时，单击"病员号"下方的下拉列表框即可选择不同病员号的病员，如图 8.2 所示。例如当使用者在下拉列表框中单击号码为"3"的一行字符时，软件会立即读取数据表"病员表"中一条病员号为"3"的记录，读出的记录会显示在图 8.2 中

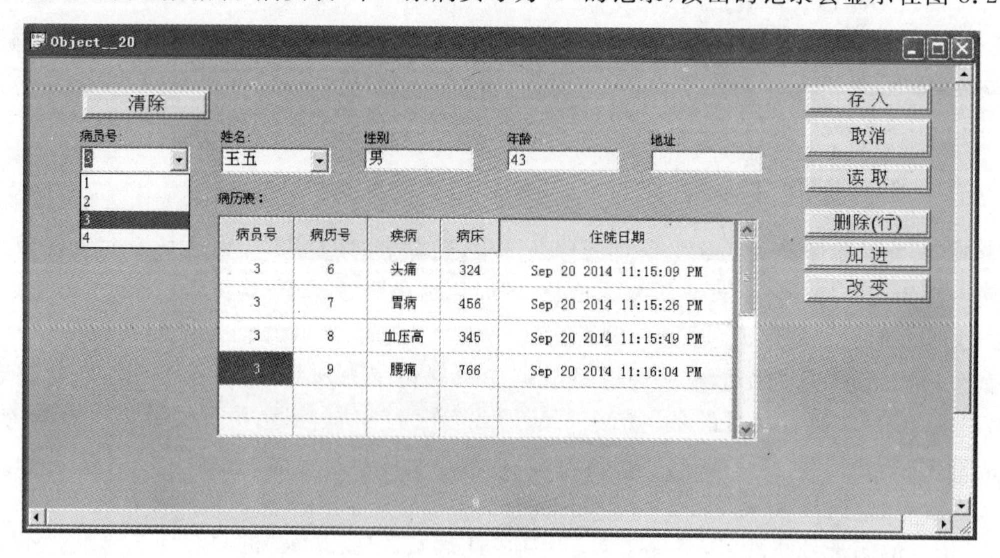

图 8.2　病员号为 3 的病员的看病记录

顶部的一行下拉列表框和编辑框里，病员号为“3”、姓名为“王五”、性别为“男”、年龄为“43”；由于“主”数据表“病员表”的病员号为“3”，由此病员号“3”带出“从”数据表“病历表”中病员号值为“3”的所有记录，列在图 8.2 的列表框中。

读者可以看出，当用户选择了不同的病员号时，病历表对应的列表框显示了该病员对应的看病记录信息，这就体现了一个窗体内的数据表之间的主从连接的特点。此外，用户也可以通过选择图 8.2 中第 1 行的“姓名”下拉列表框来查看对应病员名的病员的看病记录。下面进一步展示本示例软件的其他功能。

8.1.2　添加主数据

从 8.1.1 小节的程序实现中读者可以看出，主从连接的信息在显示和查看等操作上更符合人们的操作习惯，更容易被用户接受。此外，使用了主从连接的窗体也能够轻松地添加信息，本小节介绍如何在包含主从连接的窗体中添加主数据。

在图 8.1 所示的示例窗体中，单击左上方的【清除】按钮可清空窗体中的所有主从数据，同时，主数据表“病员表”中的“病员号”字段的初始值变为 0，如图 8.3 所示。

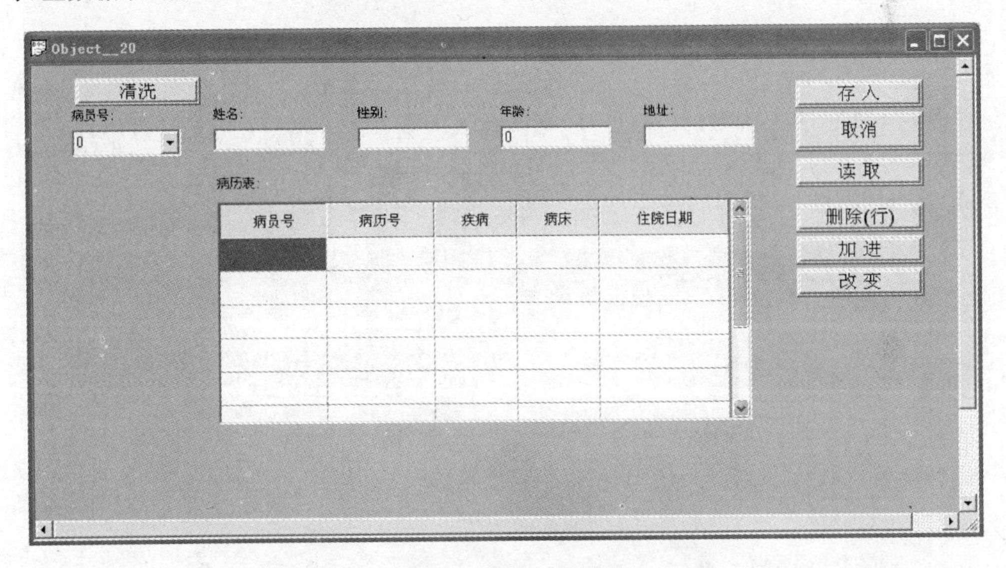

图 8.3　清空主从数据

清空已显示的数据后，用户可以直接在主数据表“病员表”对应的字段中输入需要添加的内容，例如，此处添加一条新病员记录，即“陈斌，男，32，北京市”。输入完成后单击窗体右侧的【存入】按钮，如图 8.4 所示。

在图 8.4 所示的窗体中单击【是(Y)】按钮即可将该记录存入到主数据表“病员表”中，同时字段“病员号”自动变为 4，表明“病员表”增加了第 4 条记录。此后，用户可以通过窗体中的【读取】按钮查询该条记录，病员“陈斌”此时还没有看病记录，其“病历表”中的数据为空。

8.1.3　添加从数据

在 8.1.2 小节中添加了一条新的病员记录后，如果该病员在某一时间看病，则需要为其

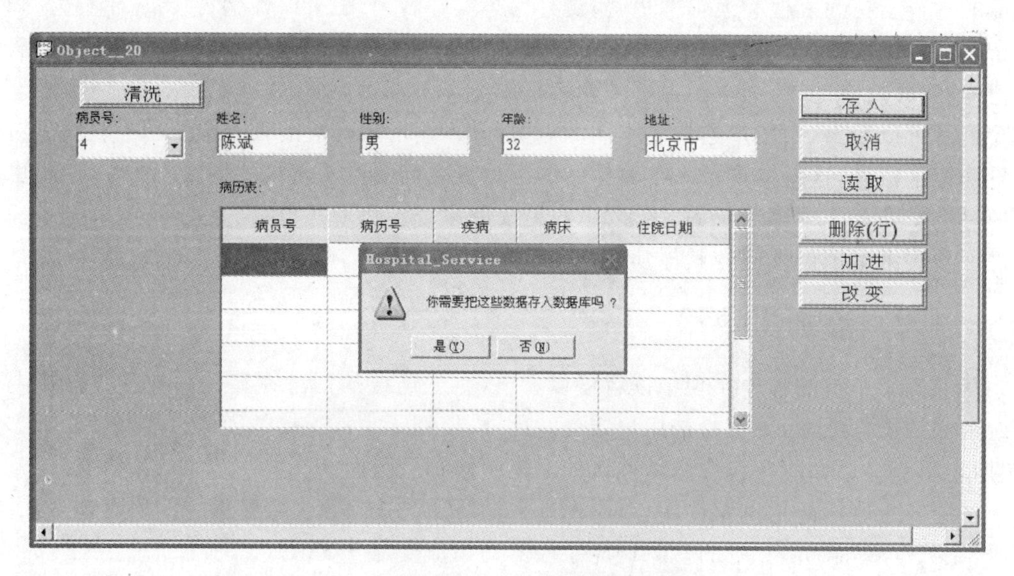

图 8.4　添加主数据

添加一条病历记录，这就涉及图 8.1 所示窗体中的从数据操作。

在图 8.1 所示的窗体中，在“病员号”字段对应的下拉列表框中选择“4”，可以显示病员“陈斌”的基本信息。此时，单击窗体右侧的【加进】按钮，将弹出一个新的对话框，让用户选择并输入从数据，如图 8.5 所示。

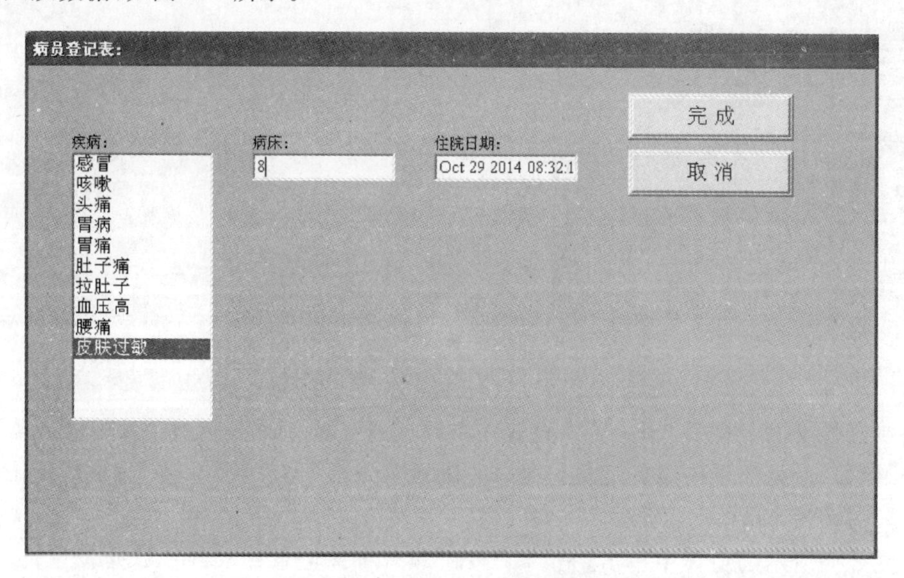

图 8.5　选择并输入从数据

当用户选择并输入了图 8.5 中所示的数据后，单击对话框右侧的【完成】按钮，“病员登记表”对话框将自动关闭并回到主从数据窗体，同时将用户输入的数据显示在从数据表“病历表”对应的列表框中，如图 8.6 所示。

从图 8.6 中可以看出，准备新加到从数据表“病历表”中的一条记录有 5 个字段，其中“病员号”为 0，不符合为病员号为“4”的病员添加病历记录的要求，这是由于新增的数据还

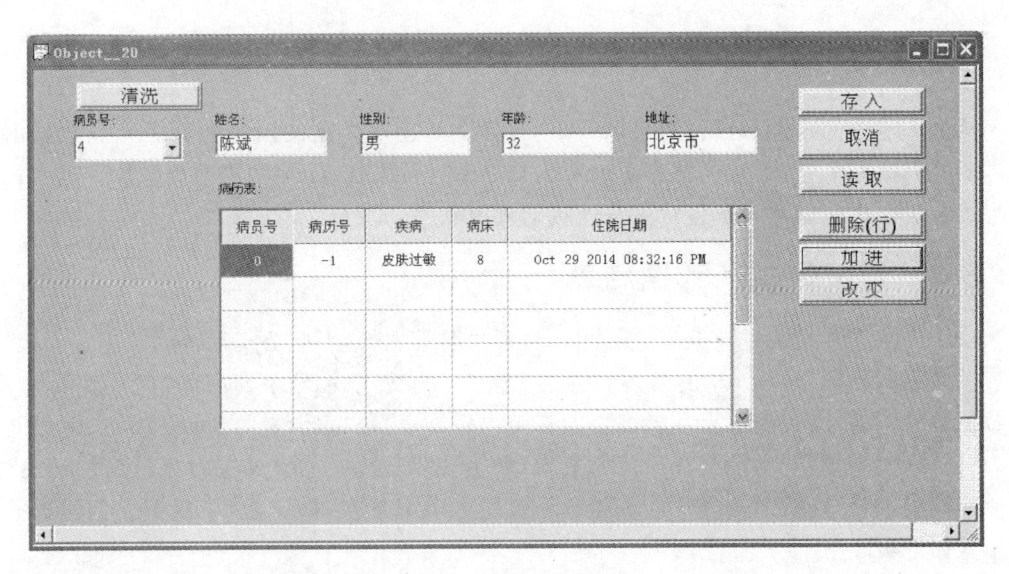

图 8.6　添加从数据

未写入到数据表“病历表”中。

当用户单击窗体右侧的【存入】按钮后，数据写入到“病历表”中，并显示到从数据表“病历表”对应的列表框中，此时“病历表”中的“病员号”的值已经为“4”，这是因为新构建的软件保证“病历表”记录中的“病员号：13”的值，在此记录存入数据库前会获得它的指定值——“病员表”记录的“病员号：6”的相同值，如图 8.7 所示。

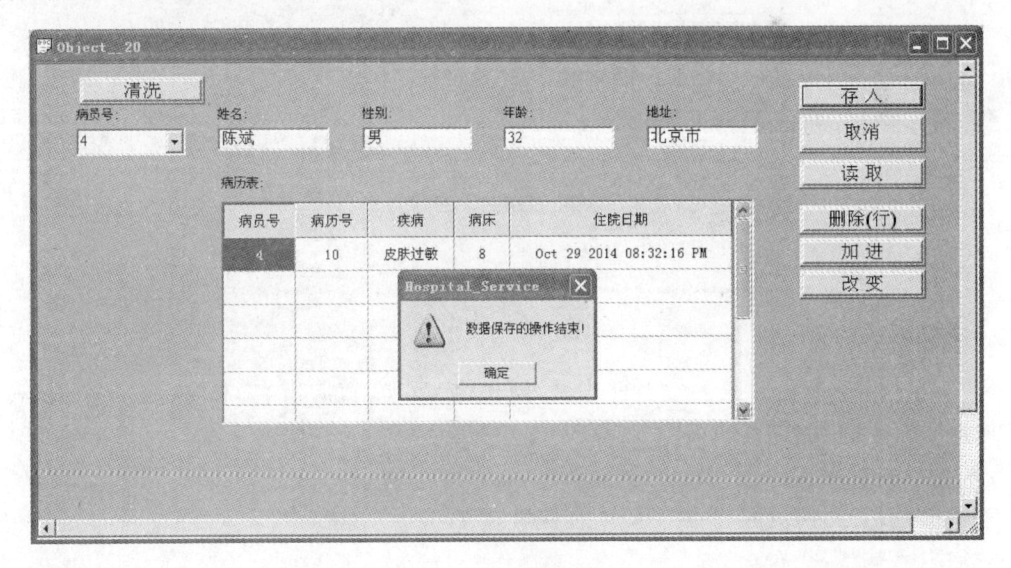

图 8.7　保存数据

同样，用户可以通过窗体右侧的【删除(行)】按钮对主从数据进行删除操作，通过【改变】按钮对从数据进行修改、更新等操作。这些按钮能够让用户方便地对主从连接的数据进行操作，体现了使用可视化 D++语言设计的软件具有较高的可用性和可靠性。

8.2 建立主从连接

从8.1节中的教学示例读者可以看出，包含主从连接数据的窗体能够更直观地显示用户需要的数据和信息，并且能够自由地对主从数据进行添加、删除和修改等操作。本节将重点为读者讲解如何创建一个包含主从连接的视窗软件。

8.2.1 设计主从数据库表

由于主从连接是通过数据表之间的一对多关系实现的，因此要实现数据的主从连接，两个数据表之间必须存在1:N的关系。为了实现8.1节教学示例中的窗体，本小节创建了3个数据表——病员表、病历表和疾病表。其中，“病员表”和“病历表”之间是主从关系，即“病员表”记录的“关键字”字段“病员号”的值与“病历表”记录的一个“非关键字”字段“病员号”的值相同。也就是说，一个“病员”可能有一条或多条记录在“病历表”中找到。创建数据表的步骤如下：

(1) 双击桌面上的“可视化D++语言”图标(“Visual D++”)或“C:\Visual D++ Language\”中的“Visual D++ Language.exe”应用程序，打开可视化D++软件设计语言的集成设计开发环境——SDDA。在其中打开“模型包\书\第8章”目录，选择其中的“初始模型.mdb”文件，然后单击【打开】按钮，如图8.8所示。

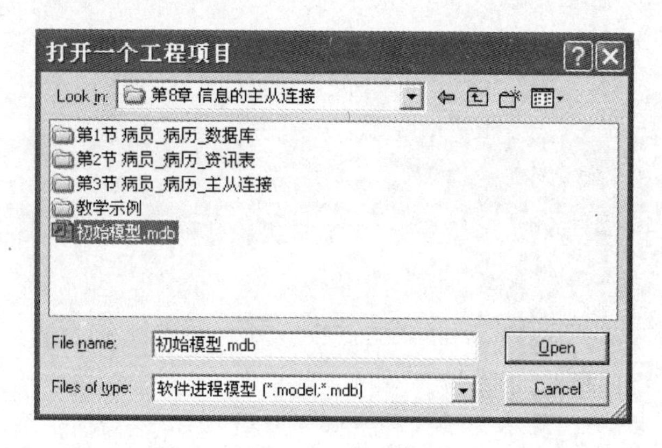

图8.8 打开工程

(2) 在打开的物件目录的空白处双击，创建“病员表”、“病历表”和“疾病”3个数据表，并指定这3个表中的字段如下。

病员(病员号，姓名，性别，年龄，地址)

病历(病历号，病员号，疾病，病床，住院日期)

疾病(疾病号，疾病)

(3) 指定以上3个数据表的字段和数据类型之后，在可视化D++设计语言的集成设计开发环境下展开【物件】|【数据库】，可以看到如图8.9所示的3个数据表。

在创建数据表的操作完成后，可以看到每个数据表中的第一个字段都以粉红色标识，这表示该字段为关键字。同时，“病历表”数据表中包含了“病员表”中的关键字“病员号”，因此能够将这两个表连接起来。

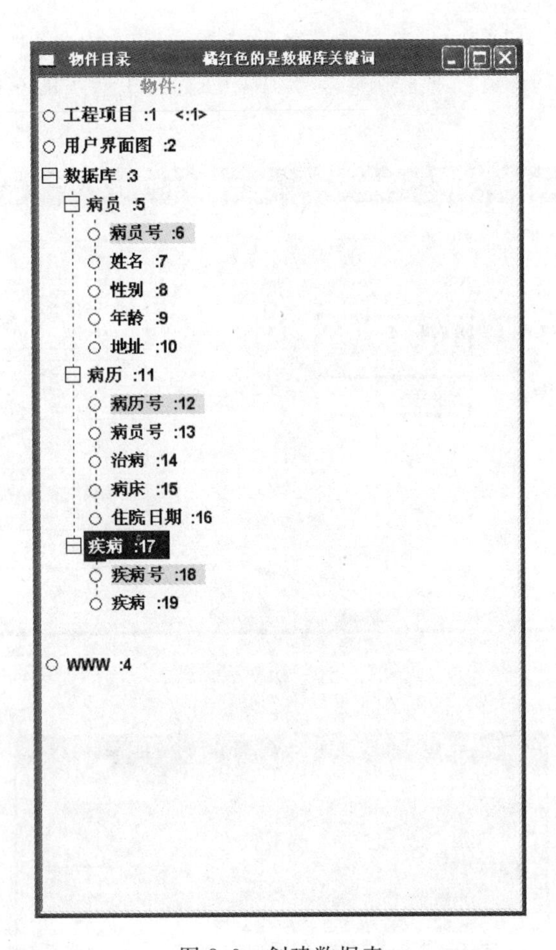

图 8.9 创建数据表

8.2.2 创建窗体

在建立了主从数据表之后，为了直观地查看数据表之间的关系，需要将其字段放在窗体或对话框中进行连接。本小节为了达到 8.1 节中教学示例的实现效果，创建了疾病表、病员登记表和病员卡 3 个窗体。

疾病表窗体用于接收用户输入的疾病名称，将其写入到“疾病”数据表中，以便用户在病员登记表窗体中可以操作。疾病表窗体的创建非常简单，在物件目录的空白处双击，在弹出的“插入新物件”对话框中输入“疾病表”作为窗体名称，创建包含 6 个按钮的空白窗体，然后选择主菜单中的【加元件】|【编辑框(Edit Box)+标签】菜单项，为疾病表窗体添加“疾病表”数据表中的两个字段作为窗体的组件。在创建完成后，疾病表窗体如图 8.10 所示。

疾病表窗体所涉及的数据“疾病号”、“疾病”都是数据表“疾病”中的字段，因此只需单击数据表中的对应字段即可。此外，在创建窗体时，用户也可以输入新的编辑框内容，取非数据库的一串新名字。

病员登记表窗体用于为指定病员添加新的病历记录，包含“疾病”、“病床”和“住院日期”3 个字段内容。创建病员登记表窗体的步骤如下：

(1) 在 SDDA 主界面的物件目录下选择主菜单中的【加-删】|【加简单对话框(仅用于打

字)】菜单项建立一个空白的对话框窗体,然后选择主菜单中的【加元件】|【编辑框(Edit Box)+标签】菜单项,并在空白对话框中单击,弹出图 8.11 所示的对话框,在其中输入 3 个字段。

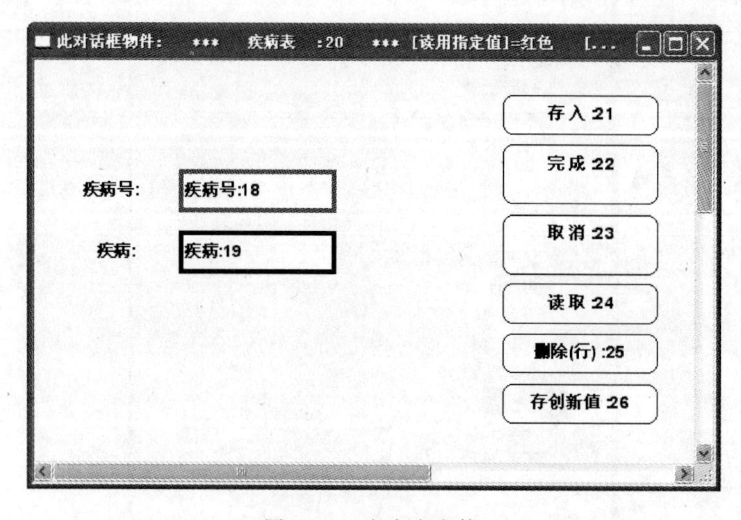

图 8.10 疾病表窗体

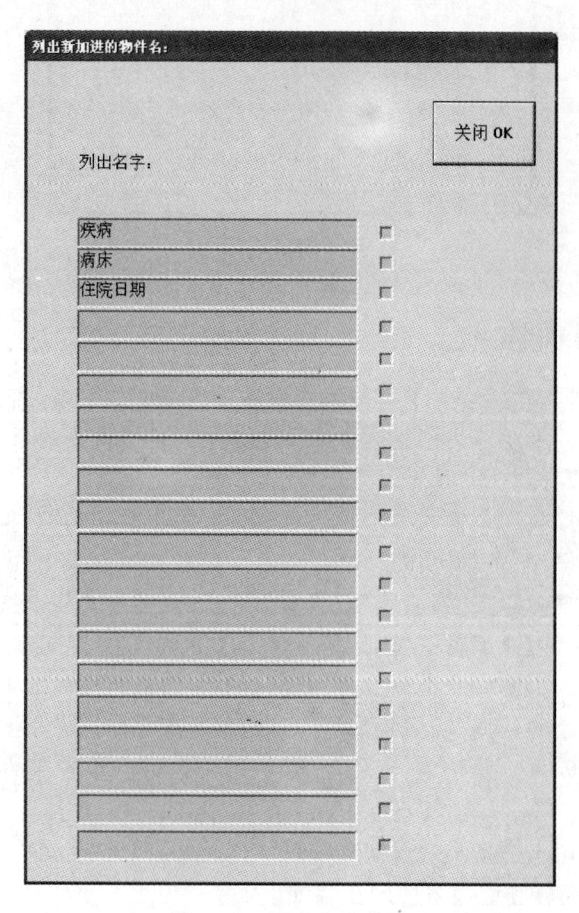

图 8.11 新建窗体字段

(2) 单击右侧的【关闭 OK】按钮，在“病员登记表”对话框中添加 3 个标签和编辑框控件，如图 8.12 所示。

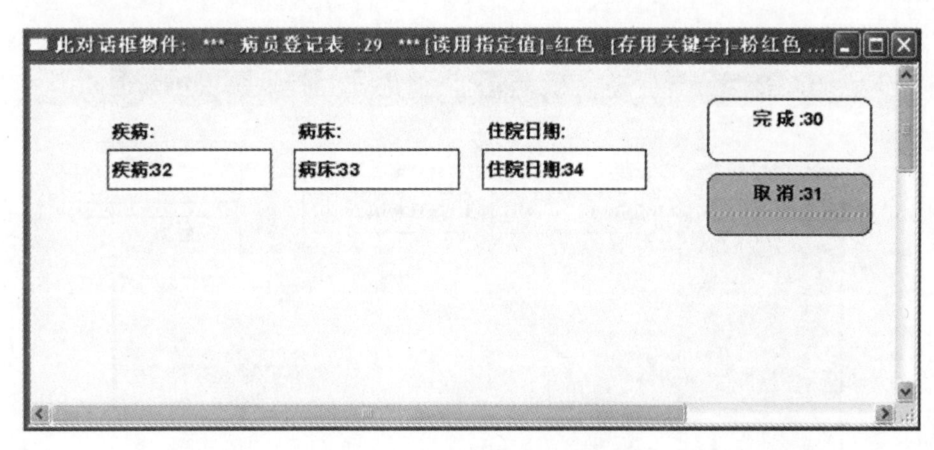

图 8.12　“病员登记表”对话框

(3) 由于“病员登记表”对话框中的“疾病”字段的数据来源于“疾病”数据表，该控件不需要用户输入数据，而是从已有“疾病”数据列表中选择，因此需要改变该控件的类型。双击该编辑框后，能够打开该控件的定义，将其类别改为 ListBox 类型，如图 8.13 所示。

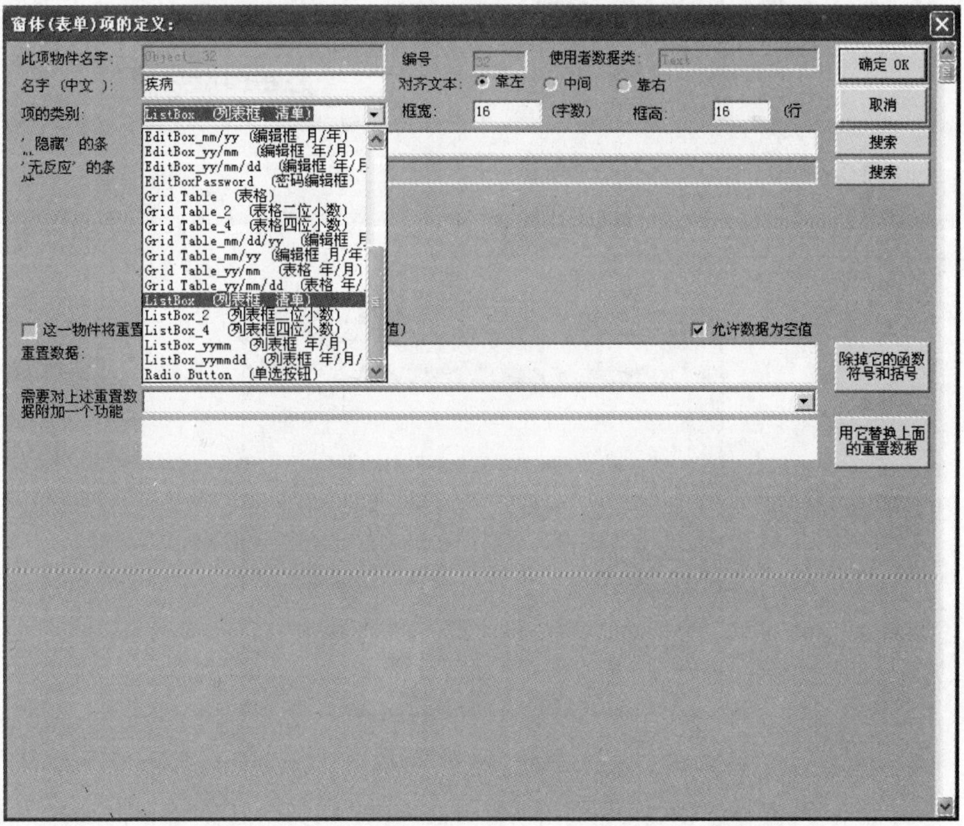

窗体(表单)项的定义:
此项物件名字: Object_32　编号 32　使用者数据类: Text　确定 OK
名字（中文）: 疾病　对齐文本: 靠左 中间 靠右　取消
项的类别: ListBox (列表框, 清单)　框宽: 16 (字数)　框高: 16 (行
'隐藏' 的条件　搜索
'无反应' 的条件　搜索
EditBox_mm/yy (编辑框 月/年)
EditBox_yy/mm (编辑框 年/月)
EditBox_yy/mm/dd (编辑框 年/月
EditBoxPassword (密码编辑框)
Grid Table (表格)
Grid Table_2 (表格二位小数)
Grid Table_4 (表格四位小数)
Grid Table_mm/dd/yy (编辑框 月
Grid Table_mm/yy (编辑框 月/年
Grid Table_yy/mm (表格 年/月)
Grid Table_yy/mm/dd (表格 年/
ListBox (列表框, 清单)
ListBox_2 (列表框二位小数)
ListBox_4 (列表框四位小数)
ListBox_yymm (列表框 年/月)
ListBox_yymmdd (列表框 年/月/
Radio Button (单选按钮)
这一物件将重置 值)　允许数据为空值
重置数据:　除掉它的函数符号和括号
需要对上述重置数据附加一个功能　用它替换上面的重置数据

图 8.13　更改控件类型

(4) 指定该列表框的数据来源,需要为其设定预置数据。选择该编辑框后右击,在弹出的快捷菜单中选择【预先设定值】|【在列表框中预置数据】|【预置数据来自数据库】菜单项,如图 8.14 所示。

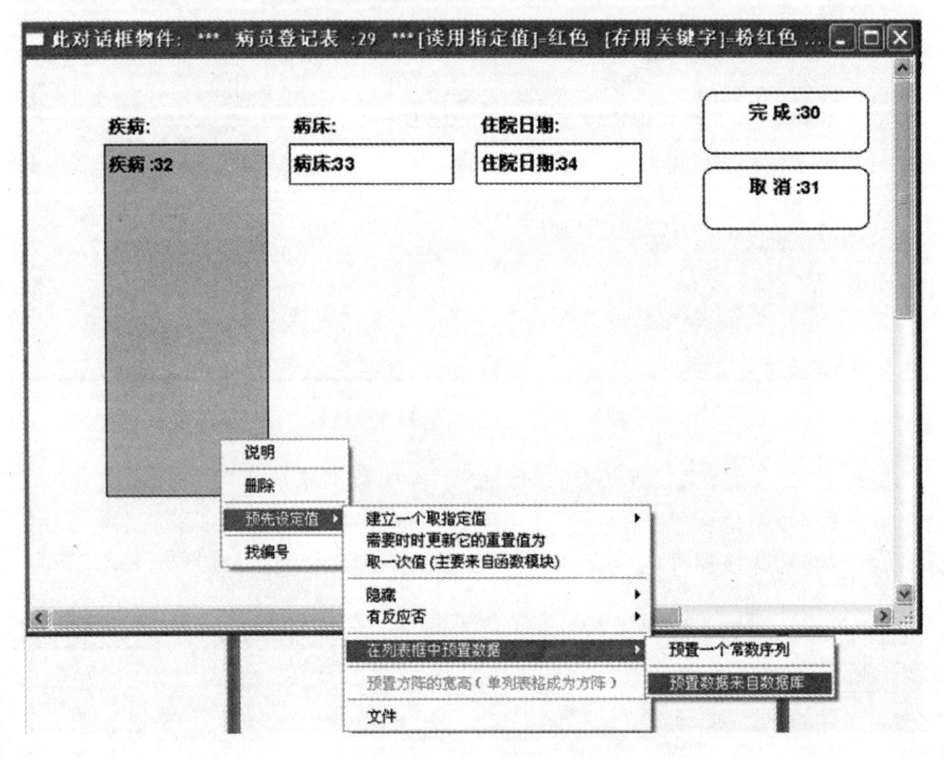

图 8.14　指定预置值

(5) 在弹出的对话框中加入数据表"疾病"中的"疾病"字段作为预置数据来源,要用鼠标左键选中"疾病:19",如图 8.15 所示。

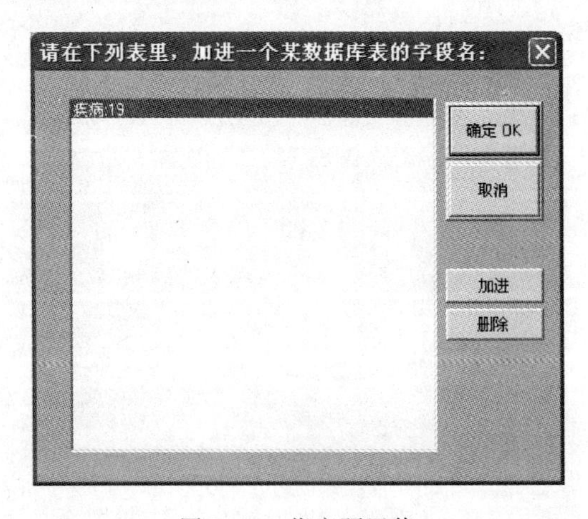

图 8.15　指定预置值

(6) 单击右侧的【确定 OK】按钮关闭该对话框,回到"病员登记表"对话框,该窗体已经设计完成,设计结果如图 8.16 所示。

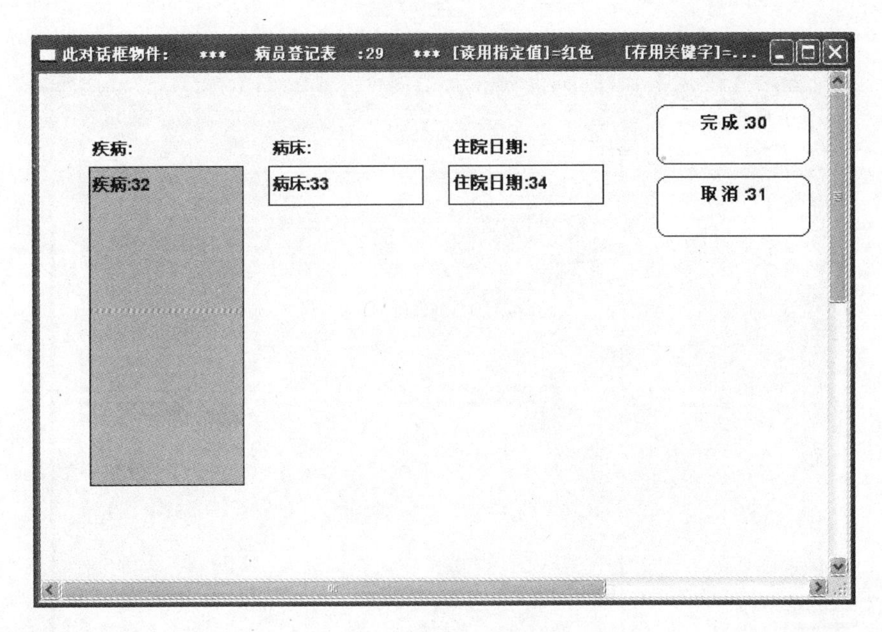

图 8.16　“病员登记表”对话框

注意：图 8.16 所示“病员登记表”对话框中的数据项都不是数据库任一数据表中的项，因此它们在窗体上显示时四周的边框不是粗线条，并且其数据不能用【存入】和【读取】按钮存取。

8.2.3　创建主从窗体

从 8.1 节中的教学示例读者可以看出，真正体现主从连接的窗体是病员卡窗体，其包含了来源于“病员表”和“病历表”两个数据表字段的数据项。本小节为读者重点讲解如何创建包含主从连接的窗体。

选择物件目录下主菜单中的【加-删】|【加视窗 View】菜单项，在 SDDA 主界面下创建一个包含 6 个按钮的空白窗体，为其命名“病员卡”。分别在该窗体上添加主数据表“病员表”和从数据表“病历表”的所有字段，其具体操作步骤如下：

(1) 添加主数据表字段。选择主菜单中的【加元件】|【编辑框(Edit Box)＋标签】菜单项，为窗体添加“病员”数据表中的 5 个字段作为组件，如图 8.17 所示。

(2) 在图 8.17 中分别单击主数据表“病员表”中的 5 个字段后单击右侧的【接收 OK】按钮，则在病员卡窗体上添加了 5 个主数据表字段，如图 8.18 所示。

此时的病员卡窗体可以独立运行。如果用户关闭所有目录，选择主菜单中的【文件 File】|【软件与程序码产生器】|【视窗 软体】菜单项，即可自动构建软件“Hospital_Service”，在生成的软件中打开病员卡窗体并输入一条测试记录，界面如图 8.19 所示。

新记录的病员号的初始值为“0”，没有数据库的记录，它的关键字字段的值是“0”，所以这条测试记录在数据库中不存在。如果用户单击【存入】按钮，这条测试记录存入数据库之后会被认为是新记录，新记录的病员号的值会从“0”变成新值“1”。在前面的设计时，由于没有对【加进】和【改变】按钮进行定义，因此在生成新软件时禁止它们出现在窗体上。

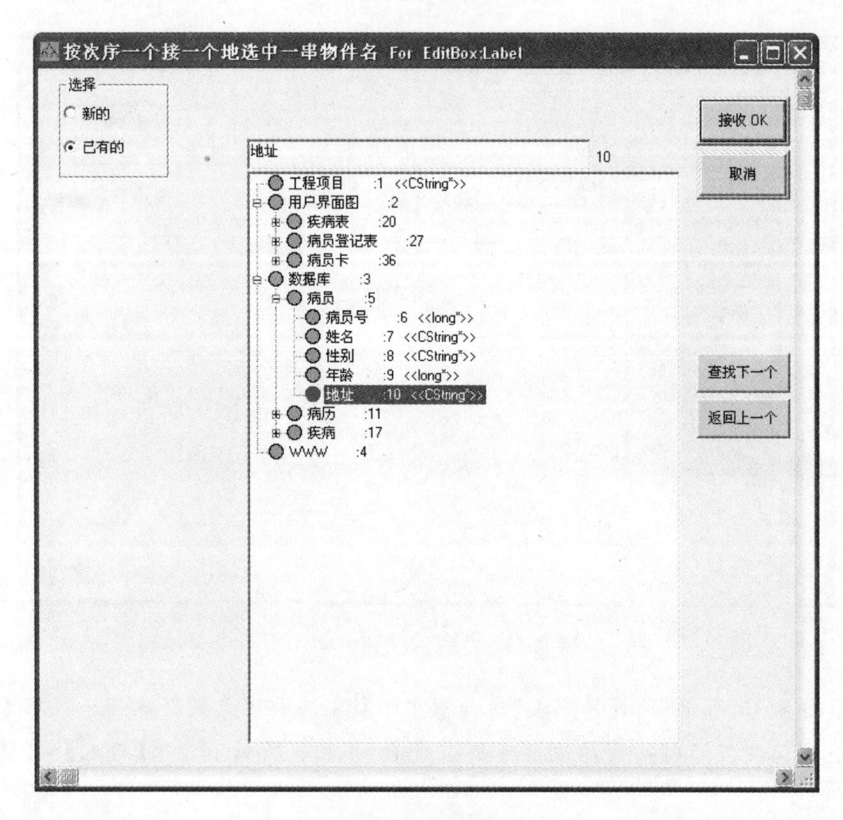

图 8.17　添加主数据表

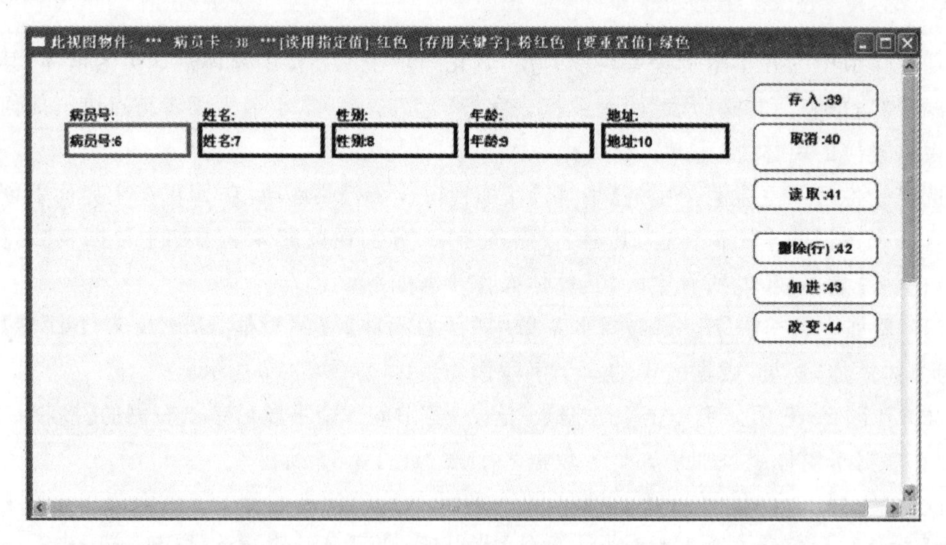

图 8.18　病员卡窗体

(3) 添加从数据表。选择主菜单中的【加元件】|【编辑框(Edit Box)+标签】菜单项，为窗体添加“病历表”数据表中的 5 个字段作为组件，如图 8.20 所示。

(4) 在图 8.20 中分别单击从数据表“病历表”中的 5 个字段后单击右侧的【接收 OK】按钮，则在病员卡窗体上添加了 5 个从数据表字段，如图 8.21 所示。

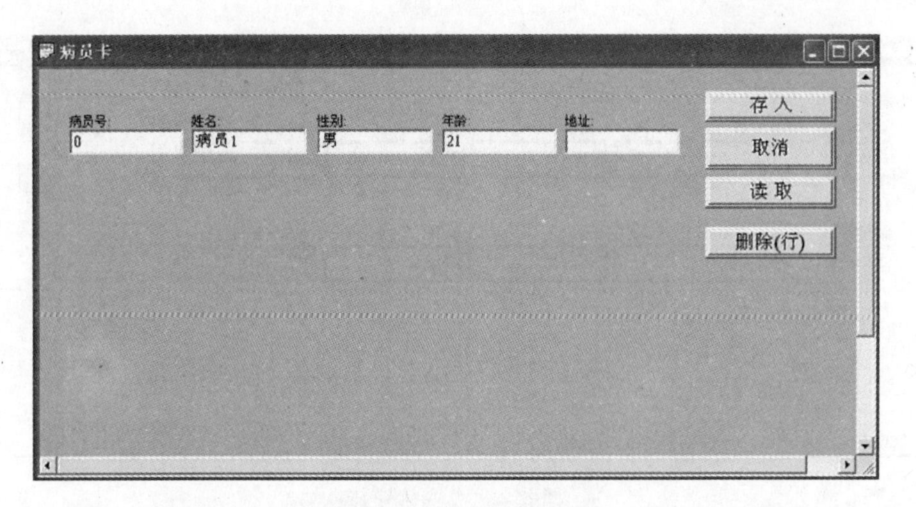

图 8.19　测试病员卡窗体

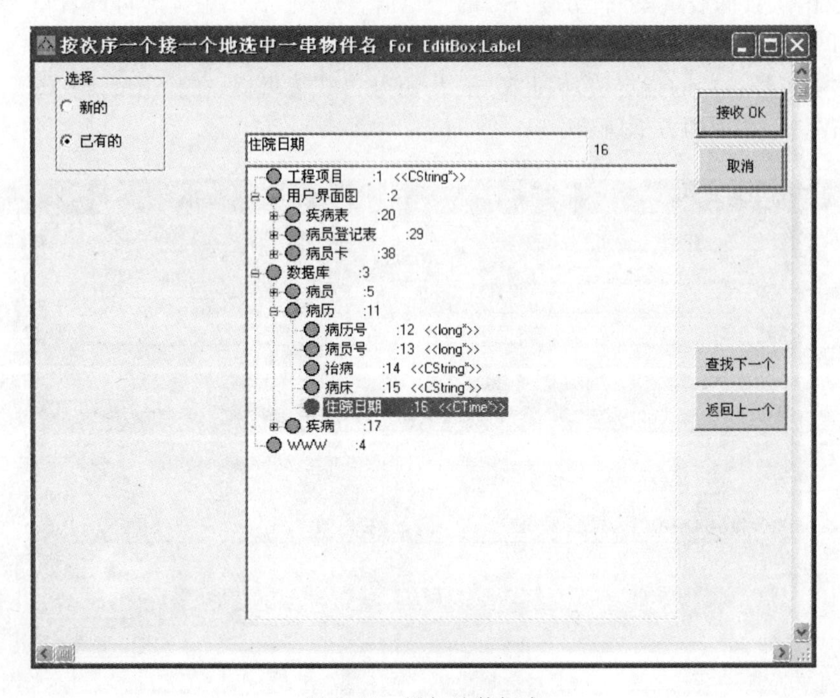

图 8.20　添加从数据表

为了能从"病历表"数据表中读取数据，必须设定一个字段为"指定字段"。根据 8.1.1 节"查看主从信息"的要求："病历表每行的病员号必须被指定为与顶部的病员表中的病员号相同"。在图 8.21 中，上一行是一个主数据表"病员表"，下一行是一个从数据表"病历表"，并且设定字段"病员号:13"的指定值为主数据表"病员表"中的字段"病员号:6"的值；无须为"病历号:12"指定值字段，如果它有指定值，需要清除（清除或添加指定值的方法见 5.2.1 小节读取指定数据中的介绍）。

在生成图 8.21 时，系统常常自动帮用户完成上述操作。如果系统没有自动完成，用户可以手动实现。

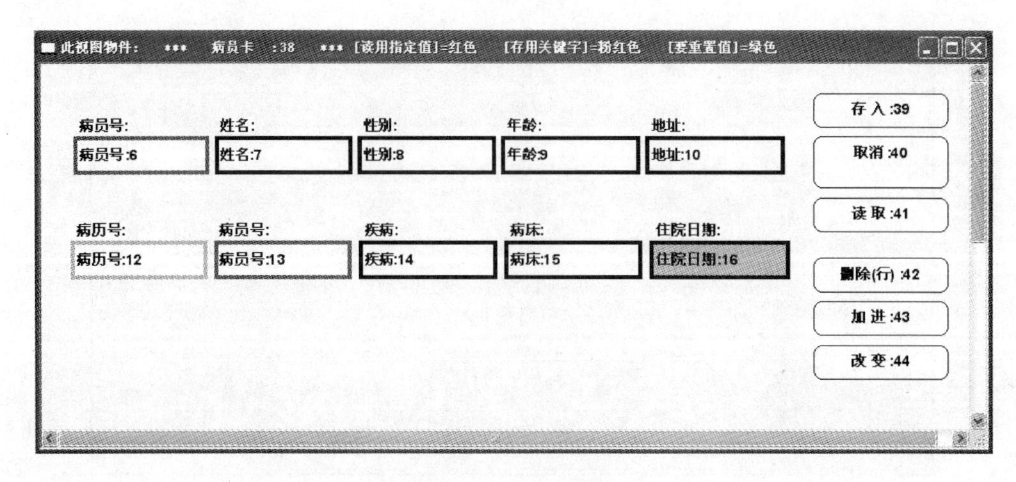

图 8.21　病员卡窗体

(5) 取消从数据表字段“病历号:12”的指定值。从图 8.21 中读者可以看出,编辑框“病员号:6”和“病历号:12”都以红色显示,表示这两个字段已有指定值。主从连接需要取消从数据表的“病历号:12”的指定值,因此双击“病历号:12”编辑框,在弹出的定义对话框中取消指定值,如图 8.22 中的方框所示。

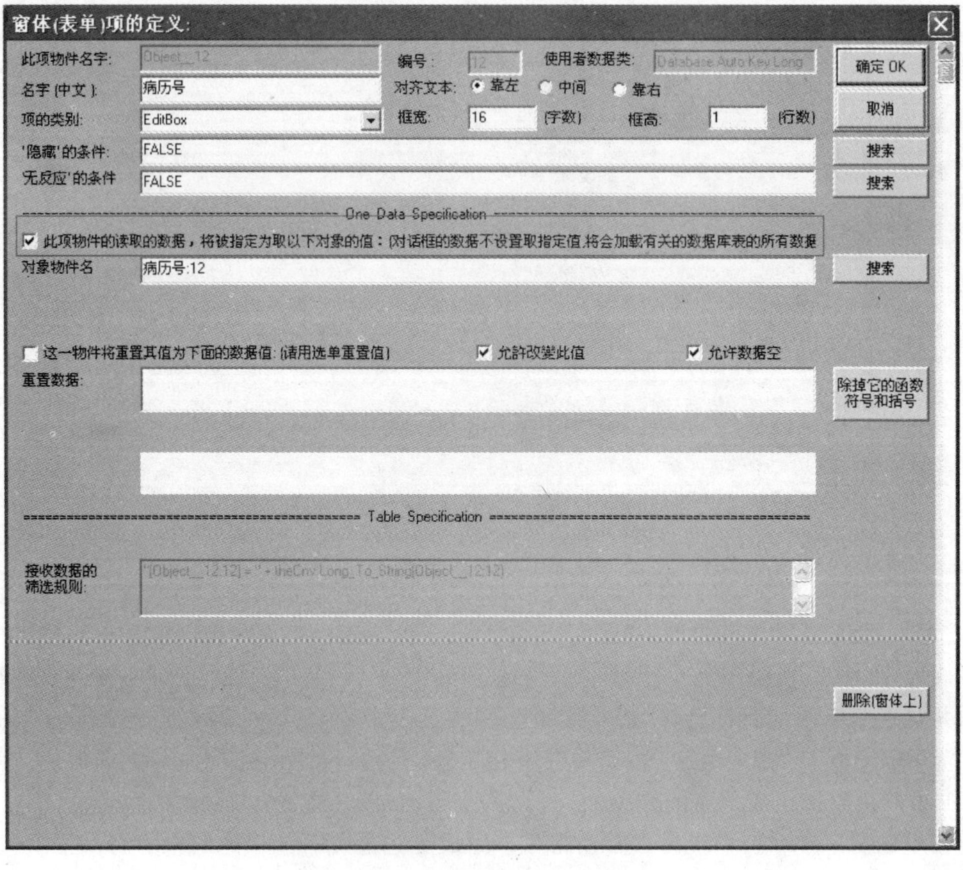

窗体(表单)项的定义:
此项物件名字: Object__12　编号: 12　使用者数据类: Database Auto Key Long　确定 OK
名字(中文): 病历号　对齐文本: 靠左 中间 靠右　取消
项的类别: EditBox　框宽: 16 (字数)　框高: 1 (行数)
'隐藏'的条件: FALSE　搜索
'无反应'的条件 FALSE　搜索
One Data Specification
此项物件的读取的数据,将被指定为取以下对象的值:对话框的数据不设置取指定值,将会加载有关的数据库表的所有数据
对象物件名 病历号:12　搜索
这一物件将重置其值为下面的数据值:(请用选单重置值)　允許改變此值　允许数据空
重置数据:　除掉它的函数符号和括号
Table Specification
接收数据的筛选规则: "[Object__12.12] = " + theCnv.Long_To_String(Object__12.12)
删除(窗体上)

图 8.22　“病员号:12”的定义对话框

在图 8.22 中取消选择【此项物件的读取的数据，将被指定为取以下对象的值】复选框，然后单击【确定 OK】按钮关闭定义对话框，回到病员卡窗体，此时的“病历号”已经不是深红色，而是代表关键字的粉红色，表示其没有指定值。

(6) 为从数据表的字段“病员号:13”定义一个指定值。在病员卡窗体中双击从数据表“病历表”中的“病员号:13”编辑框，弹出“病员号:13”的定义对话框，如图 8.23 所示。

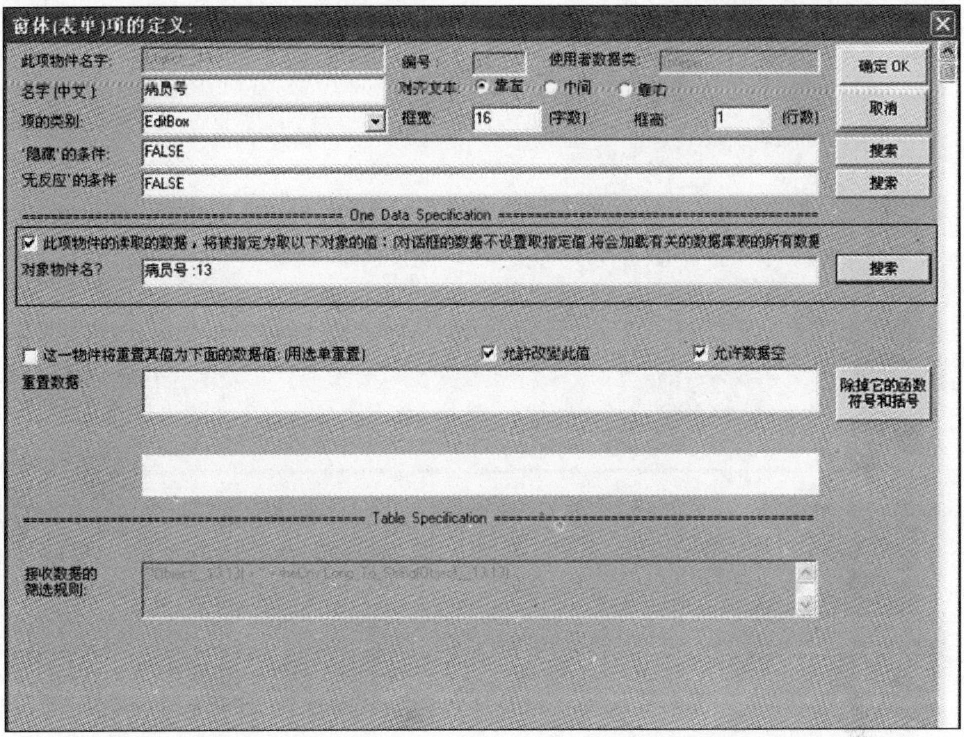

图 8.23　“病员号:13”的定义对话框

在图 8.23 中选择【此项物件的读取的数据，将被指定为取以下对象的值】复选框，然后单击“对象物件名”右侧的【搜索】按钮，弹出图 8.24 所示的对话框。

(7) 建立主从连接。在图 8.24 中选择“病员号:6”一行，然后单击右侧的【接收 OK】按钮，回到病员卡窗体，此时从数据表“病历表”中的字段“病员号”编辑框变为深红色，从数据表“病历表”中的字段“病员号:13”的指定值为主数据表“病员表”中的字段“病员号:6”的值，如图 8.21 所示。

需要注意的是，如果要查看二者的连接状态的箭头线，需要选择 SDDA 主菜单中的【查看显示】|【展示隐藏的物件】菜单项，显示隐藏的连接直线，如图 8.25 所示。

显示隐藏的连接线后，打开图 8.21 所示的窗体，可以发现主、从数据表的“病员号”字段自动连接起来了，如图 8.26 所示。

至此，包含主从连接的窗体就创建完成了。根据图 8.26 所示的箭头指向，从数据表中的“病员号:13”数据来源于主数据表的“病员号:6”编辑框。运行根据该设计生成的软件，在读出记录时先读取主数据表中的病员号，然后读取从数据表中的病员号，存储记录顺序也相同。

图 8.24 选择指定值

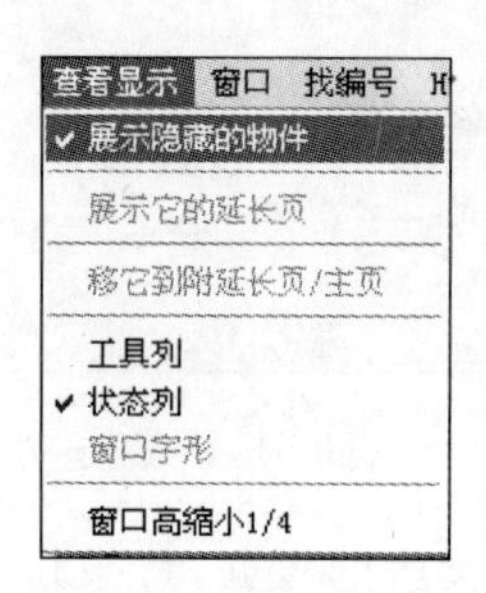

图 8.25 显示连接

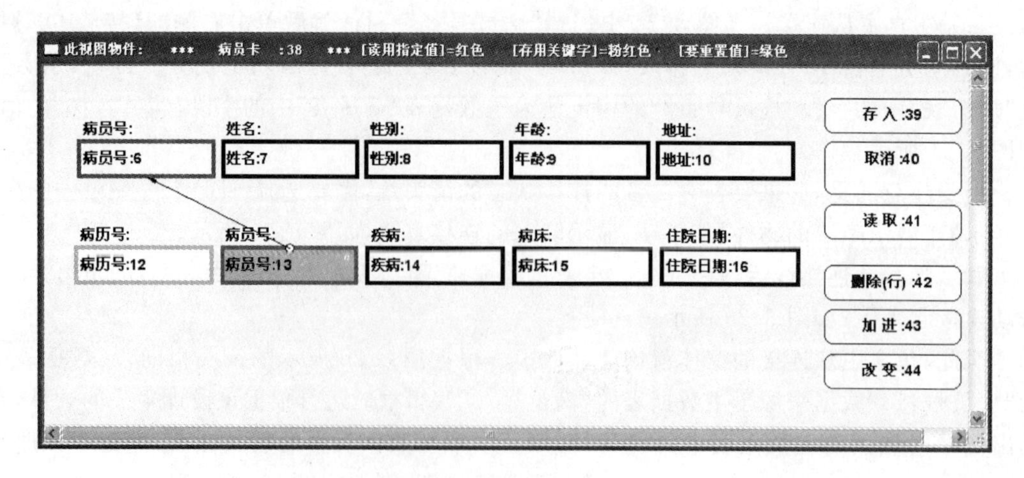

图 8.26 建立主从连接

8.3 生成主从连接程序

8.2 节完成了主从连接窗体的创建,并连接了两个数据表。然而,该窗体中的从数据表内容以编辑框的形式只能显示一条记录,无法实现教学示例中的以表格形式呈现多条记录的操作。因此,本节对上述窗体进行完善,并最终生成主从连接的程序。

8.3.1 主从连接数据的存取

为了让读者更好地理解主从连接数据的操作,本小节首先以图 8.26 所示的病员卡窗体为例,通过数据的存取为读者进行讲解。

为了严格区分两个数据表之间的指定值的使用,可视化 D++语言需要保证两个连接的字段值保持相同的值。由于窗体中的下一行的从数据表的字段"病员号:13"编辑框定义了指定值为上一行的从数据表的字段"病员号:6"的值,因此不能再给"病员号:13"定义"重置值"和"预置值"等其他的值。

在 SDDA 主界面下选择主菜单中的【文件 File】|【软件与程序码产生器】|【视窗 软体】菜单项,构建可运行的软件,打开病员卡窗体,其初始界面如图 8.27 所示。

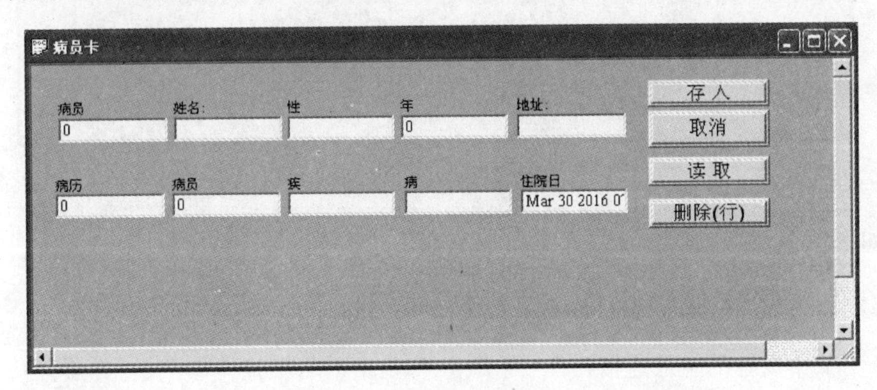

图 8.27 病员卡窗体的初始界面

在图 8.27 的主数据表"病员表"中输入一行测试数据,姓名为"病员 1"、性别为"男"、年龄为"21",在从数据表"病历表"中输入一行测试数据,疾病为"感冒"、病床为"1",如图 8.28 所示。

其中,主数据表记录中的数据表关键字"病员号:6"不用填,从数据表记录中的数据表关键字"病历号:12"也不用填,它们会自动生成计数序列值。此外,两个数据表连接的"病员号:13"编辑框在数据读取和存入时会从"病员号:6"取得值,不必手动输入。按图 8.26 输入测试数据后,单击对话框中的【存入】按钮,将返回图 8.29 所示的结果。

从图 8.29 存入数据的结果读者可以看到,主数据表"病员表"存储数据记录时,自动计数关键字"病员号:6"会自动得到值"1",而下一行的从数据表"病历表"的指定字段"病员号:13"不是关键词,因此自动取得它的指定值项"病员号:6"的值"1"后再把值存入数据库。

同样,数据的读取顺序也是如此。为了读取"1"号病员的"病员和病历"及记录,已在"病员号:6"中填写数字"1",其他项的值可清除,然后单击【读取】按钮,可以看到窗体的返回结

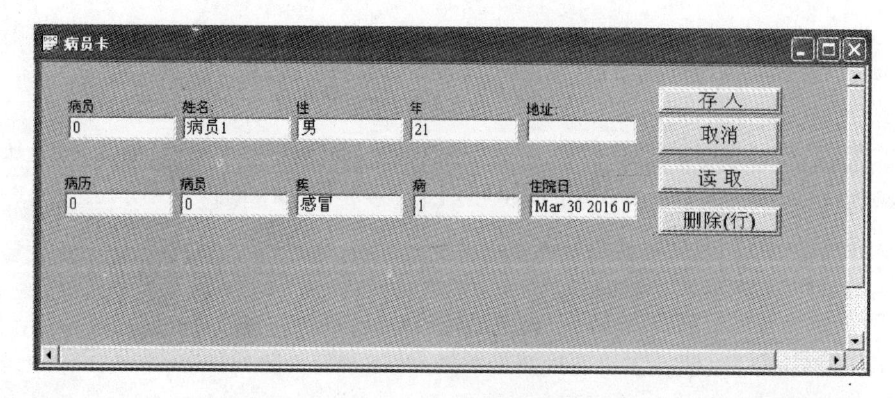

图 8.28　输入测试数据

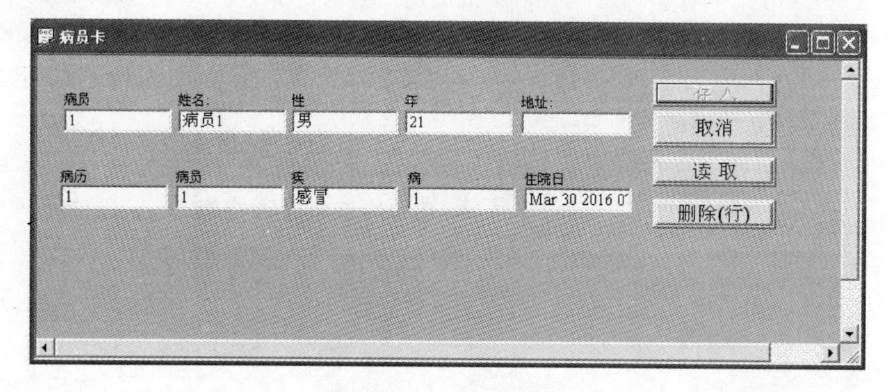

图 8.29　存入数据

果仍然如图 8.29 所示。

8.3.2　更改从数据库表的显示类型

8.3.1 节中设计的主从连接窗体“病员卡”都是由编辑框控件组成的，在实际应用中，一条主数据记录往往对应多条从数据记录。在本示例中，一个病员往往有多次看病的记录，即有多条病历记录。因此，从数据表采用编辑框不能显示多条数据记录，需要将其修改为能显示多条记录的表格控件。

将编辑框控件修改为表格控件的操作很简单，用户可双击从数据表对应的 5 个编辑框。例如双击“病历号:12”编辑框，在弹出的定义对话框中选择“项的类别”为“Grid Table(表格)”即可，如图 8.30 所示。

在图 8.30 中修改完成后单击【确定 OK】按钮，该定义对话框关闭回到病员卡窗体设计界面，可以看到“病历号:12”控件变为了表格形式。分别选择“病员号:13”、“疾病:14”、“病床:15”和“住院日期:16”4 个编辑框控件，同样完成上述修改类型的操作，完成后的窗体设计如图 8.31 所示。

至此，从数据表“病历表”对应的 5 个字段数据均以表格形式显示，真正实现了主从连接数据记录 1:N 的显示和操作。

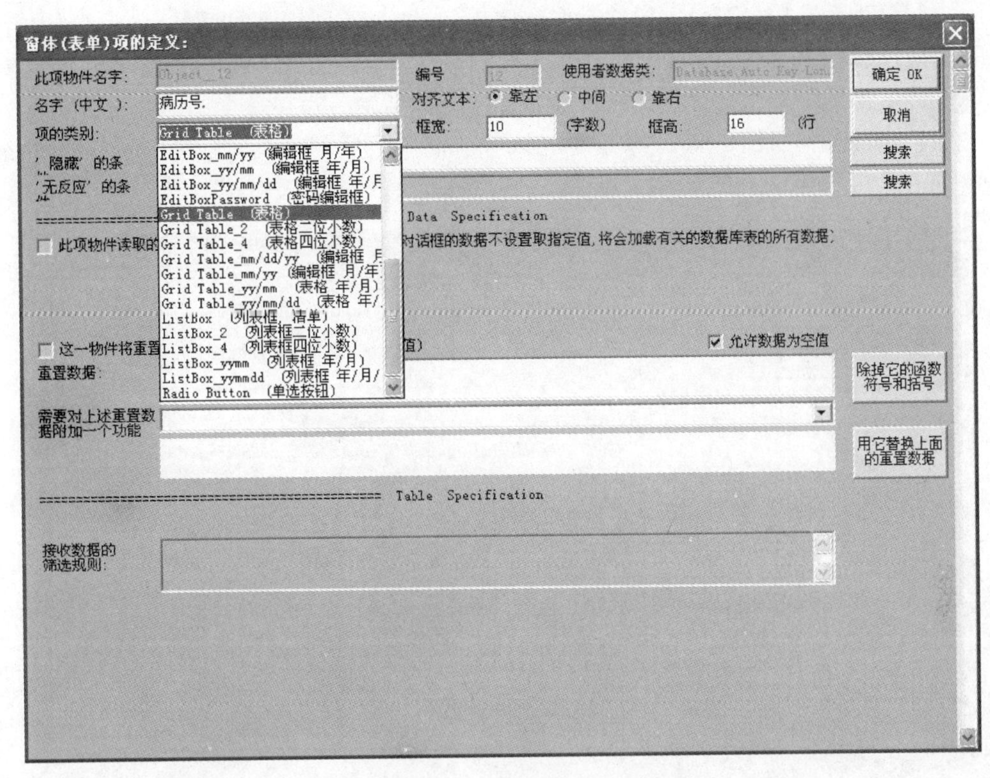

图 8.30　修改控件类型

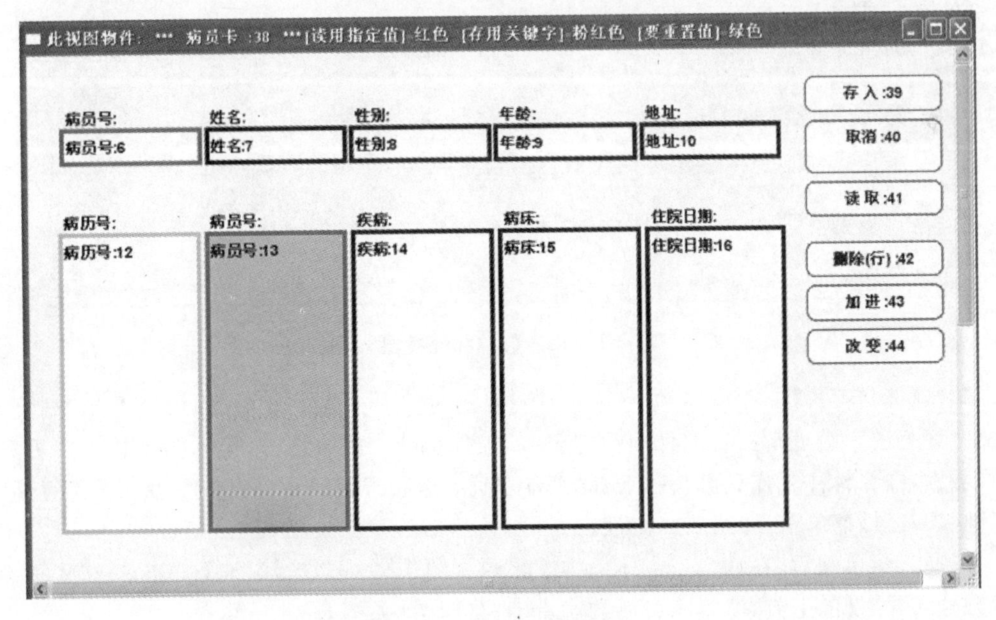

图 8.31　病员卡窗体设计

8.3.3　设计主数据库表的控件类型

在完成图 8.31 所示的控件设计后，病员卡窗体已经能够实现主从数据记录的显示和操作了。但是，为了让用户更加方便地操作窗体，此处将主数据表中的“病员号:6”和“姓名:7”编辑框控件改为组合框控件，使其能够列出数据表的对应字段值，供用户选择，减少用户的输入，提高窗体的可操作性。其操作步骤如下：

选择“病员号:6”控件，双击打开其定义对话框，将“项的类别”改为“ComboBox(组合框，复式清单)”，如图 8.32 所示。

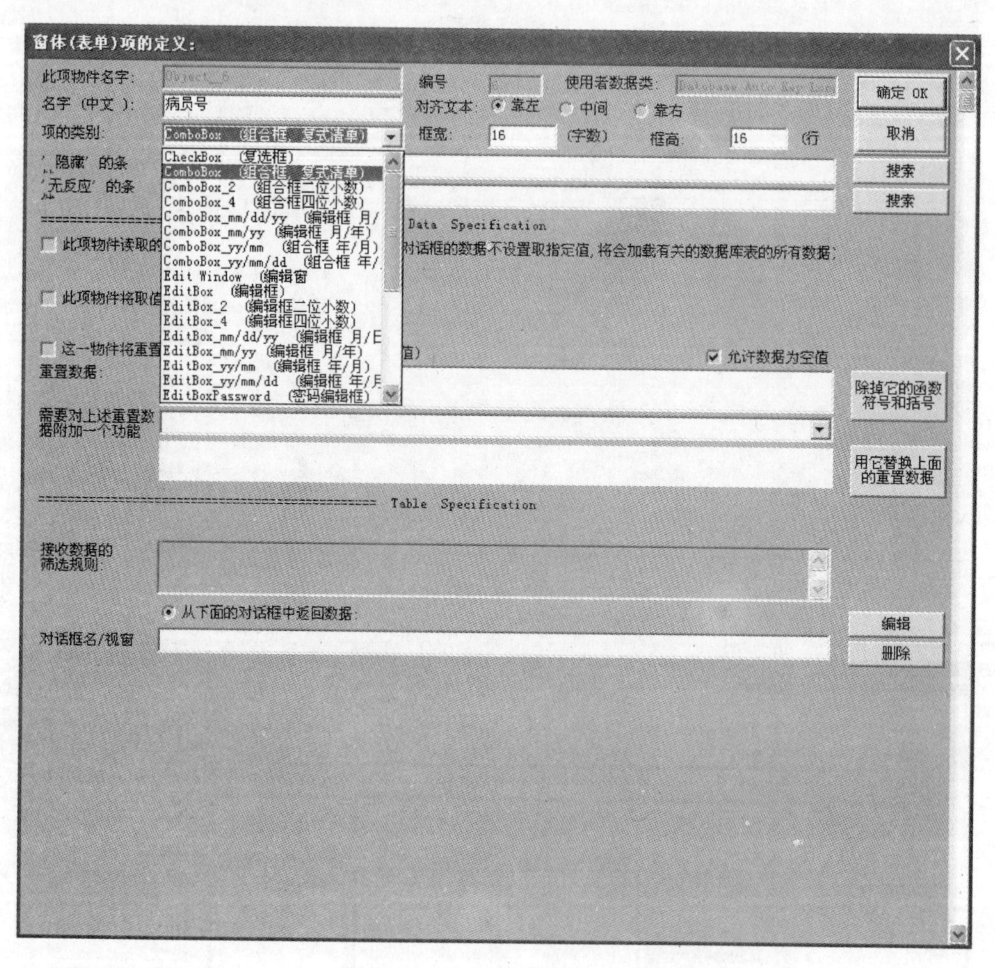

图 8.32　修改控件类型

单击【确定 OK】按钮，该定义对话框关闭回到病员卡窗体设计界面，可以看到“病员号:6”控件变为了组合框形式。同样，将“姓名:7”控件也改为组合框。同时，为了让用户更好地查看数据，在窗体中还应该添加一个【清洗】按钮。选择 SDDA 主菜单中的【加按钮】|【‘清洗’键(Clean)】菜单项，如图 8.33 所示。

选择该菜单项后，在病员卡窗体上的空白位置单击即可添加【清洗】按钮，调整其位置到“病员号:6”控件的上方，修改完成后的病员卡窗体设计如图 8.34 所示。

“病员号:6”和“姓名:7”控件的类型变为组合框后，在打开窗体时，这两个控件将自动装载(Load)主数据表的记录，因此，控件“病员号:6”不能再有指定值，即不能限制取特定值，需要将其指定值定义取消。取消后的“病员号:6”组合框的边框变为粉红色，同时用户可以选择 SDDA 主菜单中的【查看显示】|【展示隐藏的物件】菜单项，查看二者的连接，如

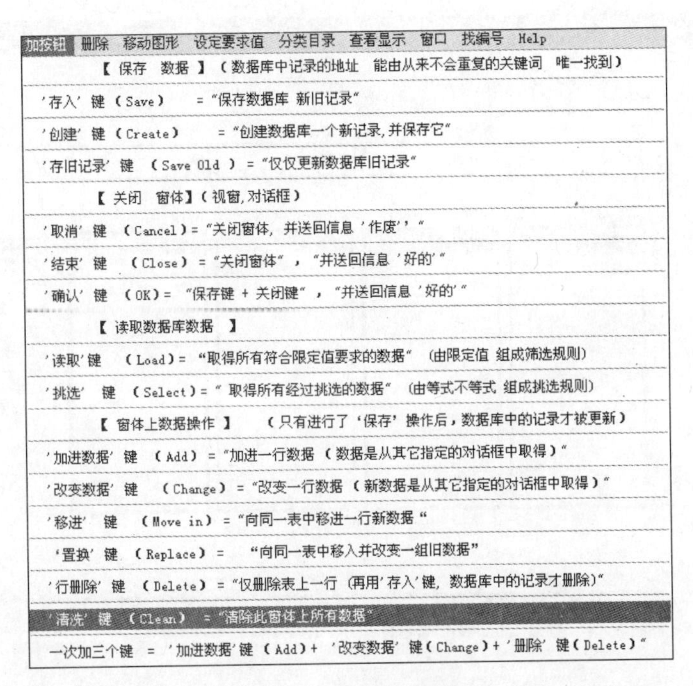

图 8.33　添加【清洗】按钮

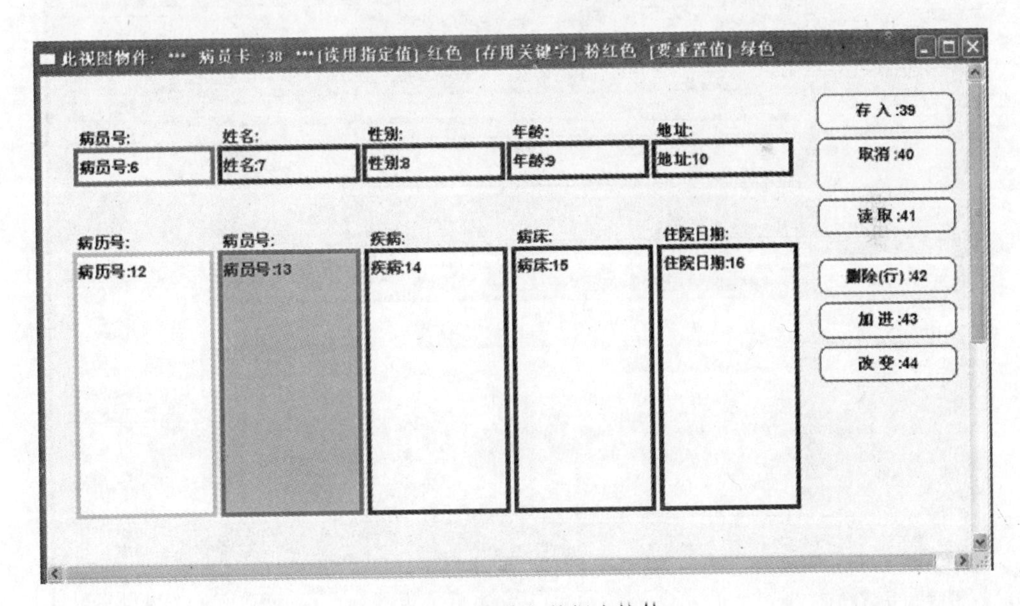

图 8.34　设计主数据表控件

图 8.35 所示。

8.3.4 【加进】和【改变】按钮

此处的内容完全与第 4 章中 4.3.1 小节的"【加进】和【改变】按钮"内容一样，对【加进】和【改变】按钮写出完整的定义，此处不再重复，只列出它们的设计结果。其中，【加进】按钮的完整定义如图 8.36 所示。

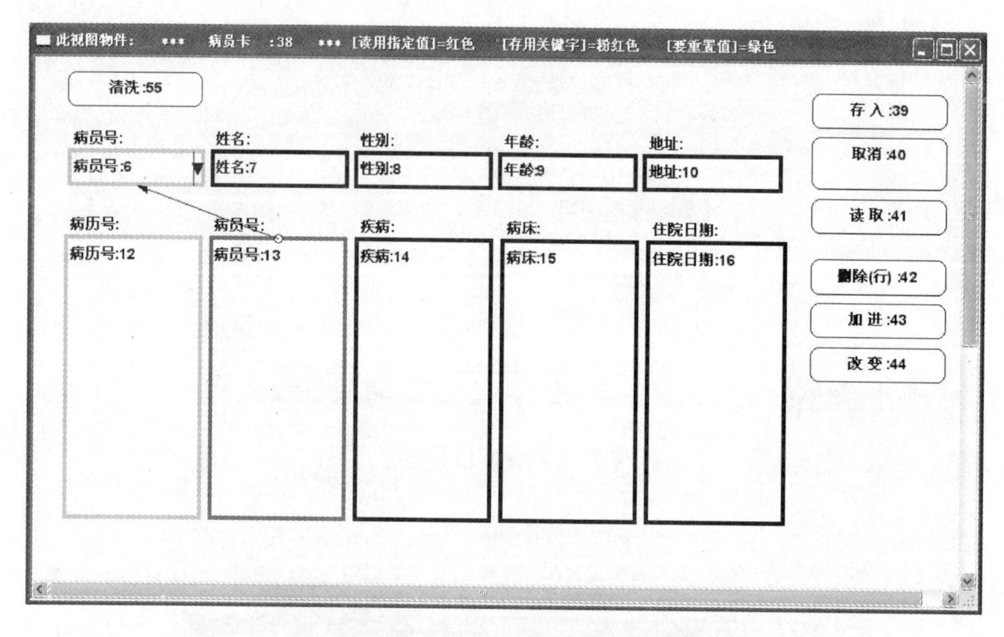

图 8.35 主从数据表的设计完成

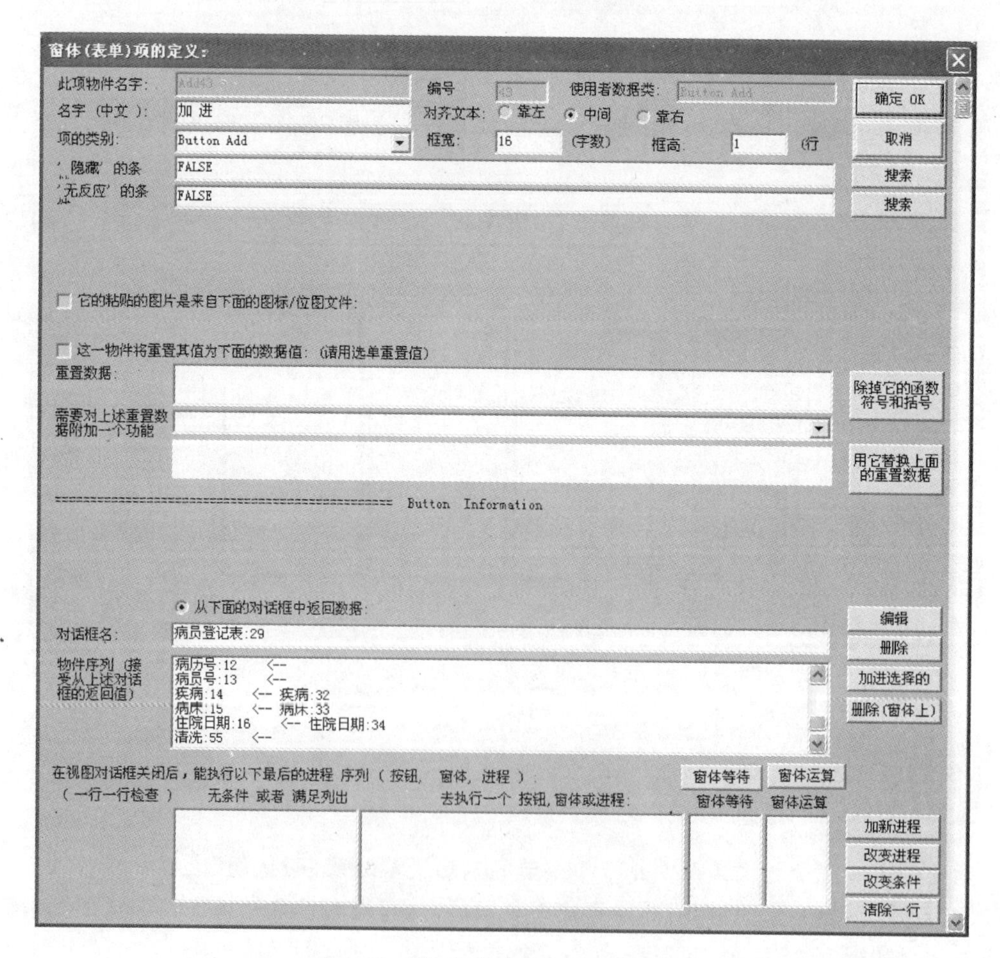

图 8.36 【加进】按钮用于取得返回值

【改变】按钮的完整定义如图 8.37 所示。

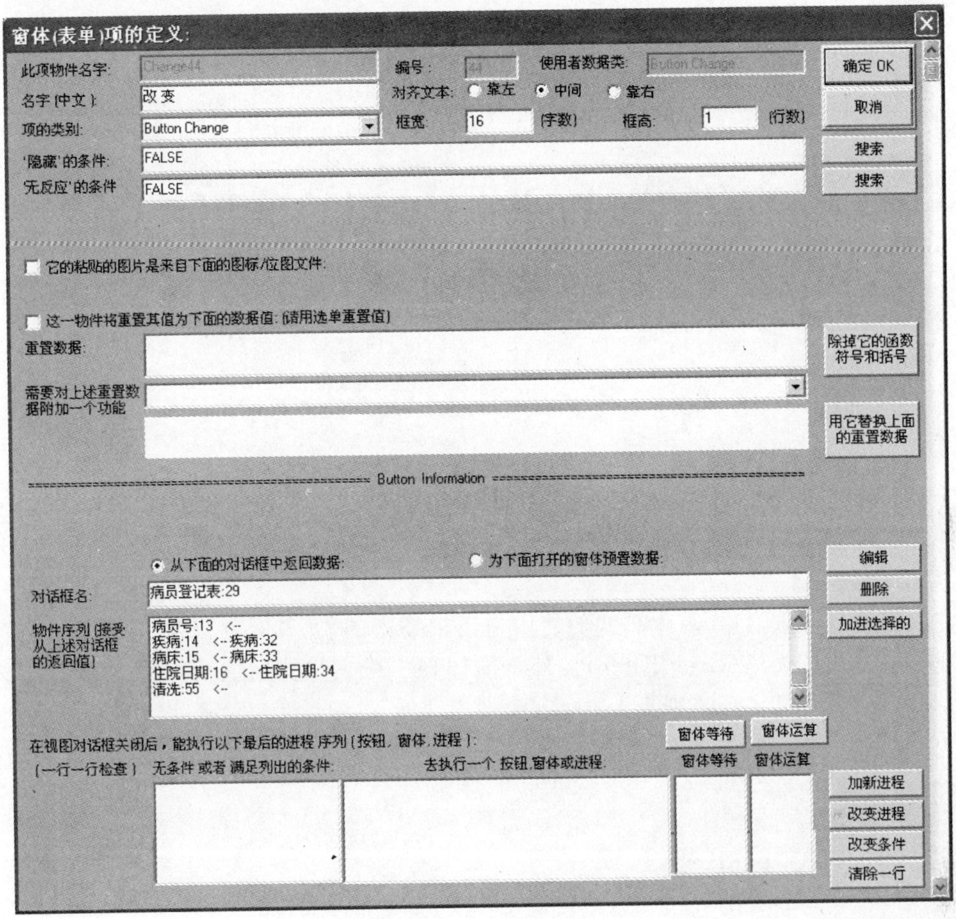

图 8.37 【改变】按钮用于从"病员登记表"取得修改值

至此,包含主从连接数据的窗体"病员卡"就设计完成了。用户可以把设计结果保存到"C:\Visual D++ Language\模型包\书\第 8 章 信息的主从连接\第 3 节 病员_病历_主从连接"下的"信息的主从连接.mdb"中。

为了查看程序的运行效果,用户可以选择主菜单中的【文件 File】|【软件与程序码产生器】|【视窗 软体】菜单项,自动构建软件"Hospital Service",它具有本章开始时介绍的"教学示例"的所有功能。

8.4 小结

本章主要对可视化 D++软件设计语言中包含主从连接数据的窗体设计做了具体讲解。主从连接窗体的实际应用非常广泛,能够大幅度提高软件的可操作性和易用性,是软件设计中不可或缺的功能之一。可视化 D++语言提供了非常方便的设计主从窗体的功能模块,用户通过鼠标单击就能够完成窗体设计。本章从教学示例入手,让读者首先了解主从连接窗体的运行效果,再逐步讲解窗体的设计过程,使读者更容易掌握主从数据连接和窗体设计的过程。

第9章

算术公式计算与纵向累加

在人们的日常生活中，算术公式的使用是比较频繁的，尤其是在二维表的行列计算中。可视化D++提供的表格(Grid Table)控件是能体现二维表优势的主要控件之一，而表格控件支持行列的算术公式计算则大大方便了软件开发人员。本章主要通过销售记录表窗体的设计为读者介绍如何在表格控件中实现算术公式计算及纵向累加，同时按用户要求读取表格控件中的数据记录。

9.1 算术公式计算

当读者在商店购物结算时，可以发现店内的结算系统表格控件中的每一项商品都有“单价”、“数量”和“金额”等字段，它们之间存在“金额=单价×数量”的关系，这就涉及算术公式的计算。本节以创建销售记录表窗体中的部分功能为例为读者介绍如何实现表格控件中每一“行”记录的算术运算。

9.1.1 创建销售记录数据表

在创建销售记录表窗体之前，由于窗体中表格控件的数据来源为数据表，因此需要先创建销售记录数据表。根据商店的通用结算表格控件样式，销售记录数据表的主要字段为销售记录号、物品名、单价、购买数量和单项总价(金额)等，因此可以设计如表9.1所示的数据表格式。

表9.1 销售记录数据表

字段名称	类　型	字段名称	类　型
销售记录号	Auto Key Long	购买数量	Number
物品名	Text	单项总价	Money
单价	Money		

在上面的数据表中，"销售记录号"字段是关键字，是表中每一条记录的唯一标识。用户根据表 9.1 就可以在可视化 D++的集成设计开发环境——SDDA 中创建销售记录数据表了，具体的创建步骤如下：

(1) 创建新工程。双击桌面上的"Visual D++"图标或程序栏中的"Visual D++"应用程序，打开 Visual D++集成设计开发环境，应用程序将提示用户选择打开的工程，在其中选择"/模型包/书/第 9 章 算术公式计算与纵向累加"下的"初始模型. mdb"工程，然后单击【打开】按钮，即创建了一个新的初始工程，如图 9.1 所示。

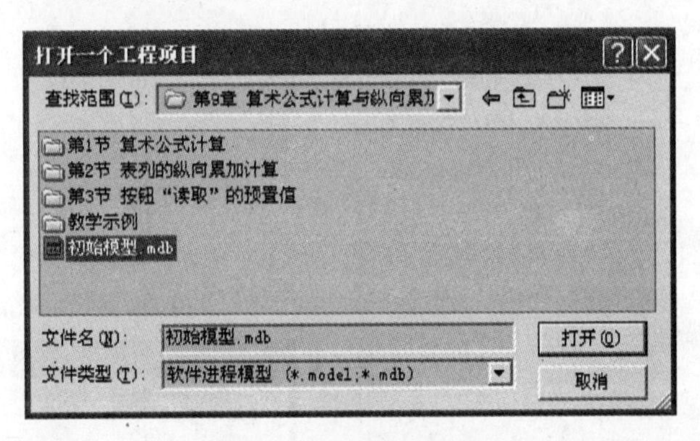

图 9.1　创建新初始工程

此时可视化 D++集成设计开发环境将会给出 Windows 窗体应用软件的整个开发流程和相关信息，单击【1。设计(模型)】按钮后，将进入 Visual D++的集成设计开发环境 SDDA。此时会自动打开 3 个目录，即物件目录、进程目录和职务目录。

(2) 新建数据表。在 SDDA 主界面下单击物件目录，使之处于选中状态，然后在物件目录的空白处双击，将弹出图 9.2 所示的"插入新物件"对话框，在其中输入"销售记录"作为新数据表的名称。

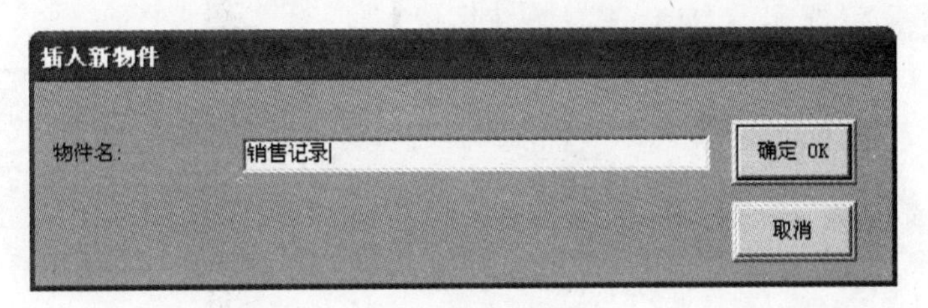

图 9.2　新建数据表

输入完成后单击对话框中的【确定 OK】按钮，鼠标指针将变成"+"字形，此时将鼠标指针移动到物件目录中的"数据库"处单击，Visual D++将会自动创建数据表"销售记录"，并要求用户输入该表的所有字段名。根据本节前面的分析，将"销售记录表"中的字段确定为销售记录号、物品名、单价、购买数量和单项总价(金额)5 项。因此，在弹出的对话框中输入这几个字段名称，如图 9.3 所示。

注意：*在输入字段名称时，由于字段"销售记录号"作为数据表的关键字，SDDA 将其自动填写到对话框中，并设置为"自动计数关键字"数据类型，无须用户手动输入该字段。*

(3) 保存数据表。在图 9.3 中添加字段后，单击【关闭 OK】按钮，SDDA 弹出确认对话框，需要用户确认关闭，单击【是(Y)】按钮则对话框被关闭，同时数据表字段被保存到工程中。

(4) 查看数据表结构。在空的工程中新建数据表后，SDDA 的物件目录中的“数据库”项将会变成黑底白字，其前面的圆圈也会被“⊞”符号取代，表示“数据库”项下存在数据表。单击“⊞”符号，可以将该项展开，查看数据库中所有的数据表及其结构，如图 9.4 所示。

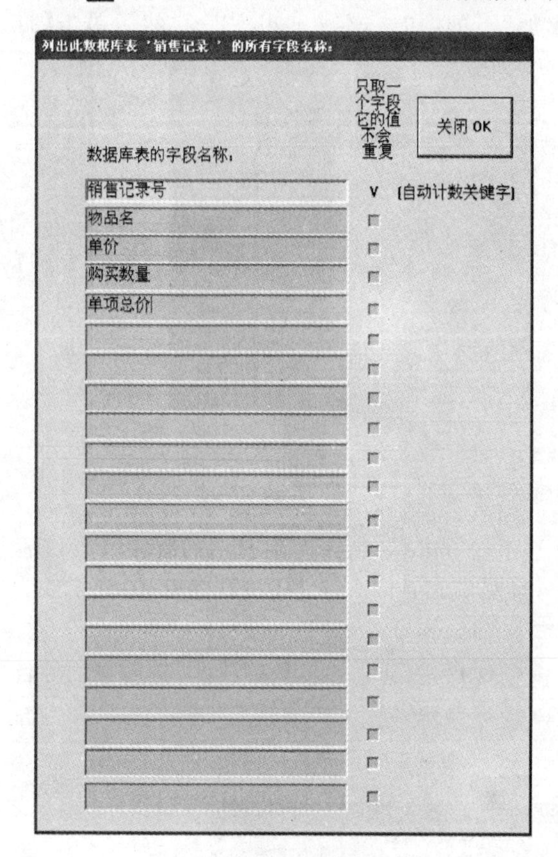

图 9.3 输入字段名称

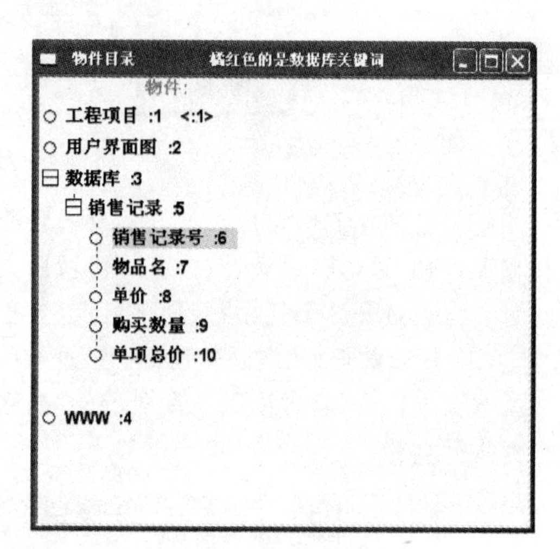

图 9.4 查看数据表

至此，新的数据表“销售记录”就在空的工程“初始模型.mdb”中被创建了。图 9.4 中字段后的数字表示对应项的编号，用户可以通过选择 SDDA 主菜单中的【查看显示】|【展示隐藏的物件】菜单项来隐藏和显示这些编号。

9.1.2 创建物品销售单窗体

如果用户需要对数据表中的数据进行操作和显示，必须通过窗体(视窗或对话框)来实现。因此，本小节创建一个物品销售单窗体，该窗体中通过表格控件将“销售记录”数据表中的字段添加进来。

同时，考虑到数据操作的安全性，能容纳大批数据的表格控件不支持直接的写操作，窗体还需要添加几个编辑框控件，以方便用户将数据移送到表格控件中。总体来说，创建该物品销售单窗体的具体步骤如下：

(1) 创建空白对话框。在 Visual D++的集成设计开发环境 SDDA 的物件目录的空白处双击，在弹出的“插入新物件”对话框中输入窗体名称“物品销售单”，如图 9.5 所示。

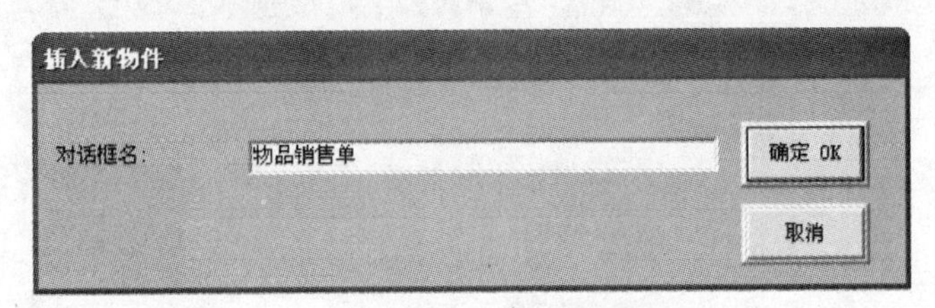

图 9.5　创建空白对话框

单击对话框中的【确定 OK】按钮，当鼠标指针变成“＋”字形后，将鼠标指针移动到物件目录中的“用户界面图”处单击，SDDA 将会弹出对话框，要求用户选择窗体中按钮的排列方式，如图 9.6 所示。

图 9.6　选择按钮的排列方式

单击【是(Y)】按钮，各按钮在新创建的窗体中将会垂直排列，否则将水平排列。至此，一个空白的对话框创建完成，如图 9.7 所示。

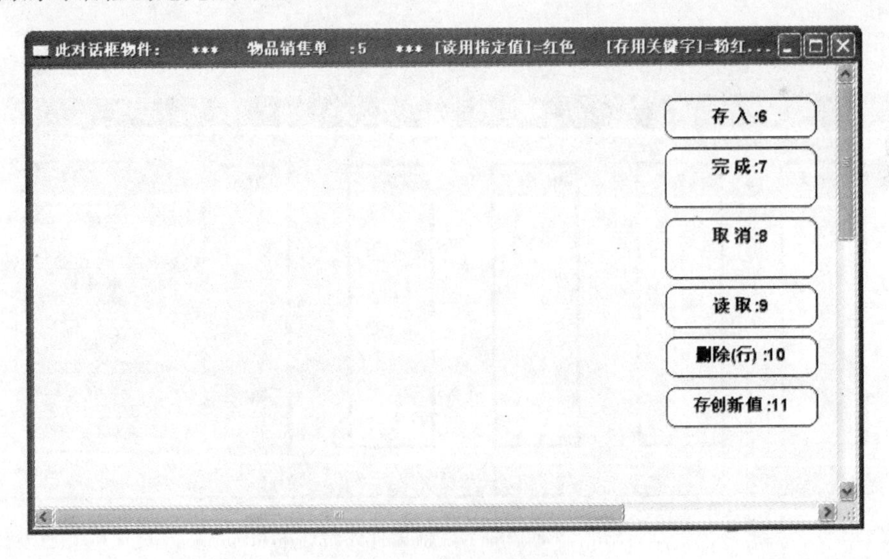

图 9.7　空白对话框

(2) 添加表格控件并加入“销售记录”数据表中的字段。选择 SDDA 主菜单中的【加元件】|【表格(Grid Table)】菜单项，当鼠标指针变成“＋”字形后，将鼠标指针移至新创建的“物品销售单”的空白处单击，此时 SDDA 弹出对话框，要求用户选择表格控件的数据项，依次单击“数据库”的“销售记录”项中的 5 个字段，如图 9.8 所示。

选择完成后，单击该对话框中的【接收 OK】按钮，此时该对话框关闭，并返回到“物品销售单”对话框，用户可以发现其中已经显示了新添加的表格控件，如图 9.9 所示。

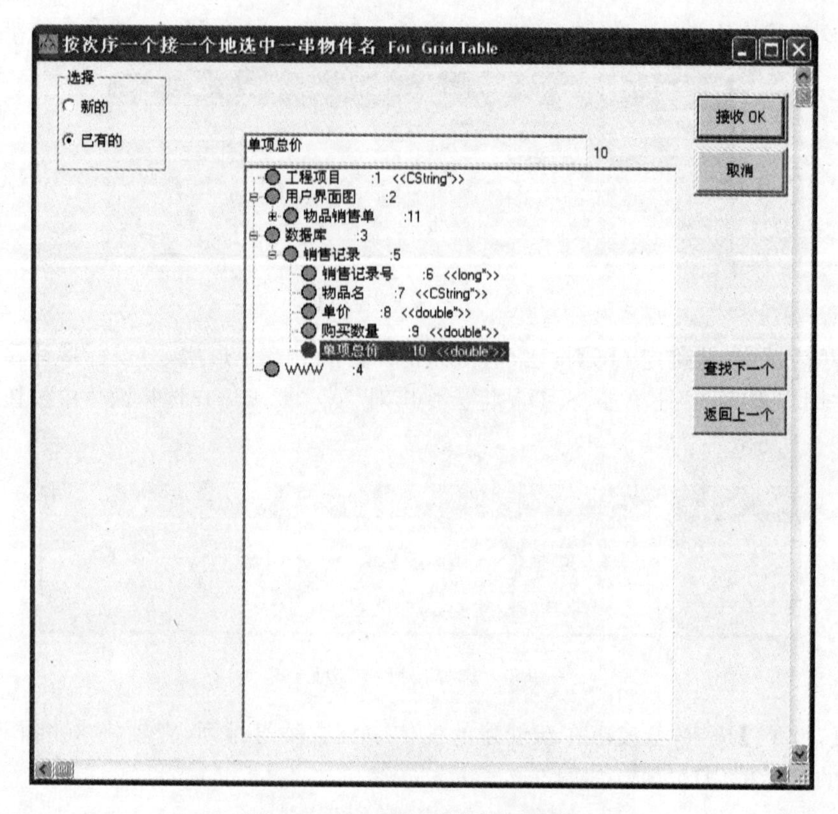

图 9.8　添加表格控件并加入字段

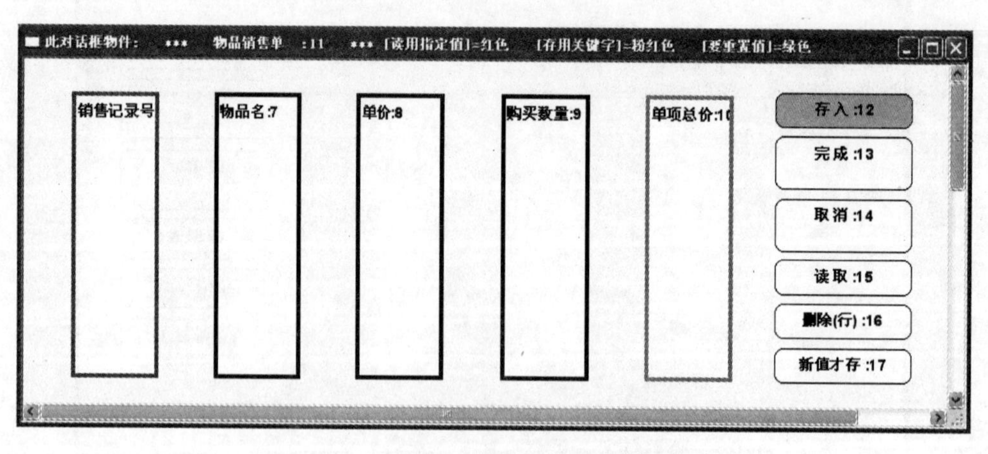

图 9.9　添加了表格控件的对话框

(3) 加入新数据的编辑框。为了能对表格控件的数据进行写入操作，一般在该对话框中添加部分编辑框，用于送数据给不能输入数据的表格控件。此处加入 4 个编辑框控件，分别命名为“物品名”、“单价”、“购买数量”和“合计”。具体操作为选择 SDDA 主菜单中的【加元件】|【编辑框(Edit Box)＋标签】菜单项，当鼠标指针变成“＋”字形后，将鼠标指针移至新创建的“物品销售单”的空白处单击，SDDA 将弹出如图 9.8 所示的用于选择物件名的对话框。由于此处用户需新建数据表中没有的项，因此在该对话框中选择“新的”单选按钮，在弹

出的对话框中输入以上 4 个编辑框名称，如图 9.10 所示。

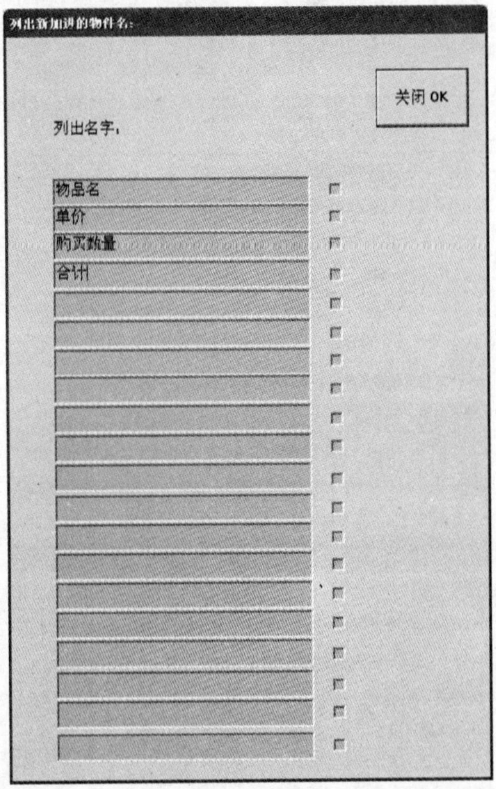

列出新加进的物件名:
关闭 OK
列出名字:
物品名
单价
购买数量
合计

图 9.10　加入新数据的编辑框

输入完成后单击对话框中的【关闭 OK】按钮，并选择控件的排列方式为“横排”，之后即可回到物品销售单窗体，此时该窗体中已新增了 4 个编辑框控件，如图 9.11 所示。

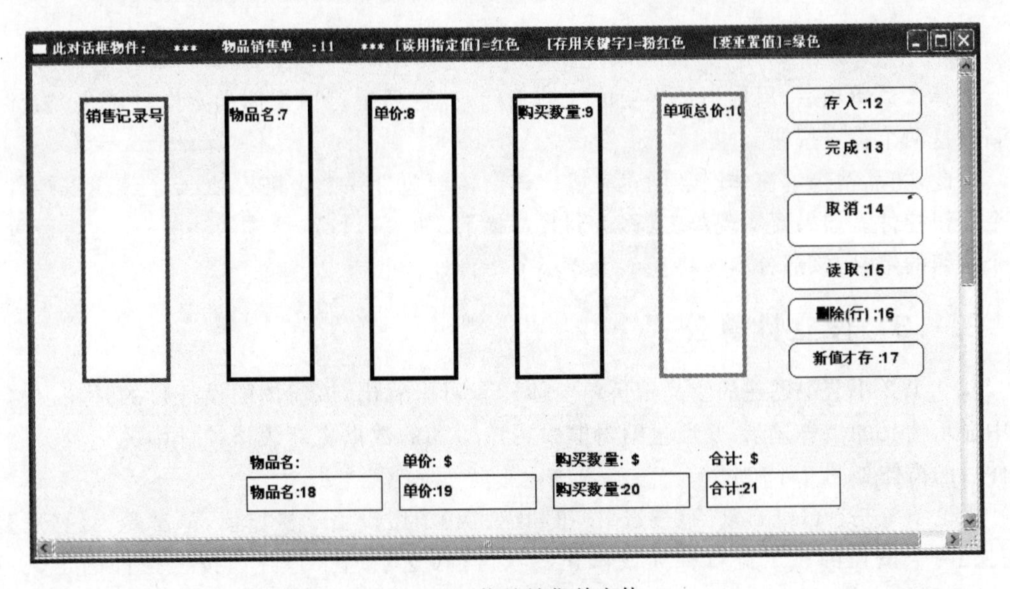

图 9.11　物品销售单窗体

（4）加入【移送】和【替换】按钮。为了能将步骤（3）中所添加编辑框控件中的数据移送到表格控件中，需要为其设置【移送】按钮，为了能修改表格控件中的数据，需要为其设置【替换】按钮。选择 SDDA 主菜单中的【加按钮】|【'移进'＋'置换'键】菜单项，如图 9.12 所示。

【 保存 数据 】（数据库中记录的地址 能由从来不会重复的关键词 唯一找到）
'存入' 键（Save） ="保存数据库 新旧记录"
'创建' 键（Create） ="创建数据库一个新记录，并保存它"
'存旧记录' 键 （Save Old ）="仅仅更新数据库旧记录"
【 关闭 窗体】（视窗，对话框）
'取消' 键 （Cancel）="关闭窗体，并送回信息 '作废'' "
'结束' 键 （Close ）="关闭窗体，并送回信息 '好的' "
'确认' 键 （OK）= "保存键 + 结束键"，"并送回信息 '好的' "
'登录' 键（Login）="检查在数据库中是否也有这些数据" + "关闭键"
【 读取数据库数据 】
'读取' 键 （Load）= "取得所有符合限定值要求的数据" （由限定值 组成筛选规则）
'挑选' 键 （Select）=" 取得所有经过挑选的数据" （由等式不等式 组成挑选规则）
【 窗体上数据操作 】 （只有进行了 '保存' 操作后，数据库中的记录才被更新）
'加进' + ' 改变' 键 （Add+Change）="加进，改变一行数据 （数据是从其它指定的对话框中取得）"
'移进' + '置换' 键 （Move in + Replace）="向本窗体的表中移进，置换一行新数据
'行删除' 键 （Delete）="仅删除表上一行 （再用'存入'键，数据库中的记录才删除）"
'清洗' 键 （Clean） ="清除此窗体上所有数据"
一次加三个键 = '加进数据'键（Add）+ '改变数据' 键（Change）+'删除' 键（Delete）"
【 数据库中记录操作 】
"删除单条" = 直接删除 窗体指定的 单条记录 （适合编辑框）
'删除挑选' 键 （Select Deleting） = "删除经挑选规则选取的数据库中记录"
【 进程操作 】
'执行' 键 （Run） ="设置进程名，然后执行一个进程"
'送信息' 键（Send Message）="窗体信息排队" + '执行'
【 退出工程 】

图 9.12 加入【移送】和【替换】按钮

选择该菜单项后，鼠标指针将变成"＋"字形，在物品销售单窗体的空白处单击，窗体中将新增这两个命令按钮。

至此，物品销售单窗体已经创建完成。该窗体中包含一个表格控件、4 个编辑框控件和两个按钮控件。如果要实现单击【移送】和【替换】按钮完成特定操作的功能，还需要设置这两个按钮的定义，该部分内容将在 9.1.3 小节中详述。

9.1.3 设立计算公式

从 9.1.2 小节中创建的物品销售单窗体读者可以看出，该窗体的设计目的是在表格控件中显示物品的销售记录，并通过编辑框中用户输入的数据更新表格控件中的记录。添加控件后的窗体如图 9.13 所示。

无论系统是否已经自动给【移送】按钮和【替换】按钮设置了操作值，都需要为【移送】和【替换】两个按钮的设定进行补充或修正。双击【移送】按钮，打开该按钮控件的定义，如图 9.14 所示。

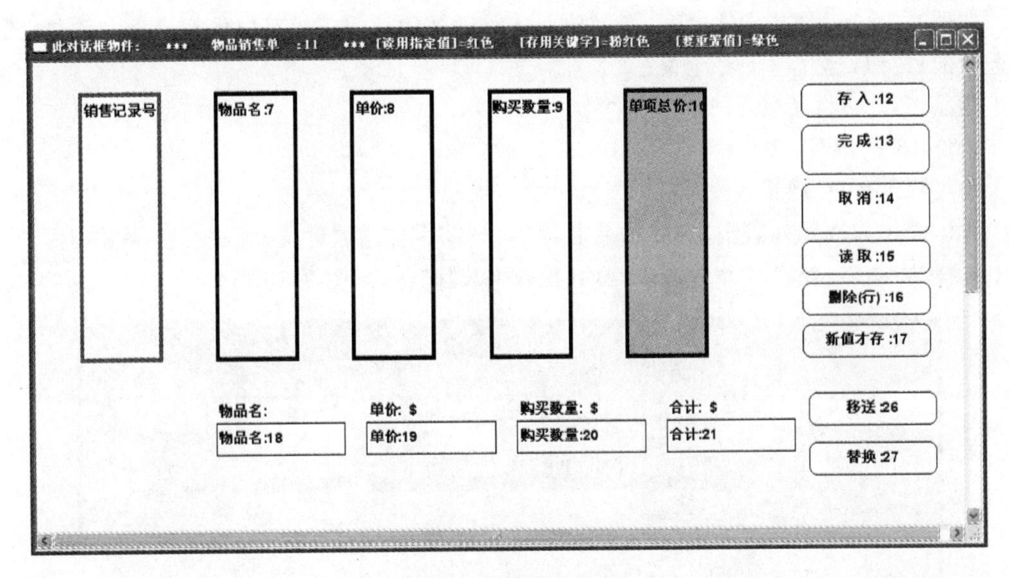

图 9.13　窗体设计界面

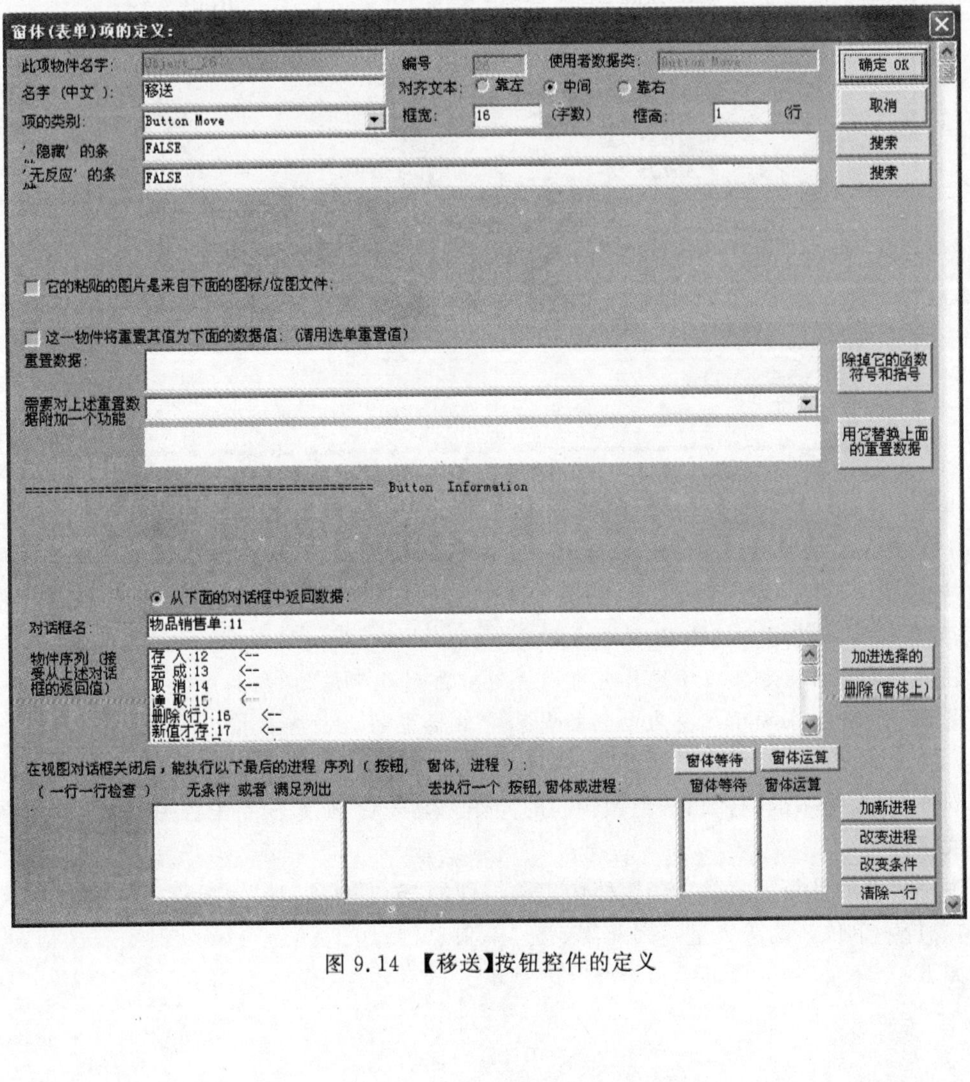

窗体(表单)项的定义:

此项物件名字: Object_26　编号 26　使用者数据类: Button Move

名字（中文）: 移送　对齐文本: 靠左 中间 靠右

项的类别: Button Move　框宽: 16 (字数)　框高: 1 (行

'隐藏' 的条件 FALSE

'无反应' 的条件 FALSE

确定 OK　取消　搜索　搜索

它的粘贴的图片是来自下面的图标/位图文件:

这一物件将重置其值为下面的数据值: (请用选单重置值)

重置数据:

需要对上述重置数据附加一个功能

除掉它的函数符号和括号

用它替换上面的重置数据

=== Button Information

从下面的对话框中返回数据:

对话框名: 物品销售单:11

物件序列（接受从上述对话框的返回值）

存 入:12 <--
完 成:13 <--
取 消:14 <--
读 取:15 <--
删除(行):16 <--
新值才存:17 <--

加进选择的　删除(窗体上)

在视图对话框关闭后，能执行以下最后的进程 序列（按钮，窗体，进程）:　窗体等待　窗体运算

（一行一行检查）　无条件 或者 满足列出　去执行一个 按钮，窗体或进程:　窗体等待　窗体运算

加新进程　改变进程　改变条件　清除一行

图 9.14　【移送】按钮控件的定义

在图 9.14 所示的“物件序列(接受从上述对话框的返回值)”对应的列表框右侧单击【加进选择的】按钮,建立以下对应关系。

物品名：7←物品名：18

单价：8 ←单价：19

购买数量：9←购买数量：20

具体操作为选择列表框中的“物品名:7”项,然后单击【加进选择的】按钮,在弹出的对话框中选择“物品名:18”项,并单击右侧的【接收 OK】按钮,如图 9.15 所示。

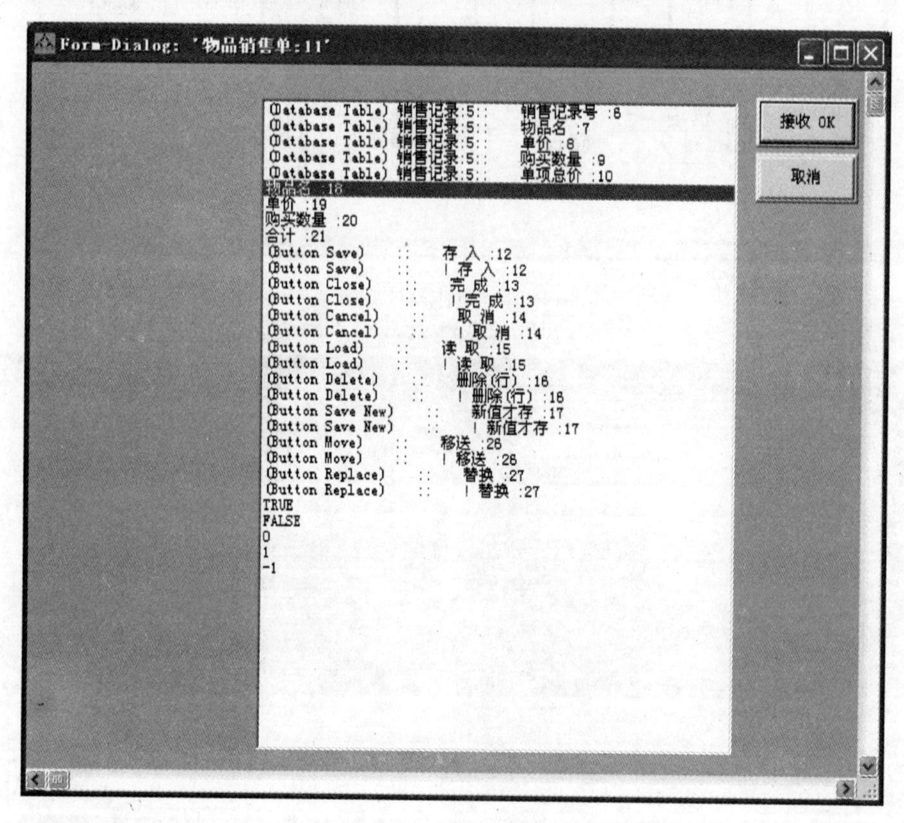

图 9.15 选择对应项

上述操作表示在用户单击【移送】按钮后,“物品名:18”编辑框中的值将会传送到表格控件的“物品名:7”中。依此类推,通过以上步骤依次为“单价:8”和“购买数量:9”项指定选择项,完成后该按钮的定义如图 9.16 所示。

注意：此处的指定数据项操作也可以通过双击列表框中的“物品名:7”、“单价:8”和“购买数量:9”项来实现,SDDA 将自动判断窗体中编辑框的类别和数据,并将对应的项指定给表格控件中的字段。

同样,对窗体中的【替换】按钮做相同的操作。完成后,整个物品销售单窗体的设计就全部完成了。

本小节中的计算公式是指为窗体中表格控件的“单项总价:10”字段设置计算规则,由于“单项总价＝单价×购买数量”,因此需要为“单项总价:10”项预置一个实时更新的值,操作步骤如下：

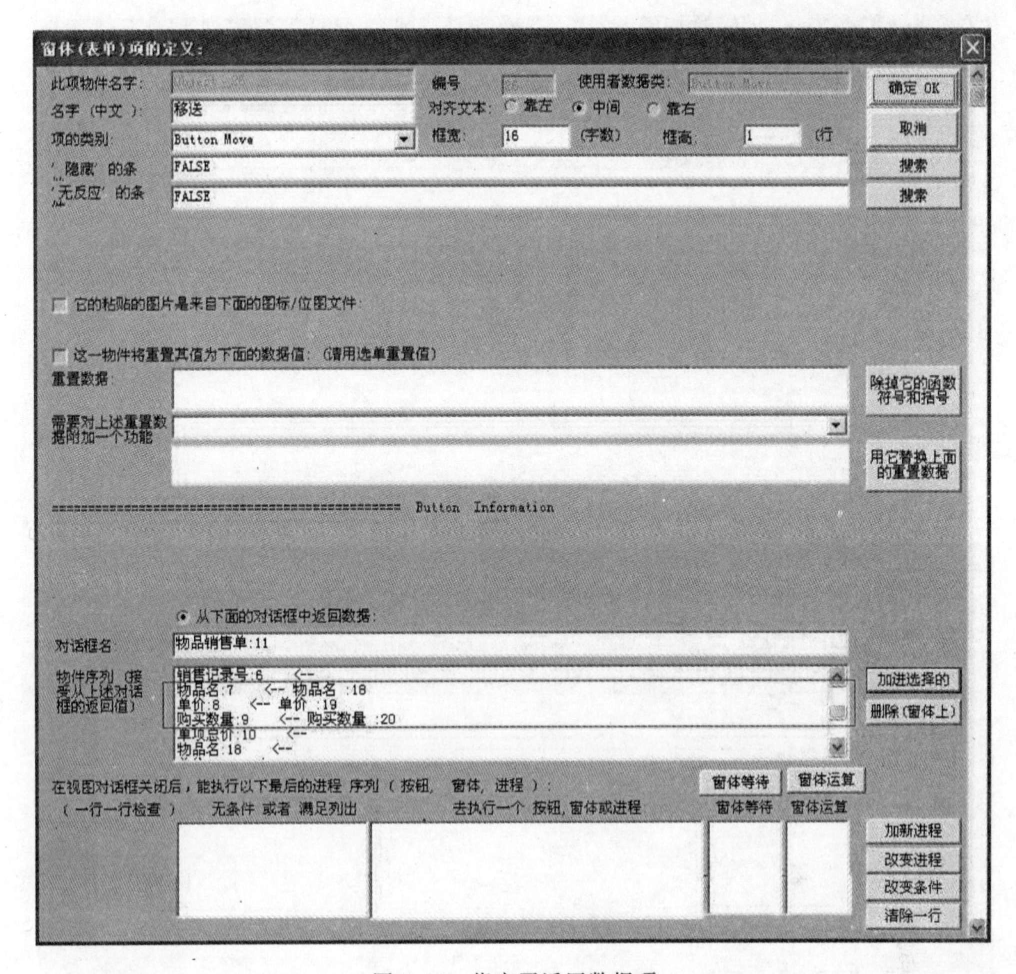

图 9.16　指定了返回数据项

(1) 选择表格控件中的“单项总价:10”项，然后选择 SDDA 主菜单中的【设定要求值】|【需要时时更新它的值为重置值】菜单项，如图 9.17 所示。

(2) 弹出“编辑语句”对话框，首先在右侧的下拉列表框中选择“单价:8”项，此时该对话框的编辑器中出现了“Object_8:8”字样，如图 9.18 所示。

(3) 在图 9.18 中单击【乘 *】按钮，并在右侧的下拉列表框中选择“购买数量:9”项，此时对话框中的公式如图 9.19 所示。图中的计算公式“Object_8:8 * Object_9:9”是“单价:8”乘以“购买数量:9”组成的表示式，此公式也可用中文表达式显示，用户只需双击此公式即可，此处不再赘述。

(4) 至此，公式的输入就完成了。单击图 9.19 所示对话框中的【确定 OK】按钮就完成了公式的设立，此时 SDDA 返回到窗体的设计界面，用户可以看到表格控件的“单项总价:10”项变为绿色，表明它的值会时时被重置，如图 9.20 所示。

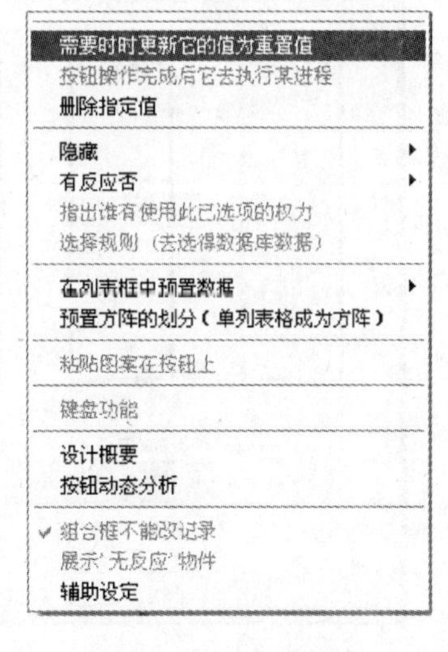

图 9.17　选择菜单项

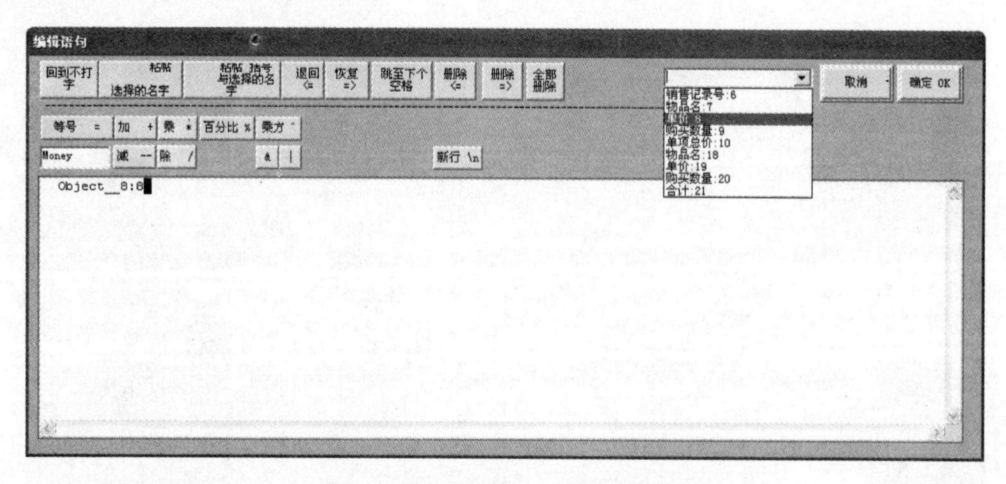

图 9.18 选择计算公式的组成部分

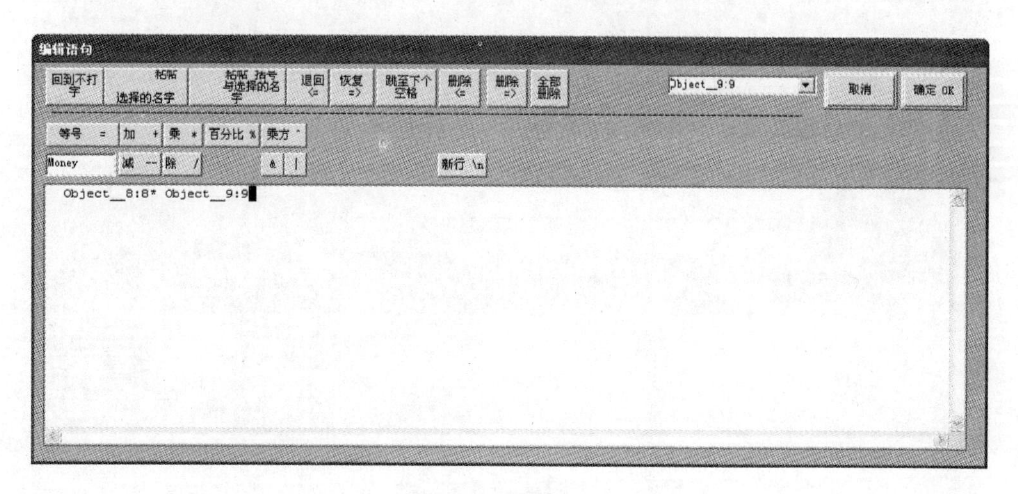

图 9.19 计算公式

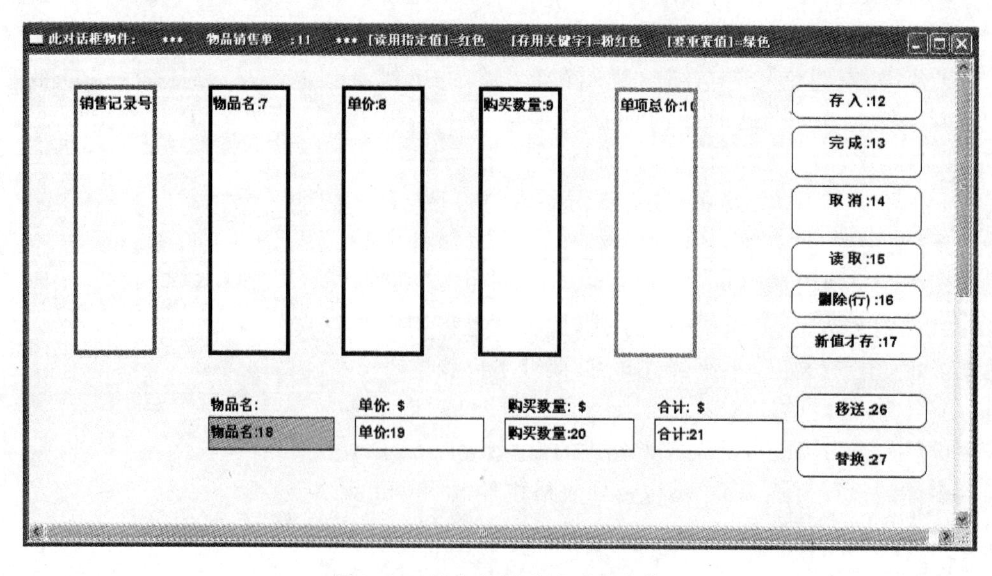

图 9.20 设立计算公式后的窗体

以上窗体的设计和计算公式的设立能够让用户完成物品销售的功能，当用户在编辑框中输入物品销售的名称、单价和数量，并移送到表格控件后，窗体会自动统计该项物品的总价，并显示在“单项总价”项中。然而，当用户购买了多个物品并移送到表格控件后，表格控件无法统计所有物品的总价，此时需要对“单项总价”项做纵向累加操作。

9.2　表列的纵向累加计算

纵向累加是指对表格控件的某一字段(列)做累加计算，该操作常用于统计部门员工的总工资、物品销售的总价等。有 Microsoft Excel 学习经历的读者可能了解 SUM()函数，本节为读者介绍的纵向累加类似于 SUM()函数的实现。

本节仍以 9.1 节创建的物品销售单窗体为例，纵向统计表格控件中的“单项总价”项的值，并显示在编辑框控件“合计:21”中。其具体操作步骤如下：

(1) 打开公式编辑对话框。选择编辑框控件“合计:21”后，选择 SDDA 主菜单中的【设定要求值】|【需要时时更新它的值为重置值】菜单项，在弹出的“编辑语句”对话框中单击【函数】按钮，如图 9.21 所示。

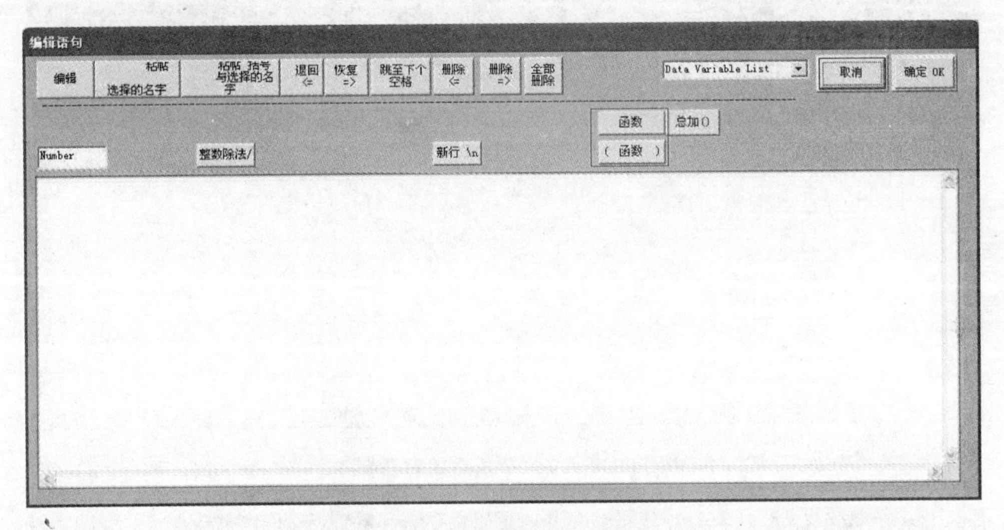

图 9.21　单击【函数】按钮

(2) 选择累加公式。可视化 D++语言提供的函数均可以通过该对话框中的【函数】按钮调用，在图 9.21 中单击【函数】按钮将打开图 9.22 所示的对话框，选择左侧的“Mathematics”(数学)函数，右侧即显示了 SDDA 中的所有数学函数，如图 9.22 所示。

在图 9.22 所示的对话框中，选择右侧列表框中的运算公式“_SUM”(合计)后，单击对话框中的【采纳】按钮，即将该公式添加到公式编辑框中，如图 9.23 所示。

(3) 设置公式参数。图 9.23 中的 SUM()函数还未设置参数，目前以黑底白字显示“《Double_List》”，表示参数可以为浮点数据。用户需要单击取值列表框“Data Variable List”，并选择其中的“单项总价:10”项，此时将定义编辑框“合计:21”的纵向累加计算公式为“_SUM_(Object_10:10)”，如图 9.24 所示。

(4) 完成图 9.24 所示的公式设置后，单击对话框中的【确定 OK】按钮关闭对话框并回

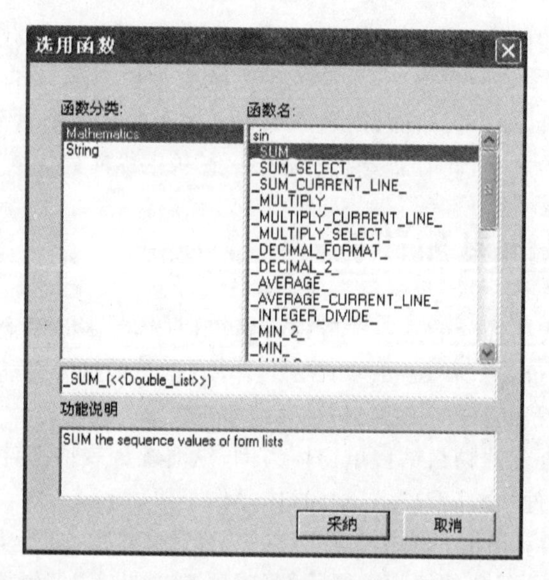

图 9.22 选择数学公式

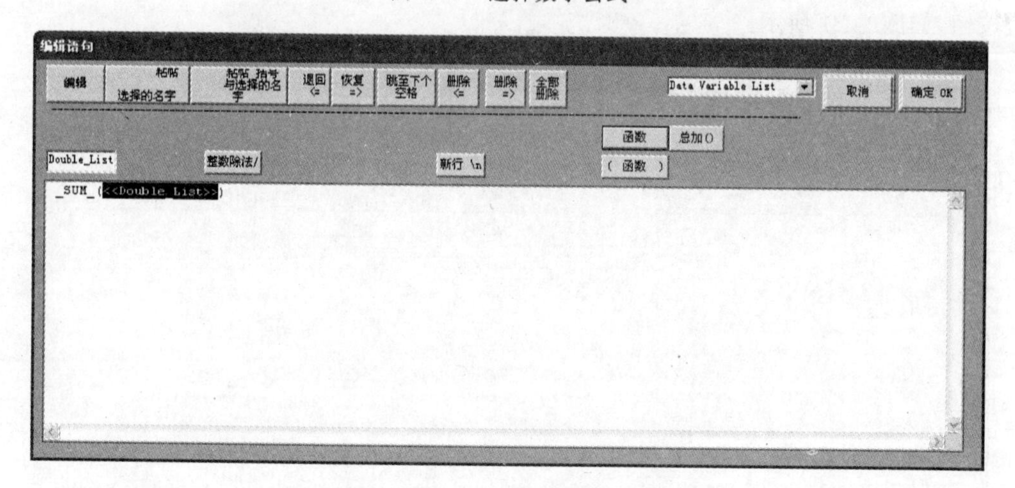

图 9.23 加入公式后的对话框

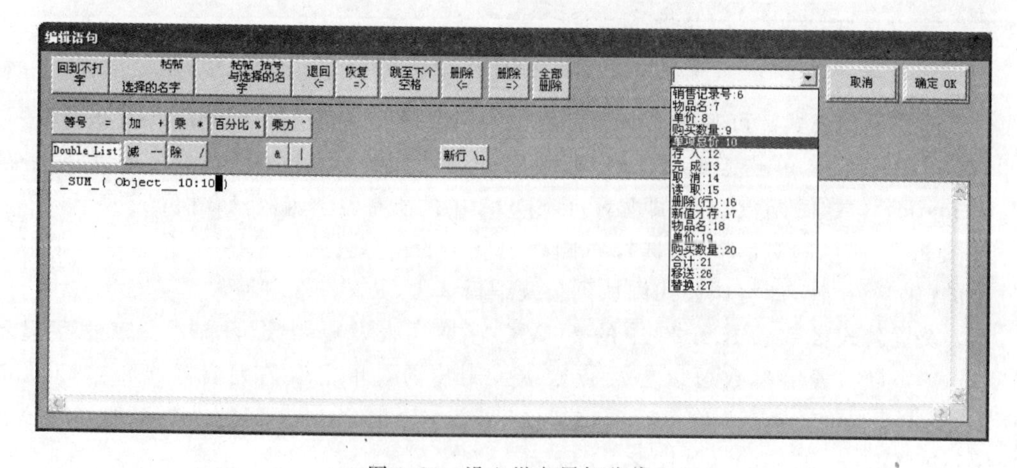

图 9.24 设立纵向累加公式

到物品销售单窗体，此时编辑框控件“合计:21”的边框变为绿色，表明它的值会时时被重置，如图 9.25 所示。

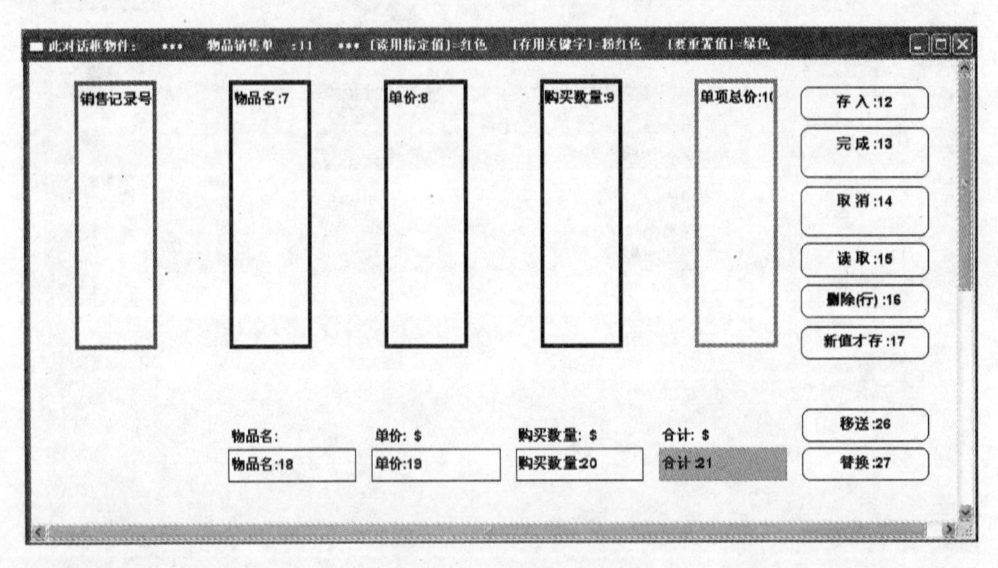

图 9.25　表列纵向累加

至此，表列的纵向累加就设置完成了。当用户在物品销售单窗体的表格控件中添加了多个物品销售记录后，在表格控件的“单项总价:10”列将自动计算每一项物品的总价，而在“合计”编辑框中将统计并显示所有物品的总价。

9.3　预置并读取销售记录

在新构建的软件窗体中找出有指定值的字段并检查它们的指定值是什么，这是非常重要的。以“销售记录号:6”字段为例，用户需要双击表格控件中的“销售记录号:6”字段，弹出图 9.26 所示的对话框。

在图 9.25 中，红色框线内设定的值为“销售记录号:6”，表明关键字段“销售记录号:6”的指定值是它自己。

为确保数据记录安全，表格控件中的数据是不允许用户直接输入或修改的。如果用户需要输入或修改表格中的数据，需要在窗体上添加一个编辑框“销售记录号预置”，用于给表格控件“销售记录号:6”传输数值。

9.3.1　设置“销售记录号预置”编辑框

在物品销售单窗体上添加一个新的编辑框控件，用于预置销售记录号字段，其具体操作步骤如下：

(1) 选择 SDDA 主菜单中的【加元件】|【编辑框(Edit Box)+标签】菜单项，当鼠标指针变成“+”字形后，将鼠标指针移至新创建的“物品销售单”的空白处单击，SDDA 将弹出选择对话框。由于用户需新建“销售记录号预置”编辑框，因此在该对话框中选择“新的”单选按钮，如图 9.27 所示。

窗体(表单)项的定义:
此项物件名字:　编号　使用者数据类:
名字(中文):销售记录号　对齐文本: 靠左 中间 靠右　确定 OK
项的类别: Grid Table　框宽: 10 (字数)　框高: 16 (行　取消
"隐藏"的条: FALSE　搜索
"无反应"的条: FALSE　搜索
==================== One Data Specification
此项物件读取的数据，将被指定为取以下对象的值: (对话框的数据不设置取指定值,将会加载有关的数据库表的所有数据)
对象物件名: 销售记录号 :6　搜索
这一物件将重置其值为下面的数据值: (用选单重置)　允许数据为空值
重置数据:　除掉它的函数符号和括号
==================== Table Specification
接收数据的筛选规则:

图 9.26　项的定义

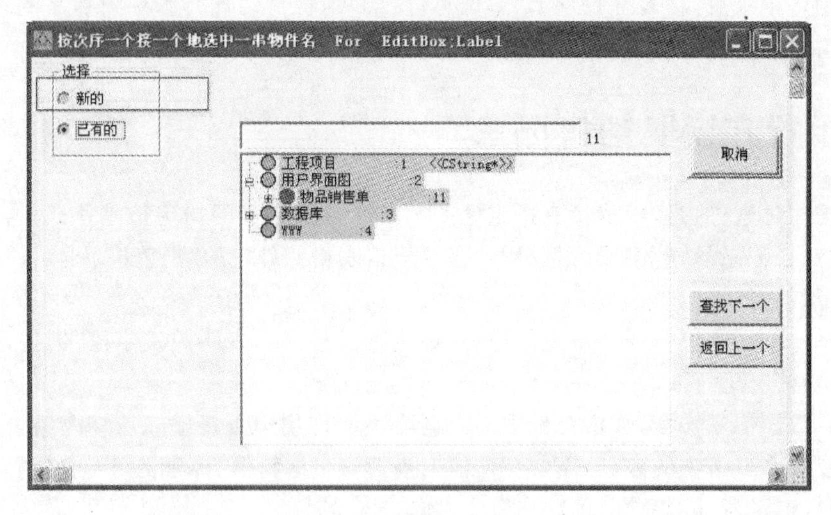

图 9.27　选择对话框

(2) 选择“新的”单选按钮后，SDDA 将弹出一个对话框，让用户输入新编辑框的名称，此处输入“销售记录号预置”，如图 9.28 所示。

(3) 输入完成后单击对话框中的【关闭 OK】按钮，回到物品销售单窗体，可以看到窗体上新增了一组标签和编辑框，调整其位置到“物品名”编辑框之前，该编辑框就添加完成了，如图 9.29 所示。

至此，“销售记录号预置”编辑框的添加就完成了。此时，“销售记录号预置”编辑框能够接收用户的输入。

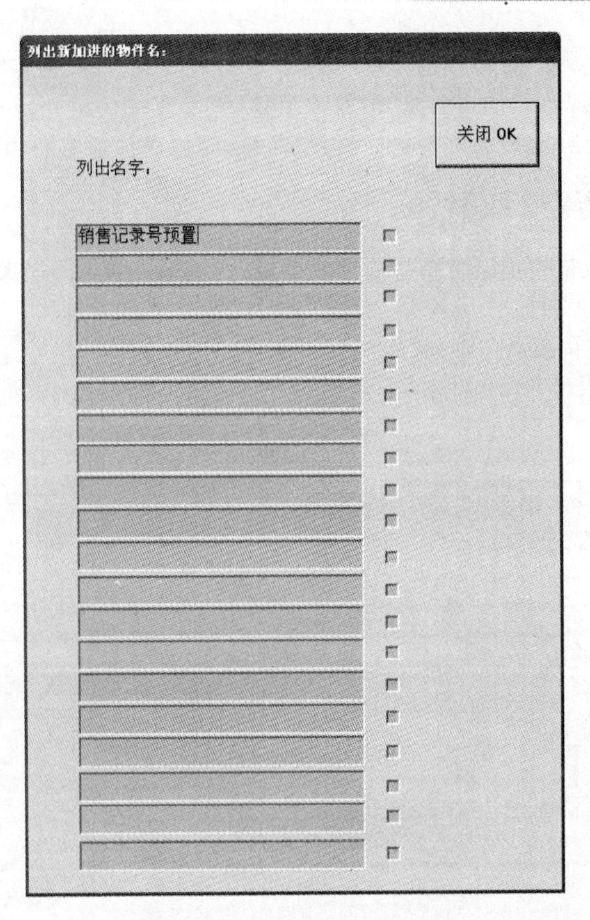

图 9.28　输入新控件的名称

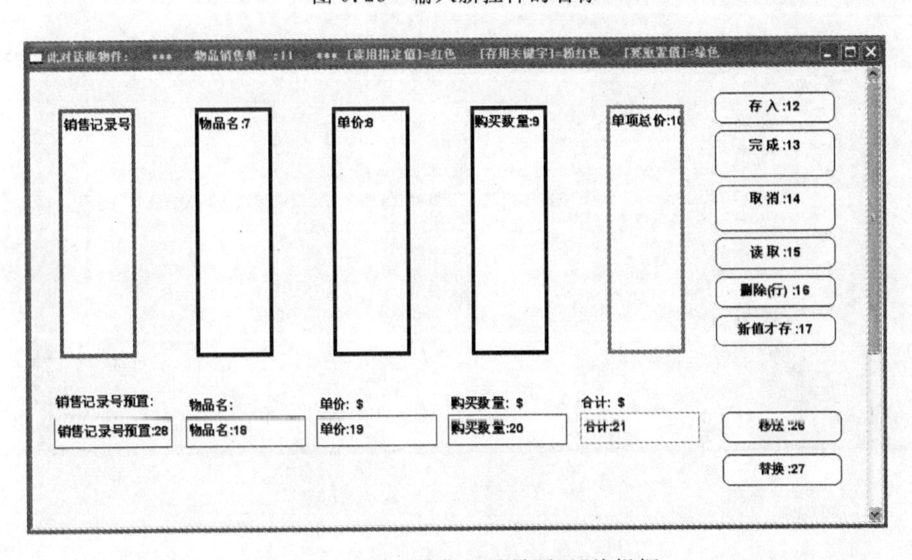

图 9.29　添加"销售记录号预置"编辑框

注意：此处不能修改"销售记录号:6"的指定值为"销售记录号预置:28"，否则"销售记录号:6"的值在此记录存入数据库或从数据库读取的前后会与"销售记录号预置:28"的值完全相同。

目前留下的问题是：如何在单击【读取】按钮之前把编辑框“销售记录号预置:28”的数据送给表格控件“销售记录号:6”，使“销售记录号:6”已有需要的指定值。下面为读者简要介绍如何实现单击【读取】按钮之前给“销售记录号:6”传送预置值的功能。

9.3.2 设置【读取】按钮

如果需要在读取销售记录数据之前预置值，还需要对物品销售单窗体中的【读取】按钮进行设置，具体操作步骤如下：

(1) 选择物品销售单窗体中的【读取】按钮，双击打开该按钮的定义对话框，在其中选择“为以下变量预置数值”单选按钮，并在“被传递的数据”右侧的列表框中选择“销售记录号:6”项，如图 9.30 所示。

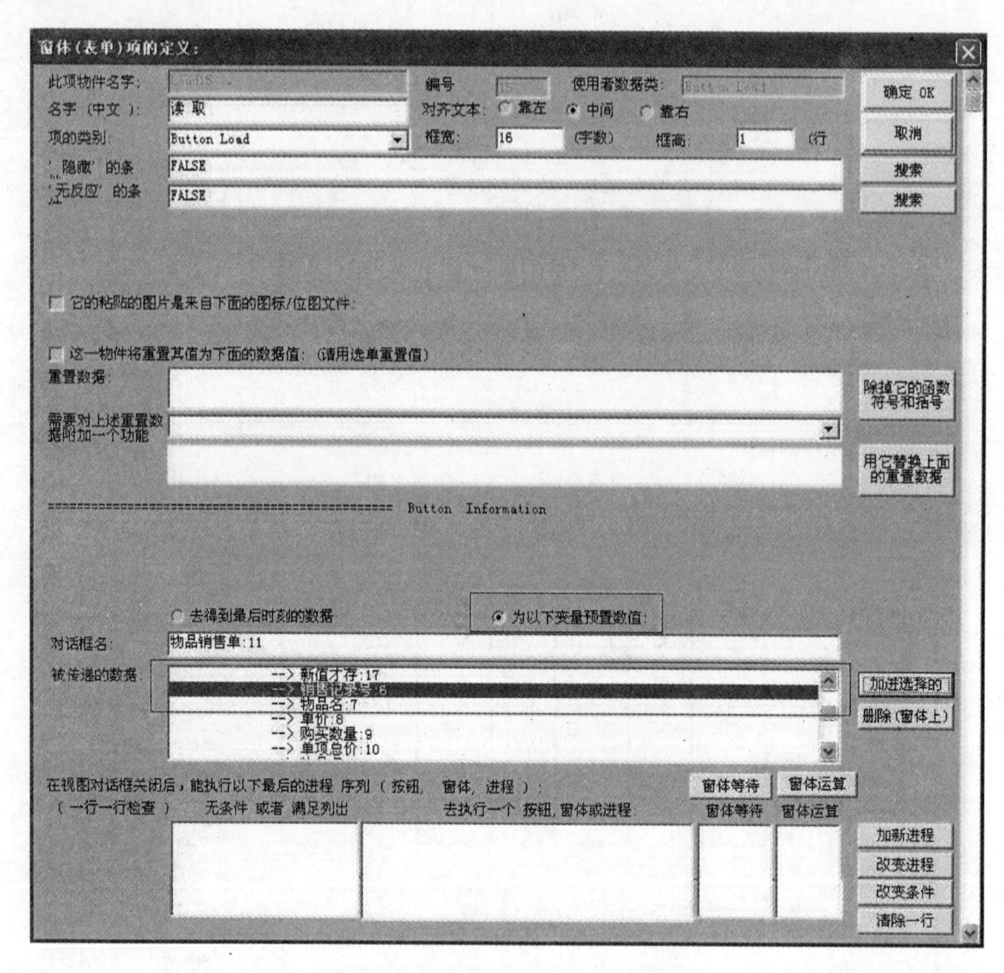

图 9.30 【读取】按钮的定义对话框

(2) 选择“销售记录号:6”项后，单击右侧的【加进选择的】按钮，打开选择对话框，在其中选择“销售记录号预置:28”项，表示将编辑框中的数据预置为表格控件中的对应字段，再单击【接收 OK】按钮，如图 9.31 所示。

(3) 完成选择后关闭该对话框并回到【读取】按钮的定义对话框，可以看到“被传递的数据”列表框中增加了“销售记录号预置: 28-->销售记录号:6”一行记录，如图 9.32 所示。

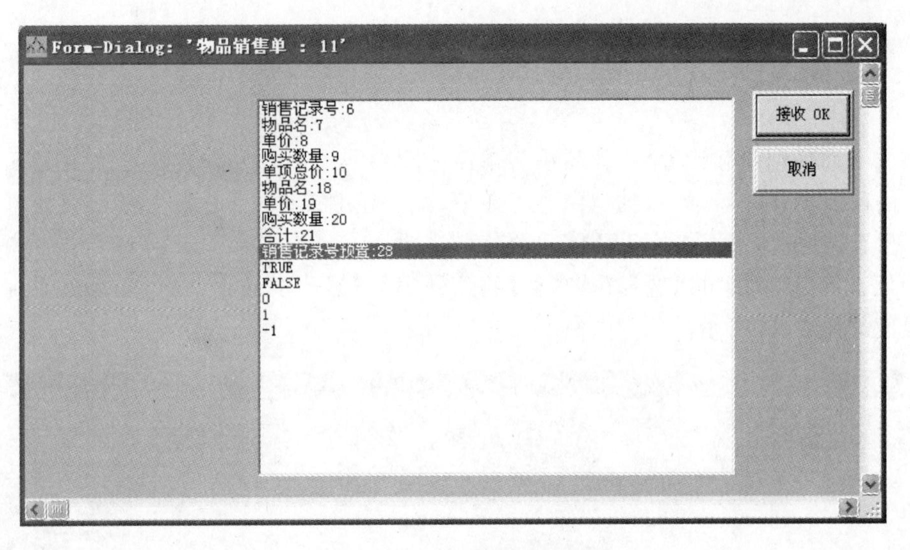

图 9.31　选择预置字段

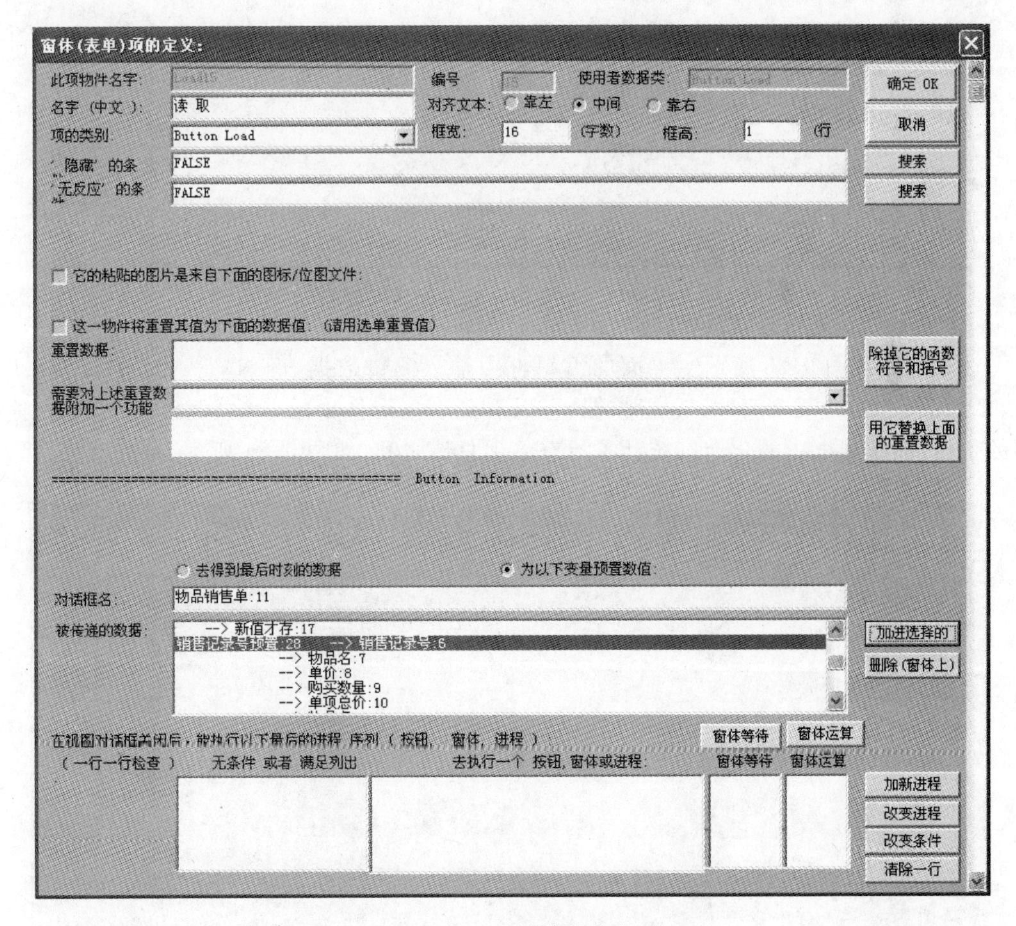

图 9.32　预置值的定义

至此,【读取】按钮的预置值定义就完成了。从该定义中可以看出,在【读取】按钮执行之前,"销售记录号:6"已被预置"销售记录号预置:28"的值。

9.4 示例运行

完成上面的创建和设置后，物品销售单窗体的功能全部实现。读者可以关闭 SDDA 主界面下的所有窗体和目录，回到空白主界面下，并选择主菜单中的【文件 File】|【软件与程序码产生器】|【视窗 软体】菜单项，编译并运行该窗体。

示例运行后，读者可以选择【表单】|【物品销售单】菜单项打开该窗体，可以看到该窗体的主界面如图 9.33 所示。

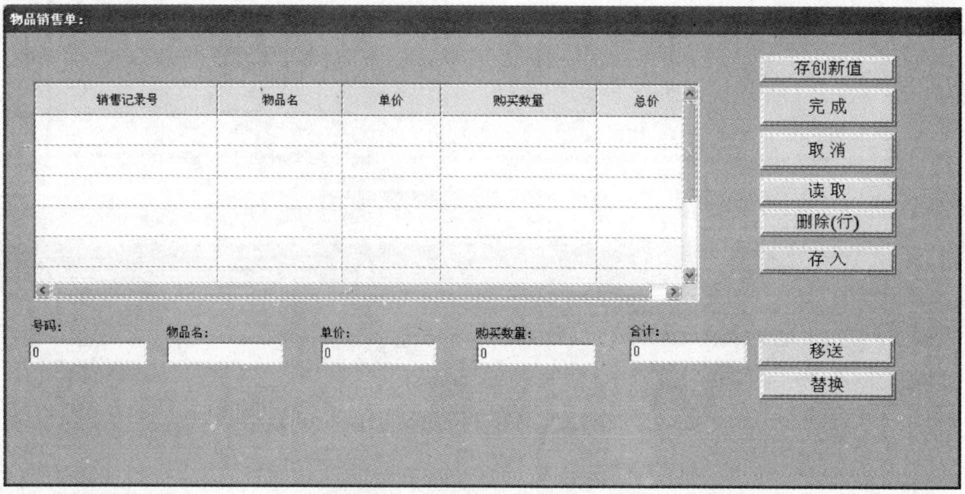

图 9.33 “物品销售单”主界面

读者可以在图 9.33 所示主界面的编辑框中输入测试数据，例如输入“苹果 2.5 7.0”、“西瓜 3.7 6.0”和“梨 5.7 2.0”3 行数据，可以看到表格控件中的单项总价计算了每一种物品的价格，而编辑框中的合计则统计了所有单项总价之和，如图 9.34 所示。

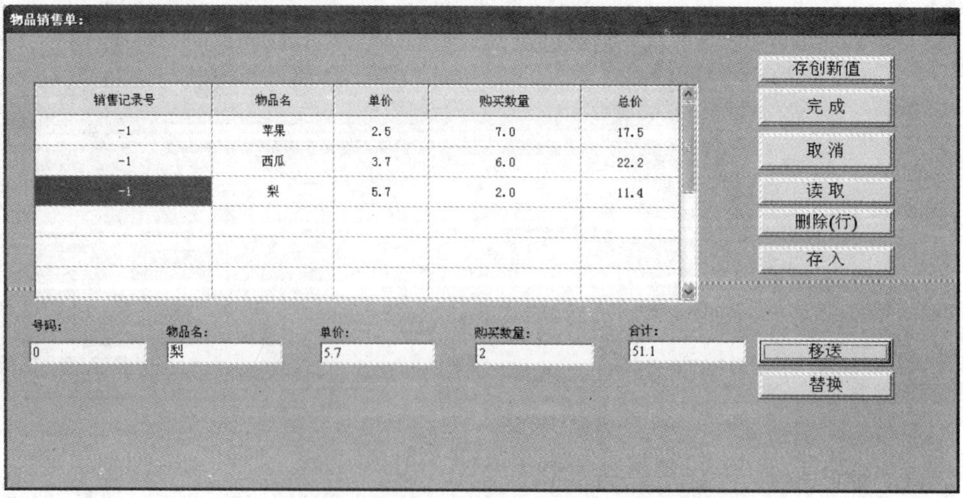

图 9.34 算术公式计算和纵向累加

输入完成后单击窗体中的【存入】按钮即可将上面3条记录写入到数据表中，此时销售记录号分别变为“5 6 7”。

当用户需要读取并查看某一笔销售记录时，只需在“号码”编辑框控件中输入“销售记录号”，然后单击窗体右侧的【读取】按钮即可。例如，在“号码”编辑框中输入“6”并单击【读取】按钮，表格控件中的返回结果如图9.35所示。

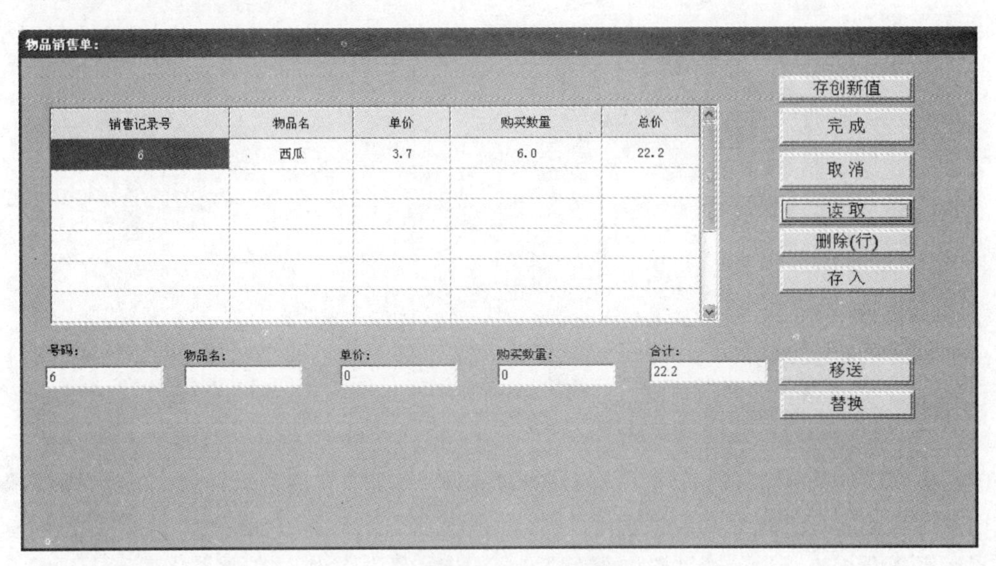

图9.35　读取数据项

从以上运行结果可以看出，物品销售单窗体包含算术公式计算、纵向累加功能和预置值读取功能等，能够准确、方便地实现商店的商品销售功能。

9.5　小结

本章主要介绍了可视化D++语言中的算术公式计算和纵向累加的相关知识。首先设计了一个窗体“物品销售单”，并通过数据表“销售记录”的创建回顾了可视化D++语言中数据表的创建方法；其次简要讲解了对话框窗体的创建，并着重讲解了表格控件中设立算术公式的方法，以及如何实现纵向累加。最后，本章对如何在读取数据之前预置值做了简要说明，并通过示例进行了演示和验证。

第10章

用户管理与登录

在数据库应用软件中，作为系统功能之一的用户管理和用户登录功能是不可或缺的。在通用的用户管理与登录功能模块的设计过程中，程序设计人员必须设计用户登录界面并编写程序判断用户身份的合法性，需要对数据库进行读写操作。在可视化D++语言中，用户无须编写任何代码，只需通过鼠标拖动操作就能够完成一个美观的用户管理与登录功能模块的实现，大大提高了程序设计人员的工作效率。

10.1 教学示例

可视化D++语言提供了丰富的操作来实现用户的管理与登录功能，用户通过鼠标能够方便、快捷地构建用户管理与登录窗体。为了使读者更好地理解用户管理与操作功能在应用软件中的实现，本节首先为读者展示一个教学示例。

10.1.1 管理员登录

在一个完整的数据库应用系统中，管理员是拥有对整个系统所有权限的用户角色，其主要功能是管理普通用户的账户、口令和权限，并对普通用户进行添加、删除等操作。例如，在一个超市的物品销售管理系统的初始化过程中，管理员首先需要添加销售员用户，并设置其账户和密码，此后销售员用户才能登录到物品销售管理系统中，并通过物品销售窗体完成物品销售、结算等操作。

在本章的教学示例中设计了一个用户登录窗体，该窗体自动判断用户输入的账户，如果账号输入为“administrator”，则认为是以管理员角色登录，其他账号为以普通销售人员角色登录。读者可双击运行本章源文件夹下的“sales. exe”文件，在弹出的窗体中选择【表单】|【登录表】菜单项，如图10.1所示。

在读者选择图10.1中的【登录表】菜单项后，能够打开设计好的用户登录窗体，该窗体是一个简单对话框，并在【登录】按钮中加入了图片进行美化。读者可以在该窗体的“姓名”编辑框中输入“administrator”，表示以管理员角色登录，如图 10.2 所示。

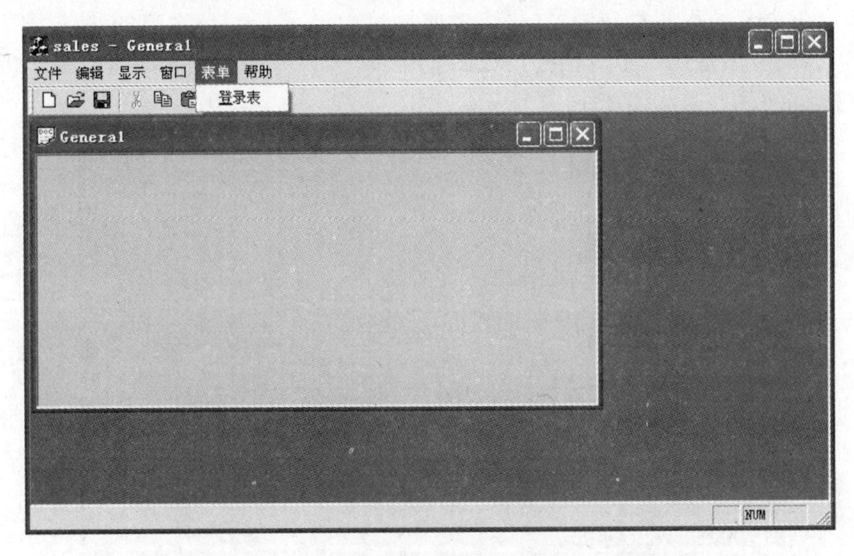

图 10.1　教学示例主菜单

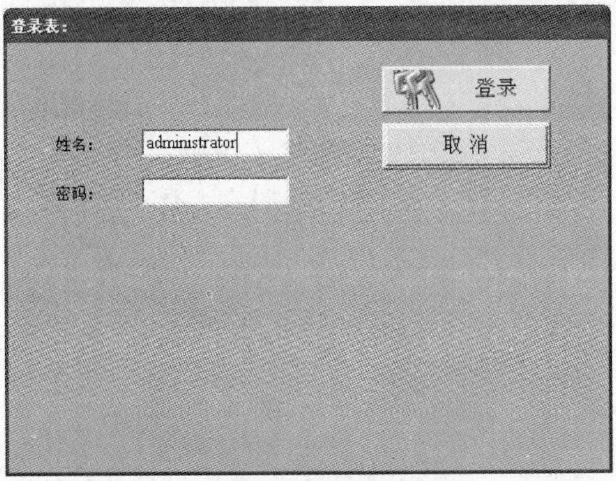

图 10.2　输入管理员账号

输入账号后，密码对应的编辑框为空，单击窗体右侧的【登录】按钮，此时应用系统验证用户的账号和密码是否输入正确，如果正确则关闭当前窗体，进入用户管理窗体，否则弹出相应的错误提示，如图 10.3 所示。

图 10.3　用户验证错误

10.1.2 添加与删除普通用户

在10.1.1小节的程序实现中,如果读者成功地通过了管理员用户的验证,即可进入用户管理窗体。该窗体是由一个对话框组成的,主要功能为管理员在此添加或删除普通用户。在本章的教学示例中,窗体如图10.4所示。

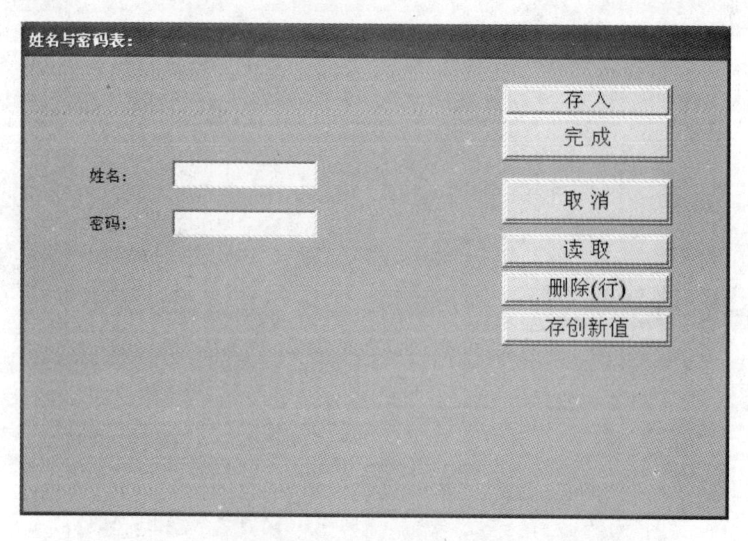

图10.4 添加普通用户窗体

在图10.4所示的窗体中,读者可以在"姓名"和"密码"编辑框中输入新用户的账号和口令。例如,管理员需要新增一个销售人员用户,其账号为"张三"、口令为"123",在图10.4所示的窗体的对应位置输入内容,并单击窗体右侧的【存入】按钮即添加了一个新的普通用户(原有的记录会自动更新),如图10.5所示。

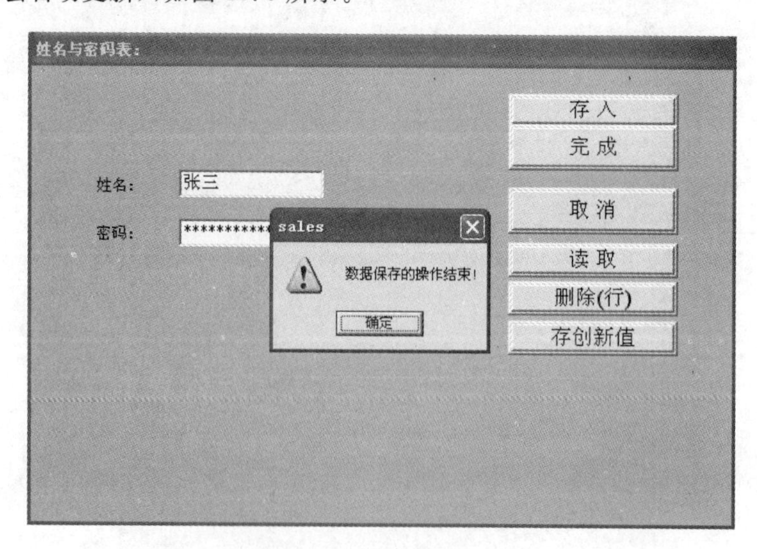

图10.5 添加新用户

注意: 使用者输进"密码"字段的数据会被字符"*"自动覆盖。

同样，当读者需要删除一个普通用户时，只需在“姓名”编辑框中输入需要删除的用户账号，并单击窗体右侧的【读取】按钮即可。在窗体读取并显示了该用户的账号和密码后，单击右侧的【删除(行)】按钮即可将该用户删除，图 10.6 所示为删除普通用户“张三”。

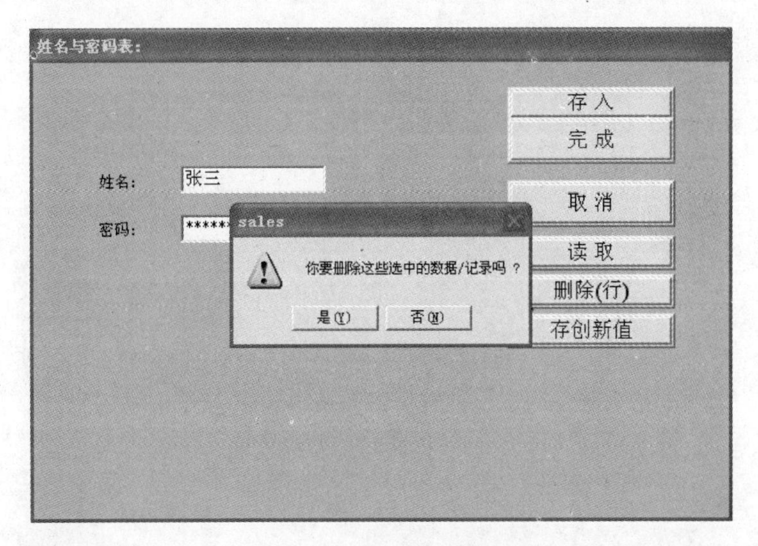

图 10.6　删除普通用户

在图 10.6 中，如果单击确认对话框中的【是(Y)】按钮，则完成了删除用户的操作。由此可以看出，通过本小节介绍的普通用户的添加与删除操作，可以为数据库应用系统提供用户管理的功能。

10.1.3　普通用户登录

在 10.1.2 小节中完成了普通用户的添加操作后，该用户可选择图 10.1 中的【登录表】菜单项，打开设计好的用户登录窗体。例如，10.1.2 小节添加了一个账号为“张三”、密码为“123”的普通销售人员用户，重新打开用户登录窗体，在其中输入对应的账户和密码，如图 10.7 所示。

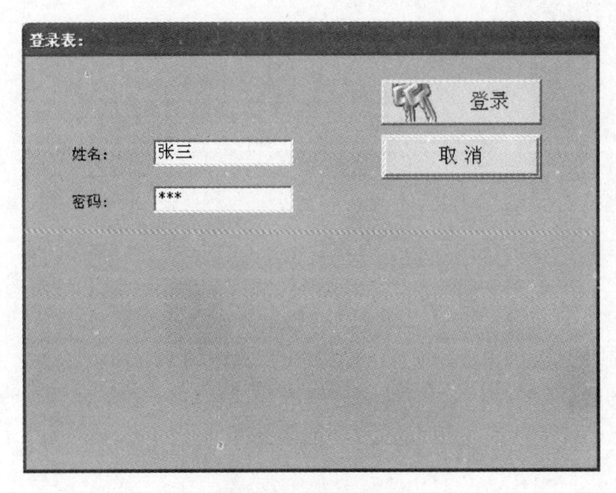

图 10.7　普通用户登录

同样，在该用户登录窗体中，如果用户输入的"姓名"和"密码"都正确，那么在单击窗体右侧的【登录】按钮后，该用户通过系统验证并进入到物品销售单窗体，可以开始操作物品销售了，如图 10.8 所示。

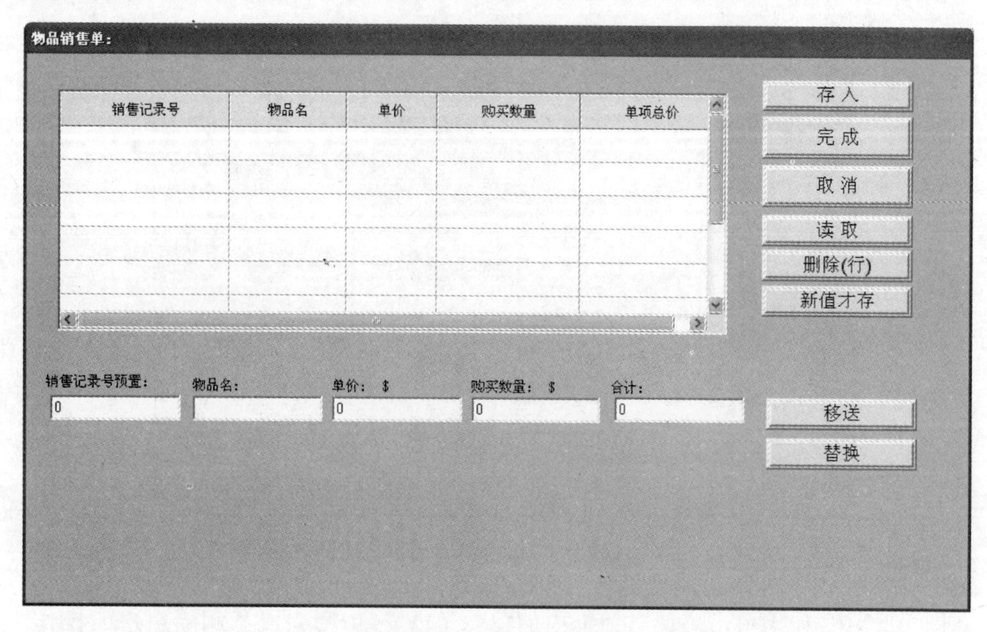

图 10.8 通过验证并进入物品销售单窗体

如果输入不正确，没有通过系统验证，则系统将给出图 10.9 所示的错误，用户可以重新输入正确的用户账号和口令。

图 10.9 验证不成功

至此，用户管理与登录的基本功能已经实现。本章的 10.2 节将为读者讲解在可视化D++语言中如何设计和实现这些窗体及功能。

10.2 用户管理窗体

从本章教学示例中读者可以看出，用户管理窗体是一个能够完成添加与删除普通用户功能的对话框。在 Visual D++中，实现该窗体的功能需要通过 3 个步骤，即首先创建用户数据表，然后设计对话框，最后设置窗体属性。下面分别讲解这几个步骤。

10.2.1 创建用户数据表

本章的工程在第 9 章的"【读取】按钮的预置值. mdb"工程的基础上实现，用户数据表在该工程中创建。创建数据表的步骤如下：

(1) 双击桌面上的"可视化 D++语言"图标("Visual D++")或程序栏"C:\Visual D++ Language\"中的"Visual D++ Language. exe"应用程序，打开可视化 D++软件设计语言的集成设计开发环境——SDDA。打开"模型包\书\第 10 章"目录，选择其中的"有预置值的按钮【读取】. mdb"文件，单击【打开】按钮，如图 10.10 所示。

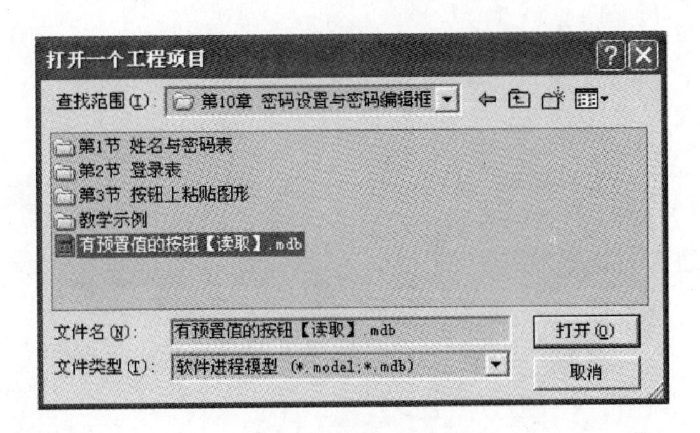

图 10.10　打开工程

(2) 在物件目录的空白处双击，在弹出的对话框中输入“姓名与密码”，表示新创建的用户数据表名称为“姓名与密码”，如图 10.11 所示。

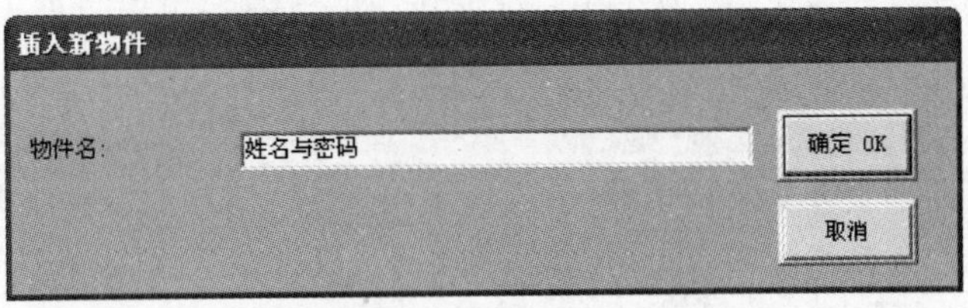

图 10.11　创建数据表

输入完成后单击对话框右侧的【确定 OK】按钮，鼠标指针将变成“＋”字形，此时将鼠标指针移动到物件目录中的“数据库”处单击，可视化 D++将自动创建数据表“姓名与密码”，并要求用户输入该表的所有字段名，如图 10.12 所示。

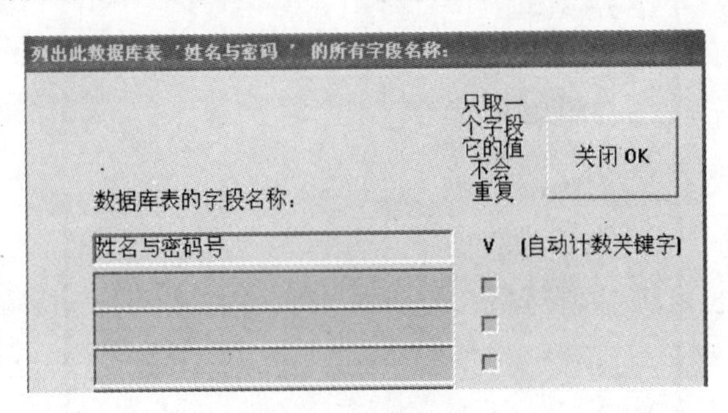

图 10.12　输入字段名

在图 10.12 中分别输入“姓名”和“密码”两个字段，由于在该数据表中“姓名”字段作为唯一标识用户账号的字段，该字段不能有重复值，因此需要将该字段设置为关键字，而无须以可视化 D++默认的“姓名与密码号”为关键字。选择“姓名”字段后“只取一个字段它的值不会重复”对应的复选框，将“姓名”设置为关键字，如图 10.13 所示。

读者可以看出，当用户将“姓名”字段设置为关键字后，原有的“姓名与密码号”字段将自动隐藏。添加字段后，在对话框中单击右侧的【关闭 OK】按钮，此时 SDDA 将弹出确认对话框，需要用户确认关闭，这里单击【是(Y)】按钮关闭对话框，同时将数据表字段保存到工程中。

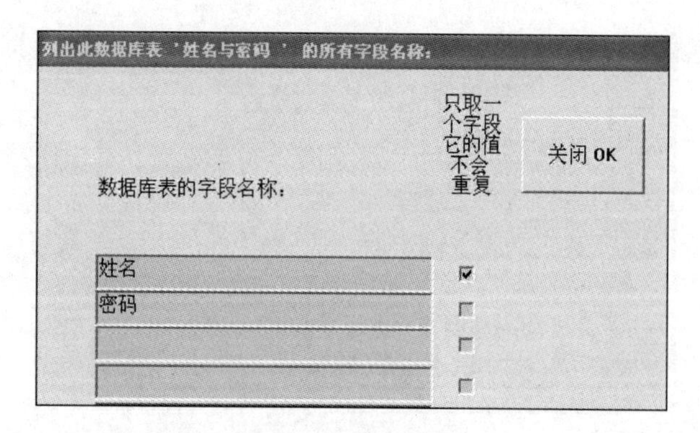

图 10.13　设置关键字

10.2.2　设置数据表属性

在用户创建用户数据表之后，为了在后续操作中能方便地引用数据表的字段，同时考虑到“密码”字段需要以“ * ”显示用户的输入，因此需要设置该用户数据表的字段属性，使其符合软件设计需求。

为了在主菜单中不显示“物品销售单”，必须将“物品销售单”的数据类从“Dialog On Menu(菜单对话框)”改为单纯的“Dialog(对话框)”。具体的操作为右击“物品销售单”，在弹出的快捷菜单中选择【定义说明】菜单项，如图 10.14 所示。

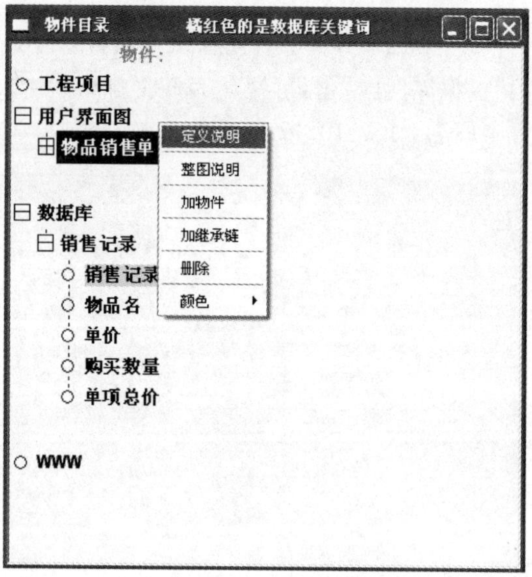

图 10.14　设置对话框类别

在新打开的“物品销售单”的定义对话框中展开“用户名命的数据类”右侧的下拉列表框，选择“Dialog(对话)”选项。最后，单击【确定 OK】按钮关闭定义对话框，完成数据类的更改，如图 10.15 所示。

经过 10.2.1 节创建“姓名与密码”数据表，读者在可视化 D++语言环境 SDDA 的物件目录中可以看到该数据表的字段，如图 10.16 所示。

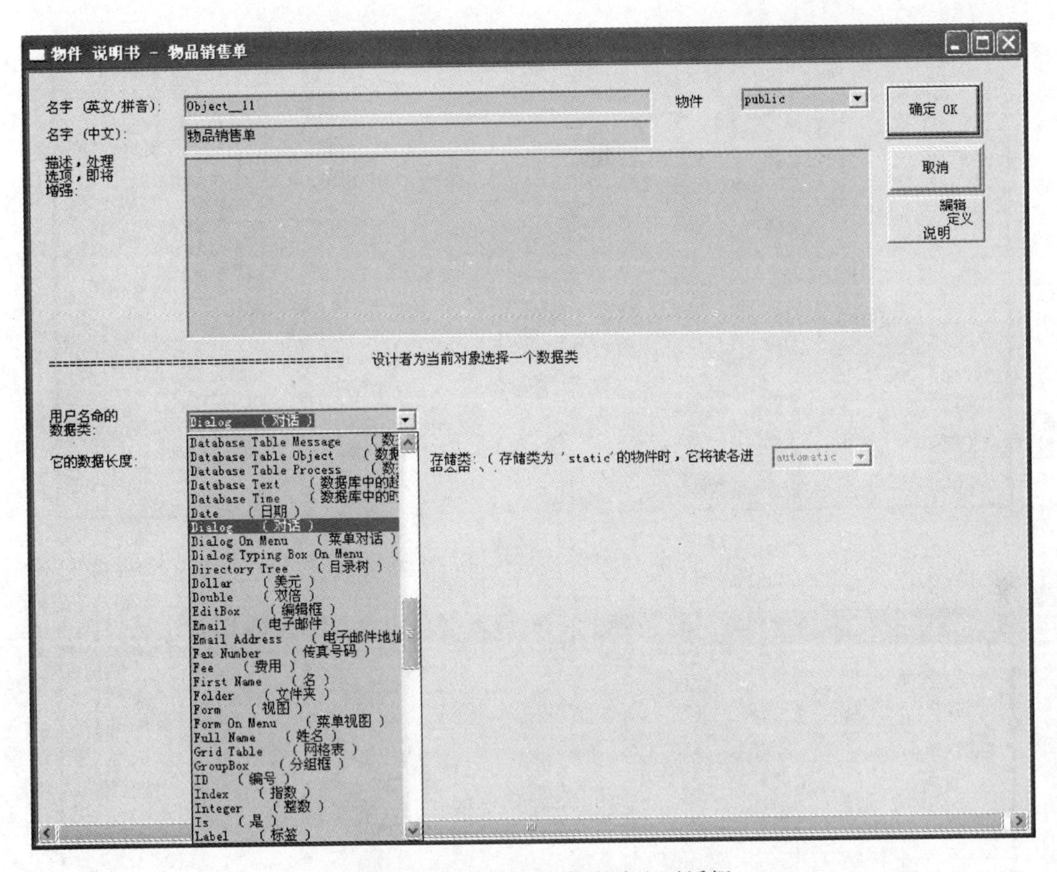

图 10.15　“物品销售单”的定义对话框

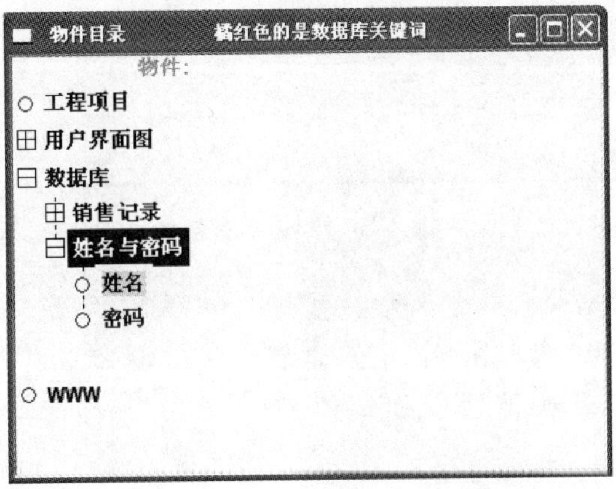

物件目录　橘红色的是数据库关键词

物件:

○ 工程项目

⊞ 用户界面图

⊟ 数据库

⊞ 销售记录

⊟ 姓名与密码

○ 姓名

○ 密码

○ WWW

图 10.16　“姓名与密码”数据表

在物件目录中选择“姓名”字段，然后右击该字段，在弹出的快捷菜单中选择【定义说明】菜单项，打开图 10.17 所示的对话框。

为了使用户在后续设计中更加方便地使用该字段，此处将图 10.17 中第 1 行的“名字(英文/拼音)”编辑框中的数据名“Object_31”改为“Name”，使用“Name”来代替无意义的名字“Object_31”，如图 10.18 所示。

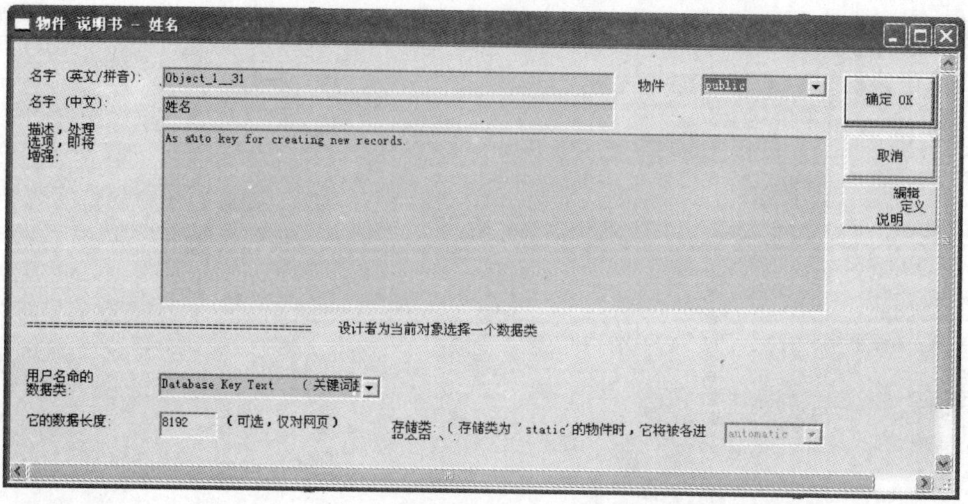

图 10.17 "姓名"字段的说明书对话框

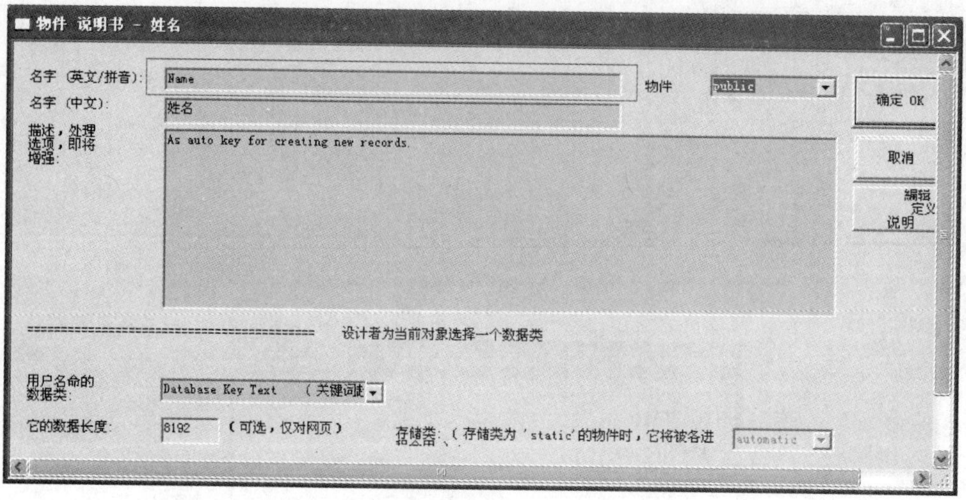

图 10.18 更改字段的名称属性

完成更改操作后，单击说明书对话框中的【确定 OK】按钮，回到物件目录。再选择数据表中的"密码"字段，右击该字段，在弹出的快捷菜单中选择【定义说明】菜单项，打开其说明书对话框，将"用户名命的数据类"下拉列表框中的值设置为"Password(口令)"，如图 10.19 所示。

在可视化 D++语言中，只有将字段的数据类型设置为"Password(口令)"，用户在该字段对应的编辑框中输入的内容才能以口令格式保存，用于保护用户的输入。此时，即使系统管理员打开密码数据库，用户的口令数据也已经变成人们看不懂的密码了。

10.2.3 设计用户管理窗体

在数据表创建完成后，读者可以创建一个对话框，用于设计用户管理窗体，该窗体应包含"姓名"和"密码"两个字段以及一些必要的按钮。其具体操作步骤如下：

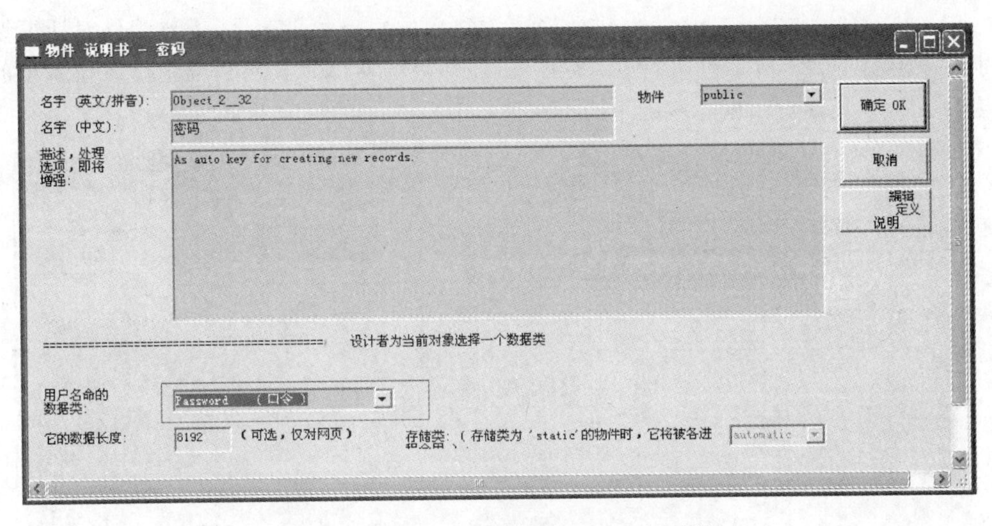

图 10.19　设置“密码”字段的 Password 属性

(1) 创建空白对话框。在可视化 D++集成设计开发环境 SDDA 中的物件目录空白处双击，在弹出的对话框中输入对话框名称“姓名与密码表”，如图 10.20 所示。

图 10.20　创建空白对话框

(2) 输入完成后单击对话框右侧的【确定 OK】按钮，鼠标指针将变成“＋”字形，此时将鼠标指针移动到物件目录中的“用户界面图”处单击，可视化 D++将自动创建空白对话框“姓名与密码表”，如图 10.21 所示。

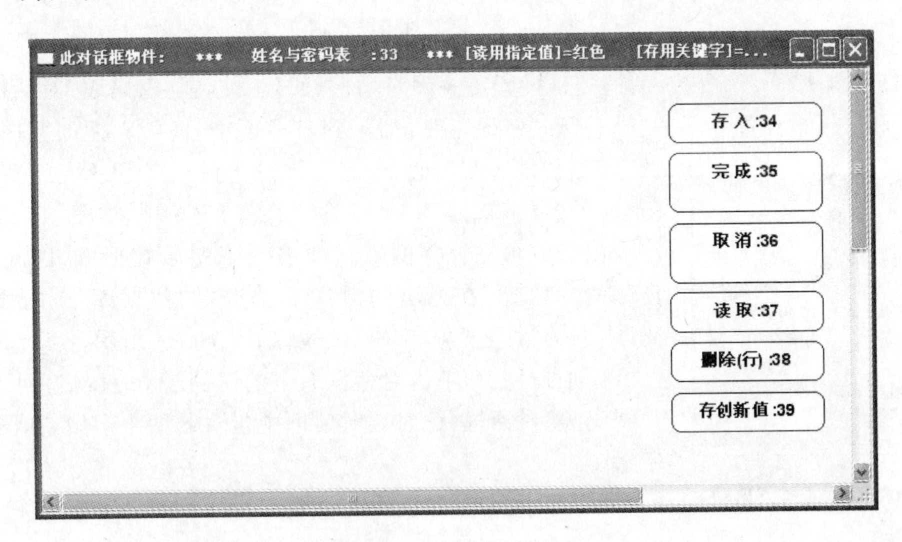

图 10.21　空白对话框

（3）设置对话框类别。为了使对话框成为独立的用户管理窗体，需要为该对话框设置类别。双击图 10.21 所示对话框中的空白处，在弹出的窗体定义对话框中修改设置项的类别为“Dialog”，使此对话框隐藏起来而不在菜单中显示，如图 10.22 所示。

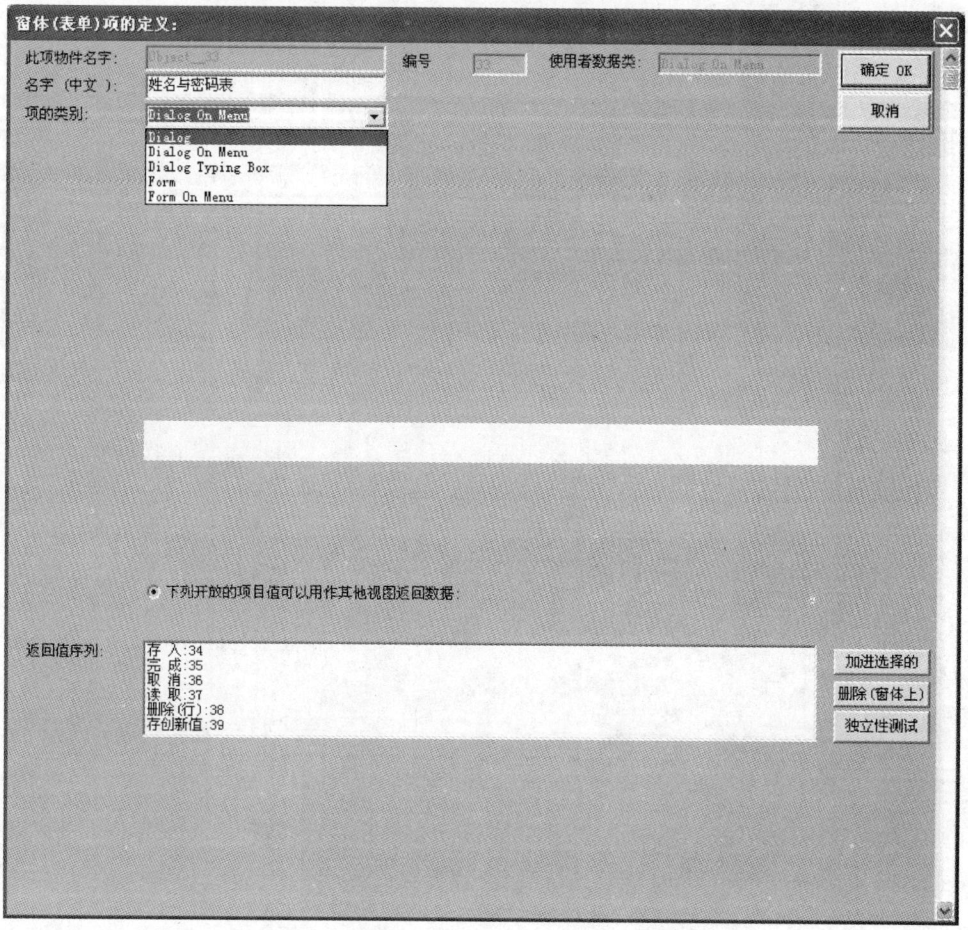

窗体(表单)项的定义:
此项物件名字: Object__33
编号 33
使用者数据类: Dialog On Menu
确定 OK
取消
名字（中文）: 姓名与密码表
项的类别: Dialog On Menu
Dialog
Dialog On Menu
Dialog Typing Box
Form
Form On Menu
下列开放的项目值可以用作其他视图返回数据:
返回值序列: 存 入:34
完 成:35
取 消:36
读 取:37
删除(行):38
存创新值:39
加进选择的
删除(窗体上)
独立性测试

图 10.22　设置对话框类别

（4）添加控件。完成对话框类别设置后关闭对话框，回到“姓名与密码表”对话框，将两个标签和编辑框控件表示的“姓名”和“密码”字段加入到对话框中，而编辑框的数据项来自数据库表“姓名与密码”。其具体操作为选择 SDDA 主菜单中的【加元件】|【编辑框(Edit Box)＋标签】菜单项，如图 10.23 所示。

编辑框 (Edit Box) + 标签
编辑框 (Edit Box)
表格 (Grid Table)
列表框 (List Box 清单) + 标签
列表框 (List Box 清单)
组合框 (ComboBox) + 标签
组合框 (ComboBox)

图 10.23　选择菜单项

由于编辑框控件的数据项需要来源于数据表，因此单击对话框的空白处，在弹出的对话框中选择“数据库”下“姓名与密码”表中的“姓名”与“密码”字段，如图 10.24 所示。

添加控件后，单击对话框右侧的【接收 OK】按钮，回到“姓名与密码表”对话框，此时该对话框中包含了两个字段，如图 10.25 所示。

（5）设置编辑框控件的属性。为了保证用户输入密码字段

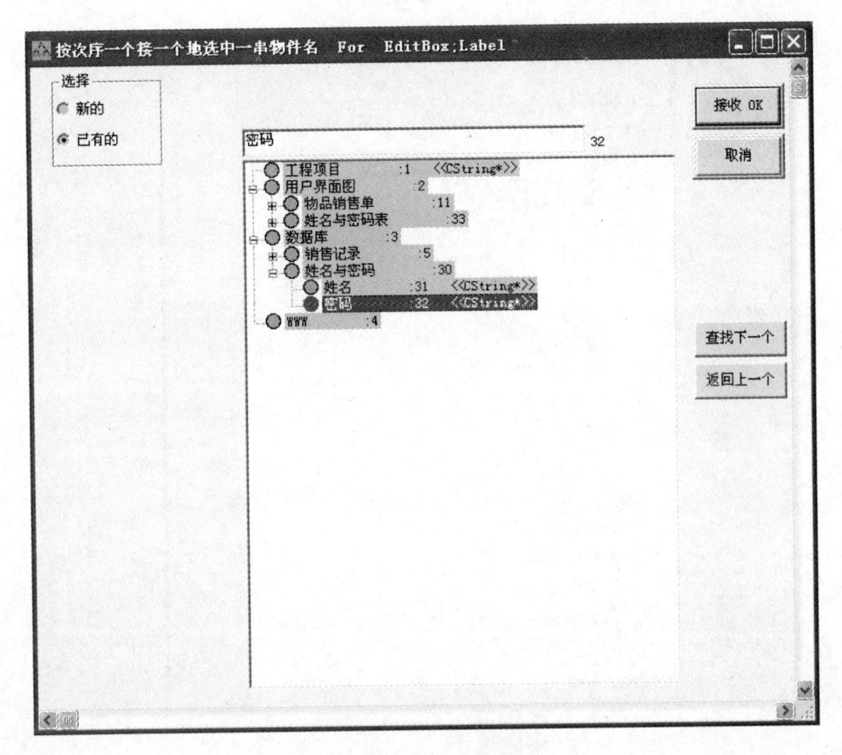

图 10.24 添加控件

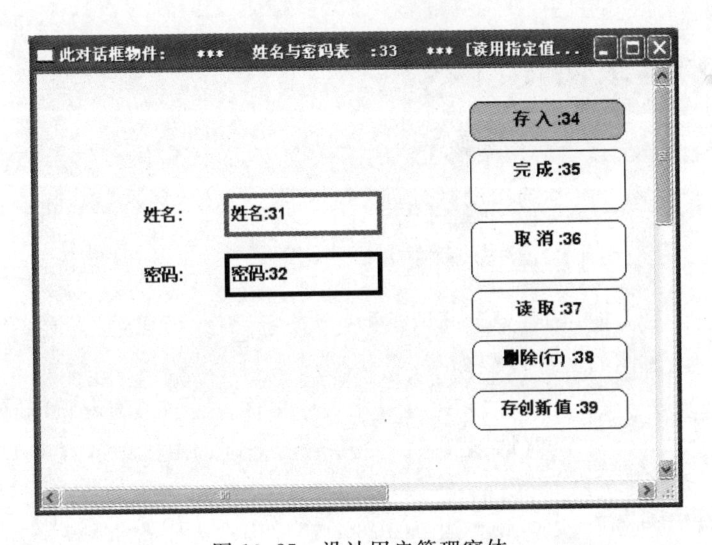

图 10.25 设计用户管理窗体

时的安全性,用户输入的密码必须以符号“＊”覆盖,因此需要设置该编辑框的属性。双击“密码:32”编辑框控件,打开其定义对话框,查看并设置该控件的“项的类别”属性为“EditBoxPassword”。

至此,“姓名与密码表”用户管理窗体已经完成了设计。由于加进了新的“姓名与密码表”,物件目录的更新如图 10.26 所示。

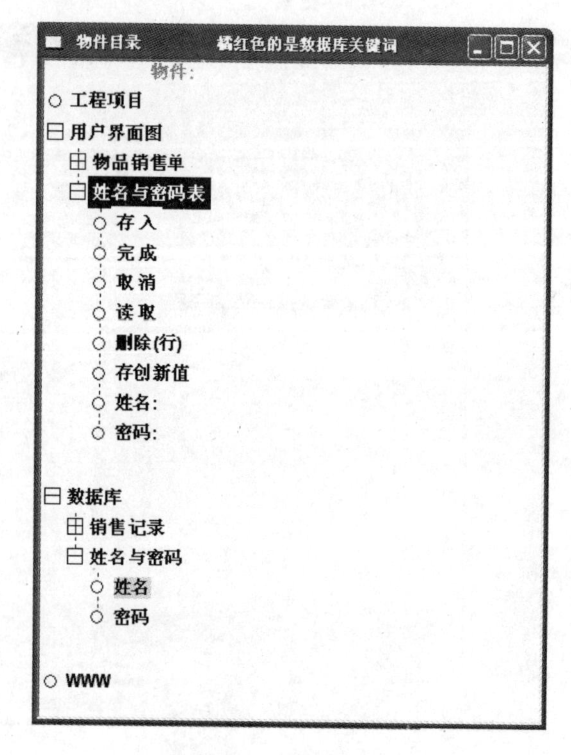

图 10.26　新的物件目录

10.3　用户登录窗体

用户登录窗体是呈现给应用系统用户的第一个界面，该窗体可供系统管理员和普通用户登录，根据用户的账号由系统自动区分。

10.3.1　设计用户登录窗体

用户登录窗体只需使用【登录】和【取消】两个按钮，因此可以通过可视化 D++提供的简单对话框实现。该窗体的实现步骤如下：

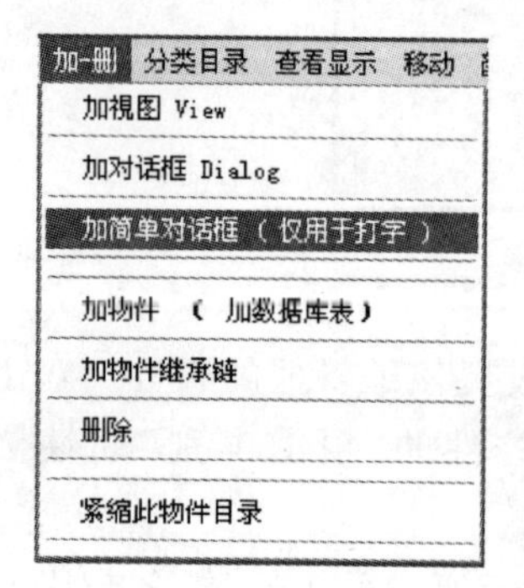

图 10.27　选择菜单项

(1) 在可视化 D++集成设计开发环境 SDDA 的主菜单中选择【加-删】|【加简单对话框(仅用于打字)】菜单项，如图 10.27 所示。

(2) 在弹出的对话框中输入字符串“登录表”作为窗体的名称，如图 10.28 所示。

(3) 在图 10.28 所示的对话框中单击右侧的【确定 OK】按钮，当鼠标指针变为“+”字形时移动到物件目录的“用户界面图”上并单击，此时 SDDA 弹出简单对话框“登录表”的定义对话框，如图 10.29 所示。

(4) 同样，将“姓名”和“密码”两个字段加入到该对话框中，

图 10.28　创建简单对话框

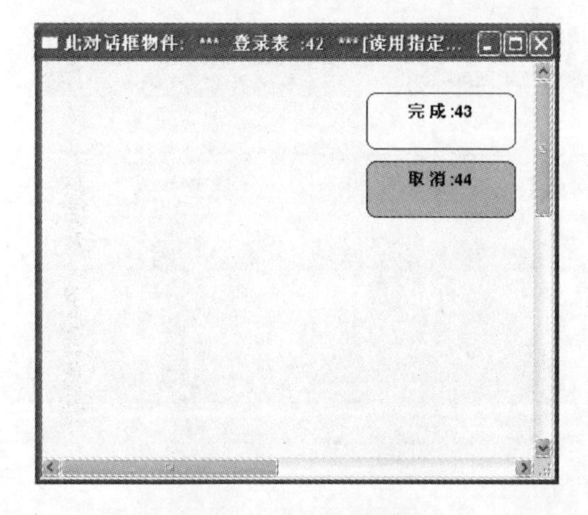

图 10.29　空白简单对话框

然后选择 SDDA 主菜单中的【加元件】|【编辑框(Edit Box)+标签】菜单项，选择数据来源为“姓名与密码”数据表中的对应字段。添加完成后回到对话框，此时该对话框中包含了两个标签和编辑框控件，如图 10.30 所示。

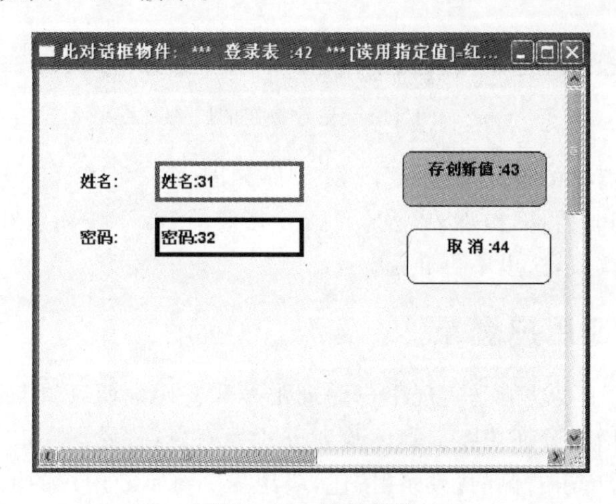

图 10.30　添加控件

(5) 在一般情况下，对话框中原来的按钮【完成】将会自动改为【存创新值】，而此处需要的是一个【登录】(Login)按钮，因此需要将【存创新值】按钮改成【登录】按钮。双击图 10.30 所示对话框中的【存创新值】按钮，打开该按钮的定义对话框，在“项的类别”下拉列表框中选择“Button Login(登录键)”，然后设置“名字(中文)”编辑框中的数据为“登录”，如图 10.31 所示。

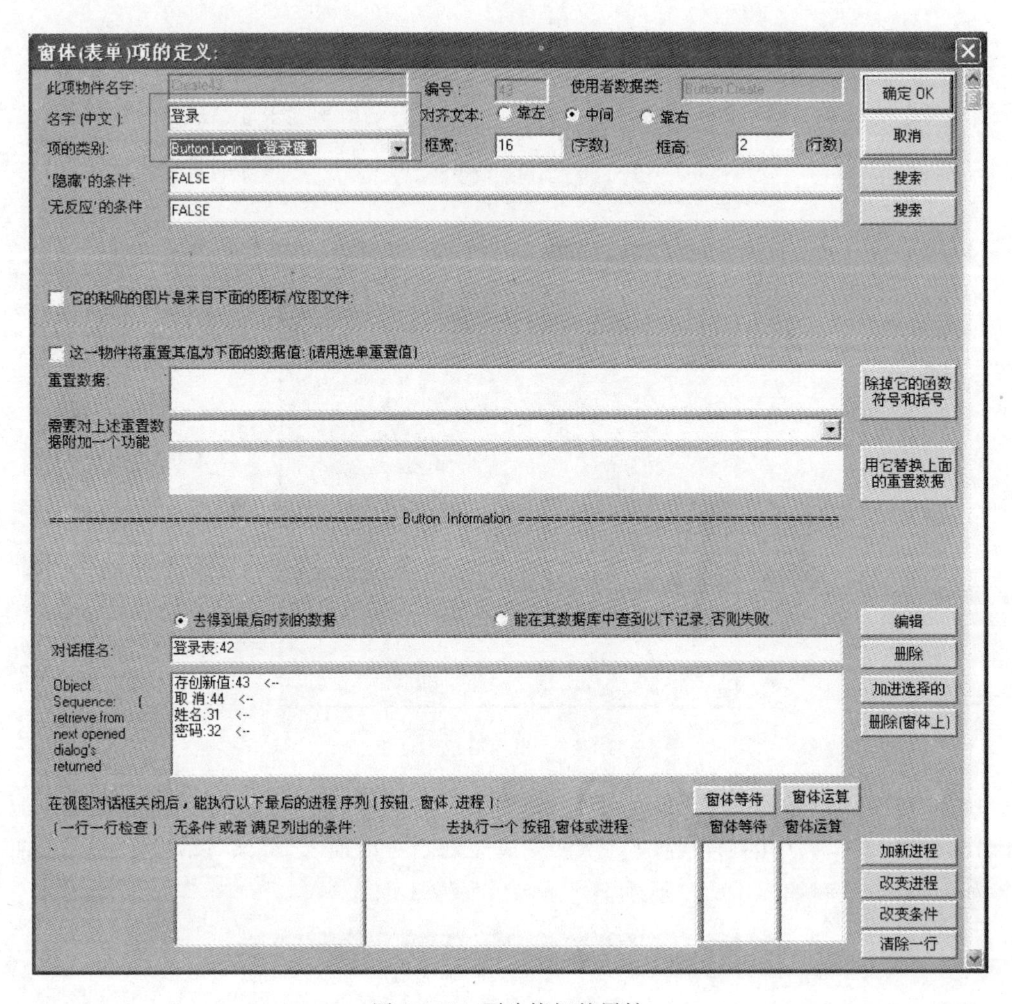

图 10.31 更改按钮的属性

至此,用户登录窗体的设计就完成了,其界面如图 10.30 所示。该窗体基于简单对话框,并包含两个标签和编辑框控件,以及【登录】和【取消】两个按钮。在加进了"登录表"之后,目录窗口会自动调整,这里不再介绍。

10.3.2 验证用户登录

用户登录窗体的主要功能是实现用户登录账号和密码的验证,因此仅仅完成窗体的设计是不够的,还需要增加验证功能。具体验证方式为用户在"姓名"和"密码"编辑框中输入对应的账号和密码后单击右侧的【登录】按钮,应用程序将判断用户的输入是否在数据表中,如果在则验证通过,并判断用户角色,如果不在则反馈错误信息。在可视化 D++中为【登录】按钮设置验证操作的具体步骤如下:

(1) 设置验证数据来源。在图 10.31 所示的定义对话框中选择【能在其数据库中查到以下记录,否则失败】单选按钮,此时【登录】按钮的定义对话框如图 10.32 所示。

由于验证数据的来源为"姓名与密码"数据表,因此需要设置数据库表名,在图 10.32 中单击【编辑】按钮,在弹出的对话框中选择"姓名与密码"数据表,如图 10.33 所示。

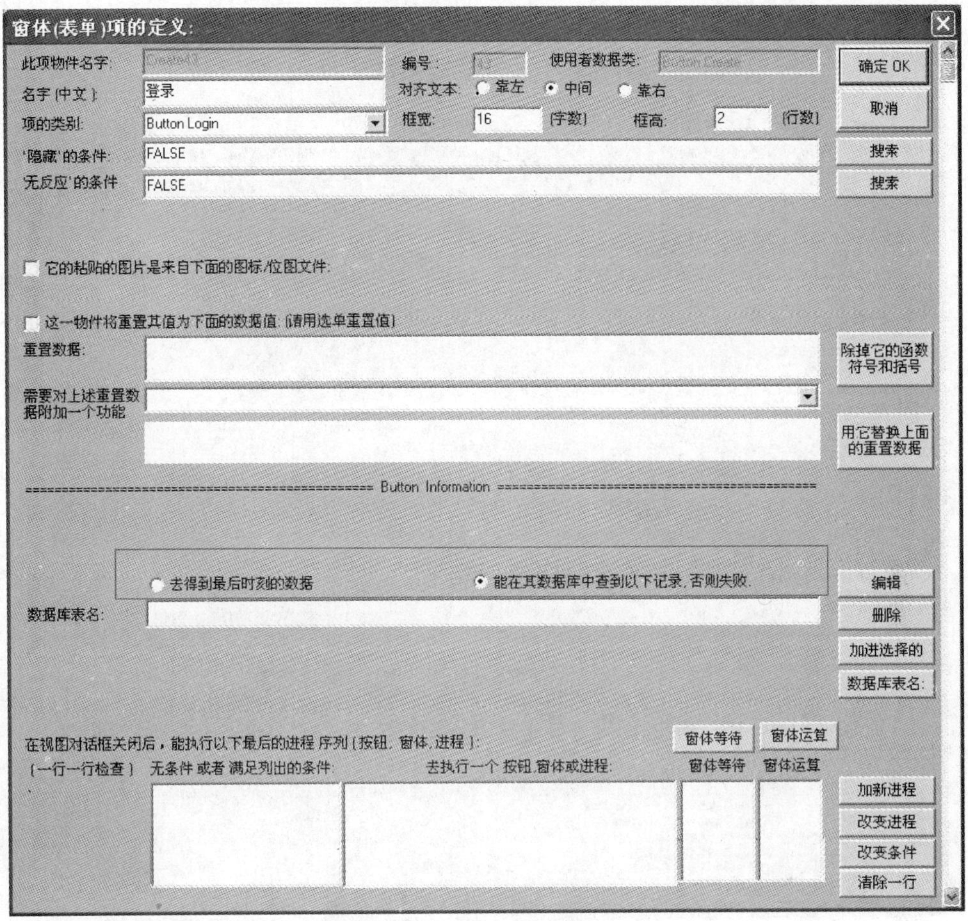
窗体(表单)项的定义:
此项物件名字:
Create43
编号:
43
使用者数据类:
Button Create
确定 OK
名字(中文):
登录
对齐文本: 靠左 中间 靠右
取消
项的类别:
Button Login
框宽: 16 (字数) 框高: 2 (行数)
'隐藏'的条件: FALSE
搜索
'无反应'的条件 FALSE
搜索
它的粘贴的图片是来自下面的图标/位图文件:
这一物件将重置其值为下面的数据值:(请用选单重置值)
重置数据:
除掉它的函数符号和括号
需要对上述重置数据附加一个功能
用它替换上面的重置数据
Button Information
去得到最后时刻的数据
能在其数据库中查到以下记录,否则失败.
编辑
数据库表名:
删除
加进选择的
数据库表名:
在视图对话框关闭后，能执行以下最后的进程序列(按钮,窗体,进程):
窗体等待
窗体运算
(一行一行检查) 无条件或者满足列出的条件:
去执行一个按钮,窗体或进程:
窗体等待
窗体运算
加新进程
改变进程
改变条件
清除一行

图 10.32　设置验证数据来源

选择一物件名
姓名与密码:30
接收 OK
取消

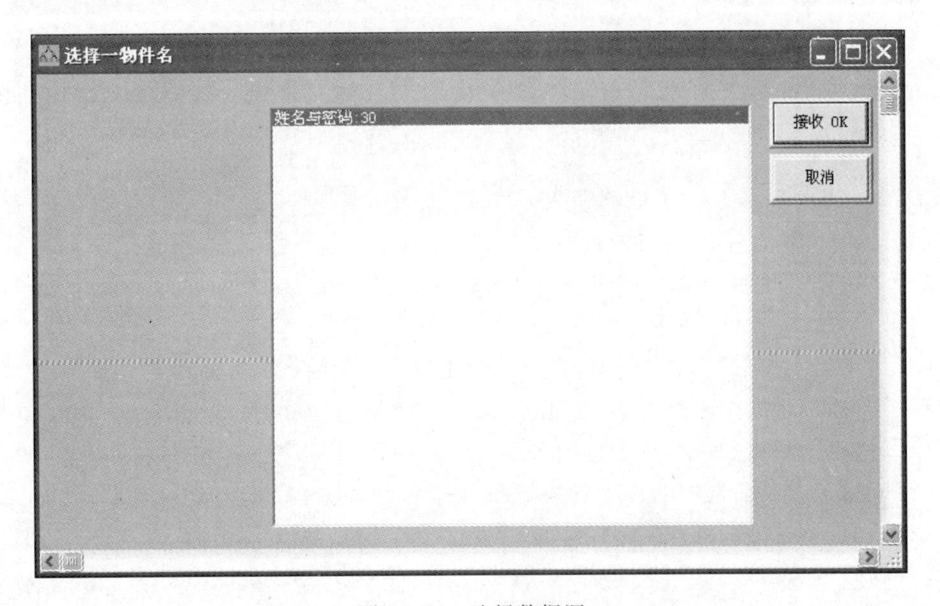

图 10.33　选择数据源

选择后单击右侧的【接收 OK】按钮关闭该对话框,回到定义对话框,此时该定义对话框中的内容又更新了,具体表现为数据库表名下列出了许多数据类型,要求用户进行对应,如图 10.34 所示。

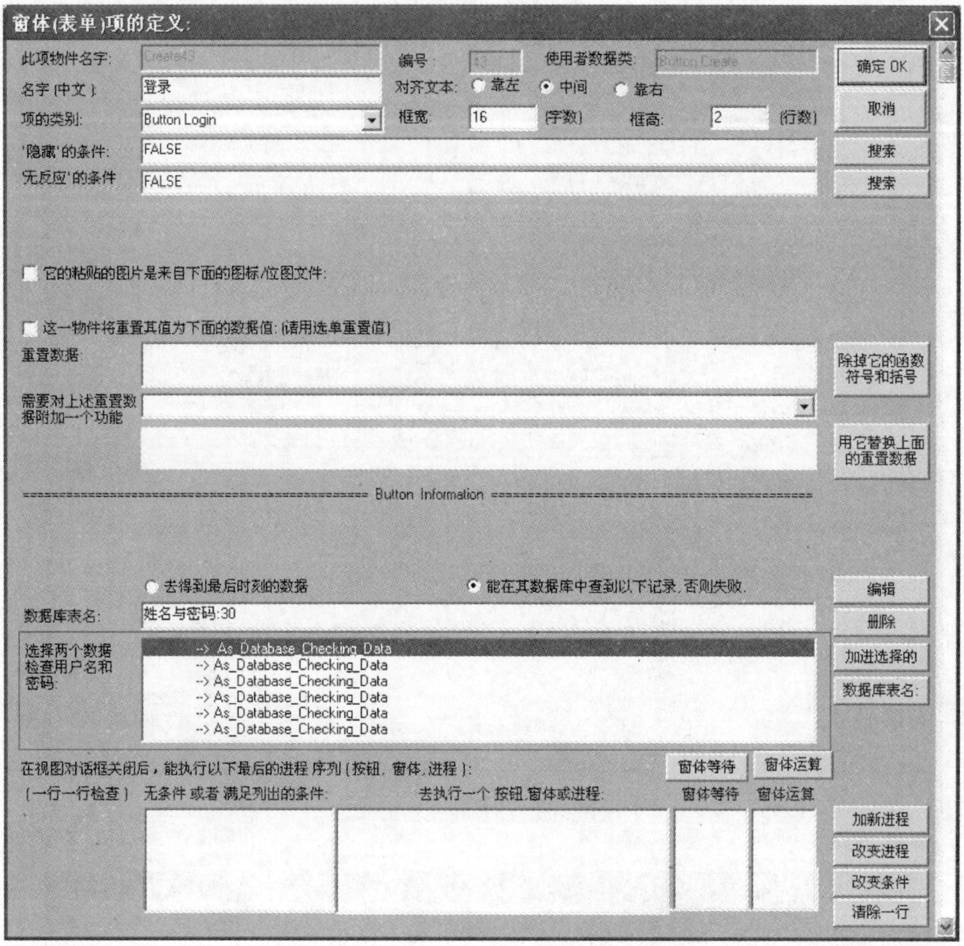

窗体(表单)项的定义:

此项物件名字: Create43
编号: 43
使用者数据类: Button Create
确定 OK
名字(中文): 登录
对齐文本: 靠左 中间 靠右
取消
项的类别: Button Login
框宽: 16 (字数)
框高: 2 (行数)
'隐藏'的条件: FALSE
搜索
'无反应'的条件: FALSE
搜索
它的粘贴的图片是来自下面的图标/位图文件:
这一物件将重置其值为下面的数据值: (请用选单重置值)
重置数据:
除掉它的函数符号和括号
需要对上述重置数据附加一个功能
用它替换上面的重置数据
== Button Information ==
去得到最后时刻的数据
能在其数据库中查到以下记录,否则失败.
编辑
数据库表名: 姓名与密码:30
删除
选择两个数据检查用户名和密码:
--> As_Database_Checking_Data
--> As_Database_Checking_Data
--> As_Database_Checking_Data
--> As_Database_Checking_Data
--> As_Database_Checking_Data
--> As_Database_Checking_Data
加进选择的
数据库表名:
在视图对话框关闭后,能执行以下最后的进程 序列 (按钮, 窗体, 进程):
窗体等待
窗体运算
(一行一行检查) 无条件 或者 满足列出的条件:
去执行一个 按钮,窗体或进程:
窗体等待
窗体运算
加新进程
改变进程
改变条件
清除一行

图 10.34 更新后的定义对话框

(2) 对应数据字段。为了能够在数据库表"姓名与密码"中查到与用户输入的姓名和密码相同的记录,在图 10.34 的"选择两个数据检查用户名和密码"列表框中选择第一行"--> As_Database_Checking_Data",并单击右侧的【加进选择的】按钮,在弹出的对话框中选择"姓名:31"项,如图 10.35 所示。

选择后单击右侧的【接收 OK】按钮,返回到定义对话框,此时"选择两个数据检查用户名和密码"列表框中的第一行已改为"姓名:31 --> As_Database_Checking_Data"。同样,为"密码"字段设置对应关系,列表框的第二行改为"密码: 32 --> As_Database_Checking_Data",完成后定义对话框中的对应关系如图 10.36 所示。

此处的表达式"姓名:31 --> As_Database_Checking_Data"表示登录时"姓名:31"作为数据库要检查的数据。同样,表达式"密码: 32 --> As_Database_Checking_Data"表示登录时"密码:32"作为数据库要检查的数据。

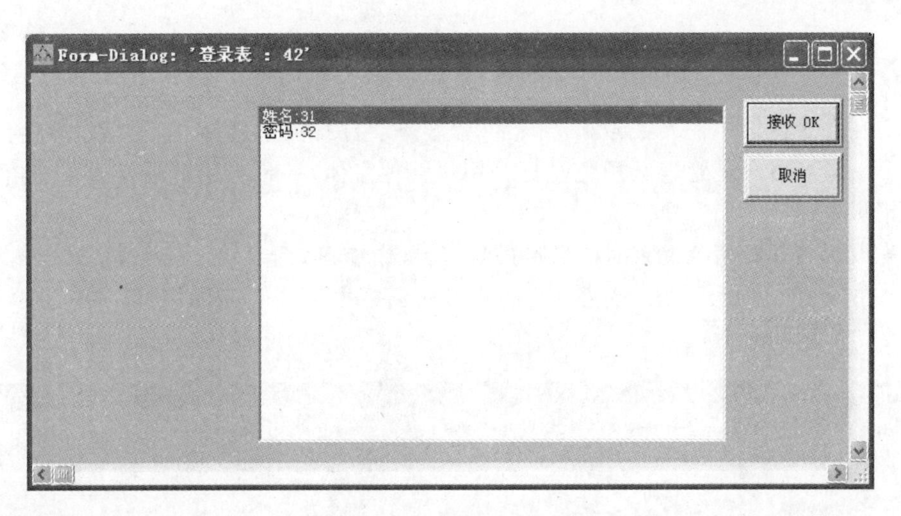

图 10.35　对应“姓名”字段

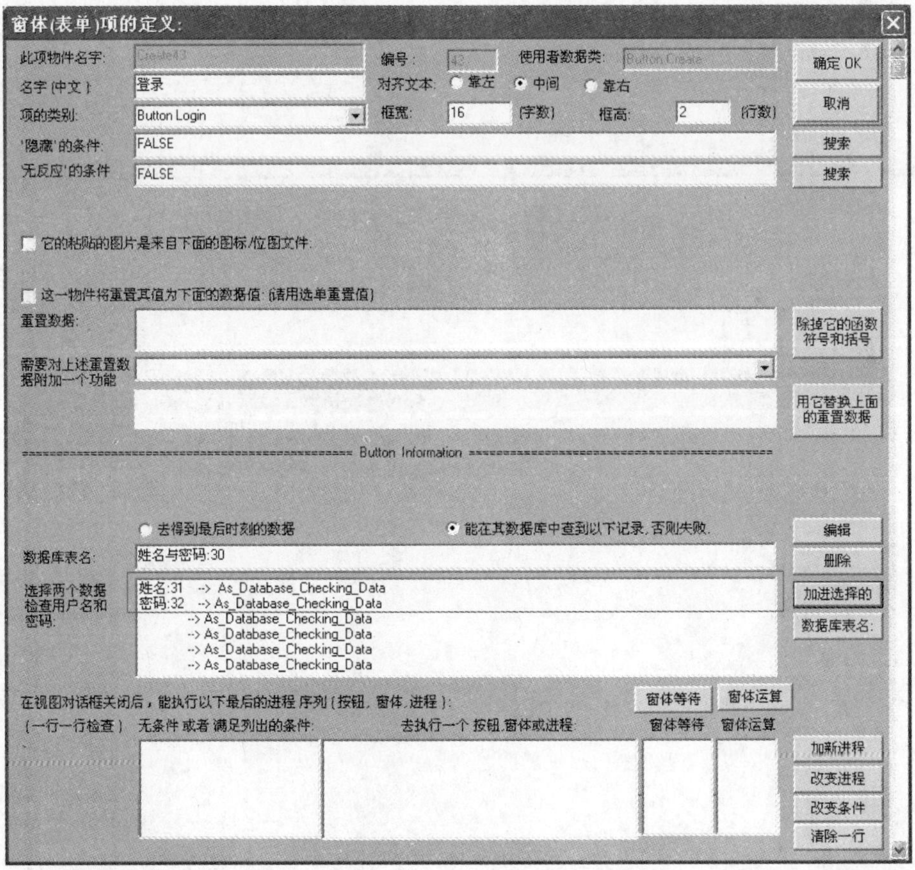

图 10.36　字段的对应关系

完成该步骤后,【登录】按钮的定义对话框中已设定了验证要求,即用户登录窗体中的两个数据项“姓名:31”和“密码:32”的值与其在数据库中保存的值必须相同,否则操作【登录】按钮无效。

10.3.3 设置登录后接进程

用户在登录窗体中输入账号和密码后单击【登录】按钮，通过验证后应用程序将面临两个选择：一是当用户是管理员角色时打开用户管理窗体，二是当用户是普通用户角色时打开物品销售单窗体。

首先设置管理员角色登录时的后接进程，其操作步骤如下：

(1) 在图 10.36 所示的【登录】按钮的定义对话框中单击右侧的【加新进程】按钮，将弹出图 10.37 所示的对话框。

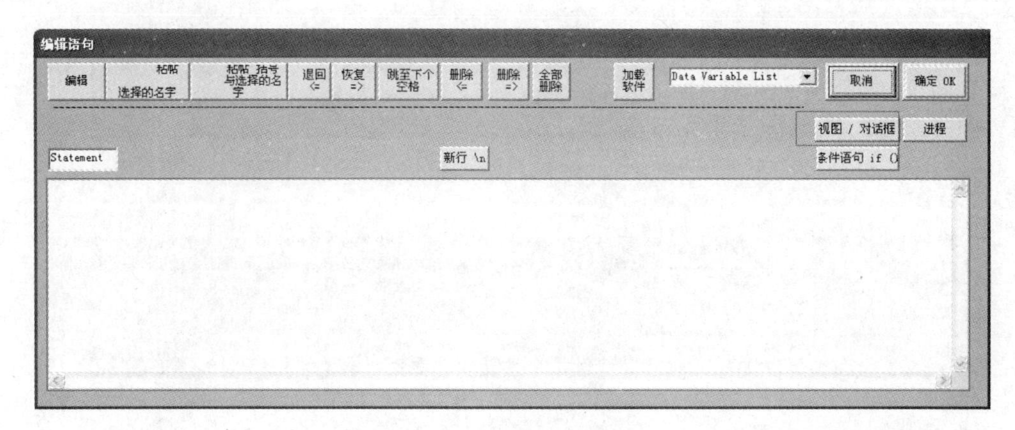

图 10.37 “编辑语句”对话框

(2) 单击图 10.37 中第二行的【视图/对话框】按钮，在弹出的对话框中选择“姓名与密码表:33”一行，如图 10.38 所示。

图 10.38 选择对话框

(3) 选择后单击【接收 OK】按钮，回到“编辑语句”对话框，此时该对话框中新增了“Object_33:33;”语句，表示后接进程为姓名与密码表窗体，如图 10.39 所示。

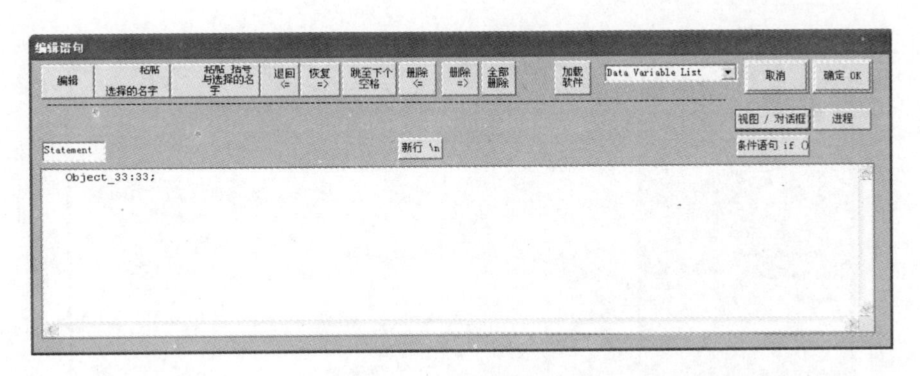

图 10.39　添加后接进程

注意：双击该图中的表达式“Object_33:33”，会显示它的中文表达式“姓名与密码表:33”，它们的意义相同，都表示编码为“33”的物件。

(4) 此时单击对话框右侧的【确定 OK】按钮回到【登录】按钮的定义对话框，可以看到该定义对话框中的后接进程添加了一项，如图 10.40 所示。

窗体(表单)项的定义:
此项物件名字: Create43　编号: 43　使用者数据类: Button Create　确定 OK
名字(中文): 登录　对齐文本: 靠左　中间　靠右　取消
项的类别: Button Login　框宽: 16 (字数)　框高: 2 (行数)
'隐藏'的条件: FALSE　搜索
'无反应'的条件: FALSE　搜索
它的粘贴的图片是来自下面的图标/位图文件:
这一物件将重置其值为下面的数据值: (请用选单重置值)
重置数据:　除掉它的函数符号和括号
需要对上述重置数据附加一个功能
用它替换上面的重置数据
===== Button Information =====
去得到最后时刻的数据　能在其数据库中查到以下记录, 否则失败.　编辑
数据库表名: 姓名与密码:30　删除
选择两个数据检查用户名和密码: 姓名:31 --> As_Database_Checking_Data
密码:32 --> As_Database_Checking_Data
--> As_Database_Checking_Data
--> As_Database_Checking_Data
--> As_Database_Checking_Data
--> As_Database_Checking_Data
加进选择的
数据库表名:
在视图对话框关闭后, 能执行以下最后的进程序列 (按钮, 窗体, 进程):　窗体等待　窗体运算
(一行一行检查)　无条件 或者 满足列出的条件　去执行一个 按钮,窗体或进程　窗体等待　窗体运算
姓名与密码表:33
加新进程
改变进程
改变条件
清除一行

图 10.40　定义对话框中的后接进程

(5) 接下来设置普通用户登录的后接进程，其操作步骤与上述基本类似，不同之处在于在“编辑语句”对话框中单击【视图/对话框】按钮后选择“物品销售单:11”，如图 10.41 所示。

图 10.41 选择对话框

(6) 设置两个后接进程后,回到【登录】按钮的定义对话框,可以看到其后接进程设置如图 10.42 中的框线所示,其中又添加了一行“物品销售单:11”。

窗体(表单)项的定义:
此项物件名字: Button Login 编号: 43 使用者数据类: Button Login
名字(中文): 登录 对齐文本: 靠左 中间 靠右
项的类别: Button Login 框宽: 16 (字数) 框高: 2 (行数)
'隐藏'的条件: FALSE
'无反应'的条件 FALSE
确定 OK
取消
搜索
搜索
它的粘贴的图片是来自下面的图标/位图文件:
这一物件将重置其值为下面的数据值: (请用选单重置值)
重置数据:
需要对上述重置数据附加一个功能
除掉它的函数符号和括号
用它替换上面的重置数据
======== Button Information ========
去得到最后时刻的数据 能在其数据库中查到以下记录, 否则失败.
数据库表名: 姓名与密码:30
选择两个数据检查用户名和密码:
姓名:31 --> As_Database_Checking_Data
密码:32 --> As_Database_Checking_Data
--> As_Database_Checking_Data
--> As_Database_Checking_Data
--> As_Database_Checking_Data
--> As_Database_Checking_Data
编辑
删除
加进选择的
数据库表名:
在视图对话框关闭后, 能执行以下最后的进程 序列 (按钮, 窗体, 进程):
(一行一行检查) 无条件 或者 满足列出的条件: 去执行一个 按钮 窗体或进程: 窗体等待 窗体运算
姓名与密码表:33
物品销售单:11
加新进程
改变条件
清除一行

图 10.42 后接进程设置完成

(7) 在后接进程设置完成后，还需要为【登录】按钮的第一个后接进程指定它们可执行的条件。首先选择后接进程“姓名与密码表:33”一行，然后单击定义对话框右侧的【改变条件】按钮，在弹出的“编辑语句”对话框中输入条件“Name:11 ＝ ＝"administrator"”。其中，“Name:11”为“姓名”字段对应的编辑框名称，“＝ ＝”为等于，如图 10.43 所示。

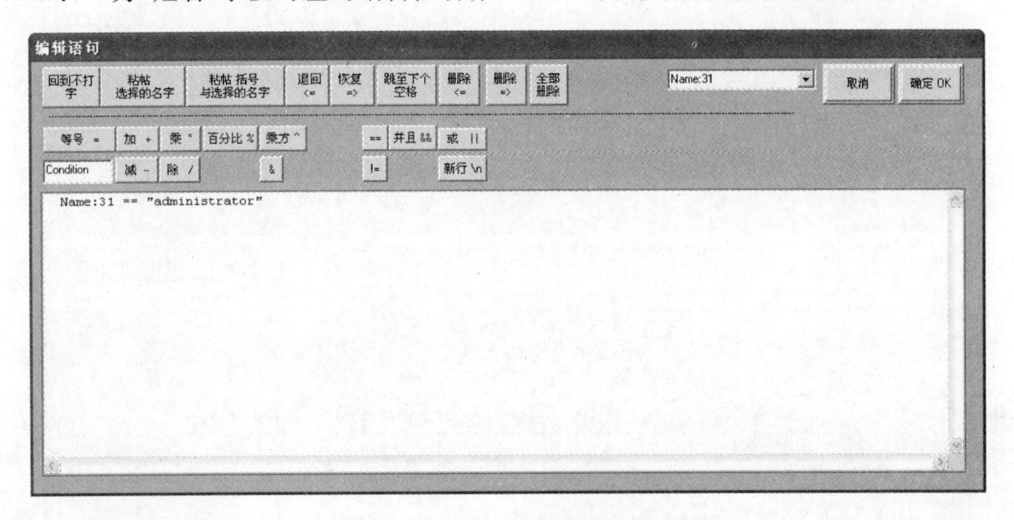

图 10.43　设置第一个后接进程的条件

上述条件语句表示：当用户在登录窗体中输入的“姓名”字段的值为“administrator”时执行第一个后接进程，即运行用户管理窗体。同样，为后接进程“物品销售单:11”设置条件，在“编辑语句”对话框中输入条件“Name:11 !＝"administrator"”，其中“!＝”表示不等于，如图 10.44 所示。

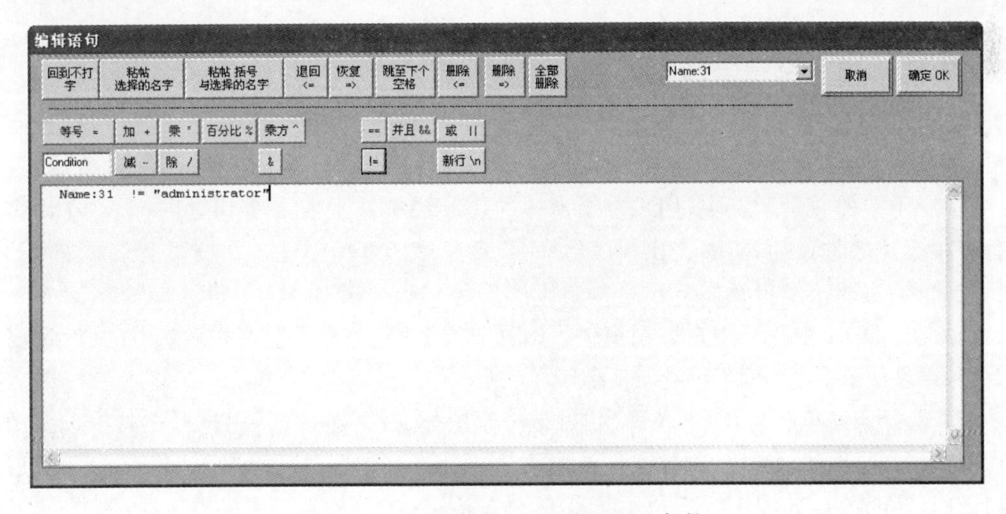

图 10.44　设置第二个后接进程的条件

(8) 在后接进程的条件设置完成后，该【登录】按钮的定义对话框的更新如图 10.45 所示，可以看到在其中的后接进程前加上了条件。

至此，用户登录窗体的窗体设计、用户权限的验证和登录成功后的操作设置已经全部完成。读者运行该示例可实现本章 10.1 中教学示例的效果。

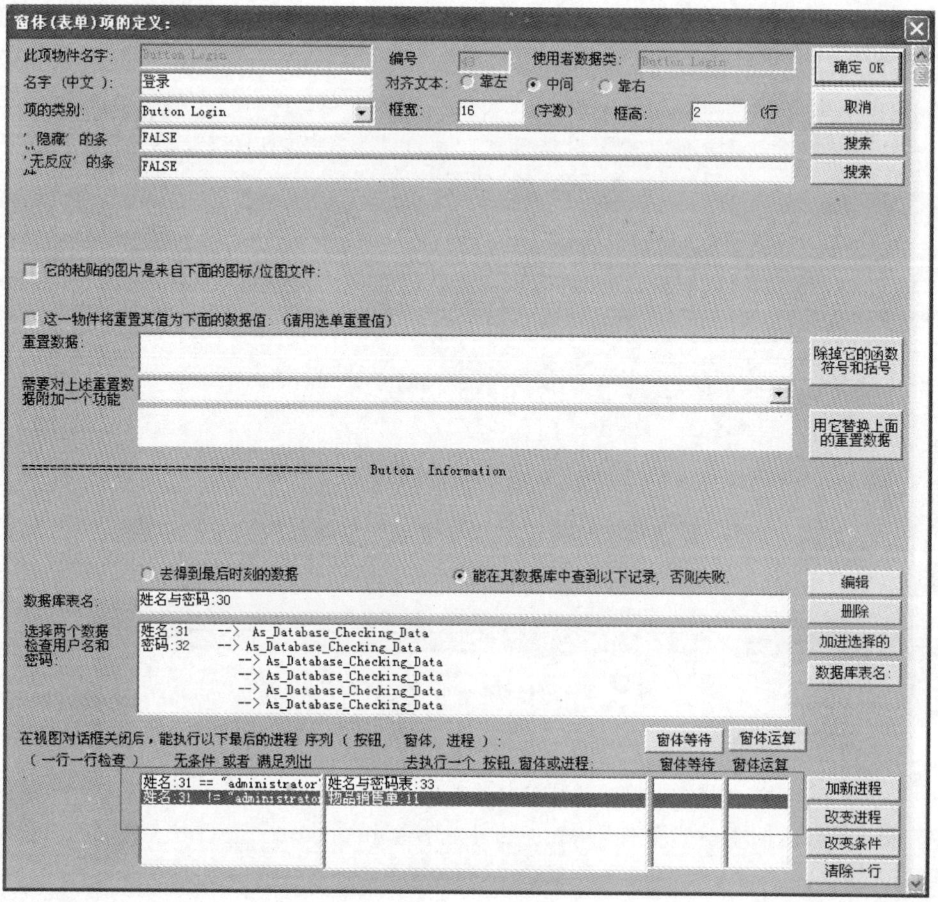

图 10.45 包含条件的后接进程

10.4 窗体按钮的图标

在 10.1 节的教学示例中,用户登录窗体的【登录】按钮上有一个钥匙图标,这在许多应用程序中是比较常见的,能够美化程序界面,提高程序的可操作性。在按钮上添加图标的操作比较简单,主要操作步骤如下:

(1) 在 SDDA 中打开用户登录窗体,单击【登录】按钮,然后选择主菜单中的【设定要求值】|【粘贴图案在按钮上】菜单项,如图 10.46 所示。

(2) 选择该菜单项后,SDDA 弹出“挑选一幅图形文件”对话框,用户可在其中选择图标所在的文件夹。例如,此处的图标文件夹为“Picture”,在其中选择图标“Key manager. ico”后单击【打开】按钮即可,如图 10.47 所示。

(3) 添加完成后,用户打开【登录】按钮的定义对话框,可以看到框线内的“文件名”右侧的编辑框中显示了该图标文件的路径,如图 10.48 所示。

至此,该图标已经被添加到用户登录窗体的【登录】按钮上。在 SDDA 的设计界面下暂时无法查看该图标,只有当编译并运行了该窗体之后才能查看到添加了图标的按钮效果,如图 10.49 所示。

设定要求值　分类目录　查看显示　窗口
规定一个项的限定值（数据库表）
需要时时更新它的值为重置值
按钮操作完成后它去执行某进程
隐藏
有反应否
指出谁有使用此已选项的权力
选择规则（去选得数据库数据）
在列表框中预置数据
粘贴图案在按钮上
键盘功能
设计概要
按钮动态分析
组合框不能改记录
展示无反应物件

图 10.46　选择菜单项

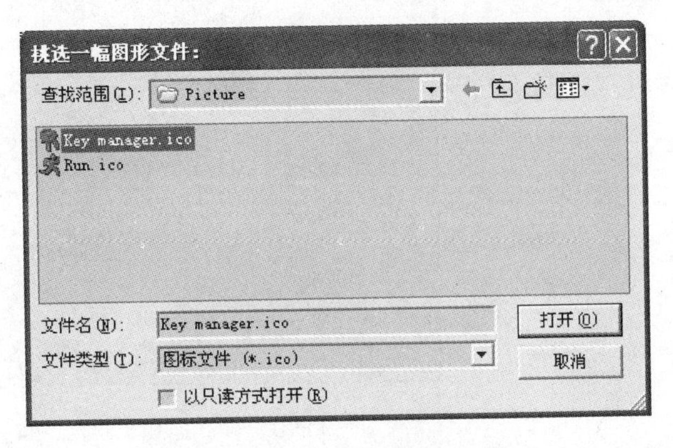

图 10.47　选择图标文件

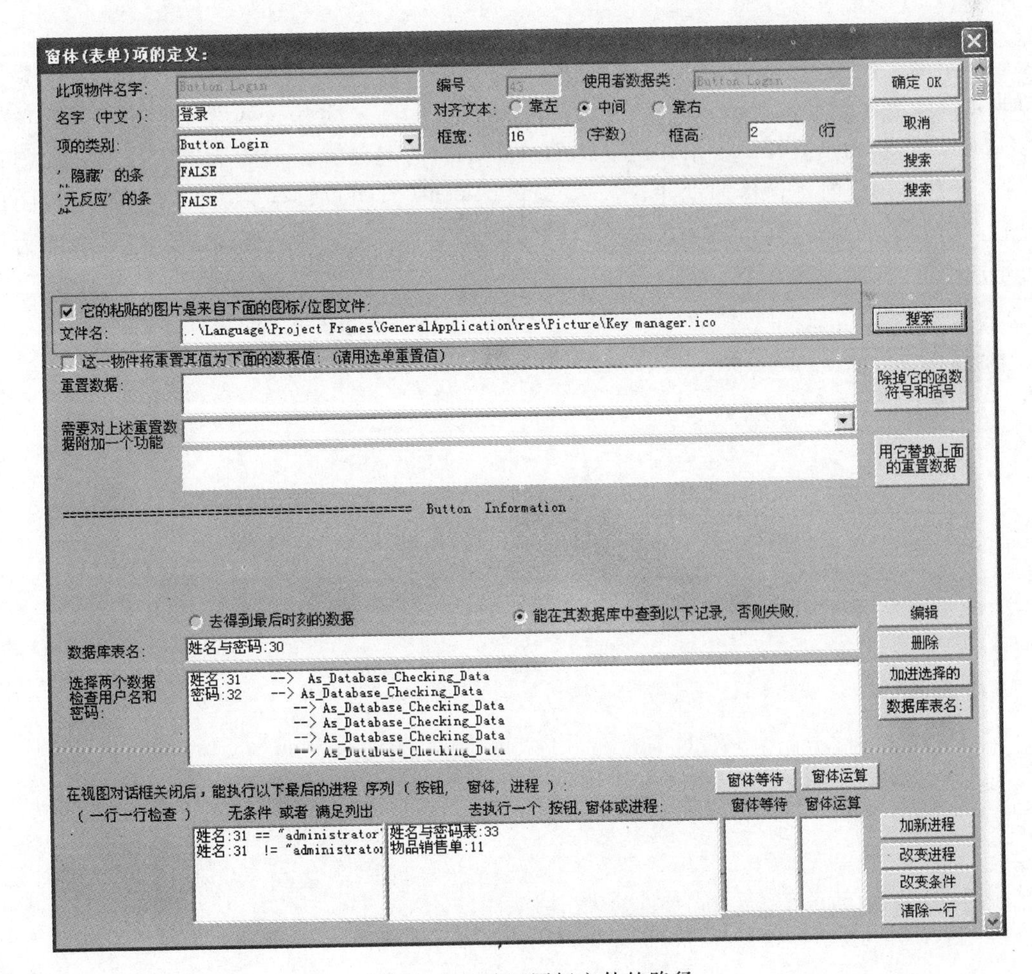

图 10.48　验证图标文件的路径

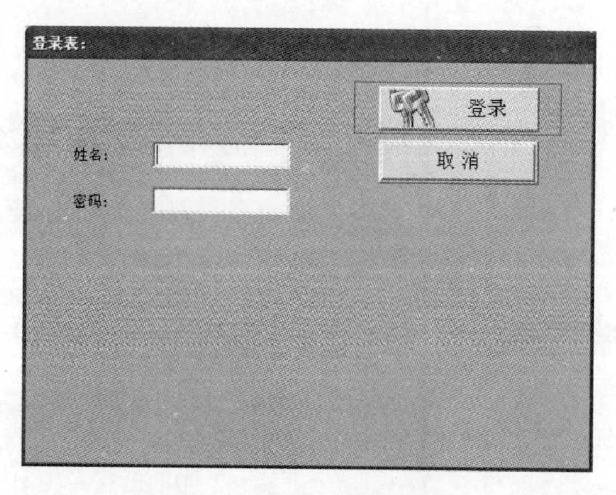

图 10.49 添加了图标的按钮

10.5 小结

本章主要介绍了在可视化 D++中如何实现用户的管理与登录功能。用户的管理与登录功能是许多应用程序通用的功能，本章首先通过教学示例为读者演示用户登录和管理功能的实现，再逐步为读者详细介绍在可视化 D++中是如何实现的。本章从用户数据表的创建开始，分别对用户管理窗体的设计、用户登录窗体的设计、用户数据的验证和后接进程的设置等方面做了具体阐述。为了增加应用程序的美观，本章最后为读者简要讲解了如何为按钮添加图标，从而提高整个系统的可操作性。

第11章

商店售货系统

根据前面章节的学习，读者应该对如何使用可视化 D++实现具体的功能模块有了初步的了解。然而，可视化 D++并不仅仅局限于与其他程序设计语言相同的一些具体功能，还提供了许多独有的设计理念和实现，这是为了在实际应用中可视化 D++语言能够帮助用户解决生活中的一些问题。本章以一个具体的应用系统——商店售货系统为例具体介绍可视化 D++语言中图像大方阵的功能实现。

11.1 教学示例

与其他功能的实现类似，可视化 D++语言能够非常方便地让读者通过单击鼠标来使用图像大方阵。为了使读者更好地理解图像大方阵的功能在商店售货软件中的实现，本节首先为读者展示一个教学示例。

11.1.1 物品进货单

物品进货(入库)功能模块是商店售货系统必不可少的一部分，主要实现将新到的货物和物品加入到商店的物品数据库中。与普通的进销存应用系统不同的是，商店售货系统中的物品进货模块应将物品的样式以图像文件的地址保存起来，但显示的是它的图像，这就需要使用到大方阵图像功能。

本章教学示例中的物品进货模块主要通过物品进货窗体来实现，该窗体包含 5 个表格(Grid Table)控件，其中“物品图”表格控件的每个条形方框的框宽和框高都增大而成为一个个方格。在表格控件的这个方格接收了由编辑框移送来的字符串后，一般情况下方格中显示的仍然是这个接收到的字符串，如果该字符串是某个图像地址，那么在方格中显示的是这个图像，这就是表格控件的条形方框放大成为方格后的特殊显示功能。为明确功能，将这种变形的有图形功能的表格(Grid Table)控件简称为方阵(Phalanx)。

为了更好地理解方阵控件，首先来看一下该控件的使用效果。读者可以双击运行本章源文件夹下的“sales.exe”文件，在弹出的窗体中选择【表单】|【物品进货单】菜单项，打开该窗体，如图11.1所示。

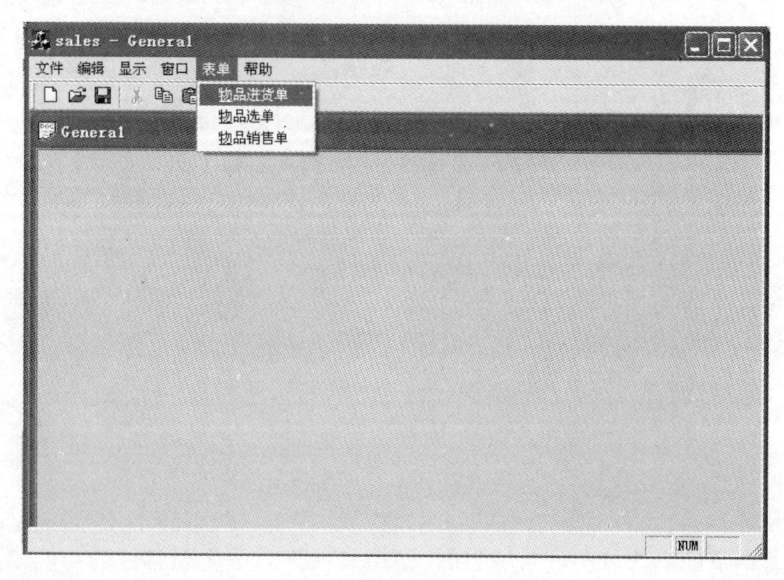

图11.1 教学示例主菜单

在选择图11.1中的【物品进货单】菜单项后，读者可以看到该物品进货单窗体，该窗体是一个对话框，由多个控件组成，如图11.2所示。

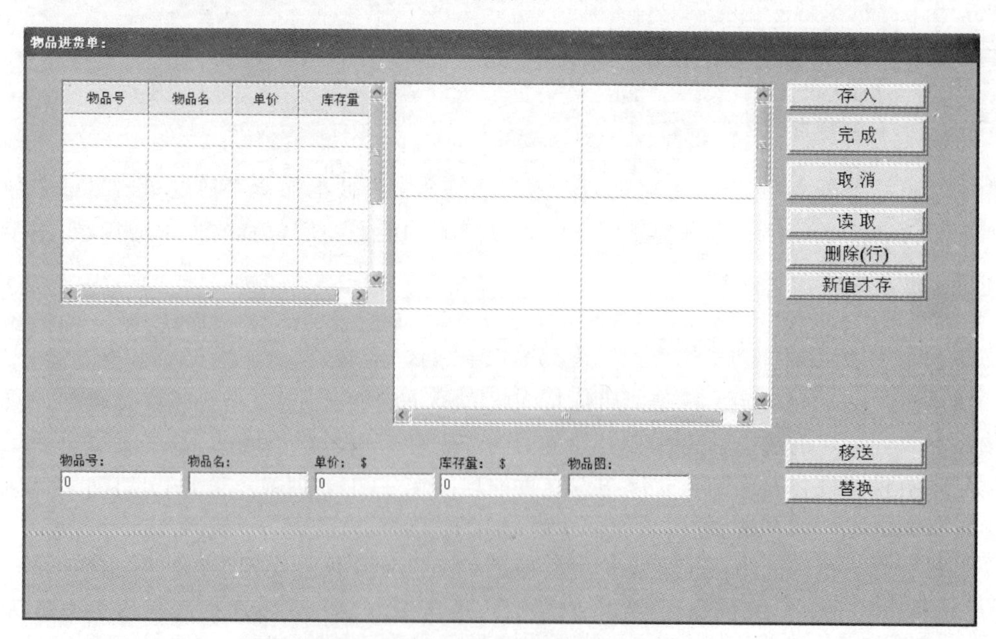

图11.2 物品进货单窗体

作为商店进货员的用户，应该在窗体最下一行的编辑框中分别输入物品号、物品名、单价、库存量和物品图等字段的值。其中，物品图字段的内容为该图像所在的物理位置，此处不要求用户写入实际地址，只需单击该编辑框，即可弹出图 11.3 所示的对话框，在该对话框中选择需要的图像即可。

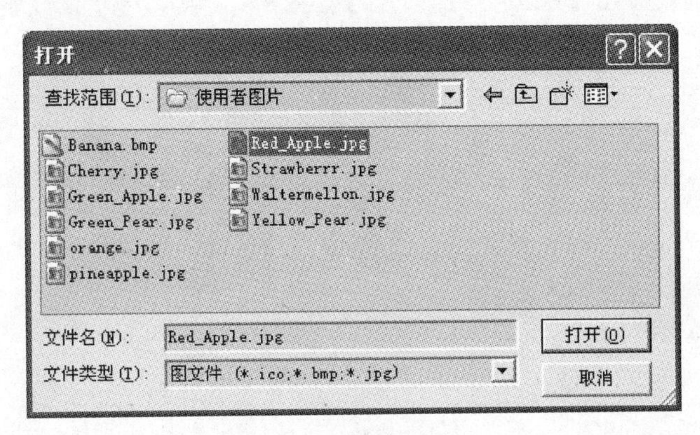

图 11.3　选择图像文件

在图 11.3 所示的对话框中选择“Red_Apple.jpg”文件后单击【打开】按钮，即可将该图像的地址添加到“物品进货单”的“物品图”对应的编辑框中，此时单击窗体右侧的【移送】按钮即可将该物品输入到表格控件中，如图 11.4 所示。

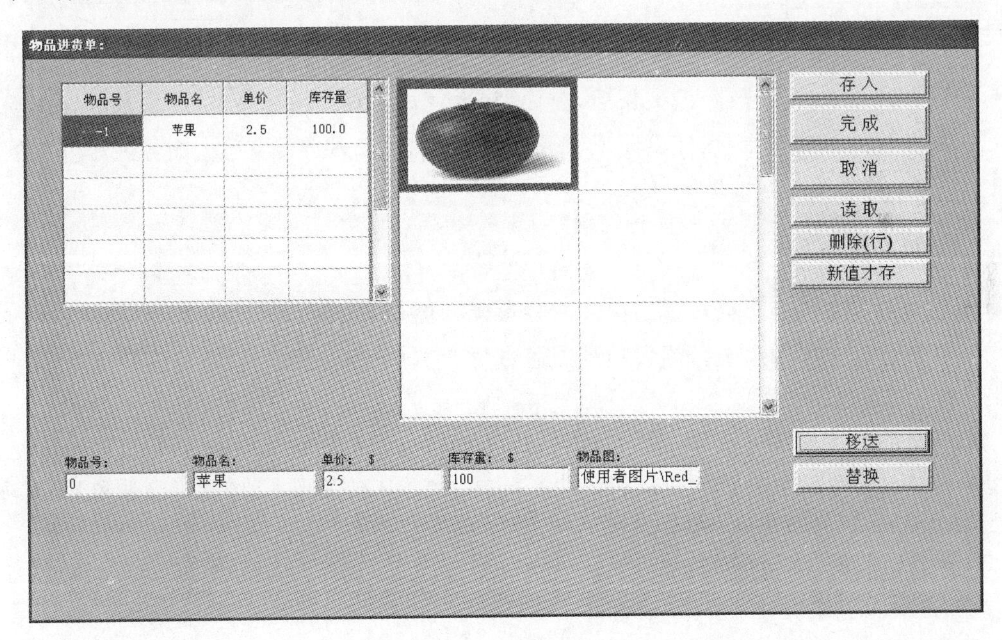

图 11.4　输入物品记录

在图 11.4 中，可以看到“物品图”字段对应的编辑框中的内容为字符串“使用者图片\Red_Apple.jpg”，正是用户选择的图像文件地址。将其移送到“物品名”表格控件中之后，在方格中显示的不是字符串地址“使用者图片\ Red_Apple.jpg”，而是该文件地址的真实图像。

至此，读者可以在表格控件的一个方格中看到苹果的图像，当用户确认输入无误后即可单击窗体右侧的【存入】按钮，将该条物品记录添加到商店的数据库表“物品”中。同样，依次输入物品名“香蕉”、“橘子”和“樱桃”等，以及相关的单价、库存量和物品图，将其存入到数据库中，物品进货单窗体的显示如图 11.5 所示。

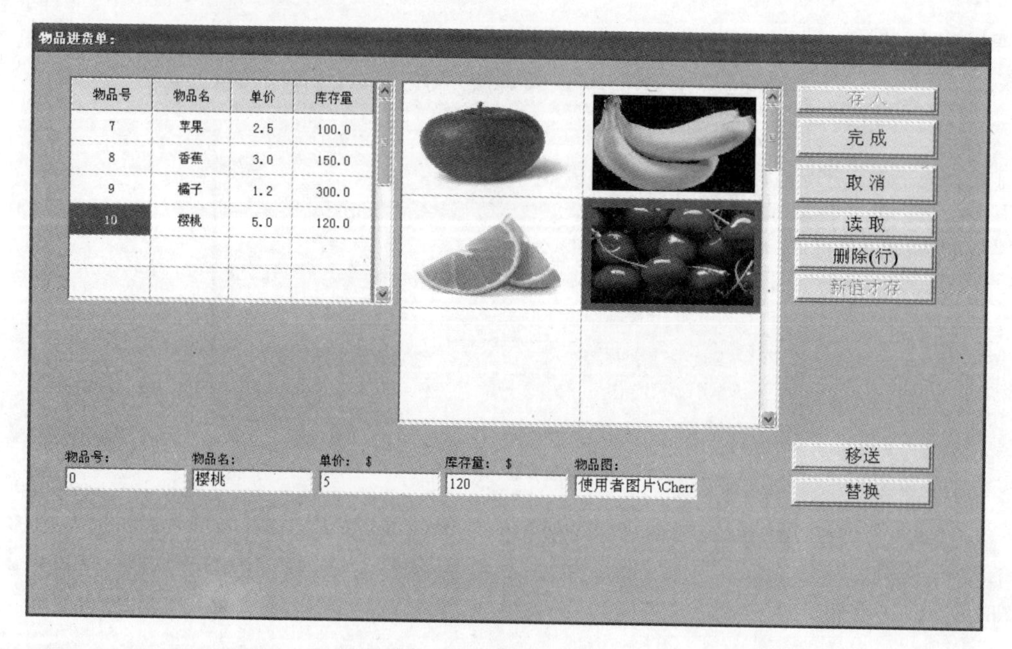

图 11.5　保存物品记录

可以看到，当单击了【存入】按钮后，窗体的表格控件中的“物品号”字段根据其在数据表中的位置进行了自动编号，这样就完成了商店的进货工作。此外，当单击图像大方阵中的某一个图像时，即选中了对应的物品记录。

11.1.2　物品选单

物品选单窗体是一个只包含图像大方阵控件的简单对话框，其功能是方便售货员在销售物品时通过选择图像来选择待售物品。通过物品选单窗体，商店售货系统的用户能够直观地选择出售的商品。

在本章的教学示例中，物品选单窗体打开后即自动显示在物品数据库中包含的所有物品图像，以供用户选择。同样，在商店售货系统的主窗体中选择【表单】|【物品选单】菜单项，即可打开该窗体，如图 11.6 所示。

注意：在本教学示例中，物品选单窗体依托于 11.1.3 小节介绍的物品销售单窗体存在，单击物品选单窗体中的图像，则自动添加到物品销售单中。物品选单窗体会自动关闭。

从图 11.6 中可以看出，打开物品选单窗体时其自动读取物品数据库中的物品图像，并自动装载到图像大方阵控件中。将商店售货系统中的物品以图像的形式显示，用户能够更直观、方便、快捷地使用该应用软件，具体使用见 11.1.3 小节。

11.1.3　物品销售单

物品销售是商店售货系统中的核心功能，对应的物品销售单是一个对话框窗体，其作用是根据用户选定的物品自动计算价格。一般来说，物品销售单窗体由商店的售货员操作。物品销售单窗体包含表格控件、编辑框控件和若干按钮，窗体设计如图 11.7 所示。

图 11.6　物品选单窗体

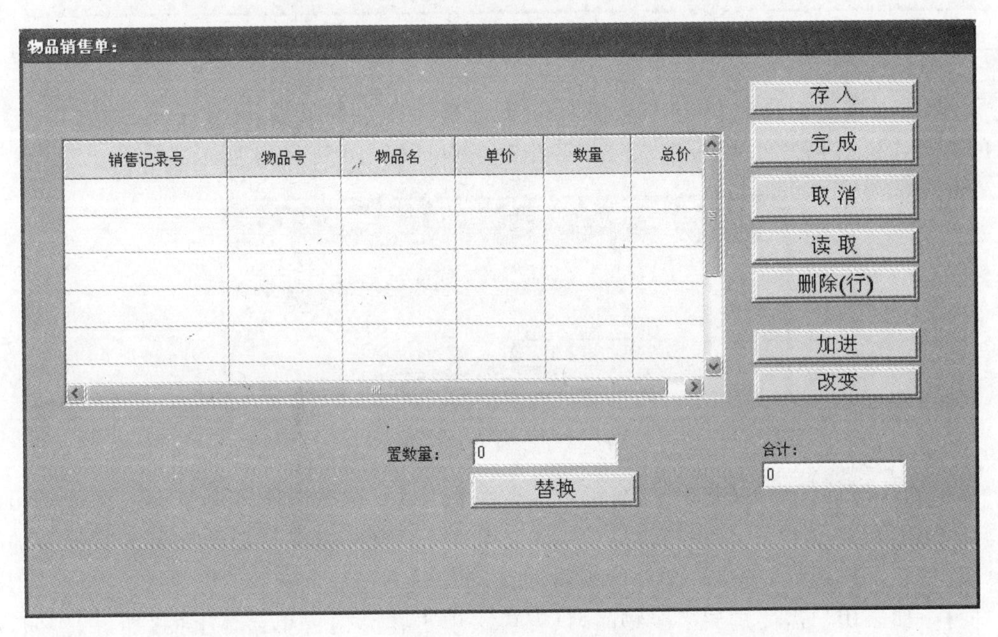

图 11.7　物品销售单

在图 11.7 所示的物品销售单窗体中，表格控件用来显示用户选择的物品、单价、数量、总价，而不能接收用户的输入。此外，该窗体中的【加进】按钮用于打开物品选单对话框窗体，以供用户选择物品。因此，当用户单击该窗体中的【加进】按钮后，系统将打开物品选单窗体，如图 11.6 所示。

在打开的物品选单窗体中选定某一样物品后，该样物品被自动添加到物品销售单窗体中。例如，此处单击物品选单窗体中的“香蕉”图像，该窗体自动关闭，同时在物品销售单窗体的表格控件中显示“香蕉”物品的相关信息，如图 11.8 所示。

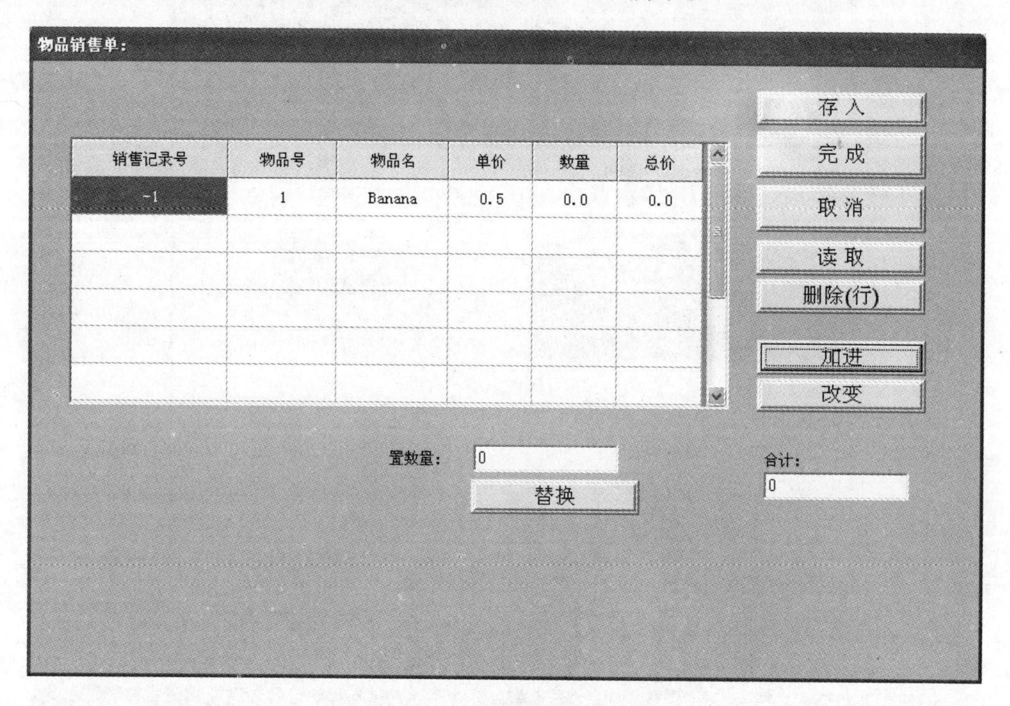

图 11.8　添加“香蕉”物品

选择并加进一个物品后，在“数量”编辑框中输入购买的数量，并单击下方的【替换】按钮，即可写入到表格控件中，此时系统将弹出确认对话框，如图 11.9 所示。

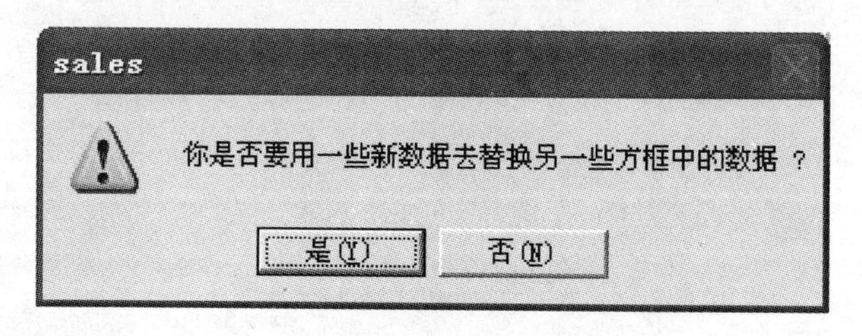

图 11.9　确认对话框

单击确认对话框中的【是(Y)】按钮确认购买数量后，物品销售单窗体将自动计算出该样物品的总价，即总价＝单价×数量。同时，“合计”编辑框也将自动计算出所有物品的价格，此处只有一样商品，其结果与总价相同，如图 11.10 所示。

同样，如果用户需要购买多个物品，只需再次单击物品销售单窗体上的【加进】按钮，在弹出的物品选单窗体上单击将它们选中，此时该窗体自动关闭，同时在物品销售单窗体的表格控件中显示选中的此物品的全部信息，然后在“置数量”编辑框中输入客户要购买的数量即可。例如，此处再加入“樱桃”和“橘子”，购买数量分别为 8 和 10，完成后将它们保存在数据库中，此时物品销售单窗体如图 11.11 所示。

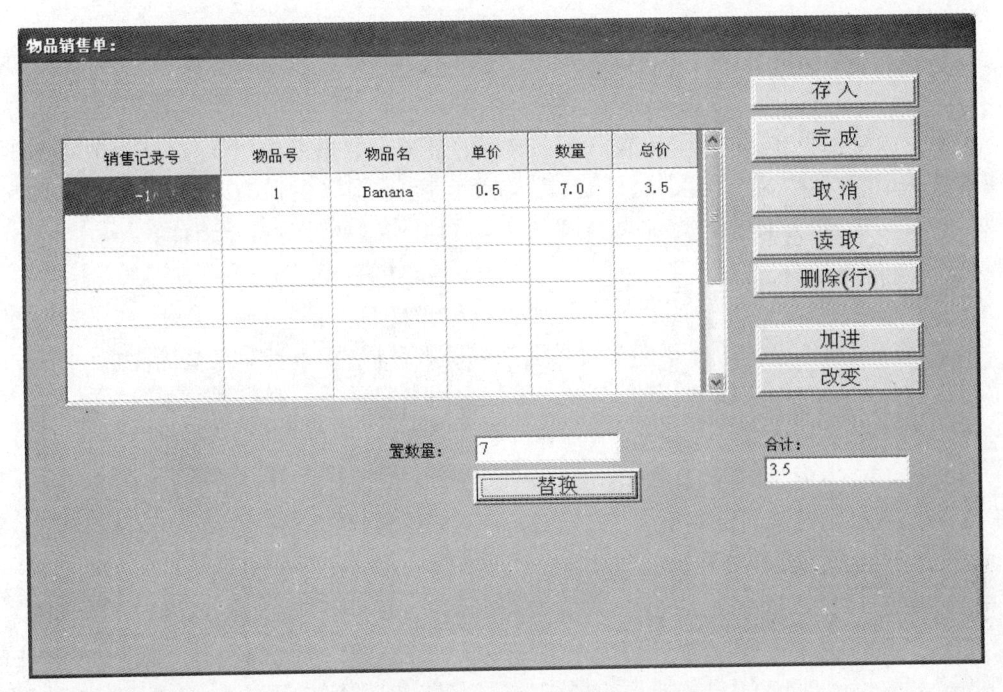

图 11.10　加入一件物品

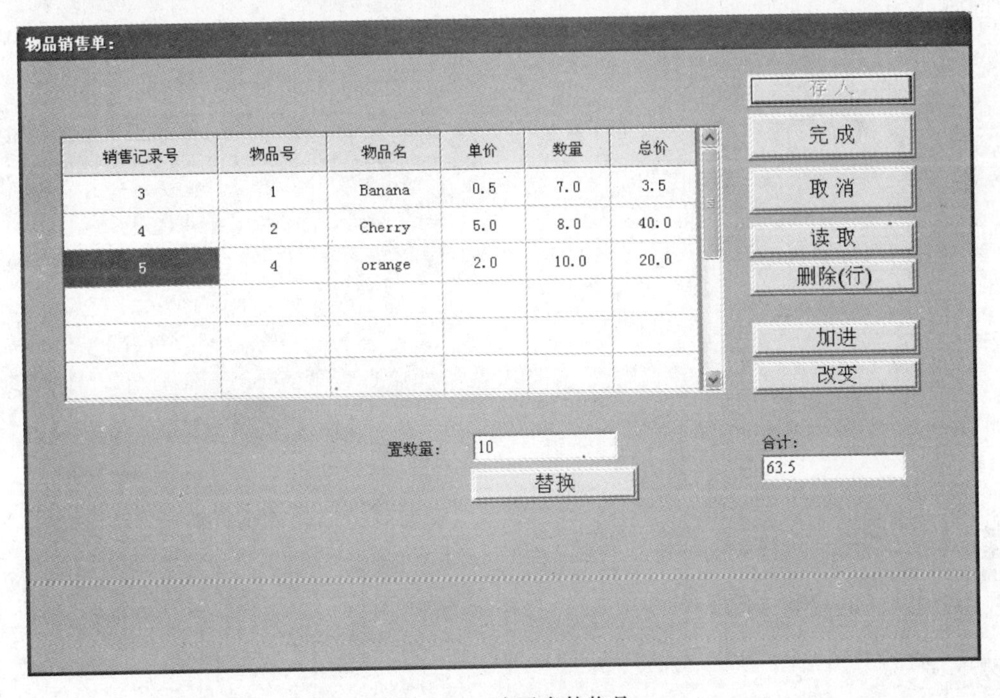

图 11.11　购买多件物品

从图 11.11 中读者可以看出，物品销售单窗体能够非常方便地实现商店售货。至此，商店售货系统的基本功能已经实现。本章的下面各节将逐步为读者讲解在可视化 D++语言中如何设计和实现这些窗体和功能。

11.2 物品进货单窗体

从本章教学示例中可以看出，作为一个典型的进销存数据库应用软件，从本节开始讲解如何设计一个"商店售货系统"的软件，包括商店售货系统具备的所有基本功能。其中，物品进货是物品销售和物品选单的前提。本节先介绍如何实现物品进货单窗体。

11.2.1 创建物品资料表

数据库应用软件设计的首要环节就是创建基础数据库，在本教学示例的实现中，所有数据都是从物品数据表中获取的，因此这里首先创建物品数据表。其创建步骤如下：

(1) 双击桌面上的"可视化 D++语言"图标("Visual D++")或程序栏"C:\Visual D++ Language\"中的"Visual D++ Language.exe"应用程序，打开可视化 D++软件设计语言的集成设计开发环境——SDDA，打开"模型包\书\第 11 章"目录，选择其中的"初始模型.mdb"文件，然后单击【打开】按钮，如图 11.12 所示。

(2) 初始模型工程没有包含任何数据表和对话框，打开该工程表示从头开始实现商店售货系统。在初始模型工程的对象目录的空白处双击，在弹出的"插入新对象"对话框中输入"物品"，表示新创建的用户数据表的名称为"物品"。输入完成后单击该对话框右侧的【确定 OK】按钮，鼠标指针将变成"+"字形，此时将鼠标指针移动到对象目录中的"数据库"处单击，可视化 D++将会自动创建数据表"物品"，并要求用户输入该表的所有字段名，即物品名、单价、库存量、物品图，如图 11.13 所示。

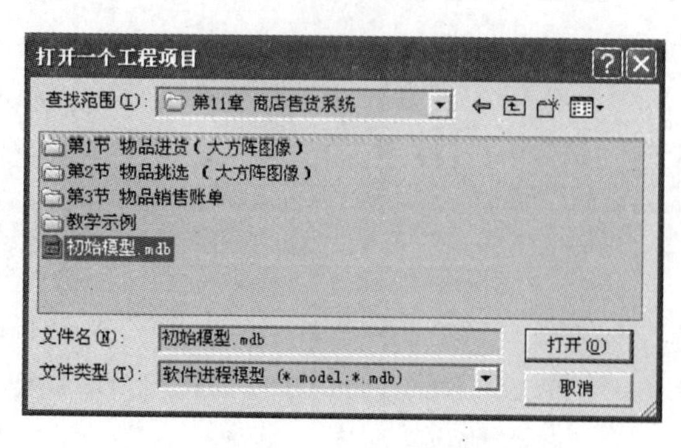

图 11.12 打开工程

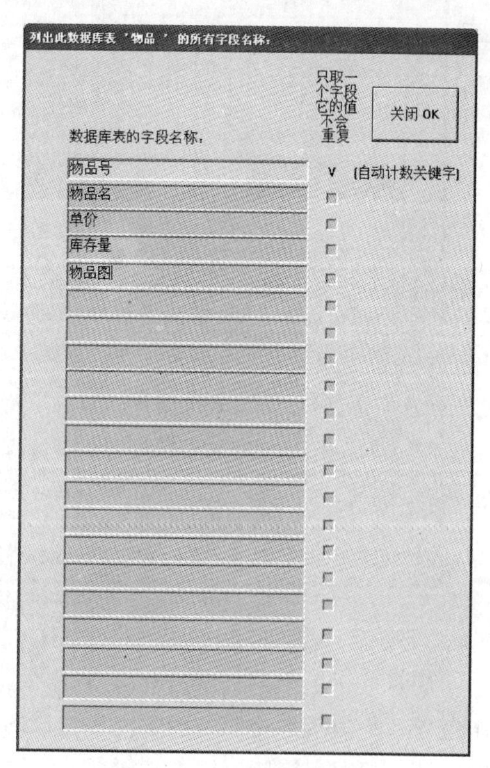

图 11.13 创建资料表字段

(3) 字段添加完成后，在对话框中单击右侧的【关闭 OK】按钮，此时 SDDA 弹出确认对话框，需要用户确认关闭，单击【是(Y)】按钮对话框被关闭，同时数据表字段被保存到工程中。此时，用户回到初始模型工程主窗口，可以看到"数据库"下建立了"物品"数据表，如图 11.14 所示。

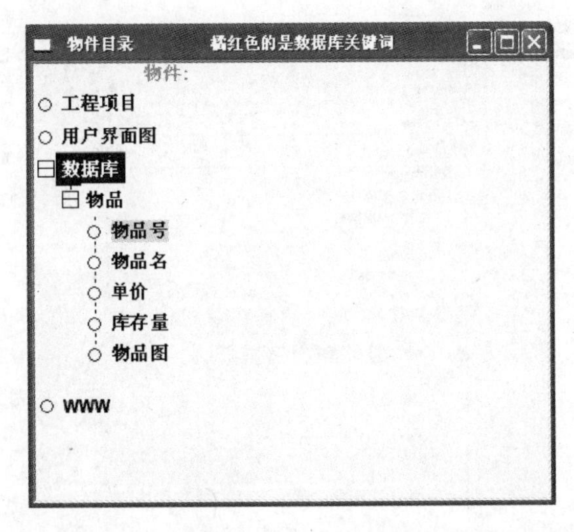

图 11.14　"物品"数据表

11.2.2　设计物品进货单窗体

当资料表创建完成后，就可以开始创建一个对话框了，用于设计物品进货单窗体，具体操作步骤如下：

(1) 创建空白对话框。在 Visual D++集成设计开发环境 SDDA 中的对象目录的空白处双击，在弹出的"插入新对象"对话框中输入对话框名称"物品进货单"，输入完成后单击此对话框右侧的【确定 OK】按钮，鼠标指针将变成"＋"字形，此时将鼠标指针移动到对象目录中的"用户接口图"处单击，可视化 D++将会自动创建空白对话框"物品进货单"，如图 11.15 所示。

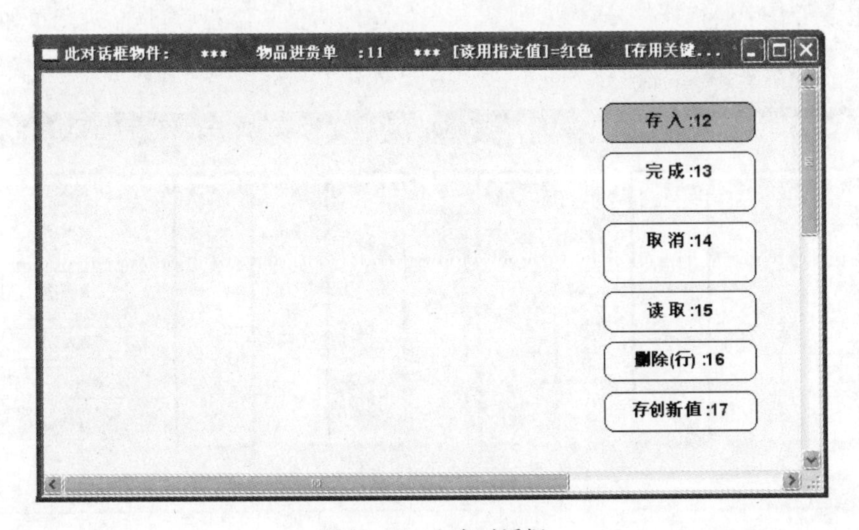

图 11.15　空白对话框

(2) 添加表格控件。在物品进货单窗体中添加一个表格控件,数据取自“物品”数据表的所有字段名。在 SDDA 主菜单中选择【加元件】|【表格(Grid Table)】菜单项,然后在对话框的空白处单击,在弹出的对话框中选择“数据库”的“物品”数据表下的所有字段,如图 11.16 所示。

图 11.16　添加表格控件

添加完成后,单击对话框右侧的【接收 OK】按钮,回到“物品进货单”对话框,此时该对话框中包含了一个表格控件,通过 Ctrl 键+鼠标左键调整其位置后,物品进货单如图 11.17 所示。

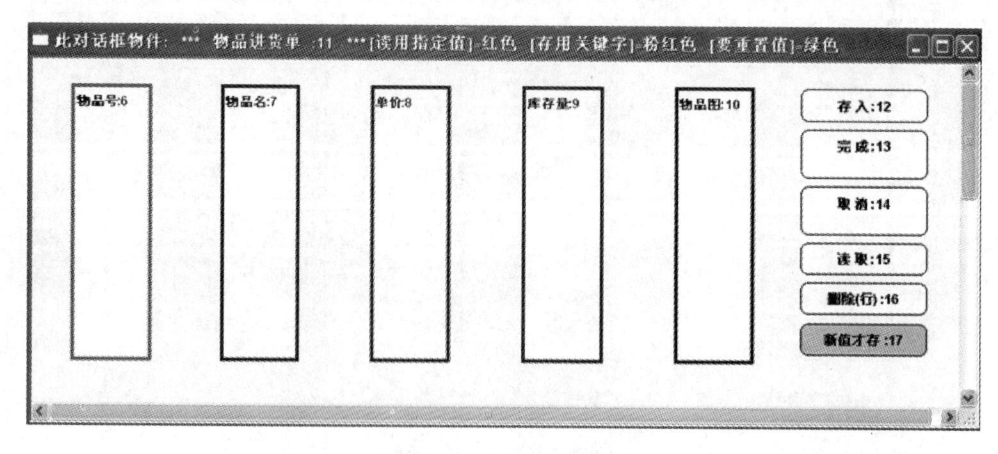

图 11.17　加入表格控件

(3) 加入编辑框控件。由于物品进货单窗体需要接收用户输入的数据,因此需要使用编辑框控件来实现。选择 SDDA 主菜单中的【加元件】|【编辑框(Edit Box)+标签】菜单项,然后在对话框窗体的空白处单击,在弹出的对话框中输入 5 个控件的名称,如图 11.18 所示。

添加完成后,单击对话框右侧的【关闭 OK】按钮,并设置编辑框控件横向排列,回到“物品进货单”对话框,此时该对话框中包含了 5 个编辑框和标签控件,如图 11.19 所示。

(4) 加入【移送】与【替换】按钮控件。由于物品进货单窗体需要接收用户的输入,因此还需要使用【移送】与【替换】按钮控件配合编辑框控件来实现。选择 SDDA 主菜单中的【加按钮】|【‘移进’+‘置换’键】菜单项,然后在对话框窗体的空白处单击,将这两个按钮加入到物品进货单窗体中,并调整其位置,显示结果如图 11.20 所示。

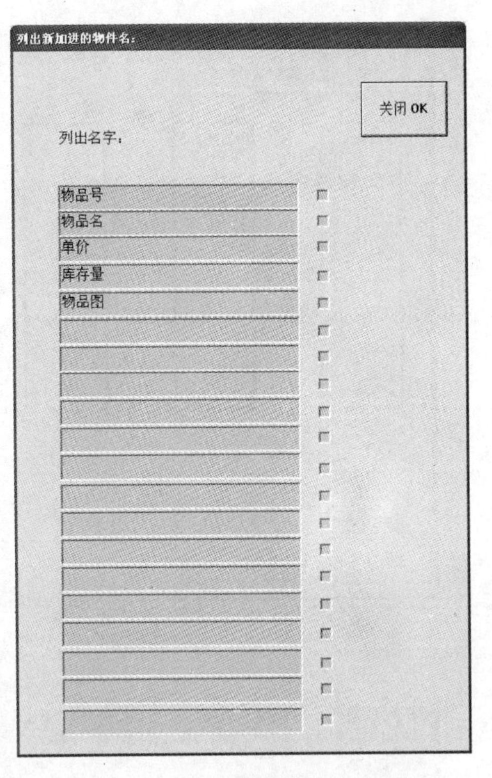

图 11.18　输入编辑框控件的名称

(5) 设置控件的属性。在控件加入后,需要为某些控件设置一定的属性,使其符合物品进货单窗体的功能需求。此处需要设置属性的有表格控件中的“物品号:6”字段以及【读取:15】按钮、【移送:28】和【替换:29】按钮。

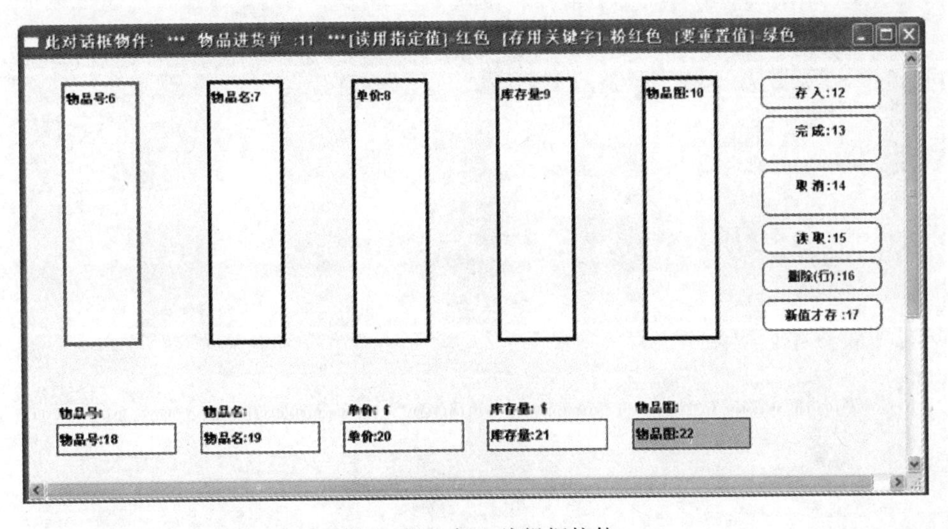

图 11.19　加入编辑框控件

为了使物品进货单能够读取用户指定的物品号,并显示在表格控件中,需要设置窗体中【读取:9】按钮的属性。双击打开【读取:15】控件,在弹出的定义对话框中设置“物品号:18-->物品号:6”,如图 11.21 所示。

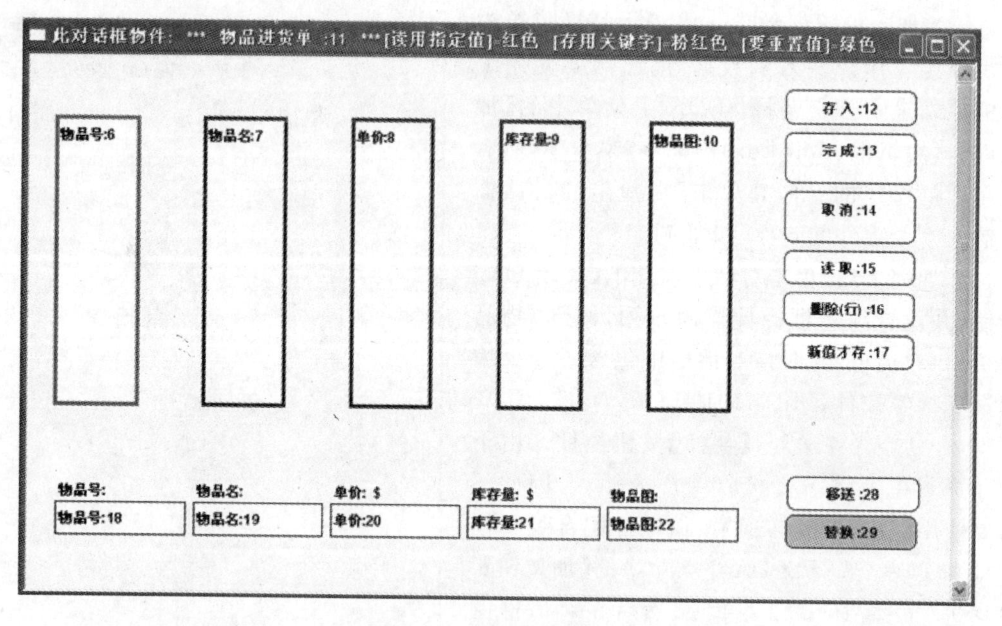

图 11.20 加入按钮控件

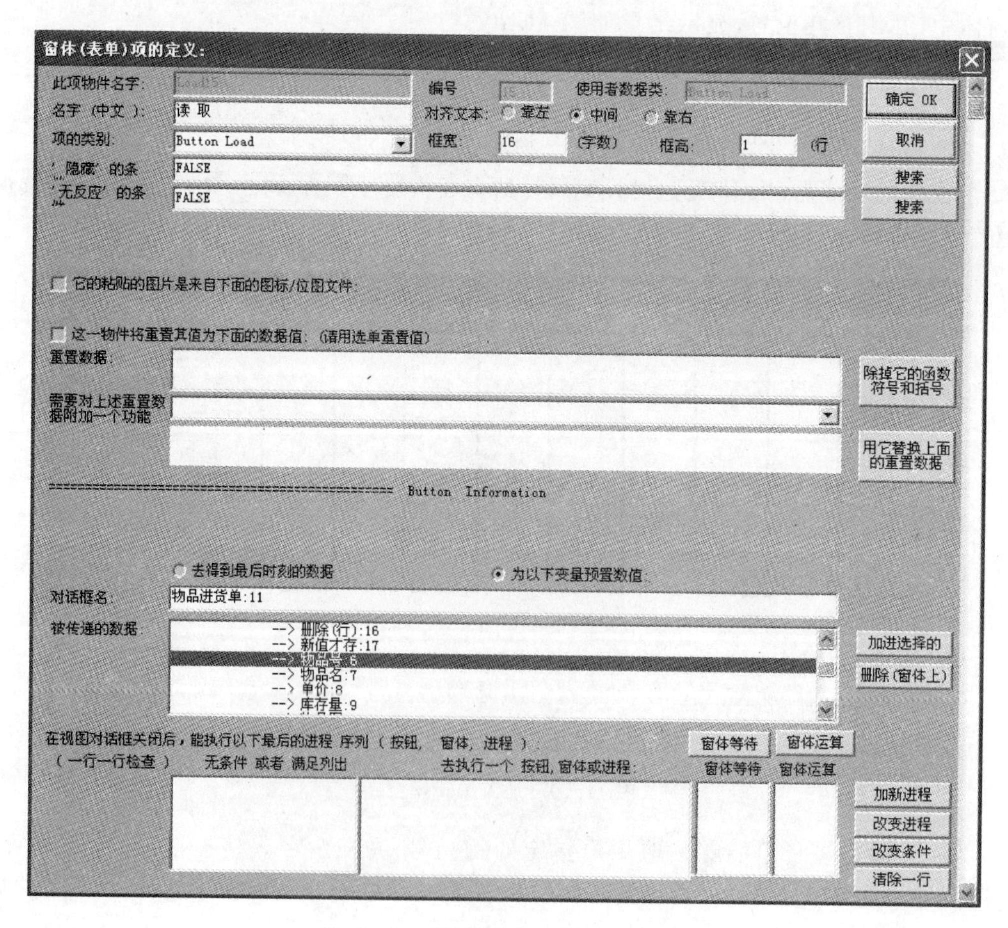

图 11.21 设置【读取:9】按钮的属性

使用与本书 9.3.2 小节的“设置【读取】按钮”同样的设计步骤，选择“被传递的数据”列表框中的“-->物品号:6”行，单击右侧的【加进选择的】按钮，在弹出的对话框中选择“物品号:18”项，完成选择后关闭该对话框并回到【读取】按钮的定义对话框。此时列表框中的“-->物品号:6”行已改为“物品号：18 -->物品号:6”，如图 11.22 所示。

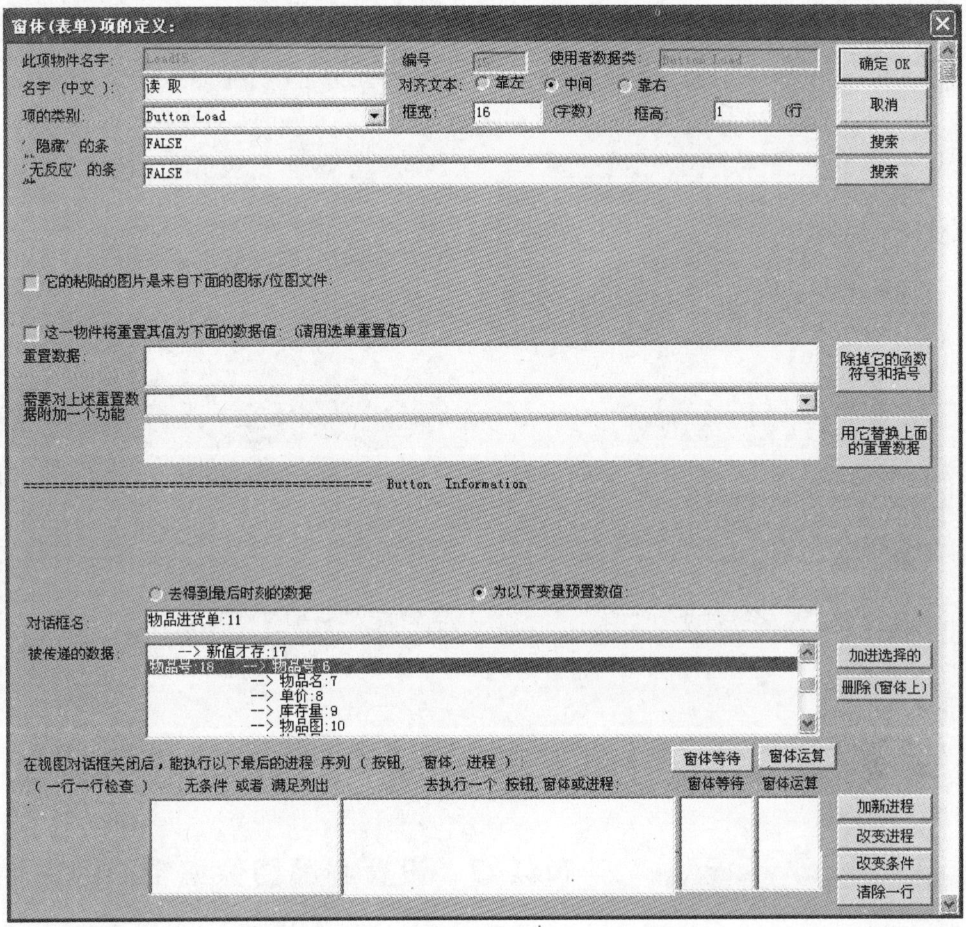

窗体(表单)项的定义:
此项物件名字: Load15　编号: 15　使用者数据类: Button Load　确定 OK
名字（中文）: 读 取　对齐文本: 靠左 中间 靠右　取消
项的类别: Button Load　框宽: 16 (字数)　框高: 1 (行
‘隐藏’的条件 FALSE　搜索
‘无反应’的条件 FALSE　搜索
它的粘贴的图片是来自下面的图标/位图文件:
这一物件将重置其值为下面的数据值:（请用选单重置值）
重置数据:　除掉它的函数符号和括号
需要对上述重置数据附加一个功能　用它替换上面的重置数据
== Button Information
去得到最后时刻的数据　为以下变量预置数值:
对话框名: 物品进货单:11
被传递的数据: --> 新值才存:17
物品号:18 --> 物品号:6
--> 物品名:7
--> 单价:8
--> 库存量:9
--> 物品图:10
加进选择的　删除(窗体上)
在视图对话框关闭后，能执行以下最后的进程 序列（按钮，窗体，进程）:　窗体等待　窗体运算
（一行一行检查）　无条件 或者 满足列出　去执行一个 按钮,窗体或进程:　窗体等待　窗体运算
加新进程　改变进程　改变条件　清除一行

图 11.22　设置【读取:15】按钮的新属性

为了使【移送】和【替换】按钮能够按照要求将用户输入的数据写入到表格控件中，需要设置这两个按钮的属性。双击打开【移送】按钮的定义对话框，按照以下对应关系设置：

物品号：6<--物品号：18

物品名：7<--物品名：19

单价：8<--单价：20

库存量：9 <--库存量：21

物品图：10 <--物品图：22

设置以上对应关系只需进入【移送】按钮的定义对话框，在“物件序列”对应的列表框中双击上述字段即可，设置完成后如图 11.23 所示。

与【移送】按钮的设置相同，【替换】按钮也需要同样设置，使得用户修改输入的数据后能够返回写入到表格控件中。

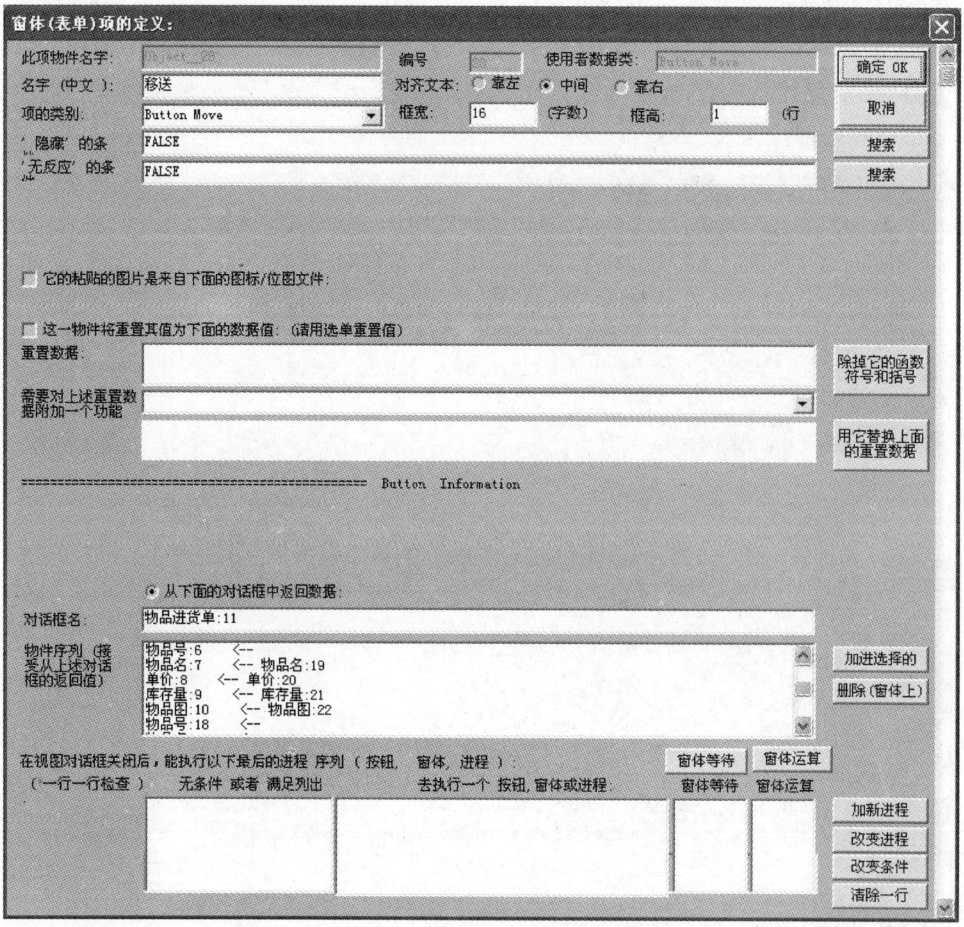

图 11.23　设置【移送】按钮的属性

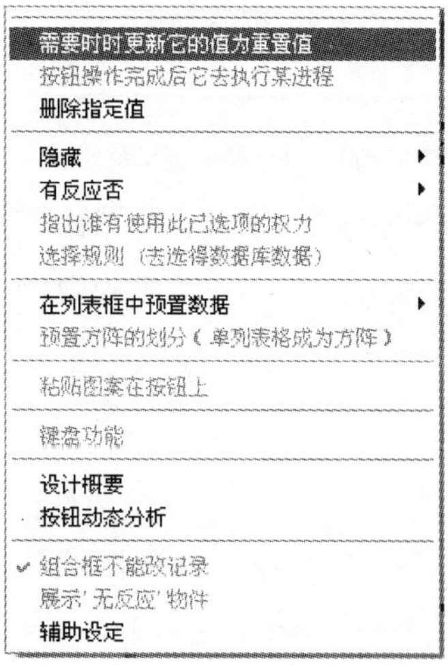

图 11.24　“物品图:22”编辑框控件的重置值菜单

11.2.3　设置物品图像编辑框的属性

在图 11.20 所示的物品进货单窗体中有两个控件,其中编辑框控件“物品图:22”用于输入图像文件的位置,表格控件“物品图:10”用于显示图像文件。本小节首先介绍物品图像编辑框的属性设置。

一般来说,为窗体的一个编辑框定义重置值是给出它的一个计算公式,这个重置值不断地自动计算。但本节中,定义“物品图:22”编辑框控件的重置值是一个打开对话框的操作(一个函数公式),当用户单击该编辑框时,要求窗体弹出一个对话框,以方便用户找到对应的图像文件。该操作的具体步骤如下:单击窗体中的“物品图:22”编辑框控件,选择 SDDA 主菜单中的【设定要求值】|【需要时时更新它的值为重置值】菜单项,如图 11.24 所示。

选择该菜单项后，SDDA 将弹出“置重置值”的定义对话框，该对话框与前面章节介绍的“编辑语句”对话框相同，如图 11.25 所示。

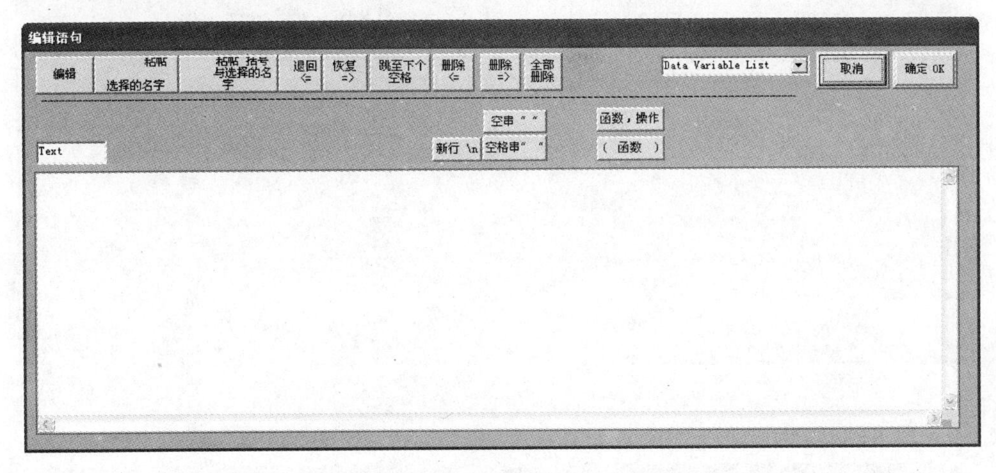

图 11.25　“置重置值”的定义对话框

在图 11.25 所示的对话框中单击【函数，操作】按钮，弹出可视化 D++语言提供的图 11.26 所示的对话框，在其中选择“函数名”列表框中的第一个操作项“_TAKE_A_FILE_ADDRESS”，如图 11.26 所示。

图 11.26　选用函数

在图 11.26 的“功能说明”文本框中，说明语句“Onetime take back a selected file name address”表示“打开一个文件地址目录，可取回一个文件的地址”。在图 11.26 中单击【采纳】按钮回到“置重置值”的定义对话框，可以看到此对话框的编辑区中已经自动加入一个函数，如图 11.27 所示。

单击对话框中的【确定 OK】按钮回到物品进货单，可以发现，物品进货单窗体中的控件“物品图:22”已经有绿色边框，表示该控件已被定义重置值，如图 11.28 所示。

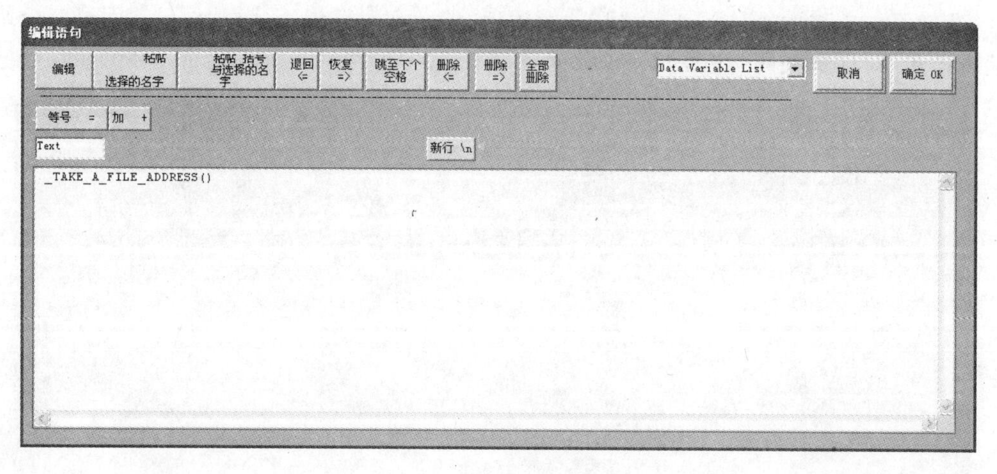

图 11.27　设置编辑框属性

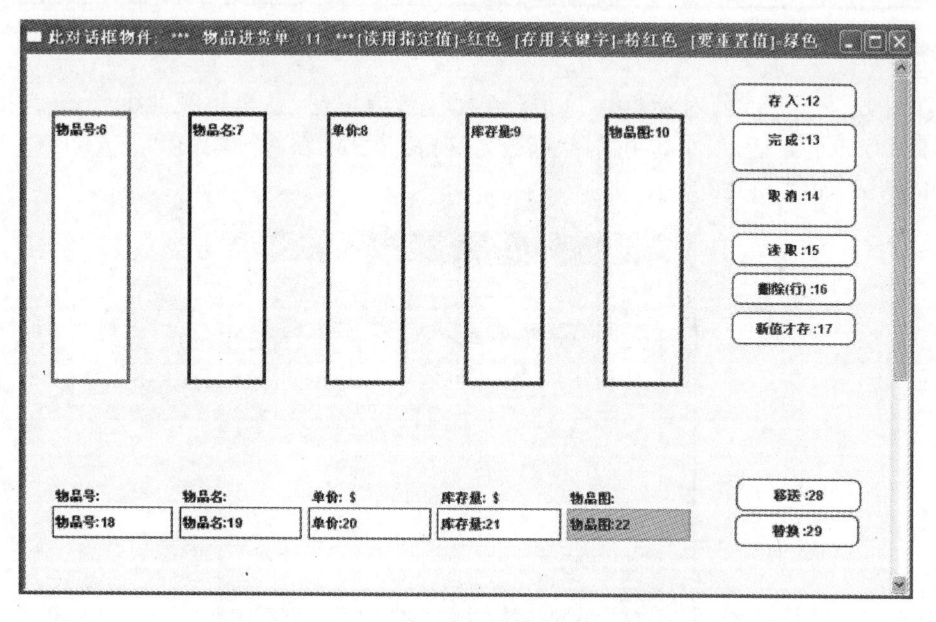

图 11.28　“物品图:22”被定义了一个重置值

11.2.4　设置图像大方阵显示

在用计算机软件系统采购或销售水果时，水果品种的字段表格控件只显示一列文字形式的水果名称，人们更希望看到它们的图片。但是显示一列水果名用的是表格控件，它由一列类似于编辑框的条形方框组成，只适合显示字符，如果在其中显示图像会产生极大的失真。

此处，将水果名字段的表格控件中的每个条形方框都放大成一个大的“方格”，用于显示图像。因此，由从上到下的一列条形方框拼成表格控件，组成了一个大方阵，大方阵中的方格是先从左到右再从上到下排列的。当读取一个图形文件的地址到一个“方格”后，能够在方格中显示图像，这就是表格控件的条形方框改成方格后的特殊显示功能。对于这种变形的但有图形显示功能的表格(Grid Table)控件，我们也可称其为方阵(Phalanx)控件。

本小节具体讲解怎样将表格控件的框宽和框高都放大尺寸，使表格控件在窗体上显示为大方阵。具体步骤如下：

(1) 双击物品进货单窗体中的表格控件“物品图:17”，打开其定义对话框，将表格控件“物品图:17”放大，设置表格的框宽(例如为50)和框高(例如为25)，如图11.29所示。

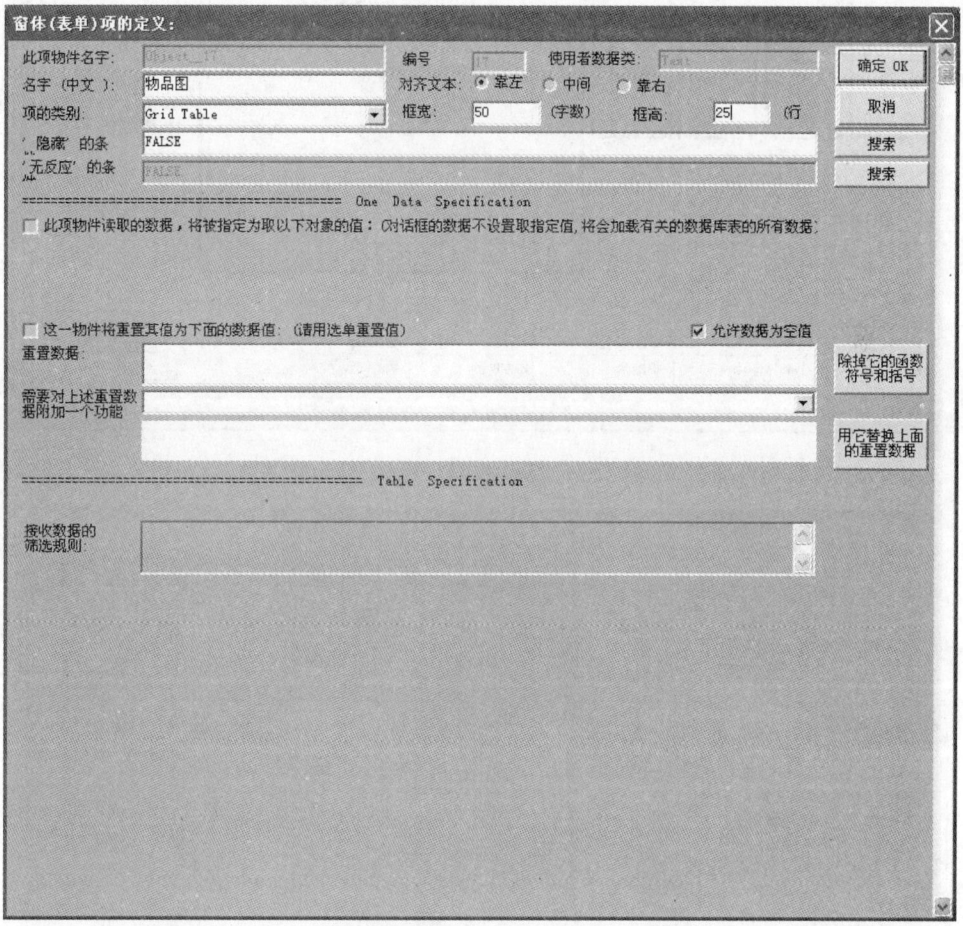

图11.29　设置表格控件的框宽和框高属性

设置完成后，回到正在设计的物品进货单窗体中，可以发现该列变大了许多，调整窗体的控件位置，如图11.30所示。

注意：如果要求在打开物品进货单时数据表“物品”的记录已经全部读取到物品进货单上，只需去掉关键词“物品号:6”的“指定字段”的定义即可。

(2) 选择“物品图:17”控件，将其分成2×3的大方阵。然后选择SDDA主菜单中的【设定要求值】|【预置方阵的划分】菜单项，如图11.31所示。

(3) 选择该菜单项后，在弹出的“方阵宽与高的对话框”中分别设置方阵的宽为2、高为3，即完成了该方阵的划分，如图11.32所示。

(4) 在图11.32中单击【确认】按钮，系统弹出提示对话框，要求用户确认划分后的显示方式，这里单击【是(Y)】按钮即可，如图11.33和图11.34所示。

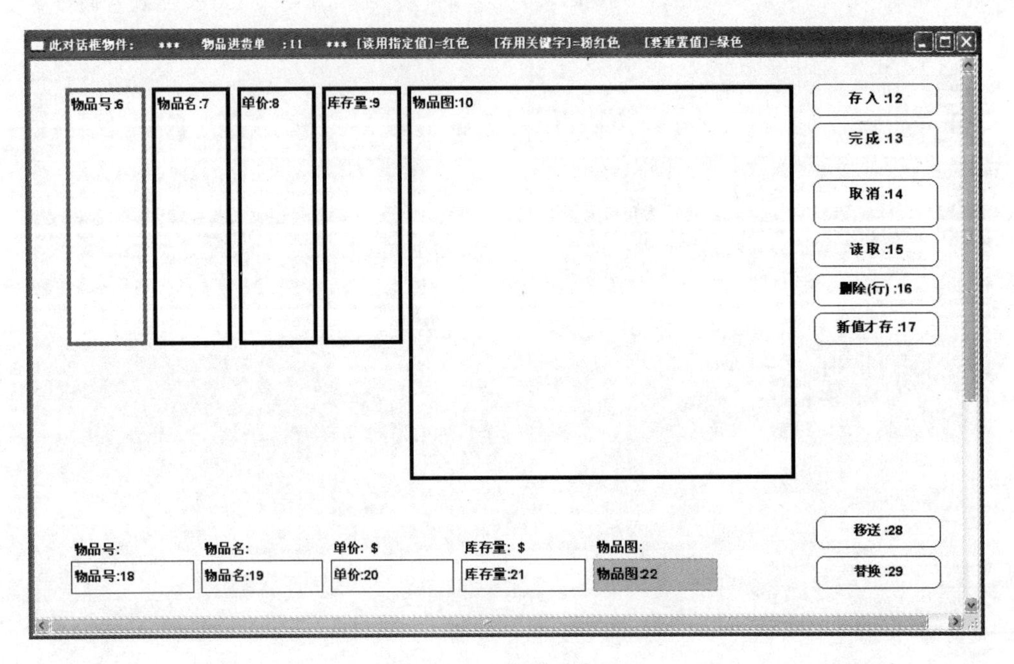

图 11.30　物品进货单

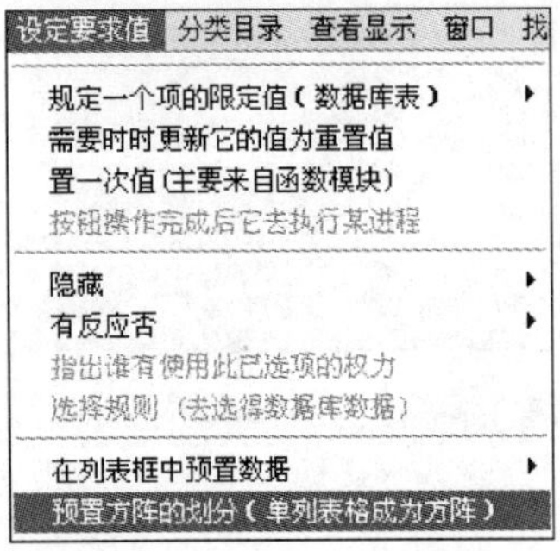

图 11.31　选择菜单项

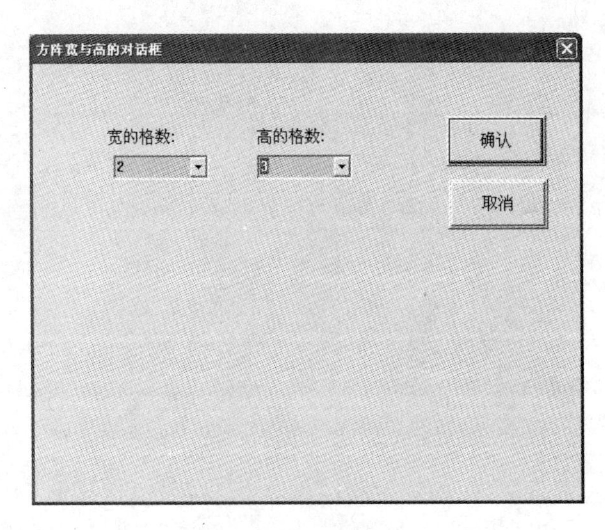

图 11.32　划分方阵

图 11.33　提示对话框

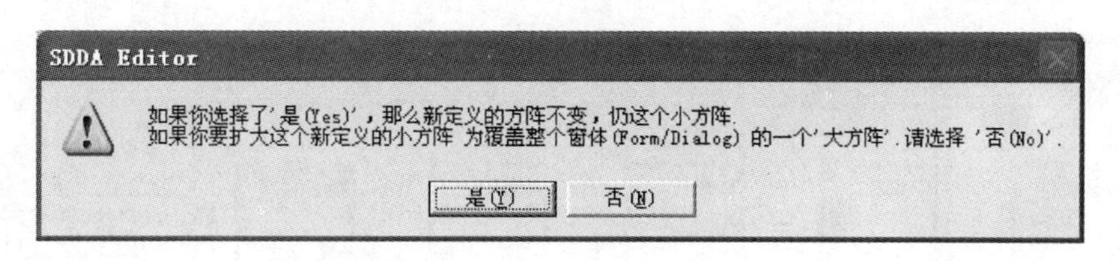

图 11.34　确认显示方式

至此，物品进货单窗体的设计就完成了。此时可以编译并运行该窗体，可以发现其功能与 11.1.1 小节中教学示例的运行结果一致。

11.3　物品选单窗体

物品选单窗体是商店售货系统中体现系统便捷性的一个窗体，该窗体全部由图像大方阵组成，可供用户结合物品销售单窗体一起使用。

与物品进货单窗体的设计类似，物品选单窗体也需要经过新建对话框、添加控件和设置控件属性等几个步骤实现。在 11.1.2 小节的教学示例中，读者看到了物品选单窗体的外观，事实上该窗体还包含了一些其他控件。下面为读者详细介绍该窗体的设计过程。

(1) 创建简单对话框。单击 SDDA 主窗口的对象目录，选择主菜单中的【加-删】|【加简单对话框(仅用于打字)】菜单项，如图 11.35 所示。

选择该菜单项后，SDDA 弹出对话框，在其中输入“物品选单”作为该简单对话框的名称，输入完成后单击对话框右侧的【确定 OK】按钮，鼠标指针变成“＋”字形，此时将鼠标指针移动到对象目录中的“用户接口图”处单击，可视化 D++将自动创建空白对话框“物品进货单”，如图 11.36 所示。

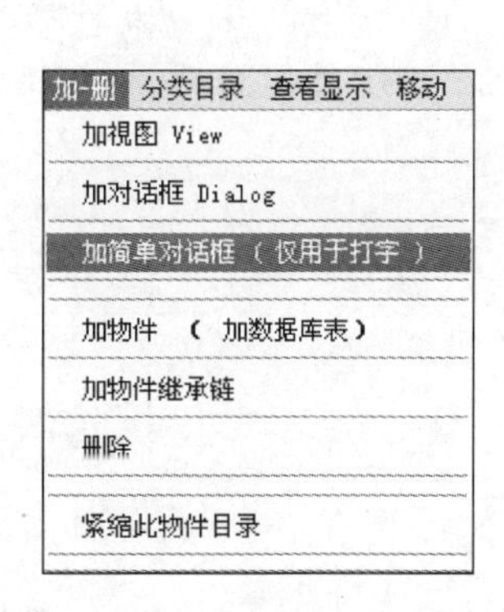

图 11.35　创建简单对话框

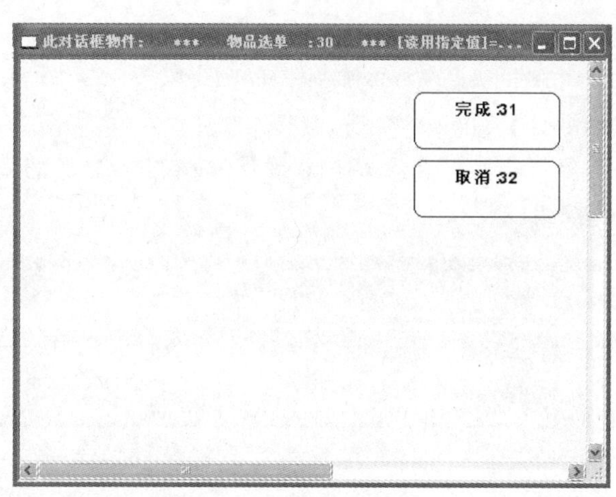

图 11.36　空白简单对话框

(2) 添加表格控件。在物品选单窗体中添加一个表格控件，数据取自“物品”数据表的所有字段名。在 SDDA 主菜单中选择【加元件】|【表格(Grid Table)】菜单项，在对话框空白处单击，然后在弹出的对话框中选择“数据库”的“物品”数据表下的所有字段，添加完成后窗体如图 11.37 所示。

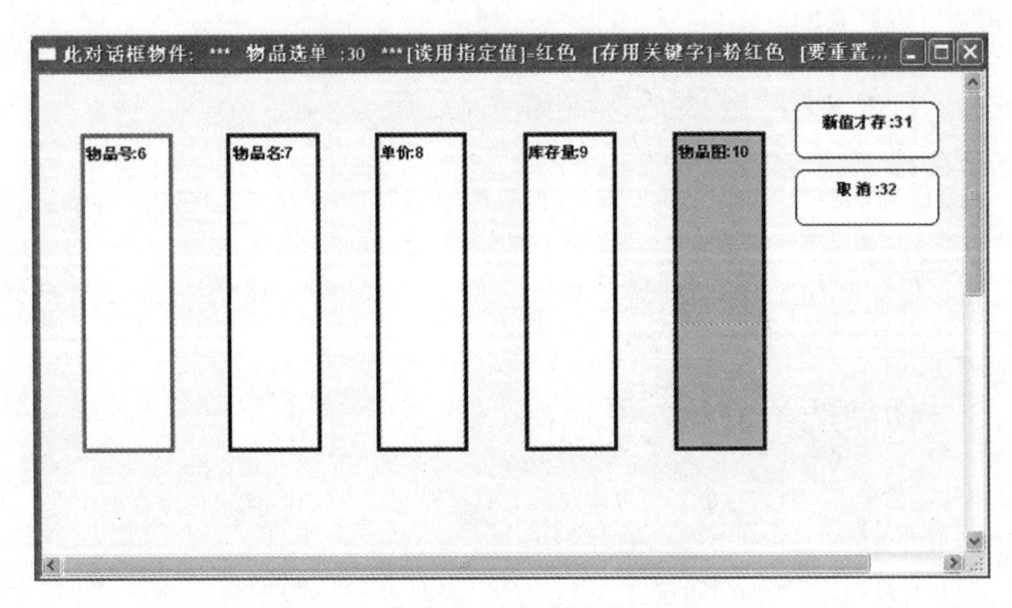

图 11.37 添加表格控件

注意：为了使打开该对话框时能自动读取“物品”数据表中的所有记录，要求关键词“物品号:13”没有指定值。此时，控件“物品号:6”的边框是粉红色的。此处“物品号:6”的边框是红色的，表明关键词“物品号:6”有指定值，用户可以通过改变定义对话框的“对象名”中的值来改变。

此控件项的定义对话框中的“对象名”中是否有(非空的)数据，表示此控件项是否被定义成一个“指定字段”。一个关键词字段是否被定义成一个“指定字段”，就看它的控件边框的颜色是“红色”的，而不是淡淡的“粉红色”。所以说，用定义对话框中的“对象名”值指定字段是很容易改变的。

(3) 划分方阵。选择“物品图:17”控件，然后选择 SDDA 主菜单中的【设定要求值】|【预置方阵的划分】菜单项，将其分成 2×3 的大方阵，划分方法与前面 11.2.4 小节中讲解的相同。在设置框宽和框高后，单击【确认】按钮，在弹出的图 11.38 所示的信息对话框中单击【否(N)】按钮。

图 11.38 选择方阵的显示方式

(4) 此处与物品进货单窗体的选择不同，这是为了让整个对话框窗体都被图像大方阵覆盖。在设置完成后，物品选单窗体的设计接口并无改变，但是当用户运行该窗体时可以发现物品选单窗体中只有图像大方阵，看不到下面的表格控件，其运行结果与 11.1.2 小节的教学示例相同。至此，物品选单窗体的设计就全部完成了。

注意：如果需要方框中的图像能够上下移动从而能看到全部图像，不要采用“覆盖整个窗体的大方阵”，而是设计不覆盖整个窗体的、尺寸较大的一般方阵即可。

11.4 物品销售单窗体

物品销售单窗体是商店售货系统中售货员用来实现购买商品结算的，该窗体结合了物品选单窗体一起使用，方便用户选择物品。该窗体的实现分为3个步骤，即创建物品销售记录数据表、设计物品销售单窗体和设置控件属性。

11.4.1 创建物品销售记录数据表

在SDDA主接口的对象目录的空白处双击，在弹出的对话框中输入“销售记录”，表示新创建的用户数据表的名称为“销售记录”。单击对话框右侧的【确定OK】按钮，当鼠标指针变成“+”字形后，将鼠标指针移动到对象目录中的“数据库”处单击，SDDA自动创建该数据表，并要求用户输入该表中的所有字段名。此处输入如图11.39所示的数据字段。

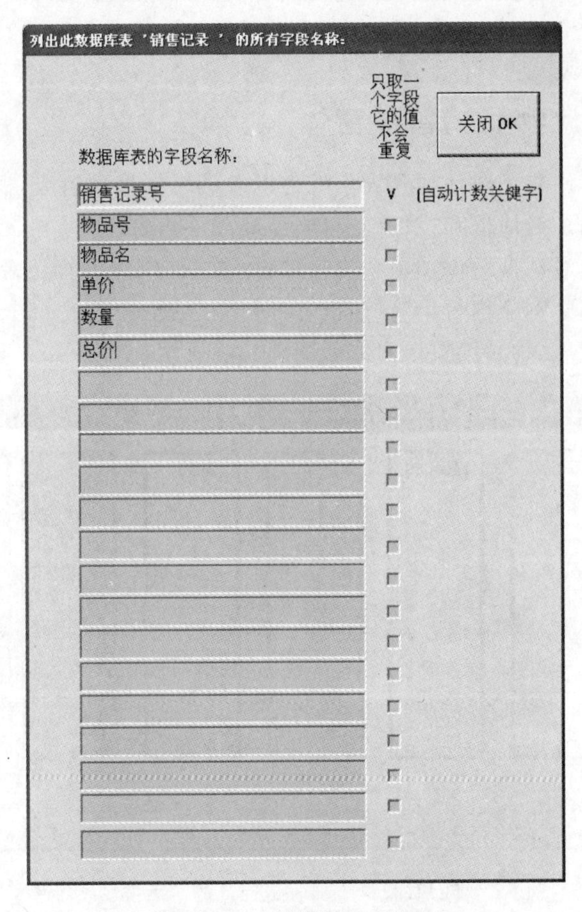

图11.39 创建资料表字段

完成字段的添加后，在对话框中单击右侧的【关闭OK】按钮，数据表字段将被保存到工程中。此时，用户回到SDDA主界面，可以看到“数据库”下建立了“销售记录”数据表，如图11.40所示。

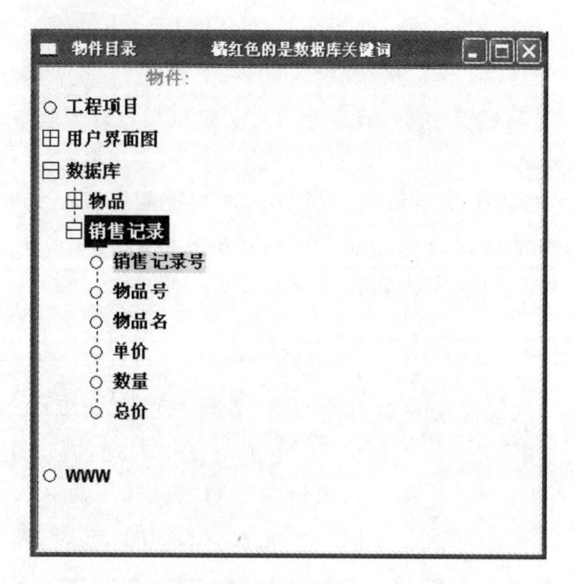

图 11.40 “销售记录”数据表

11.4.2 设计物品销售单窗体

物品销售单窗体由一个对话框和表格控件以及编辑框控件组成,根据前面章节的学习,读者已经知道怎样添加对话框和控件到窗体上,此处不再赘述。

在创建一个空白对话框后添加一个表格控件,数据取自“销售记录”数据表的所有字段名。完成添加后,回到“物品销售单”对话框,此时该对话框中包含一个表格,通过 Ctrl 键+鼠标左键调整其位置后,物品销售单窗体如图 11.41 所示。

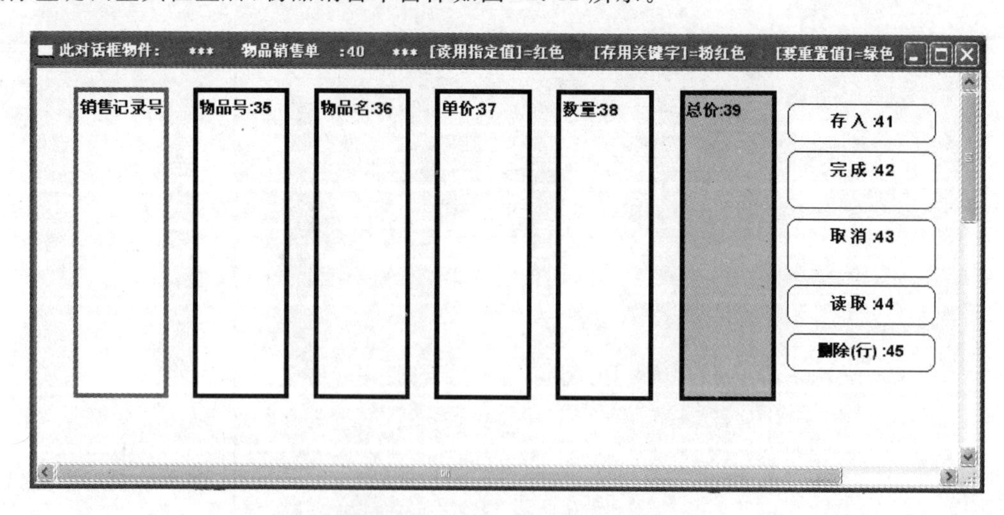

图 11.41 添加表格控件的对话框

同时,为了使物品销售单窗体能够调用 11.3 节建立的物品选单窗体,需要在该窗体上添加调用物品选单窗体的按钮。因此,在物品销售单窗体上再添加两个按钮,即【加进】按钮和【改变】按钮。选择 SDDA 主菜单中的【加按钮】|【‘加进’+‘改变’键】菜单项,如图 11.42 所示。

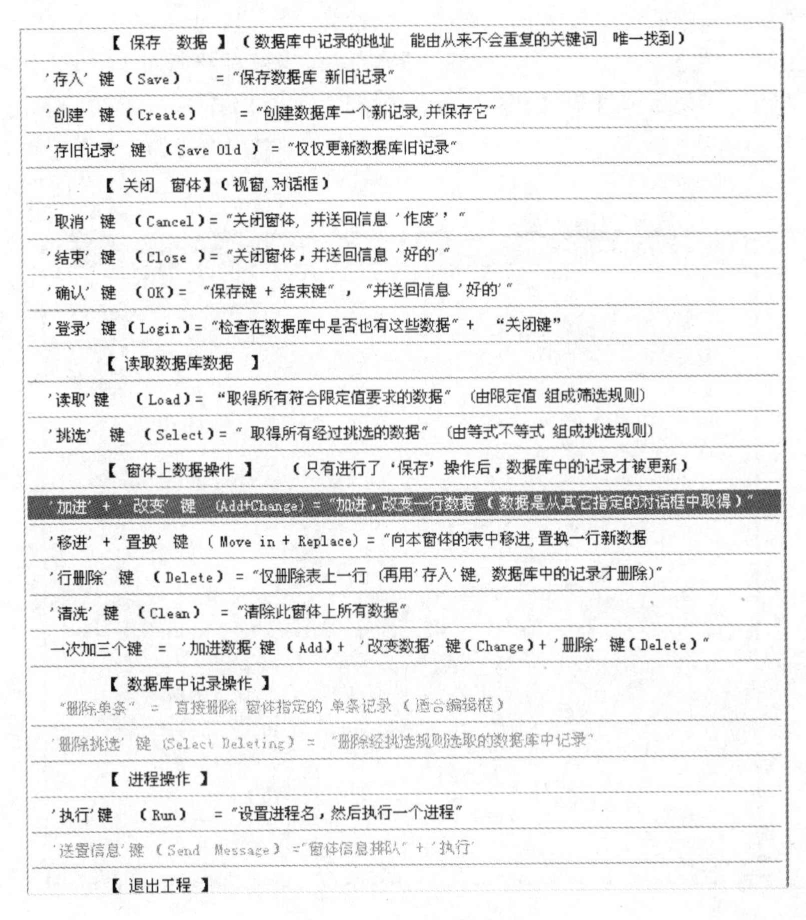

【 保存　数据 】（数据库中记录的地址　能由从来不会重复的关键词　唯一找到）

'存入' 键（Save）　= "保存数据库 新旧记录"

'创建' 键（Create）　= "创建数据库一个新记录，并保存它"

'存旧记录' 键（Save Old）= "仅仅更新数据库旧记录"

【 关闭　窗体】（视窗，对话框）

'取消' 键（Cancel）= "关闭窗体，并送回信息 '作废' "

'结束' 键（Close）= "关闭窗体，并送回信息 '好的' "

'确认' 键（OK）= "保存键 + 结束键"，"并送回信息 '好的' "

'登录' 键（Login）= "检查在数据库中是否也有这些数据" + "关闭键"

【 读取数据库数据 】

'读取' 键（Load）= "取得所有符合限定值要求的数据"（由限定值 组成筛选规则）

'挑选' 键（Select）= "取得所有经过挑选的数据"（由等式不等式 组成挑选规则）

【 窗体上数据操作 】（只有进行了 '保存' 操作后，数据库中的记录才被更新）

'加进' + '改变' 键（Add+Change）= "加进，改变一行数据（数据是从其它指定的对话框中取得）"

'移进' + '置换' 键（Move in + Replace）= "向本窗体的表中移进，置换一行新数据

'行删除' 键（Delete）= "仅删除表上一行（再用 '存入' 键，数据库中的记录才删除）"

'清洗' 键（Clean）= "清除此窗体上所有数据"

一次加三个键 = '加进数据' 键（Add）+ '改变数据' 键（Change）+ '删除' 键（Delete）"

【 数据库中记录操作 】

"删除单条" = 直接删除 窗体指定的 单条记录（适合编辑框）

'删除挑选' 键（Select Deleting）= "删除经挑选规则选取的数据库中记录"

【 进程操作 】

'执行' 键（Run）= "设置进程名，然后执行一个进程"

'送置信息' 键（Send Message）= '窗体信息排队' + '执行'

【 退出工程 】

图 11.42　选择菜单项

选择该菜单项后，在窗体的空白处单击即完成了【加进】和【改变】两个按钮的添加。将其拖动到适当位置，此时窗体结果如图 11.43 所示。

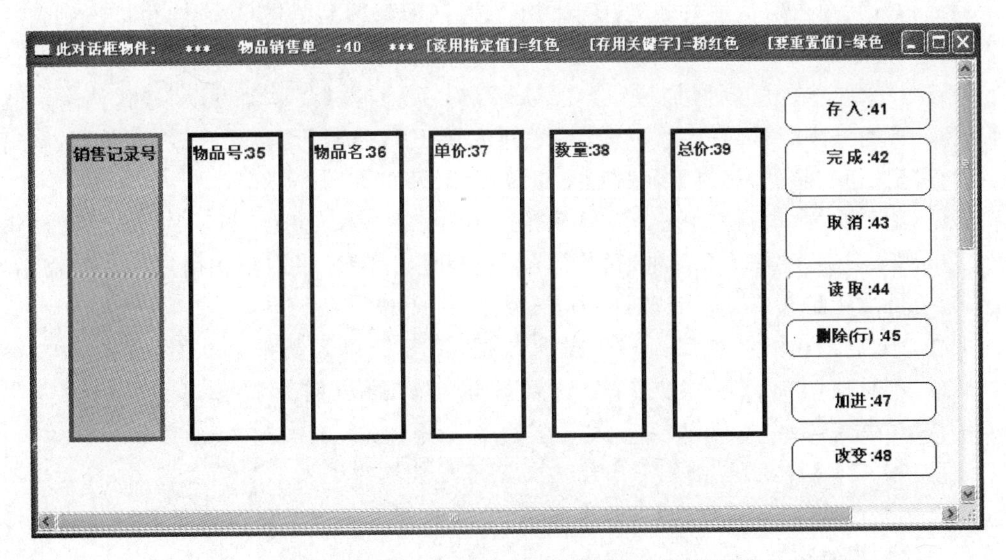

图 11.43　添加【加进】和【改变】按钮后的"物品销售单"的定义对话框

此外，物品销售单还需要输入用户购买的数量和合计值。具体操作为选择 SDDA 主菜单中的【加元件】|【编辑框(Edit Box)＋标签】菜单项，当鼠标指针变成“＋”字形后，将鼠标指针移至新创建的“物品销售单”的空白处单击，SDDA 弹出选择对话框。由于用户需要新建“置数量”编辑框和“合计”编辑框，因此在该对话框中选择“新的”单选按钮，如图 11.44 所示。

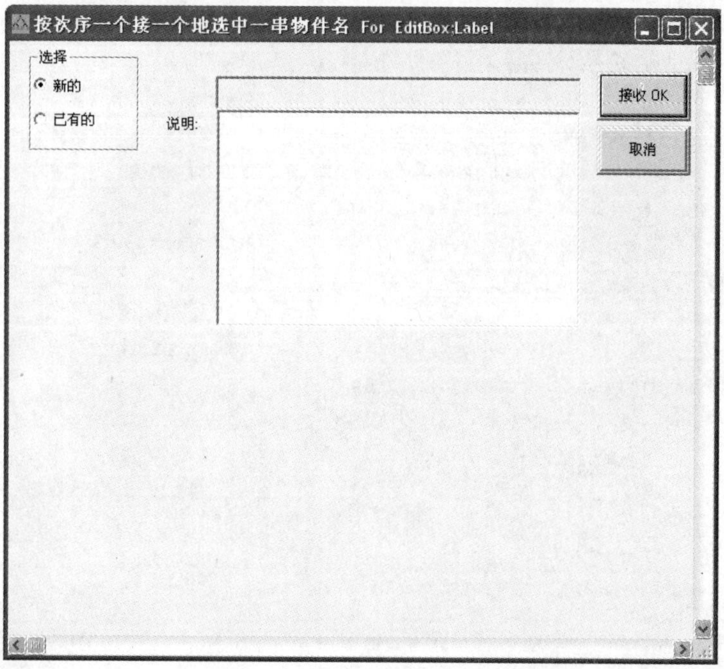

图 11.44 添加新控件的对话框

在该对话框中选择“新的”单选按钮后，SDDA 弹出对话框，让用户输入新编辑框的名称，此处输入“置数量”和“合计”，如图 11.45 所示。

完成输入后单击对话框右侧的【关闭 OK】按钮，回到物品销售单窗体，可以看到窗体上新增了“置数量”编辑框和“合计”编辑框，如图 11.46 所示。

在 SDDA 主菜单中选择【加按钮】|【‘移进’＋‘置换’键】菜单项可以添加【移进】和【替换】按钮。此时选中【移进】按钮，再选择【设定要求值】|【隐藏】|【必须隐藏】菜单项，则窗体上的【移进】按钮被隐藏，仅留下【替换】按钮，显示结果如图 11.47 所示。

至此，物品销售单窗体的设计大体确定。其中，表格控件用于显示用户购买的“物品名”、“单价”、“数量”和单项商品的“总价”，【加进】和【改变】按钮用于将用户选择的物品号、物品名、单价从物品选单窗体传送回此表格控件中。

此外，表格控件中的“数量:38”还没有数据，需要销售人员把购买数量输入到“置数量:51”编辑框中，再由【替换】按钮把“置数量:51”的数据直接输入到表格控件“数量:38”中。

注意：要确保【替换】按钮是否已经定义了传送数据的工作。如果没有，可以参考本书第 1 章中介绍的设计一个【替换】按钮来实现，其功能是用同一窗体内的一个控件的数据代替另一个控件内的数据。

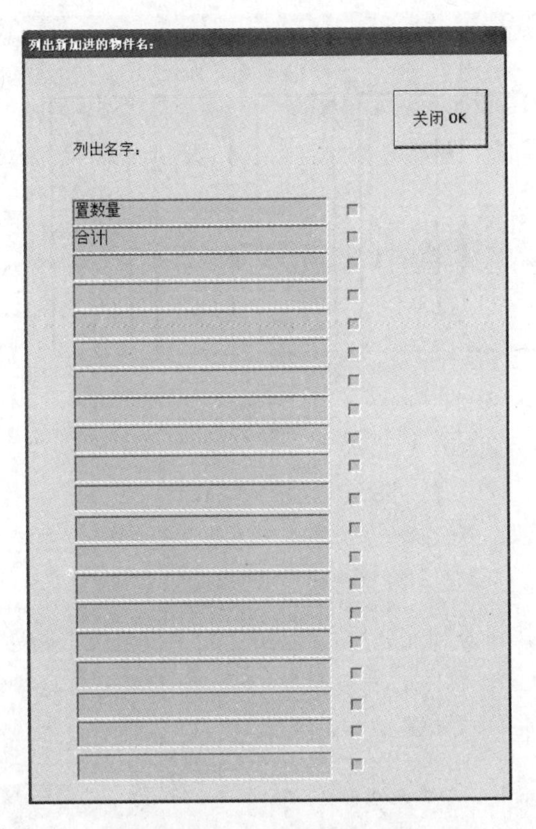

图 11.45　输入新控件的名称

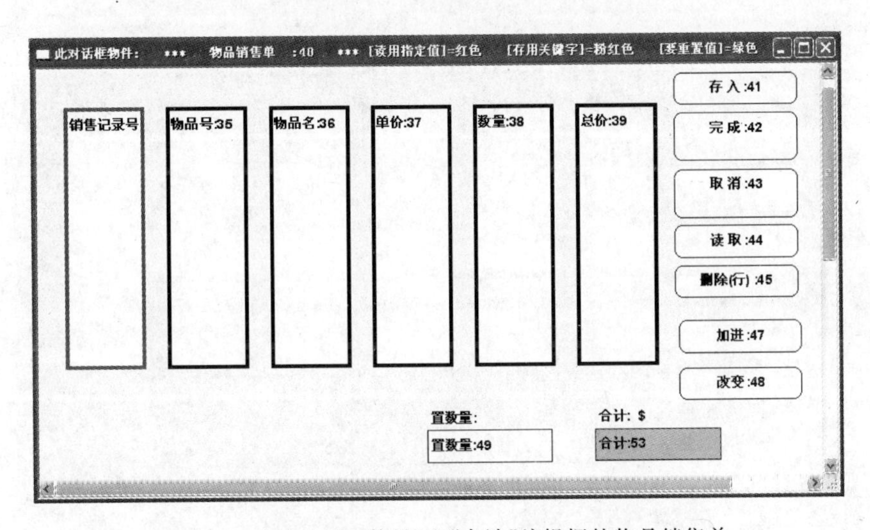

图 11.46　添加了“置数量”和“合计”编辑框的物品销售单

11.4.3　设置物品销售单控件的属性

11.4.2小节完成了物品销售单窗体的设计，然而需要使其中的控件实现相应的功能，还需要为这些控件设置属性。根据商店售货系统的功能需求，本小节需要设置以下几个控件的属性:【加进】和【改变】按钮、【替换】按钮、“总价”和“合计”控件。下面依次介绍。

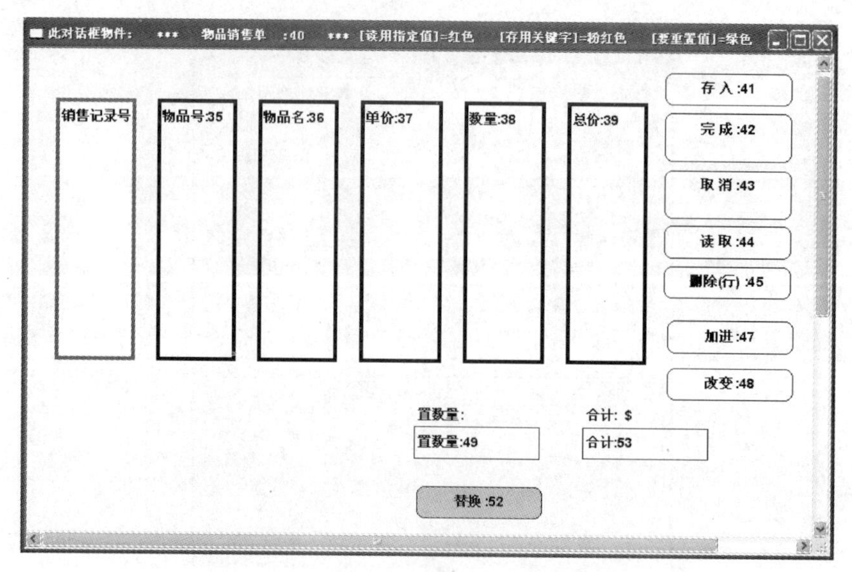

图 11.47 添加【替换】按钮的物品销售单

在【加进】和【改变】按钮添加完成后，需要对这两个按钮设定属性，即将物品选单窗体中取到的值返回到物品销售单窗体的表格控件中。双击【加进：47】按钮，弹出窗体定义对话框，找到其中的“对话框名”项，如图 11.48 所示。

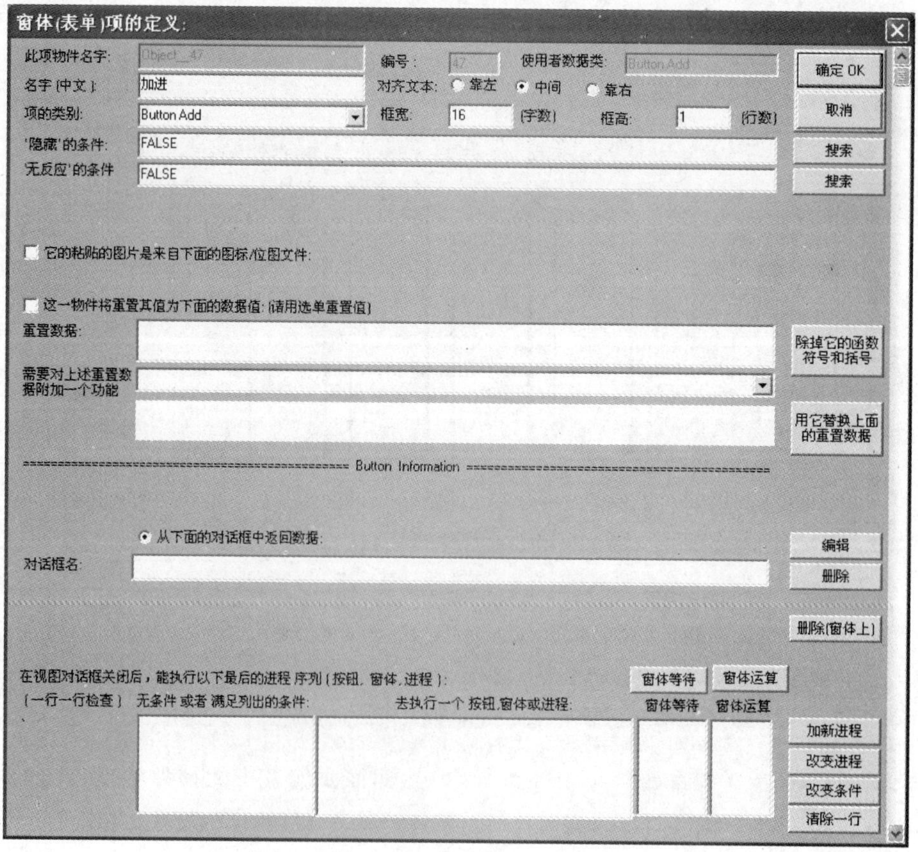

窗体(表单)项的定义:
此项物件名字: Object__47　编号: 47　使用者数据类: Button Add　确定 OK
名字(中文): 加进　对齐文本: 靠左 中间 靠右　取消
项的类别: Button Add　框宽: 16 (字数)　框高: 1 (行数)
'隐藏'的条件: FALSE　搜索
'无反应'的条件: FALSE　搜索
它的粘贴的图片是来自下面的图标/位图文件:
这一物件将重置其值为下面的数据值: (请用选单重置值)
重置数据:　除掉它的函数符号和括号
需要对上述重置数据附加一个功能　用它替换上面的重置数据
==================== Button Information ====================
从下面的对话框中返回数据:
对话框名:　编辑　删除
删除(窗体上)
在视图对话框关闭后，能执行以下最后的进程 序列(按钮、窗体、进程): 窗体等待 窗体运算
(一行一行检查) 无条件 或者 满足列出的条件: 去执行一个 按钮,窗体或进程: 窗体等待 窗体运算
加新进程
改变进程
改变条件
清除一行

图 11.48 【加进】按钮的定义对话框

在保证“从下面的对话框中返回数据”单选按钮被选中的情况下，单击窗体定义对话框中“对话框名”右侧的【编辑】按钮，打开一个对话框，显示该工程中除了物品销售单窗体以外的所有窗体，供用户选择，此处选择“物品选单:30”，如图 11.49 所示。

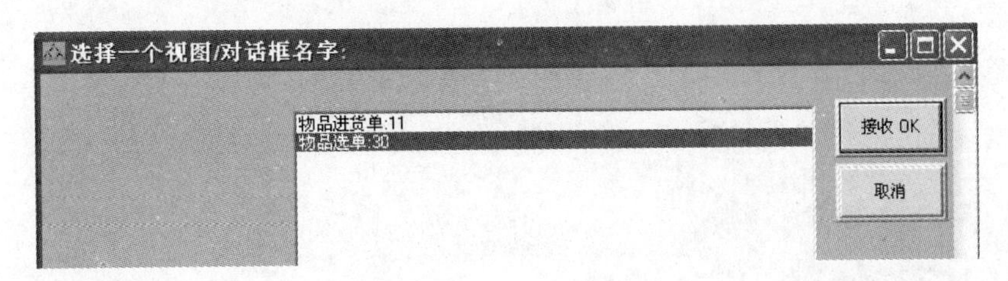

图 11.49　选择“物品选单:30”

单击图 11.49 中的【接收 OK】按钮，回到【加进】按钮的定义对话框，此时该定义对话框已被更新为图 11.50 所示。

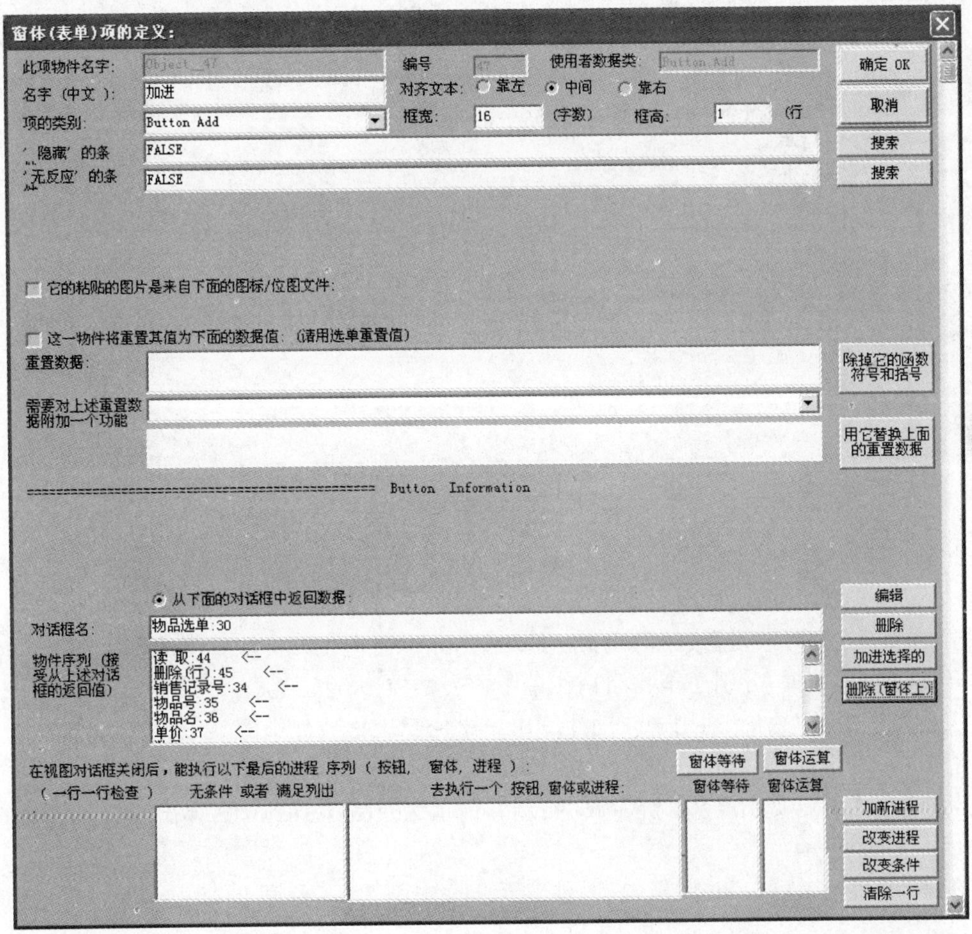

图 11.50　【加进:47】按钮的定义对话框

分别选择“物件序列”右侧的列表框中的“物品号:35”、“物品名:36”和“单价:37”，单击右侧的【加进选择的】按钮，打开一个对话框窗体，选择合适的对应项名称，此处选择“物品号:6”、“物品名:7”和“单价:8”，这时定义对话框如图 11.51 所示。

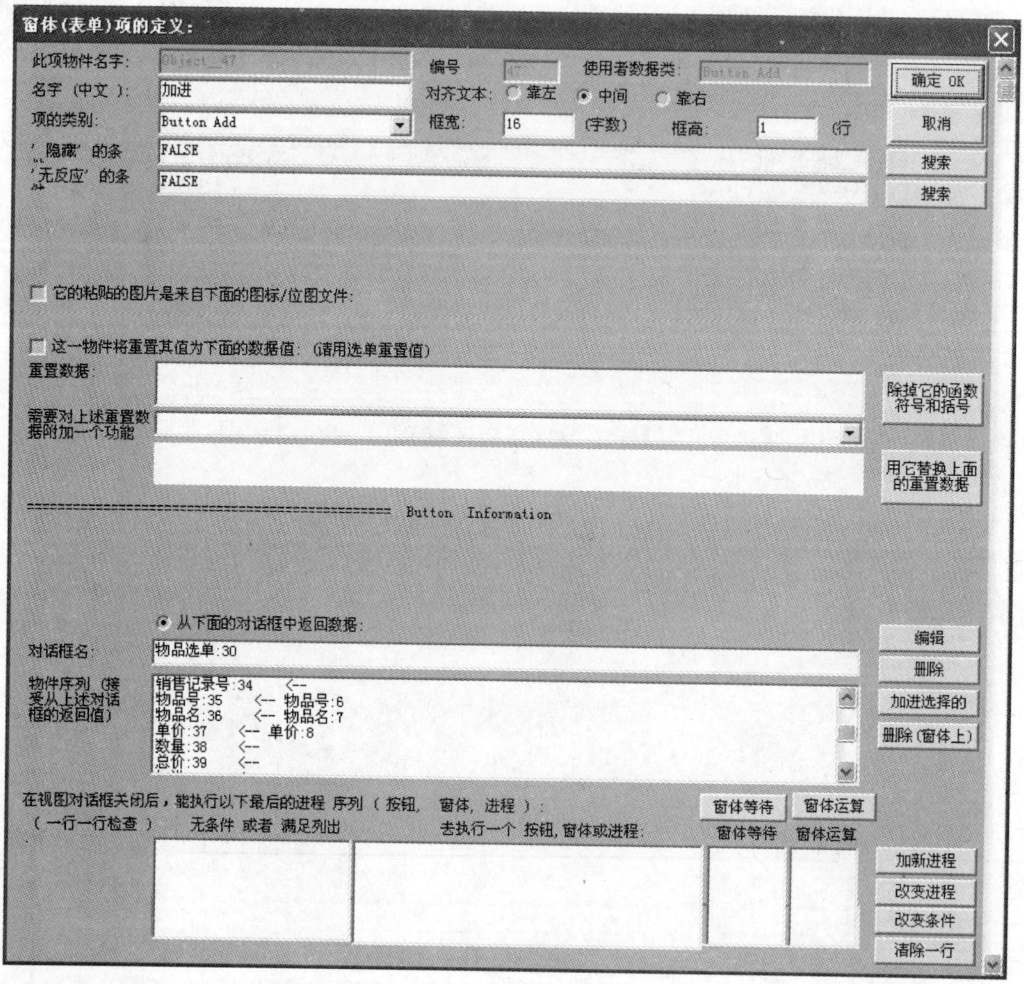

窗体(表单)项的定义:
此项物件名字: Object_47
编号 47
使用者数据类: Button Add
确定 OK
名字（中文）: 加进
对齐文本: 靠左 中间 靠右
取消
项的类别: Button Add
框宽: 16 (字数)
框高: 1 (行
'隐藏'的条件 FALSE
搜索
'无反应'的条件 FALSE
搜索
它的粘贴的图片是来自下面的图标/位图文件:
这一物件将重置其值为下面的数据值: (请用选单重置值)
重置数据:
除掉它的函数符号和括号
需要对上述重置数据附加一个功能
用它替换上面的重置数据
== Button Information
从下面的对话框中返回数据:
编辑
对话框名: 物品选单:30
删除
物件序列（接受从上述对话框的返回值）
销售记录号:34 <--
物品号:35 <-- 物品号:6
物品名:36 <-- 物品名:7
单价:37 <-- 单价:8
数量:38 <--
总价:39 <--
加进选择的
删除(窗体上)
在视图对话框关闭后，能执行以下最后的进程 序列（按钮，窗体，进程）:
窗体等待 窗体运算
（一行一行检查） 无条件 或者 满足列出
去执行一个 按钮，窗体或进程:
窗体等待 窗体运算
加新进程
改变进程
改变条件
清除一行

图 11.51 选择合适的名称

此外，“物品销售单”定义对话框中【改变】按钮的定义过程与【加进】按钮的定义过程相同，此处不再赘述。完成两个按钮的定义后，关闭定义对话框回到物品销售表窗体。

至此，【加进】和【改变】按钮的定义已经设计完成，让销售人员从弹出的物品选单窗体中挑选合适的物品数据，分别送至物品销售单中的表格控件“物品号”、“物品名”、“单价”。

表格控件中的“总价”列用于自动计算用户添加到表格控件中的某一类物品的价格。根据功能需求，用户可知“总价＝单价×数量”。具体设计方法为选中控件“总价:39”，然后选择主菜单中的【设定要求值】|【需要时时更新它的值为重置值】菜单项，弹出“编辑语句”对话框，如图 11.52 所示。

在弹出的“编辑语句”对话框中，通过与第 9 章中图 9.18 和图 9.19 同样的步骤生成重置值公式“单价:37 * 数量:38”，如图 11.53 所示。

输入公式后，单击该对话框右侧的【确定 OK】按钮，即完成了设置。在为“总价:39”控件设置了重置值以后，控件的边框变为绿色，如图 11.54 所示。

双击打开“总价:39”控件的定义对话框，可以发现其重置值公式已经写入“重置数据”编辑框中，如图 11.55 所示。

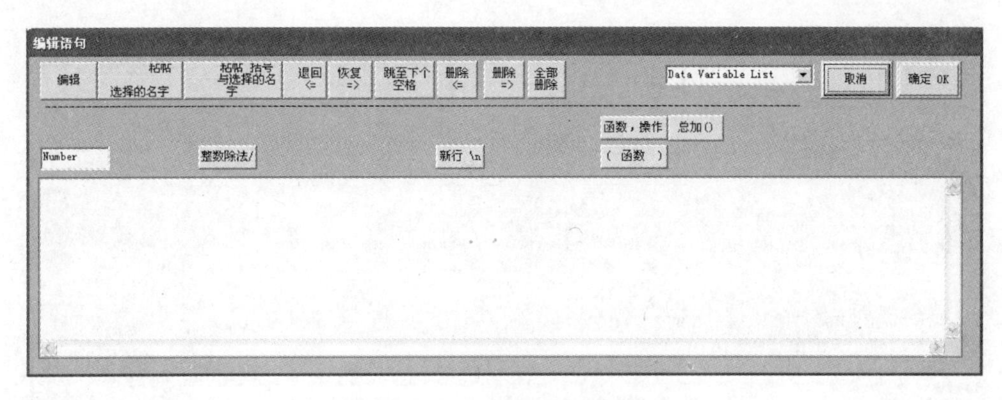

图 11.52　“编辑语句”对话框

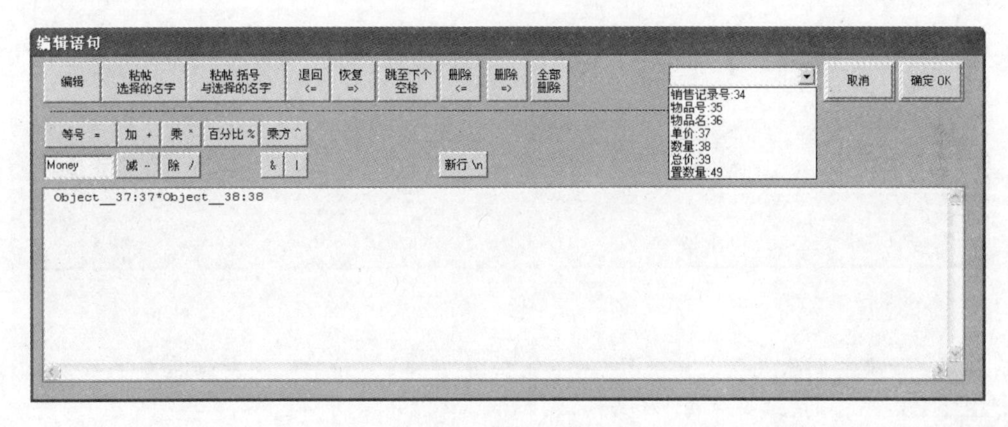

图 11.53　输入总价公式

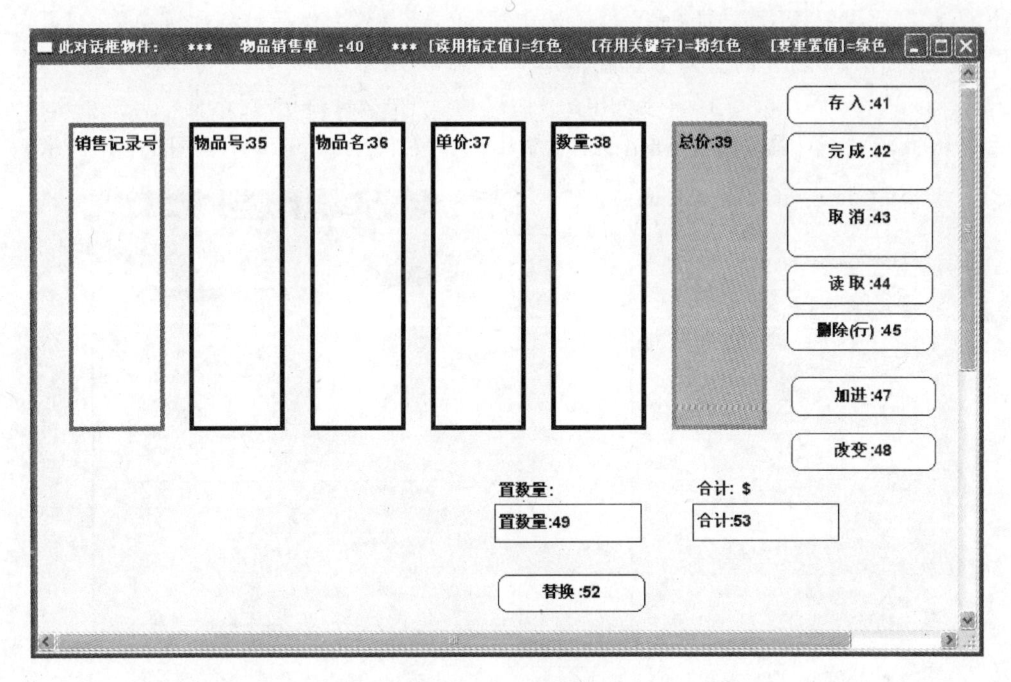

图 11.54　物品销售单

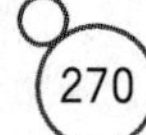

窗体(表单)项的定义:
此项物件名字: Object__39　编号 39　使用者数据类: Money　确定 OK
名字(中文): 总价　对齐文本: 靠左 中间 靠右　取消
项的类别: Grid Table　框宽: 10 (字数)　框高: 16 (行
'隐藏' 的条件 FALSE　搜索
'无反应' 的条件 FALSE　搜索
============ One Data Specification
此项物件读取的数据,将被指定为取以下对象的值:(对话框的数据不设置取指定值,将会加载有关的数据库表的所有数据)
这一物件将重置其值为下面的数据值:(请用选单重置值)　允许数据为空值
重置数据: 单价:37*数量:38　除掉它的函数符号和括号
需要对上述重置数据附加一个功能　用它替换上面的重置数据
============ Table Specification
接收数据的筛选规则:

图 11.55　输入总价公式

注意:如果要删除或更新该重置值,不能在图 11.55 所示的定义对话框中进行,而必须打开图 11.53 所示的“编辑语句”对话框,在其中删除该公式即可。

同样,物品销售单中的编辑框控件“合计”的功能是统计表格控件中所有物品的总价的合计,因此需要设置该编辑框的重置值。选中“总价:53”控件,然后选择主菜单中的【设定要求值】|【需要时时更新它的值为重置值】菜单项,如图 11.56 所示。

选择该菜单项后,SDDA 同样会弹出图 11.52 所示的“编辑语句”对话框,单击“编辑语句”对话框中的【函数,操作】按钮,在弹出的对话框中选择累加公式“_SUM”,如图 11.57 所示。

需要时时更新它的值为重置值
按钮操作完成后它去执行某进程
删除指定值
隐藏
有反应否
指出谁有使用此已选项的权力
选择规则(去选得数据库数据)
在列表框中预置数据
预置方阵的划分(单列表格成为方阵)
粘贴图案在按钮上
键盘功能
设计概要
按钮动态分析
组合框不能改记录
展示'无反应'物件
辅助设定

图 11.56　选择菜单项

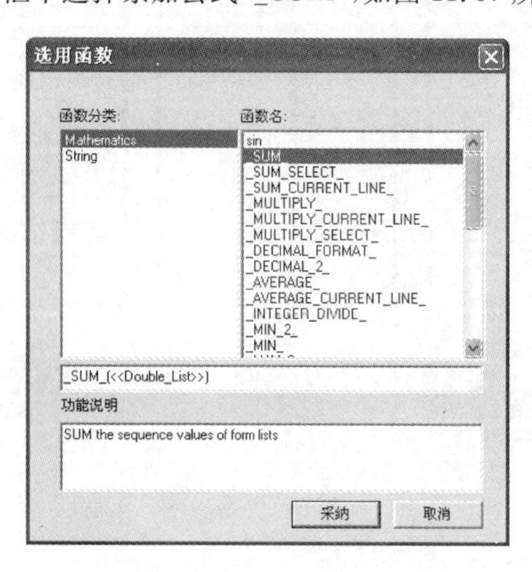

图 11.57　选择累加公式

注意：在函数“_SUM”的“功能说明”框中，“SUM the sequence values of form lists”的意思是“函数 SUM 做表列中一串数的累加”。

在图 11.57 中单击【采纳】按钮之后，回到“编辑语句”对话框，此时在该对话框的编辑框中自动写入了计算公式“_SUM(<<Double_List>>)”，再选择<<Double_List>>，并选择“总价:39”代入该公式，如图 11.58 所示。

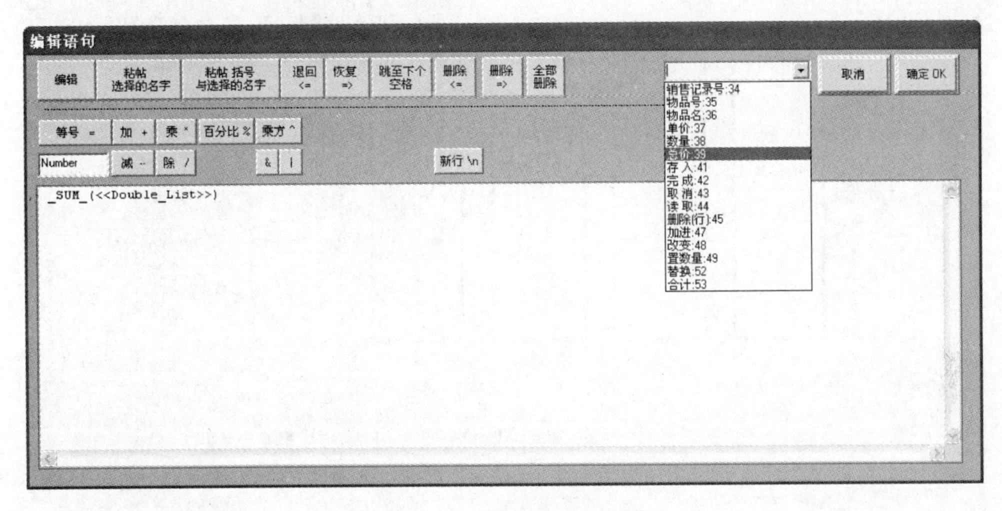

图 11.58　置累加公式参数

为了看到此重置值公式的真实中文表示，双击上述公式所在的方框内的任意一点，弹出图 11.59 所示的对话框。

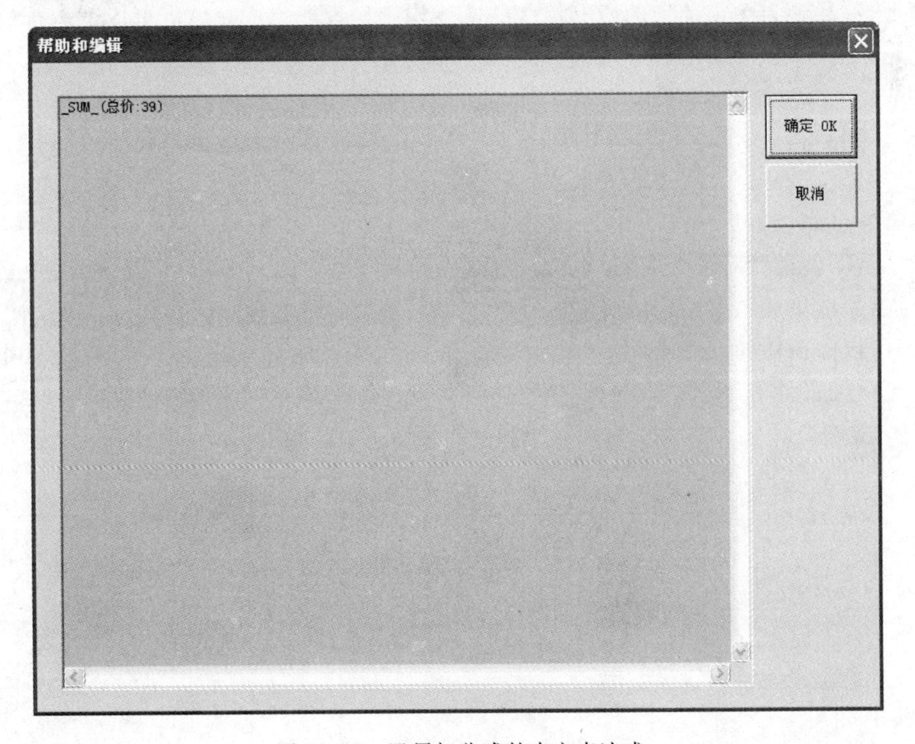

图 11.59　置累加公式的中文表达式

设置完成后，对话框的编辑框中的公式变为"_SUM_(总价: 39)"，单击右侧的【确定OK】按钮关闭该对话框。回到物品销售单窗体可以发现，"合计:53"编辑框控件也变为绿色边框，表明该控件被设定了重置值，如图 11.60 所示。

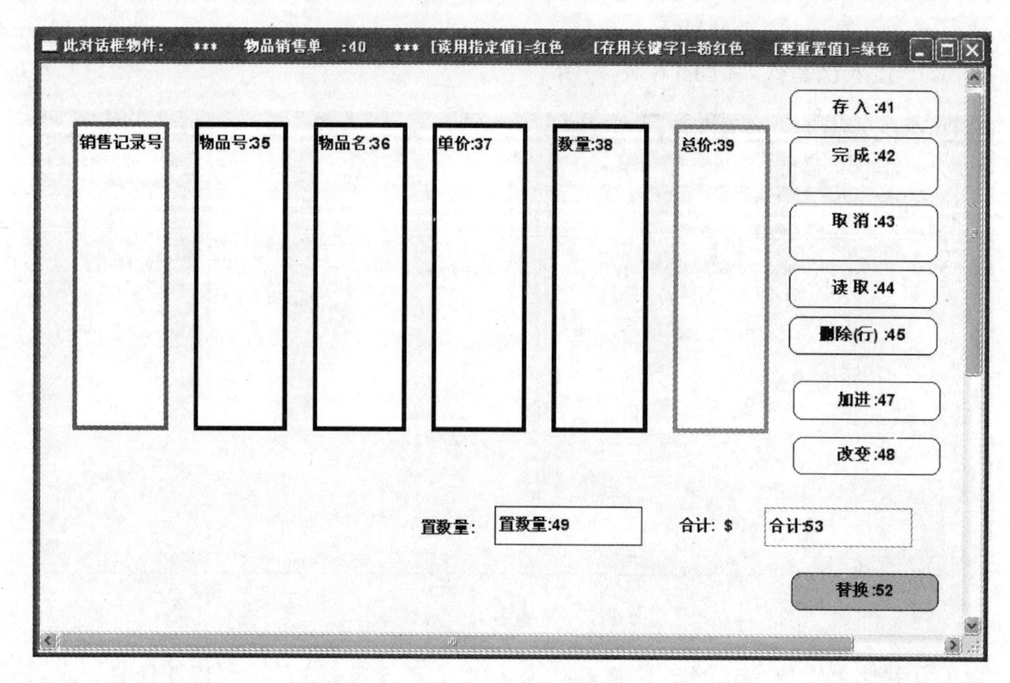

图 11.60 物品销售单

至此，物品销售单窗体上的所有控件的属性均已经设置完成。读者可以试运行该窗体，其运行结果与 11.1.3 节的教学示例相同。

11.5 小结

本章通过商店售货系统的几个常用模块的实现介绍了图像大方阵的实现。本章一开始通过教学示例使读者对整个商店售货系统的运行有了大致的了解，接下来分别讲解了物品进货单、物品选单和物品销售单窗体的实现。为了使读者更好地掌握窗体的实现，本章对创建数据表、设计窗体和设置控件属性等依次讲解，其中着重介绍了图像文件的写入和图像大方阵的显示设置。

第 12 章

Visual D++ 构件

在编写面向对象的程序的过程中，重复使用“类”、“对象”和其他独立的“程序模块”，同样，在可视化 D++设计语言中也提供了可重复使用的“设计模块组合”，我们称之为构件。设计模块包括已经完成的“工程项”、“进程”、“窗体”、“数据库”等设计元素。Visual D++语言能够让用户在设计软件时重复使用这些独立的、成熟可靠的构件，大大提高了软件设计人员的工作效率和新软件的可靠性。本章从 Visual D++构件的创建、引用等方面介绍可视化 D++语言的这一重要特征。

12.1 创建新构件

读者在运用可视化 D++语言设计某应用软件时经常会碰到需要重复应用的一组“设计模块组合”，能够实现类似的功能。例如，“用户登录”的设计模块在许多应用软件的设计中会经常用到，其功能是实现用户的认证。本节以创建一个用户登录构件为例介绍在 Visual D++中创建构件的完整过程。

12.1.1 查看原构件

在试图将一个已经设计完成的工程或窗体变成可在其他工程中调用的构件时，需要首先确认这些设计元素的组合是否已经被创建为构件了。因此，本小节以登录表窗体为例展示如何查看原构件。

打开 Visual D++的集成设计开发环境 SDDA，在选择工程的界面下找到本章的实例目录，该目录下有两个工程文件。其中，“C:\Visual D++ Language\模型包\书\第 12 章 设计文件块再使用”中的“检查密码. mdb”工程用于创建新构件，选择该工程后单击【打开】按钮，如图 12.1 所示。

打开工程后，可以发现该工程已经包含了两个数据库表和 3 个窗体，其中的登录表窗体将被创建为新构件，如图 12.2 所示。

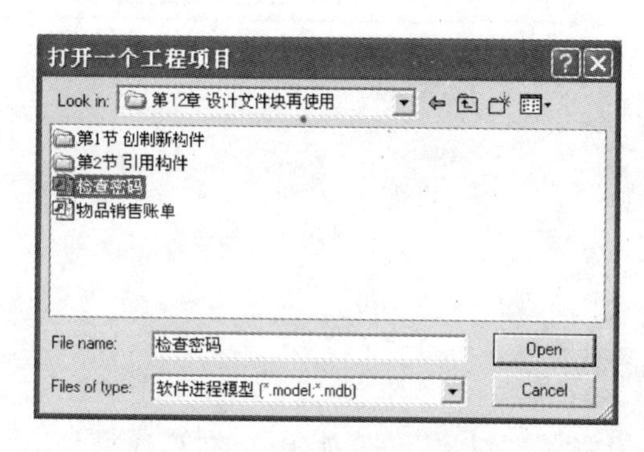

图 12.1 选择工程

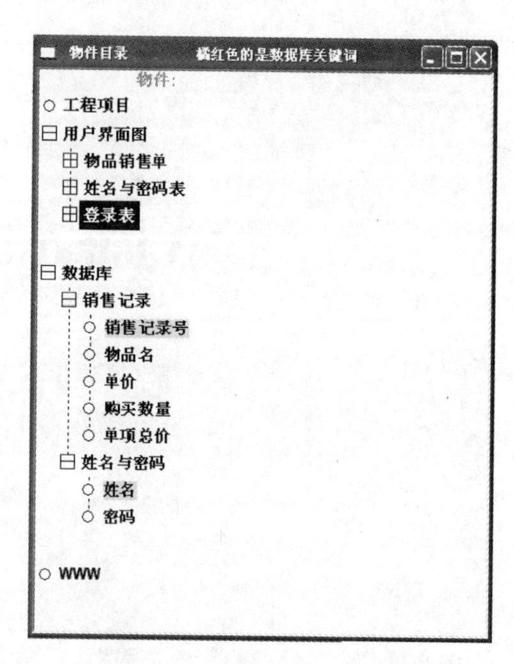

图 12.2 “检查密码.mdb”工程

在图 12.2 所示的工程的物件目录下选择登录表窗体，然后选择 SDDA 主菜单中的【构件】|【引用构件】菜单项，打开对话框查看原有构件，如图 12.3 所示。

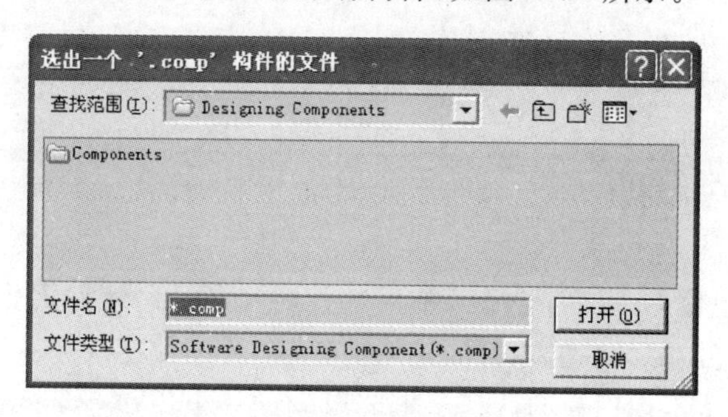

图 12.3 查看原构件

若在图 12.3 所示的对话框中未能找到扩展名为“.comp”的文件，表示当前没有可用的构件。如果需要使用构件，必须先创建新构件，下面具体介绍如何创建构件。

12.1.2 创建构件

将可视化 D++语言中的某一元素创建为构件需要经过若干个步骤，下面以登录表窗体构件的创建为例具体介绍。

(1) 打开登录表窗体的设计界面。在“检查密码.mdb”工程的“用户界面图”视图下双击打开登录表窗体，如图 12.4 所示。

(2) 如果要将某元素创建为构件，需要保留基本的、普遍适用的设计数据，清除一些不必要的、特例的数据。例如，在上面的登录表窗体中，当输入“姓名”和“密码”字段后，单击

【登录】按钮，窗体将根据用户事先设定的条件进行判断，并决定窗体关闭后的执行流程。因此，用户首先需要考虑将哪些进程清除。双击窗体中的【登录】按钮，弹出【登录】按钮的定义对话框，如图 12.5 所示。

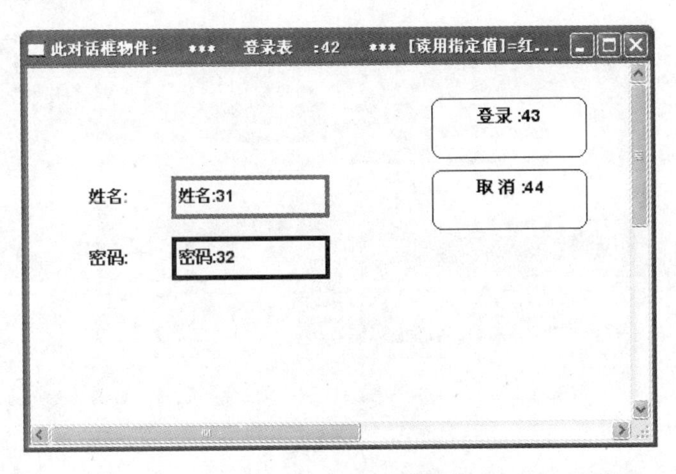

图 12.4　打开登录表窗体

窗体(表单)项的定义：
此项物件名字：Button Login　编号 43　使用者数据类：Button Login　确定 OK
名字（中文）：登录　对齐文本：靠左　中间　靠右　取消
项的类别：Button Login　框宽：16（字数）　框高：2（行
'隐藏'的条件：FALSE　搜索
'无反应'的条件：FALSE　搜索
它的粘贴的图片是来自下面的图标/位图文件：
文件名：..\Language\Project Frames\GeneralApplication\res\Picture\Key manager.ico　搜索
这一物件将重置其值为下面的数据值：（请用选单重置值）
重置数据：　除掉它的函数符号和括号
需要对上述重置数据附加一个功能　用它替换上面的重置数据
== Button Information
去得到最后时刻的数据　能在其数据库中查到以下记录，否则失败　编辑
数据库表名：姓名与密码:30　删除
选择两个数据检查用户名和密码：
姓名:31 --> As_Database_Checking_Data
密码:32 --> As_Database_Checking_Data
--> As_Database_Checking_Data
--> As_Database_Checking_Data
--> As_Database_Checking_Data
--> As_Database_Checking_Data
加进选择的　数据库表名：
在视图对话框关闭后，能执行以下最后的进程序列（按钮，窗体，进程）：　窗体等待　窗体运算
（一行一行检查）无条件或者满足列出　去执行一个按钮，窗体或进程：　窗体等待　窗体运算
姓名:31 == "administrator"　姓名与密码表:33　加新进程
姓名:31 != "administrator"　物品销售单:11　改变进程
改变条件
清除一行

图 12.5　清除无关数据

在图 12.5 所示的定义对话框中，最底行的进程操作“物品销售单：11”对其他的工程不是必需的，可以清除。选择这一行的条件后单击右侧的【清除一行】按钮，并单击【确定 OK】按钮保存，即可将该数据清除，如图 12.6 所示。

窗体(表单)项的定义:
此项物件名字: Button Login　编号: 43　使用者数据类: Button Login　确定 OK
名字(中文): 登录　对齐文本: 靠左　中间　靠右
项的类别: Button Login　框宽 16 (字数)　框高: 2 (行数)　取消
'隐藏'的条件: FALSE　搜索
'无反应'的条件 FALSE　搜索
它的粘贴的图片是来自下面的图标/位图文件:
文件名: ..\Language\Project Frames\GeneralApplication\res\Picture\Key manager.ico　搜索
这一物件将重置其值为下面的数据值: (请用选单重置值)
重置数据:　除掉它的函数符号和括号
需要对上述重置数据附加一个功能　用它替换上面的重置数据
============ Button Information ============
去得到最后时刻的数据　能在其数据库中查到以下记录, 否则失败.　编辑
数据库表名: 姓名与密码:30　删除
选择两个数据检查用户名和密码:
姓名:31 --> As_Database_Checking_Data
密码:32 --> As_Database_Checking_Data
--> As_Database_Checking_Data
--> As_Database_Checking_Data
--> As_Database_Checking_Data
--> As_Database_Checking_Data
加进选择的　数据库表名:
在视图对话框关闭后，能执行以下最后的进程 序列 (按钮, 窗体, 进程):　窗体等待　窗体运算
(一行一行检查)　无条件 或者 满足列出的条件:　去执行一个 按钮,窗体或进程:　窗体等待　窗体运算
姓名:31 == "administrator"　姓名与密码表:33
加新进程　改变进程　改变条件　清除一行

图 12.6　已清除无关数据

(3) 添加构件来源。在 SDDA 环境的物件目录下选择主菜单中的【构件】|【创制新构件】菜单项，弹出添加窗体的对话框，如图 12.7 所示。

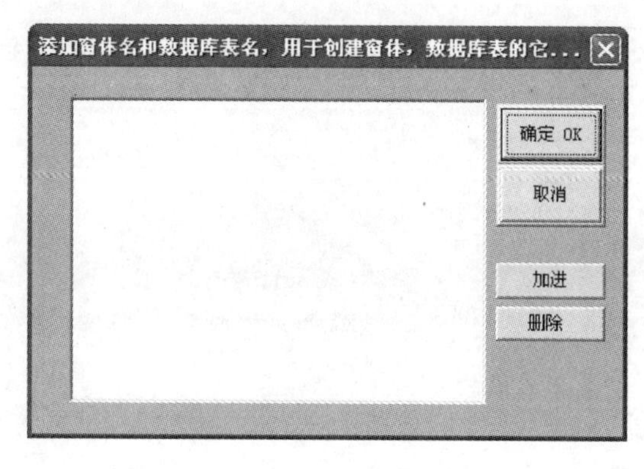

图 12.7　添加窗体的对话框

单击图 12.7 中右侧的【加进】按钮，弹出包含该工程中的所有文件的目录供读者选择，此处选择“用户界面图”下的登录表窗体，如图 12.8 所示。

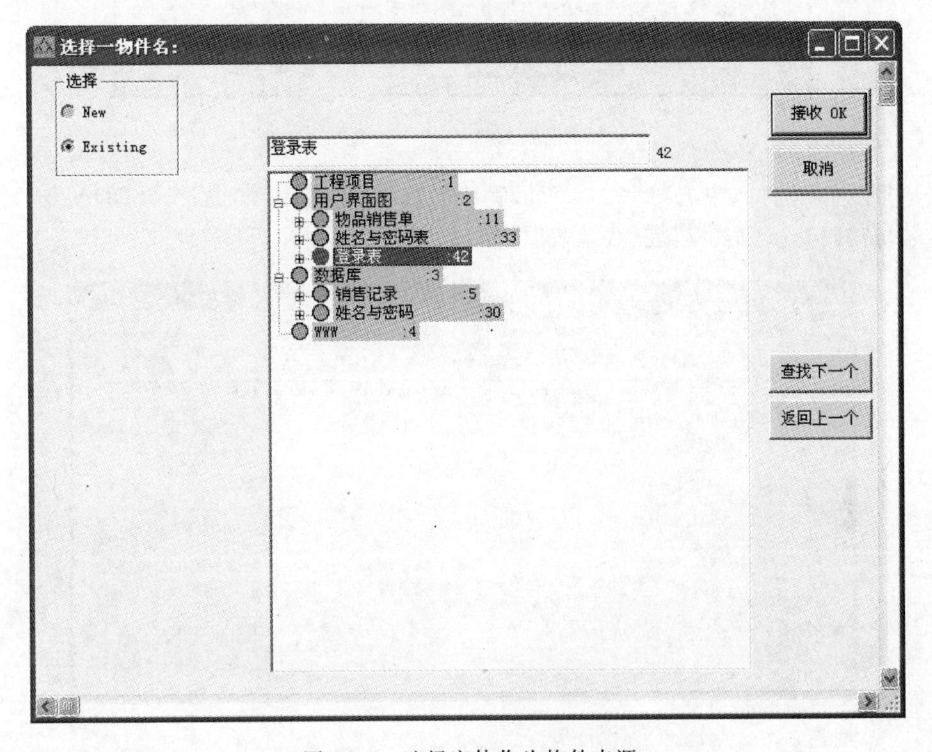

图 12.8 选择窗体作为构件来源

在图 12.8 所示的对话框中选择“登录表”项，然后单击右侧的【接收 OK】按钮，SDDA 将自动列出登录表窗体设计中使用的所有设计模块(元素表)，如图 12.9 所示。

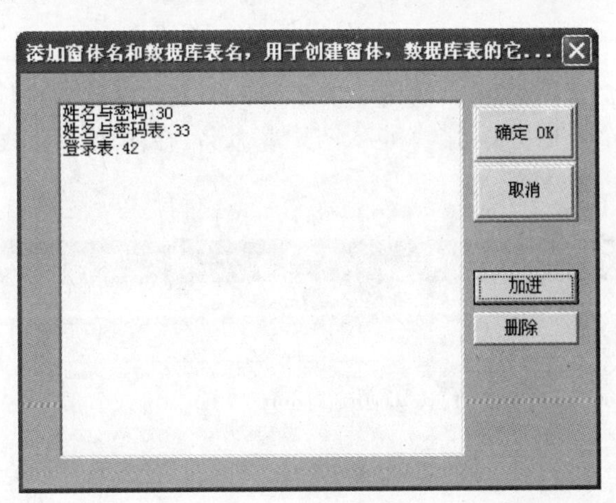

图 12.9 列出关联要素

图 12.9 所示的对话框中列出了与“登录表”相关联的 3 个要素，分别是数据表“姓名与密码:30”、窗体“姓名与密码表:33”、窗体“登录表:42”，确认无误后单击对话框右侧的【确定 OK】按钮，关闭该对话框，此时，SDDA 弹出确认信息框，如图 12.10 所示。

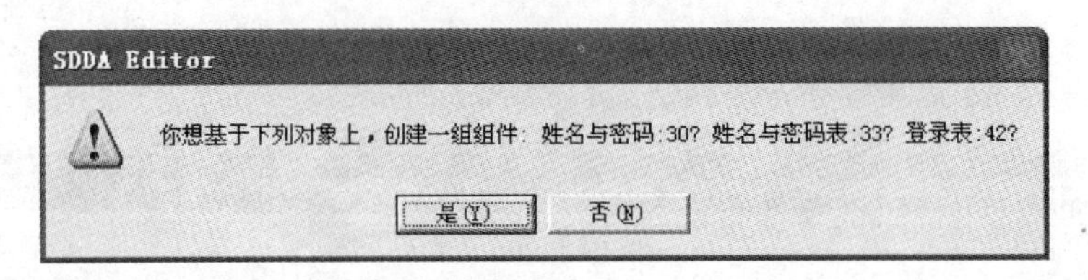

图 12.10　确认信息框

(4) 创建新构件。单击图 12.10 所示确认信息框中的【是(Y)】按钮，SDDA 显示新创建的“姓名与密码_姓名与密码表_登录表”构件，如图 12.11 所示。

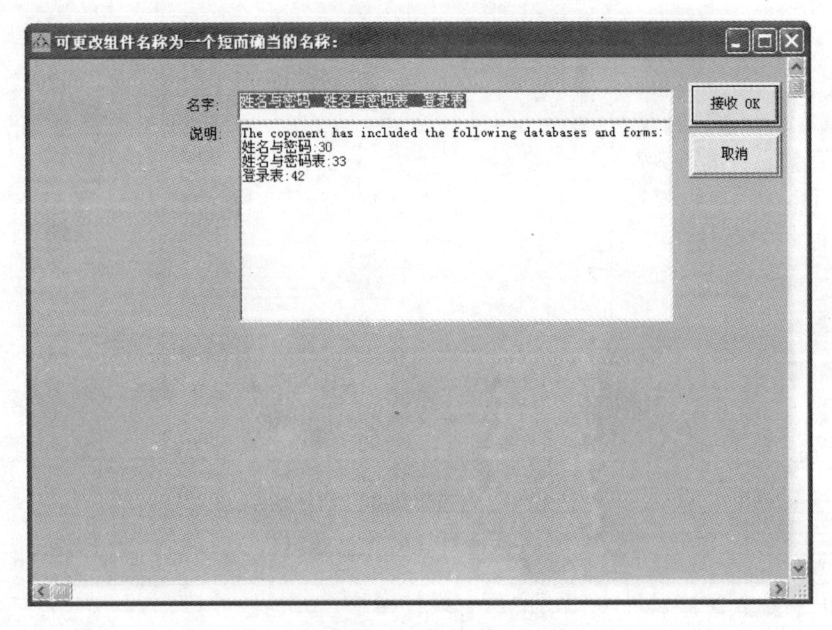

图 12.11　创建新构件

(5) 重命名构件。由 SDDA 自动创建的新构件的名称默认为构件来源的前 3 个要素名称的组合，因此其名称一般较长，用户可以将其重命名，在图 12.11 的“名字”编辑框中输入新名字即可，如图 12.12 所示。

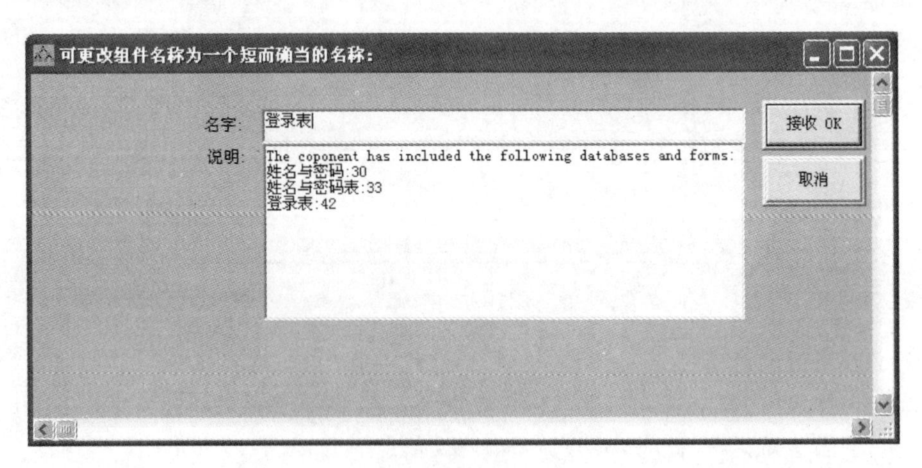

图 12.12　重命名新构件

(6) 创建完成。在图 12.12 中为新构件重命名"登录表",完成后单击对话框右侧的【接收 OK】按钮,至此名称为"登录表"的独立构件已建成,并保存到"C:\Visual D++ Language\Designing Components"下的"登录表.comp"中,用户可以选择主菜单中的【构件】|【引用构件】菜单项打开相应对话框进行查看,如图 12.13 所示。

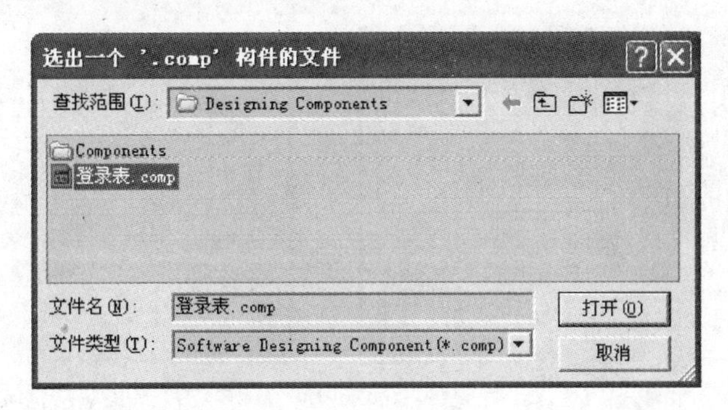

图 12.13 新构件

至此,新构件"登录表"的创建完成。如果在后续的软件设计中需要用到登录表,可以直接引用该构件,而无须再重新设计。

为了创建一个新构件,原工程设计文件"检查密码.mdb"已经被删除了一些数据。用户可以用"关闭文件"而不用"储存文件"来关闭设计文件"检查密码.mdb",以免破坏原来的文件。

12.2 引用构件

在构件创建完成后,就可以在其他软件的设计中使用该构件了。那么如何来引用构件呢?这是本节需要为读者解决的问题。

为了使读者更好地理解构件的引用方法,此处以第 11 章"商店售货系统"中的工程为例为具有大方阵图功能的商店售货系统加上用户登录功能,从而避免所有用户都可以使用该系统中的物品进货单等窗体。本节通过引用 12.1 节创建的新构件"登录表"为商店售货系统加上登录验证功能,其实现步骤如下:

(1) 打开原工程。双击桌面上的"可视化 D++语言"图标("Visual D++")或程序栏的"C:\Visual D++ Language\"中的"Visual D++ Language.exe"应用程序,打开可视化 D++软件设计语言的集成设计开发环境——SDDA。在其中打开"C:\Visual D++ Language\模型包\书\第 12 章 设计文件块再使用"中的"物品销售账单.mdb",如图 12.14 所示。

图 12.14 中的工程文件是第 11 章"商店售货系统"的设计结果,不过它没有密码与登录表的功能。打开该工程后可以看到其文件目录,如图 12.15 所示。

(2) 引用构件。将登录表窗体加入到商店售货系统的物件目录中,需要在该目录的"用户界面图"下添加一个完整的构件,选择主菜单中的【构件】|【引用构件】菜单项,弹出图 12.16 所示的对话框。

在图 12.16 中选择文件名为"登录表.comp"的构件,单击对话框中的【打开】按钮,此时 SDDA 弹出提示信息框,告知用户该构件的各个部件已经自动装配到设计文件中,如图 12.17 所示。

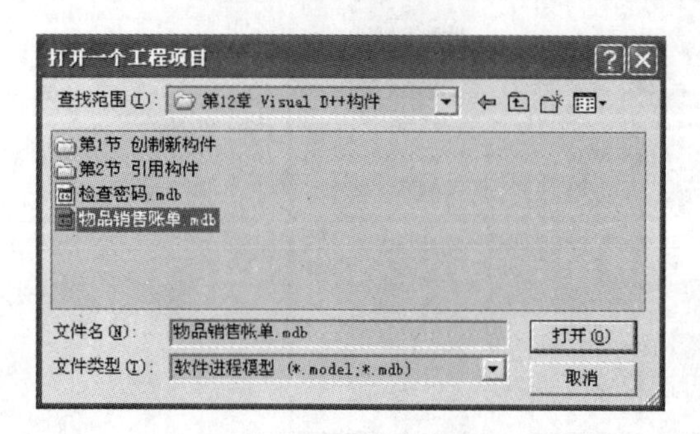

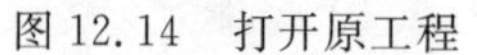
图 12.14 打开原工程

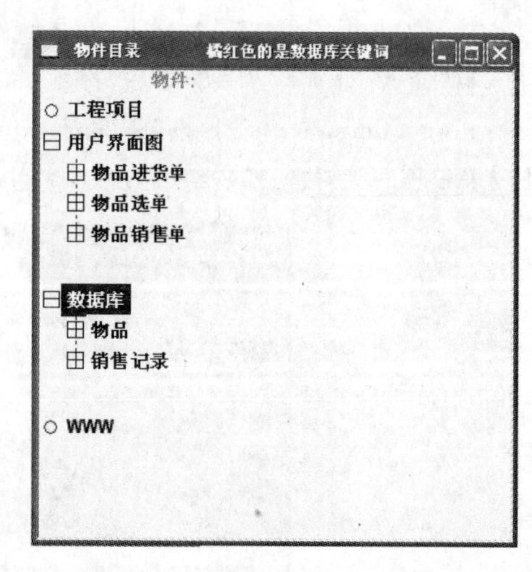

图 12.15 商店售货系统的物件目录

单击图 12.17 所示提示信息框中的【确定】按钮，“登录表”构件就添加到工程“物品销售账单”中，在 SDDA 主界面的物件目录下，可以看到新增的两个窗体(姓名与密码表、登录表)以及一个数据表(姓名与密码)，如图 12.18 所示。

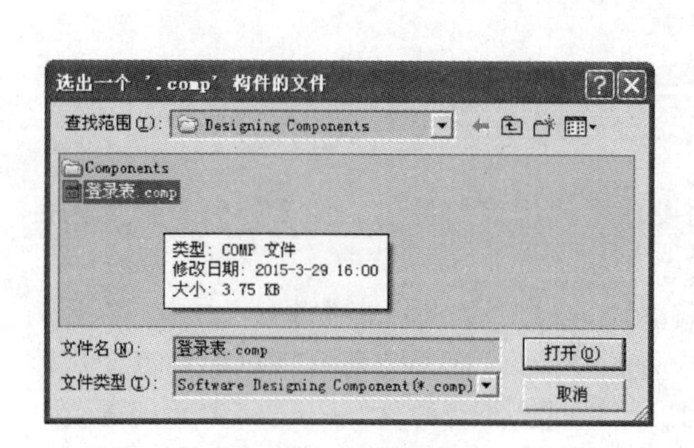

图 12.16 选择构件

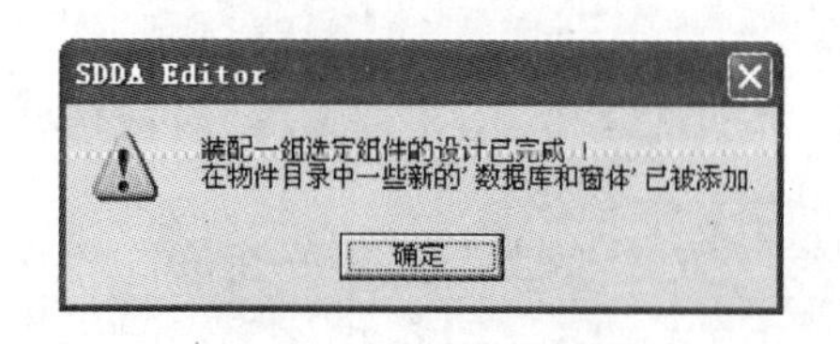

图 12.17 提示信息框

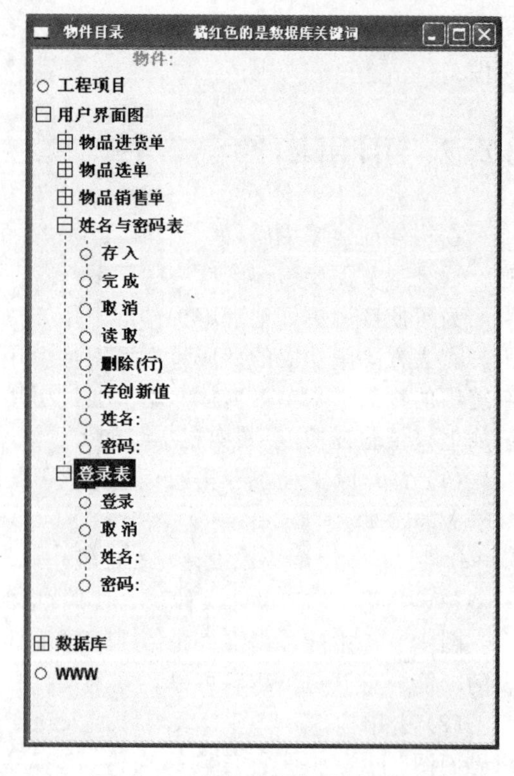

图 12.18 新构件添加到原工程中

(3) 更新按钮的定义。将构件引用到工程后，读者希望单击登录表窗体中的【登录】按钮即可实现用户验证的功能：若用户姓名和密码输入正确则进入物品进货单窗体，否则无法进入。如果要实现验证功能，还需要将【登录】按钮重定义，打开该窗体的设计界面，如

图 12.19 所示。

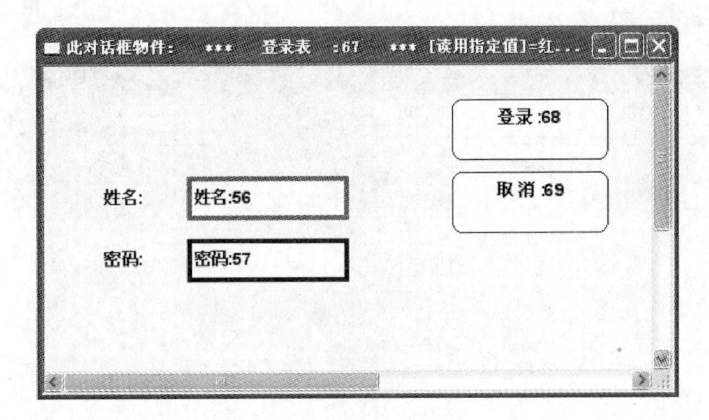

图 12.19　登录表窗体

在图 12.19 所示的登录表窗体的设计界面中双击【登录:68】按钮，弹出该按钮的定义对话框，如图 12.20 所示。

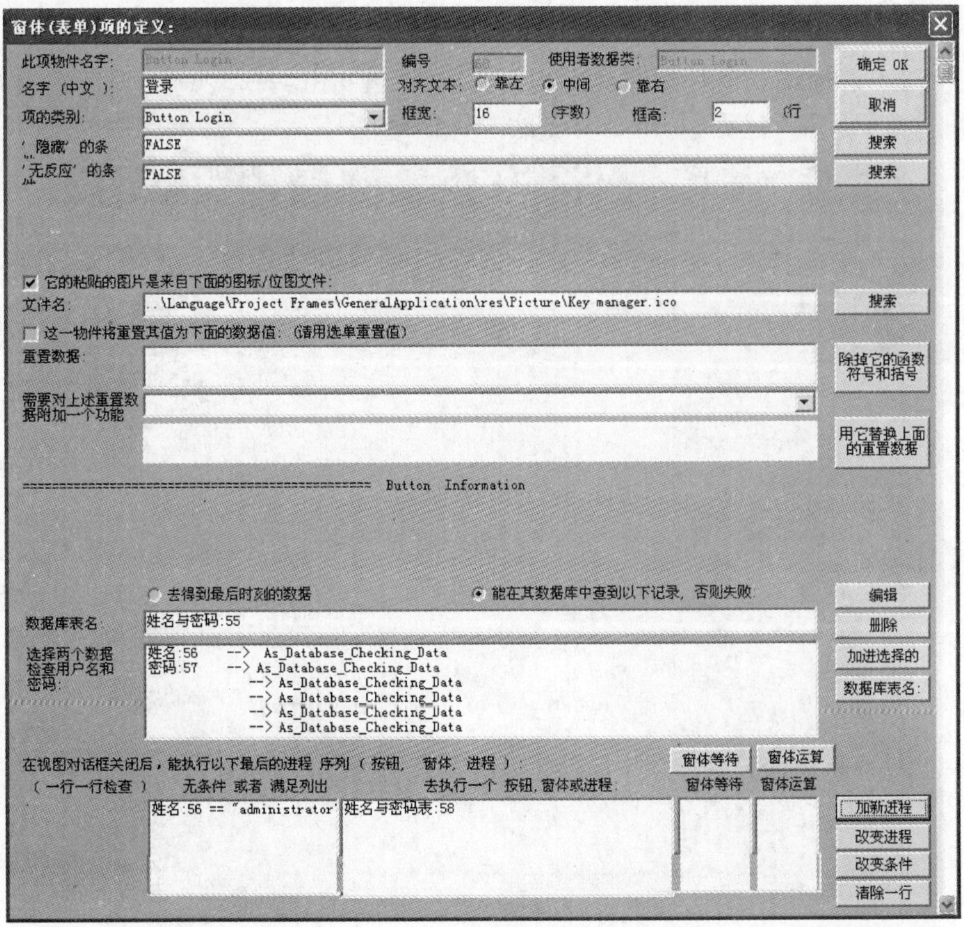

图 12.20　【登录:68】按钮的定义对话框

在图 12.20 所示的【登录:68】按钮的定义对话框中单击右侧的【加新进程】按钮，弹出“编辑语句”对话框，如图 12.21 所示。

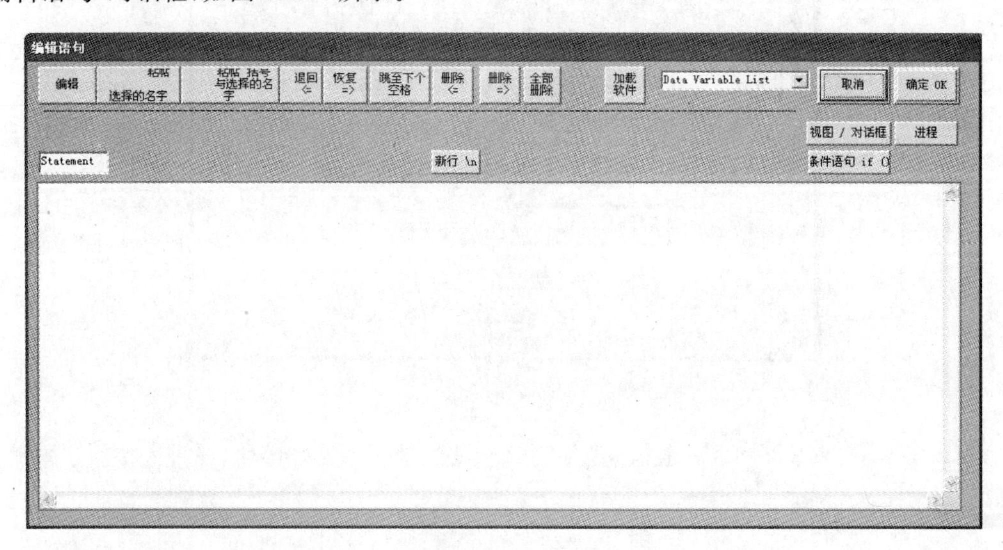

图 12.21 加新进程

在“编辑语句”对话框中单击【视图/对话框】按钮，弹出图 12.22 所示的对话框，让用户选择一个验证后需要打开的窗体，此处选择“物品进货单:11”。

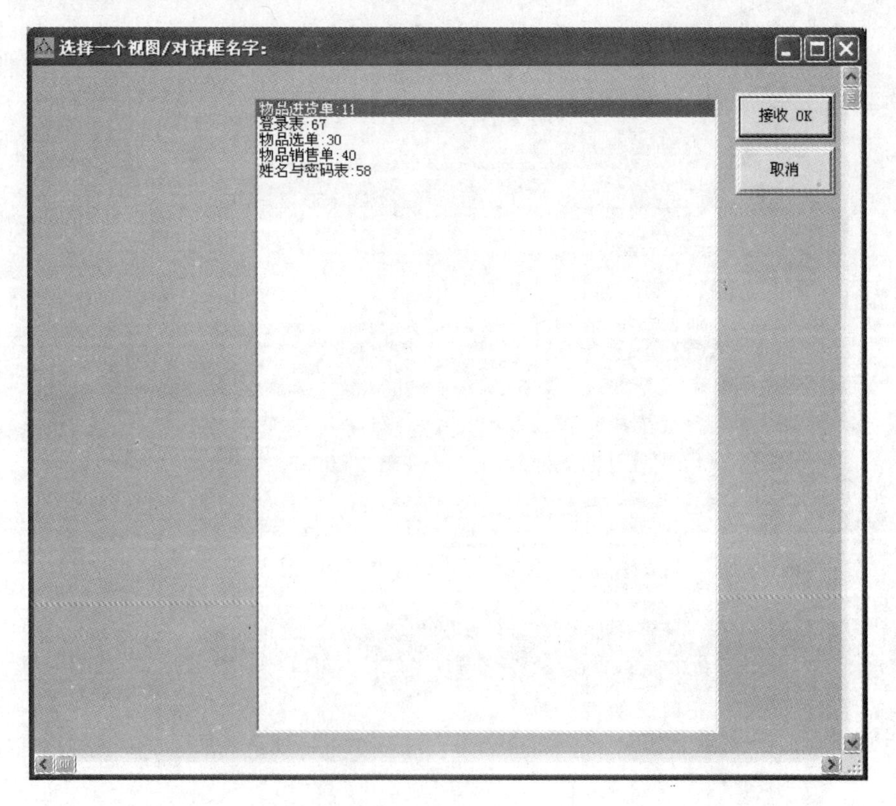

图 12.22 选择窗体

在图 12.22 中选择“物品进货单：11”后单击对话框右侧的【接收 OK】按钮，回到“编辑语句”对话框，此时编辑区中多了一行“Object_11：11”，即“物品进货单：11”。继续单击对话框中的【确定 OK】按钮，回到更新了的【登录：68】按钮的定义对话框中，可以发现其中多了一行，如图 12.23 所示。

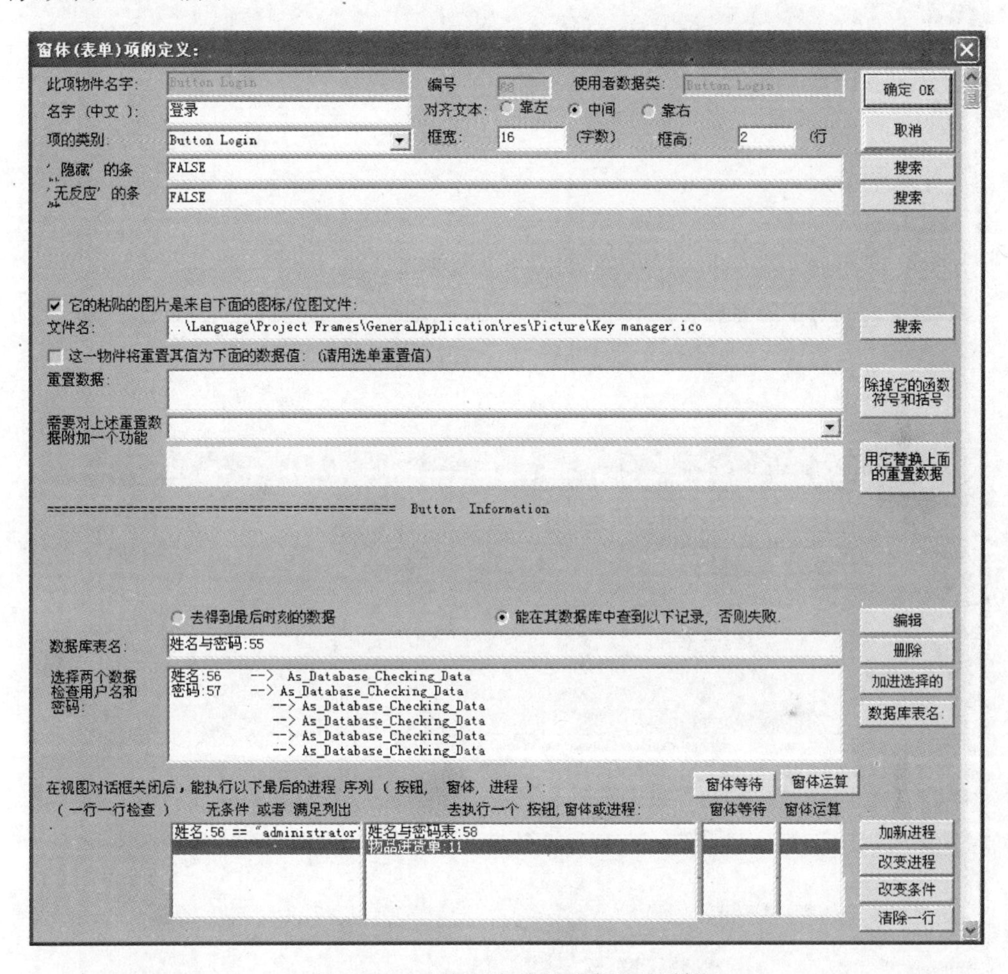

图 12.23　更新了的按钮的定义对话框

若希望用某用户名能打开“物品进货单：11”进程，则还需要为该行添加一个执行此进程的条件。选择图 12.23 中的该行，单击右侧的【改变条件】按钮，在弹出的“编辑语句”对话框中输入条件。此处设置姓名不等于 administrator 时执行“物品进货单：11”进程，条件设置如图 12.24 所示。

设置完成后，单击图 12.24 中的【确定 OK】按钮关闭该对话框，回到【登录：68】按钮的定义对话框，可以看到该行进程已经追加了条件，如图 12.25 所示。

经过以上设置，运行登录表窗体后，当用户输入的姓名为“administrator”时，系统执行“姓名与密码表：58”进程；若输入的姓名不是“administrator”，系统将执行“物品进货单”进程，这就实现了用户的验证功能。

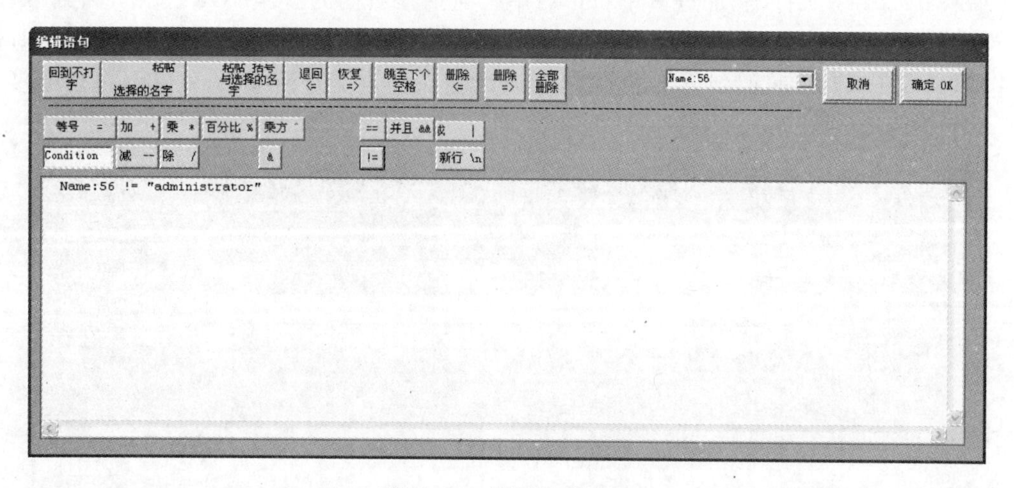

图 12.24　设置条件语句

窗体(表单)项的定义:

此项物件名字: Button Login　编号: 68　使用者数据类: Button Login　确定 OK

名字（中文）: 登录　对齐文本: 靠左 中间 靠右　取消

项的类别: Button Login　框宽: 16 (字数)　框高: 2 (行

'隐藏'的条件: FALSE　搜索

'无反应'的条件: FALSE　搜索

☑ 它的粘贴的图片是来自下面的图标/位图文件:

文件名: ..\Language\Project Frames\GeneralApplication\res\Picture\Key manager.ico　搜索

☐ 这一物件将重置其值为下面的数据值: (请用选单重置值)

重置数据:　除掉它的函数符号和括号

需要对上述重置数据附加一个功能　用它替换上面的重置数据

== Button Information

○ 去得到最后时刻的数据　⊙ 能在其数据库中查到以下记录，否则失败.　编辑

数据库表名: 姓名与密码:55　删除

选择两个数据检查用户名和密码:　加进选择的

姓名:56 --> As_Database_Checking_Data
密码:57 --> As_Database_Checking_Data
--> As_Database_Checking_Data
--> As_Database_Checking_Data
--> As_Database_Checking_Data
--> As_Database_Checking_Data

数据库表名:

在视图对话框关闭后，能执行以下最后的进程 序列（按钮，窗体，进程）:　窗体等待　窗体运算

（一行一行检查）　无条件 或者 满足列出　去执行一个 按钮,窗体或进程　窗体等待　窗体运算

姓名:56 == "administrator"	姓名与密码表:58
姓名:56 != "administrator"	物品进货单:11

加新进程　改变进程　改变条件　清除一行

图 12.25　已加条件的进程

12.3 禁用菜单打开窗体

12.2节实现了只有通过验证的用户才能打开商店售货系统中的物品进货单窗体，用户还可以通过系统主菜单中的【表单】|【物品进货单】菜单项直接打开该窗体，这就需要禁用该菜单项。

事实上，将某一窗体禁止在系统主菜单上打开的方法很简单，只需禁止其显示在菜单上即可，其实现步骤如下：

(1) 打开引用了“登录表”构件的商店售货系统工程，在SDDA主界面的物件目录下找到物品进货单窗体，如图12.26所示。

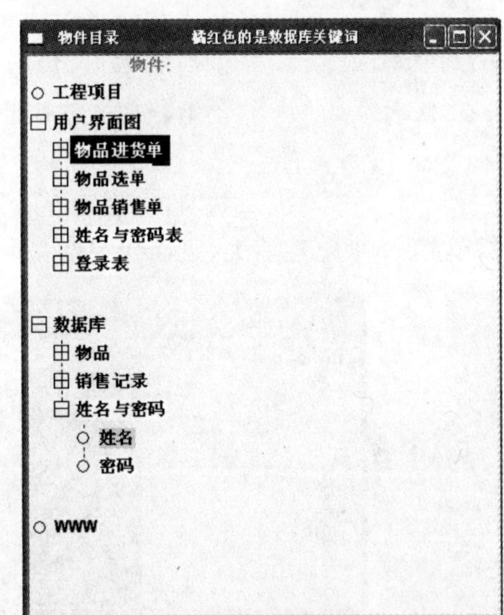

图12.26 选择对象

(2) 右击“物品进货单”项，在弹出的快捷菜单中选择【定义说明】菜单项，打开此物件的说明书对话框。在说明书对话框中找到“用户名命的数据类”项，在其右侧选择“Dialog On Menu(菜单对话)”选项，如图12.27所示。

注意：初始建立的窗体都能从菜单上打开，如果将它们的数据类型改为“Dialog(对话)”或者“Form(视图)”，就不能从菜单上打开了。

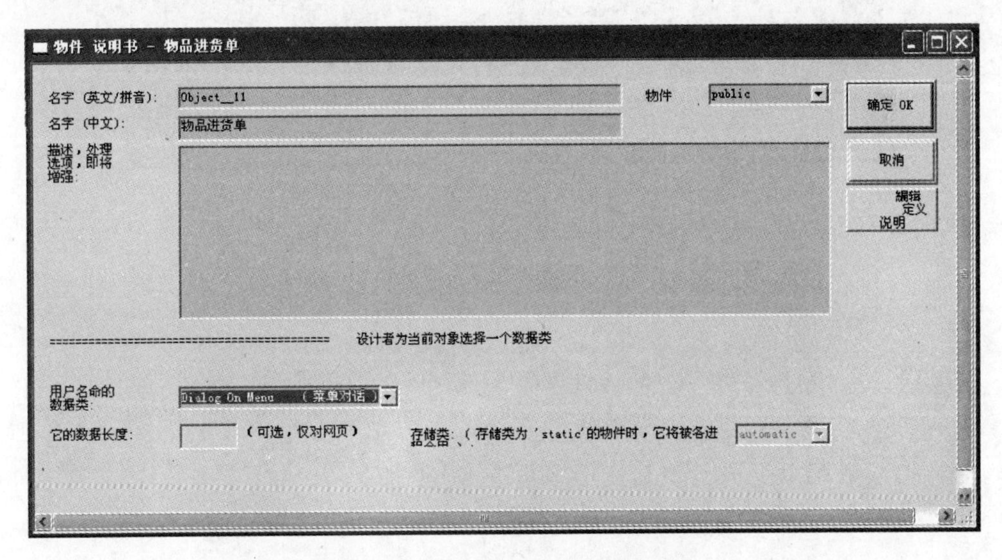

图12.27 窗体定义的说明书对话框

在图12.27所示的窗体定义的说明书对话框中，数据类型是“Dialog On Menu(菜单对话)”。在“用户名命的数据类”右侧选择“Dialog(对话)”项，然后单击说明书对话框中的【确定OK】按钮，关闭此对话框，这样就完成了将窗体“物品进货单”的数据类型从“Dialog On Menu(菜单对话)”改为“Dialog(对话)”的操作。

(3) 完成以上操作后将工程保存起来。为了不覆盖原有设计文件,用户可以选择SDDA主菜单中的【文件 File】|【保存作为】菜单项,将该工程另存在新的位置,如图12.28所示。

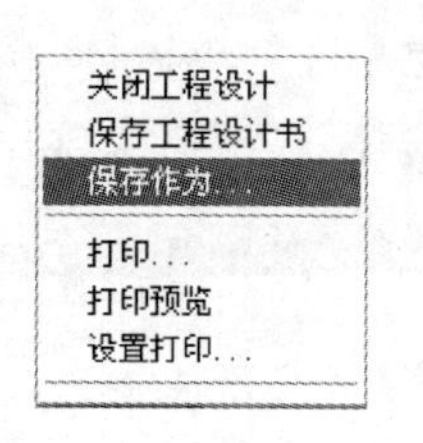

图12.28 保存新工程

至此,禁用菜单项打开此窗体的操作就完成了。为了验证"物品进货单"菜单项是否真的不显示在商店售货系统的主菜单中,可将工程编译生成可执行的软件。具体操作为关闭SDDA主界面下的所有窗口,然后选择主菜单中的【文件 File】|【软件与程序码产生器】|【视窗 软体】菜单项,如图12.29所示。

选择该菜单项后,经过重命名、保存和编译等步骤,可以得到可执行的商店售货系统,单击该系统中的【表单】菜单,可以看到【物品进货单】菜单项已经消失,取而代之的是【登录表】,如图12.30所示。

图12.29 选择菜单项

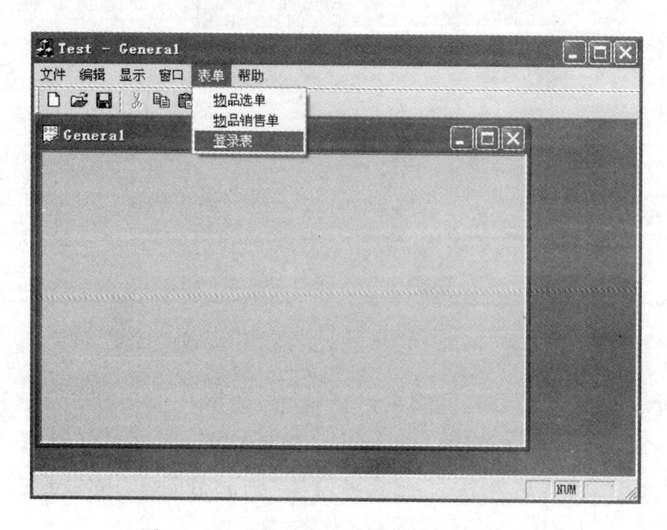

图12.30 【物品进货单】菜单项被禁用

为了验证商店售货系统，必须经过登录表验证后才能打开“物品进货单”，读者可以打开登录表窗体，首先以 administrator 用户登录，进入姓名与密码表窗体，新建一个用户后用该用户登录。例如，创建一个用户名为“张三”、密码为“1234”的用户，然后选择【表单】|【登录表】菜单项，在登录表窗体中输入对应姓名和密码，如图 12.31 所示。

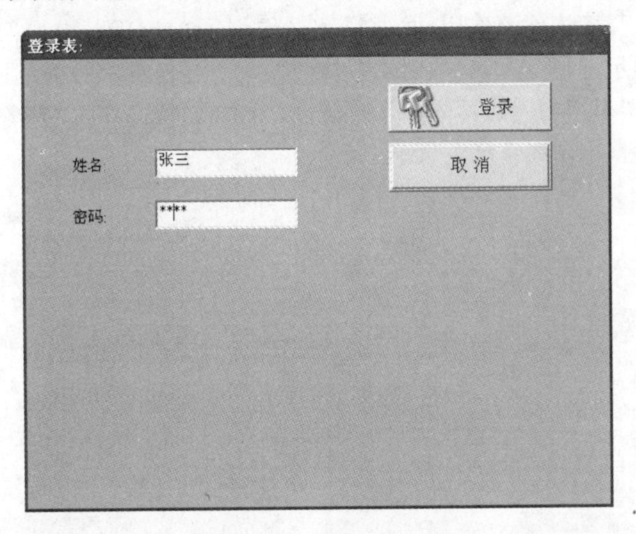

图 12.31　验证用户

当正确地输入了姓名“张三”和密码“1234”后，单击对话框右侧的【登录】按钮，即可打开商店售货系统的物品进货单窗体，如图 12.32 所示。

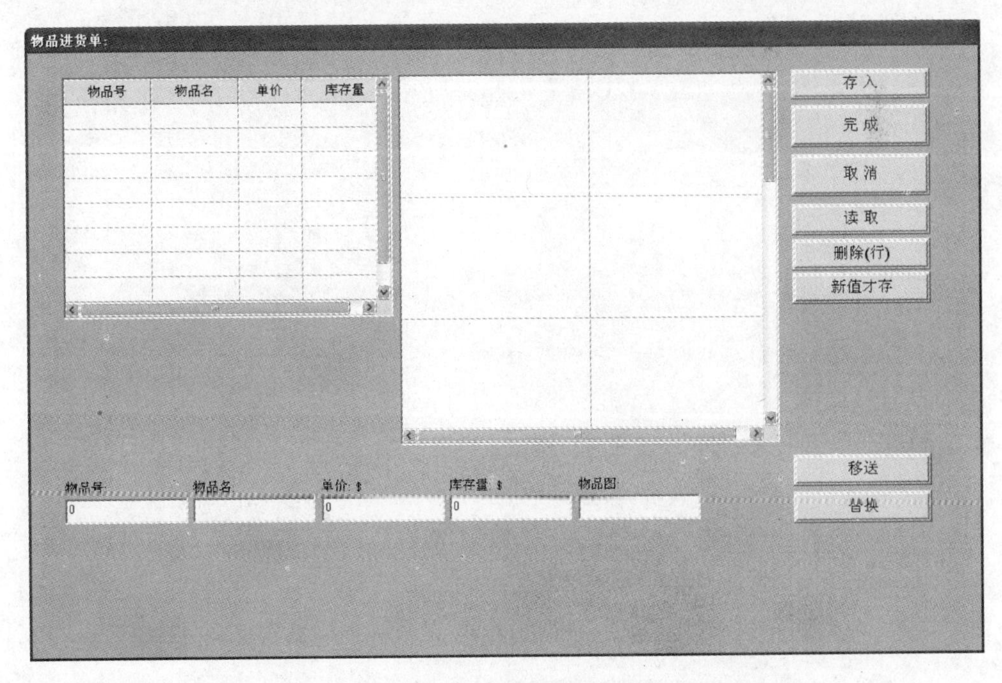

图 12.32　物品进货单窗体

至此，在商店售货系统中加入了新构件，并实现了用户验证的功能。

12.4 小结

本章主要介绍了 Visual D++的构件操作，构件是实现软件设计中重用性的重要体现。本章首先为读者解释了构件的作用，并通过示例展示了在 SDDA 中如何查看构件。其次，以登录表窗体作为示例，重点讲解了创建新构件的整个过程。在创建完成后，为显示构件的重要性，简要介绍了引用构件的具体操作。最后，为实现“登录表”构件的功能，通过示例讲解了如何禁止对话框出现在系统主菜单中。

附　注

在 Windows 7 系统中，如果可视化 D++语言不能直接编辑运行新创建的软件，其原因是没有正确地安装软件工具 VC++ 6。

一般情况下，在 Windows XP 中安装软件工具 VC++ 6 以后不会遇到使用问题。但当用户在 Windows 7 系统中安装 VC++6 时要注意以下两点：

(1) 在安装时，若遇到系统询问是否要选用"Customer" mode（客户模型）或其他模型，用户需要选用"Customer" mode，然后再继续下去。

(2) 接着又会遇到询问，问用户在下面一列选项中挑选哪项，用户可以任意选择，但绝对不要选"tool"这一项。

"VB",

"VC",

"Excel",

"Fox",

"Enterprice tool",

。。。,

"tool"

。。。,

如果用户没有中文的 Windows，使用英文的 Windows，若打不开以中文命名的模型，这往往是计算机的"Date，Time. Language，and Regional Options"语言设置不正确。用户特别要注意以下重要但容易忽视的设定：

(1) Open **Control Panel** from Start bar,

(2) licking the icon[**Date，Time. Language，and Regional Options**],

(3) then licking its child icon [**Regional and Language Option**], selecting location "china",

(4) then clicking the top right menu [**Advanced**] in the menu bar,

(5) you must choice an item"**Chinese(PRC)**" which has listed in a ComboBox that has located below the text line"Select a language to match the language version of the non-Unicodes programs you want to use."

后　记

杨章伟：江南萍乡人，副教授，主要研究方向为软件工程，云计算和数据库领域。作为Visual Basic语言、Visual C++语言和SQL语言等方面多本书的作者，又是本书的执笔者。

唐同诰：1968年在江南造船厂顾师傅的带领下，模仿人工智能"机器学习"的方法，使用加"权"与精选"权"的非传统方法，攻克了计算机船型的会战难关，使造船体自动化成为现实。因憧憬于计算机的前景，他曾经两次提议并获数学系工宣队张连长支持，在大学里筹建了一个以设计、制造、应用于一体的计算机工厂，并担任厂长。次年，计算机工厂又成为1970年全国首次招收计算机硬件结构专业的单位之一，出任电子工程系计算机硬件教研组首任组长(早期工厂与教研组能建成也是基于教师们的精心教学与早期的出色研究成果，其中张然等完成了国内最早的新华印刷厂计算机自动排版项目，李家豪等坚持完成了国内自己制作的最早的上海银行使用的计算机软件，以及张根度、黄德利等人完成了船用螺旋桨计算机加工的项目，又接受了袁雨飞的数控线切割机全国推广的优秀成果)。在1980年以后，他离开工厂加入朱洪等创建的"计算机理论教研组"。因教学的需要，他转学"数理逻辑"，并开始写"逻辑"和"计算机程序语义学"方面的论文，后受邀为美国"数学评论"有关计算机逻辑理论方面的评论员。其后1987年至1989年，他参加CMU大学的"软件验证"、"硬件验证"、"人工智能知识表达"3个课题的研究工作，在从事"用数学符号形式化方法进行软件验证"的理论课题的同时，花了6年的夜晚和假日，用业余时间探索出一条非纯数学形式化的"程序验证工程化"之路，并获得实际的效果。这种方法是通过改造普通的编译系统，使它成为一个代数符号化程序的编译系统，又创造了一种能加到编译系统中的崭新的"程序归纳原理"机制，然后在编程语言中新加了几条能表达"时态"意义的条件验证指令，从而实现了能让普通程序员使用的简易且高速的程序自动验证方法，制作了一个Pascal程序自动验证演示系统。理论研究完成后，从1996年转向软件工程方法论的研究，考虑到"下一世纪最理想的制作软件的方法"应该是"Model-to-Code"技术，也就是有了设计文件后，不需要程序员手工编程序，就能直接把"设计文件转化成全部软件代码"的技术。为此，创建了一个"模式逻辑"(Pattern Meta Logic)及其编辑系统，走出了一条"Statement-Function-Template-Pattern"非常自然的程序基本结构发展的道路。使用模式逻辑新理论和方法，在没有任何基金资助的情况下，仅凭兴趣与信念，从2001年起以十年以上日日夜夜的工作，独立地设计与开发出一个专门用于软件设计的"可视化D++语言"编辑系统和一个内部的自动构建传统高速软件的SDDA生成系统，这才彻底完满地攻克了"Model-to-Code"技术难题，最终实现了软件工程方法论上的一次革命。

教学资源支持

敬爱的教师：

感谢您一直以来对清华版计算机教材的支持和爱护。为了配合本课程的教学需要，本教材配有配套的电子教案（素材），有需求的教师请到清华大学出版社主页（http://www.tup.com.cn）上查询和下载，也可以拨打电话或发送电子邮件咨询。

如果您在使用本教材的过程中遇到了什么问题，或者有相关教材出版计划，也请您发邮件告诉我们，以便我们更好地为您服务。

我们的联系方式：

地　　址：北京海淀区双清路学研大厦 A 座 707

邮　　编：100084

电　　话：010－62770175－4604

课件下载：http://www.tup.com.cn

电子邮件：weijj@tup.tsinghua.edu.cn

教师交流 QQ 群：136490705

教师服务微信：itbook8

教师服务 QQ：883604

（申请加入时，请写明您的学校名称和姓名）

用微信扫一扫右边的二维码，即可关注计算机教材公众号。

扫一扫

课件下载、样书申请

教材推荐、技术交流

质检5